Android 10 Kotlin 编程通俗演义

牛 搞 著

清華大学出版社
北 京

内 容 简 介

Google 已经将 Kotlin 列为 Android 开发第一开发语言。Kotlin 与 Java 无缝兼容，同时 Kotlin 作为一门新语言，其语法极其简洁精练，稍微熟悉之后，开发效率立即会有明显提升。

本书分为 20 章，严格参考 Android 10 官方开发文档，全面讲解利用 Kotlin 开发 Android 应用的各种技术，章节精心安排、循序渐进，内容准确、翔实、全面而又通俗易懂，绝不是术语的罗列，也绝不是不知所云的翻译。

本书既适合 Android 应用开发初学者、转向 Kotlin 编程的 Android 应用开发人员阅读，也适合高等院校和培训学校计算技术相关专业的师生参考。

图书在版编目（CIP）数据

Android 10 Kotlin 编程通俗演义/牛搞著.—北京：清华大学出版社，2020.5

ISBN 978-7-302-55274-1

Ⅰ. ①A… Ⅱ. ①牛… Ⅲ. ①移动终端－应用程序－程序设计 Ⅳ. ①TN929.53

中国版本图书馆 CIP 数据核字（2020）第 050762 号

责任编辑：夏毓彦
封面设计：王　翔
责任校对：闫秀华
责任印制：杨　艳

出版发行：清华大学出版社
　　网　　址：http://www.tup.com.cn，http://www.wqbook.com
　　地　　址：北京清华大学学研大厦 A 座　　**邮　　编：**100084
　　社 总 机：010-62770175　　**邮　　购：**010-62786544
　　投稿与读者服务：010-62776969，c-service@tup.tsinghua.edu.cn
　　质量反馈：010-62772015，zhiliang@tup.tsinghua.edu.cn
印 装 者：三河市铭诚印务有限公司
经　　销：全国新华书店
开　　本：190mm×260mm　　**印　　张：**26.75　　**字　　数：**685 千字
版　　次：2020 年 6 月第 1 版　　**印　　次：**2020 年 6 月第 1 次印刷
定　　价：89.00 元

产品编号：084558-01

前　　言

写作背景

2020 年了，Android 开发的热度怎么样了？学习它，对就业和薪资提升帮助大吗？我想这是大多数人最关心的问题。

一门技术在职场中的需求热度，通过大型求职招聘网站可以很容易分析出结论。大体可以这样说，移动端开发作为软件生态的一部分，从来都有很强的需求。在 2017 年之前，Android 原生开发曾一度进入低谷，因为很多团队都选择基于 JavaScript 的跨平台开发框架。但是，这些框架也存在一些先天缺陷，主要是由于 Android 与 iOS 的巨大差异造成的（这两大系统不可能统一，为了商业利益，必须互相制造壁垒）。事实已经证明了一点，跨平台开发始终绕不开原生开发。所以，2017 年之后，Android 原生开发重新被重视，甚至有国外公司完全回归了原生开发。当前，跨平台开发依然在迅速发展，但是始终绕不过原生开发，而且有些功能只能用原生开发实现。所以，要进行移动开发，必须学习原生开发!

本书作者有 15 年以上软件开发实战经验、5 年以上 IT 实训教学经验，深入了解各种技术、架构、设计模式，对 IT 教育有丰富的体验和深入的思考，对各种技术善于以通俗易懂的语言进行透彻讲解。

本书导读

本书是《Android 9 编程通俗演义》的姊妹篇，作者在其基础上修正部分错误，改进多处设计，将开发语言由 Java 升级为 Kotlin，紧紧追赶 Google 的步伐。

“我有一个梦想，让天下没有难学的技术！”本书与《Android 9 编程通俗演义》一书的写作风格一致：通俗易懂，具体直观，注重实践，以为读者节省脑细胞作为终极目标。

我一直希望能写出一本让读者轻轻松松学编程的书，如果能把学习当作一种休闲方式，那该是多么美好的事情！当然了，众口难调，一本书的风格不可能满足所有人的口味。在本书创作中，作者已尽量做到照顾更多的人，尤其照顾基础差的人，并且尽量少说黑话，努力使它成为一部不那么“反人类”的作品，相信大部分人都很容易接受这种风格。因为从上一本书的读者反馈看来，效果很不错！

本书应该怎么去阅读？答案就一句话：“看就行了！”

如果你是一个勤快人，可以边看边跟着做；如果是一个懒人，那么仅仅停留在“看”上。你可以躺着看、坐着看、趴着看，最好不要走路看，因为对眼睛不好。

本书翔实地讲述一个 Android App 的实现过程，并对很多基础知识进行了专门补齐。实现 App 的每一步都有截图，你不用写代码，也能看到结果。所以，阅读体验是很轻松的。

本书从头至尾讲了一个故事：开发一个 Android 版高仿 QQ App 的故事。本书的内容结构是这样的：

- 第 1 章：Kotlin 语言快速入门。
- 第 2~4 章：Android 开发准备与初步体验。
- 第 5～14 章：Andorid 基本功能与界面开发。
- 第 15、16 章：实现仿 QQ App 单机版。
- 第 17～19 章：Android 多线程、网络开发。
- 第 20 章：实现仿 QQ App 网络聊天版。

示例源码下载

第 14 章之前讲解基础知识，示例项目为 FirstCotlinApp，其 Git 仓库地址是 https://gitee.com/nnn/FirstCotlinApp.git。

第 15 章和第 16 章的项目为无网络通信的仿 QQApp，项目名为 QQApp，其 Git 仓库地址为 https://gitee.com/nnn/QQAppCotlin.git。

第 20 章的项目为带网络通信功能的仿 QQApp，是从 QQAppCotlin 改进而来的，因此项目名和包名皆与 QQAppCotlin 相同，其 Git 仓库地址为 https://gitee.com/nnn/QQAppCotlinHttp.git。

另外，为了模仿 QQApp 中的树状显示效果，作者还创建了一个开源项目 RecyclerListTreeView，托管于 GitHub，现已被多人用于商业项目。在本书中亦有对其用法的详细介绍，地址为 https://github.com/niugao/RecyclerListTreeView。

对本书内容或各项目有任何疑问，可在 gitee 或 GitHub 中的项目仓库页面直接留言，也可在作者的 CSDN 博客 https://blog.csdn.net/niu_gao/中留言。

读者对象

- 了解 Java 语言，想学习 Kotlin 语言和 Android 开发的初学者
- 想快速了解 Android 开发模式的资深开发人士
- 有一定 Android 开发基础，想进一步提升实战能力的开发人员
- 需要工程教育实践案例的高校教师

致谢

首先感谢各位读者，你们的肯定给予我笔耕不辍的信心和动力！其次要感谢清华大学出版社夏毓彦编辑的大力支持和指导，让我可以专注于内容，充分体验作为作者的乐趣。再次感谢我的家人和朋友，是你们的鼓励与支持给了我动力。最后感谢我自己，耐住寂寞，坚持不辍，能为世人留下一两部作品，真的感觉人生没有虚度。

牛 搞

2020 年 3 月

目 录

第 1 章 Kotlin 快速入门 …… 1

1.1 开发环境配置 …… 1

1.1.1 安装 JDK …… 1

1.1.2 安装 IDE …… 2

1.1.3 创建第一个 Kotlin 工程 …… 3

1.1.4 工程组织结构 …… 5

1.1.5 添加代码 …… 6

1.1.6 运行程序 …… 6

1.2 大道至简 …… 8

1.3 万变不离其宗 …… 10

1.4 新式语法特征 …… 11

1.5 Kotlin 独特语法 …… 17

1.6 作用域函数 …… 23

1.6.1 let() …… 24

1.6.2 run() …… 24

1.6.3 apply() …… 25

1.6.4 also() …… 25

1.6.5 with() …… 26

1.7 新式语法特点总结 …… 26

第 2 章 Android 系统简介 …… 27

第 3 章 Android 开发环境搭建 …… 29

3.1 下载 Android Studio …… 29

3.2 安装 Android Studio …… 30

3.3 配置 Android SDK …… 31

3.4 四项原则 …… 34

第 4 章 第一个 Kotlin App …… 35

4.1 运行 App …… 37

4.1.1 在真实设备上调试 …… 38

4.1.2 配置虚拟机 …… 40

4.2 虚拟机加速 …… 42

4.2.1 在 BIOS 中开启虚拟化支持 …… 43

4.2.2 安装 HAXM …… 43

4.3 App 的样子 …… 44

4.4 工程里面有什么 …… 44

第 5 章 UI 资源与 Layout …… 46

5.1 Layout …… 46

5.2 改动 Layout …… 49

5.2.1 添加图像资源 …… 52

5.2.2 文件或文件夹改名 …… 53

5.2.3 显示自己的图像 …… 53

5.2.4 XML 小解 …… 56

5.2.5 Layout 源码解释 …… 57

5.3 ConstraintLayout …… 58

5.3.1 ConstraintLayout 的原理 …… 59

5.3.2 子控件在 ConstraintLayout 中居左或居右 …… 60

5.3.3 子控件在 ConstraintLayout 中横向居中 …… 61

5.3.4 子控件在 ConstraintLayout 中居中偏左 …… 62

5.3.5 子控件 A 在子控件 B 的上面 …… 62

5.3.6 子控件 A 与子控件 B 左边对齐 …… 63

5.3.7 设置子控件的宽和高 …… 64

5.3.8 子控件的宽和高保持一定比例 …… 65

5.4 设计登录页面 …… 67

5.4.1 添加用户名输入控件 …… 67

5.4.2 添加密码输入控件 ········· 69
5.4.3 添加登录按钮 ··············· 70
5.4.4 完成收工 ····················· 70
5.5 让内容滚动 ···························· 72
5.5.1 添加 ScrollView 作为最外层容器 ··························· 73
5.5.2 禁止旋转 ····················· 75
5.5.3 为横屏和竖屏分别创建 Layout ························ 76
5.5.4 让内容居中 ················· 77
5.6 添加新的 Layout 资源 ·············· 77

第 6 章 各种 Layout 控件 ························ 79

6.1 FrameLayout ··························· 79
6.2 LinearLayout ··························· 79
6.2.1 纵向 LinearLayout 中子控件横向居中 ···················· 80
6.2.2 子控件均匀分布 ············ 81
6.2.3 子控件按比例分布 ········· 81
6.2.4 用 LinearLayout 实现登录界面 ··························· 83
6.3 GridLayout ····························· 85
6.4 TableLayout ···························· 87

第 7 章 操作控件 ································· 89

7.1 在 Activity 中创建界面 ·············· 89
7.1.1 类 R ··························· 90
7.1.2 类 Activity ··················· 90
7.1.3 四大组件 ····················· 90
7.2 在代码中操作控件 ··················· 91
7.2.1 获取控件 ····················· 91
7.2.2 响应 View 的事件 ·········· 93
7.2.3 添加依赖库 ·················· 93
7.2.4 显示提示 ····················· 95
7.2.5 完成收工 ····················· 97

第 8 章 Activity 导航 ···························· 98

8.1 创建注册页面 ························· 98
8.2 启动注册页面 ························· 100
8.2.1 修改页面标题 ··············· 100
8.2.2 MainActivity 源码 ·········· 101
8.3 设计注册页面 ························· 102
8.4 响应注册按钮进行注册 ············ 106
8.5 获取页面返回的数据 ················ 107
8.5.1 避免常量重复出现 ········· 108
8.5.2 日志输出 ····················· 110
8.5.3 将返回的数据设置到控件中 ······················· 111
8.6 ActionBar 上的返回图标 ············ 111
8.6.1 原生 Action Bar 与 MaterailDesign Action Bar ·························· 112
8.6.2 登录页面显示返回图标 ··· 112
8.6.3 注册页面显示返回图标 ··· 114
8.7 ScrollView 与软键盘 ················· 114
8.8 源码 ······································· 115
8.8.1 MainActivity ················ 115
8.8.2 RegisterActivity.kt ········· 117

第 9 章 Theme ···································· 119

第 10 章 Fragment ······························ 121

10.1 弄巧成拙的 Activity ················ 121
10.2 使用 Fragment ······················· 123
10.3 改造登录页面 ······················· 125
10.3.1 添加 layout 文件 ········· 125
10.3.2 改变 layout 文件的内容 ······················· 126
10.3.3 添加 Fragment 类 ········· 126
10.3.4 将 Fragment 放到 Activity 中 ················ 130
10.3.5 创建注册 Fragment ······· 132
10.3.6 显示 RegisterFragment ··· 133
10.3.7 通过 AppBar 控制页面导航 ······················· 133
10.3.8 实现 RegisterFragment 的逻辑 ······················· 134

10.3.9 从 LoginFragment 中读出用户名和密码 ············ 136
10.3.10 Fragment 的生命周期 ··· 137
10.3.11 Fragment 状态保存与恢复 ······················ 137
10.3.12 总结 ······················ 138
10.4 对话框 ································ 141
10.4.1 创建子类 ················ 142
10.4.2 显示对话框 ·············· 143
10.4.3 响应返回键 ·············· 144

第 11 章　菜单 ································ 145

11.1 添加菜单资源 ························ 145
11.2 重写 onCreateOptionsMenu() ······ 147
11.3 嵌套菜单 ···························· 148
11.4 菜单项分组 ·························· 149
11.5 响应菜单项 ·························· 150
11.6 其他菜单类型 ························ 151

第 12 章　动画 ································ 152

12.1 动画原理 ···························· 152
12.2 三种动画 ···························· 153
12.3 视图动画 ···························· 154
12.3.1 绕着中心转 ·············· 155
12.3.2 不要反向转 ·············· 155
12.3.3 举一反三 ················ 156
12.3.4 动画组 ·················· 157
12.4 属性动画 ···························· 158
12.4.1 旋转动画 ················ 158
12.4.2 动画组 ·················· 159
12.5 动画资源 ···························· 163
12.6 Layout 动画 ························ 165
12.6.1 向 Layout 控件添加子控件 ················ 165
12.6.2 ViewGroup ·············· 167
12.6.3 设置排版动画 ············ 167
12.7 转场动画 ···························· 169
12.7.1 使用默认转场动画 ······ 169
12.7.2 自定义转场动画 ·········· 169

第 13 章　自定义控件 ························ 174

13.1 创建一个 Custom View ············ 175
13.2 Custom View 类 ···················· 176
13.2.1 构造方法 ················ 176
13.2.2 onDraw()方法 ············ 177
13.2.3 init()方法 ················ 179
13.2.4 自定义属性 ·············· 182
13.2.5 作画 ···················· 184
13.3 创建圆形图像控件 ·················· 185
13.3.1 将 Drawable 转成 Bitmap ················ 188
13.3.2 变换矩阵 ················ 189
13.3.3 自定义属性的改动 ······ 190
13.3.4 类的所有代码 ············ 191

第 14 章　RecyclerView ······················ 197

14.1 基本用法 ···························· 197
14.2 显示多条简单数据 ·················· 198
14.2.1 添加新页面 ·············· 198
14.2.2 创建 Adapter 子类 ········ 200
14.2.3 设置 RecyclerView ······ 202
14.2.4 用集合保存数据 ·········· 203
14.3 让子控件复杂起来 ·················· 204
14.3.1 创建行 Layout 资源 ······ 204
14.3.2 应用条目 Layout 资源 ··· 206
14.3.3 明显区分每一行 ·········· 207
14.3.4 使用音乐信息类 ·········· 209
14.4 增删改 ······························ 210
14.4.1 增加一条数据 ············ 210
14.4.2 其他操作 ················ 212
14.5 局部刷新 ···························· 212
14.6 响应条目选择 ························ 213
14.7 显示不同类型的行 ·················· 214
14.7.1 添加新条目数据类 ······ 214
14.7.2 添加条目 Layout ·········· 215

14.7.3 创建新的 ViewHolder 类 ········ 216
14.7.4 区分不同的 View Type ··· 216

第 15 章 模仿 QQ App 界面 ········ 218

15.1 创建新的 Android 项目 ········ 218
15.2 设计登录页面 ········ 218
15.2.1 创建登录 Fragment ······· 219
15.2.2 设计登录界面 ········ 220
15.2.3 UI 代码 ········ 221
15.2.4 显示登录历史 ········ 224
15.2.5 设计历史菜单项 ········ 228
15.2.6 实现显示历史的代码 ····· 229
15.2.7 selector 资源 ········ 229
15.2.8 layer_list 资源 ········ 230
15.2.9 定制控件背景 ········ 231
15.2.10 动画显示菜单 ········ 231
15.2.11 让菜单消失 ········ 233
15.2.12 响应选中菜单项 ········ 234
15.3 QQ 主页面设计 ········ 235
15.3.1 设置导航栏 ········ 237
15.3.2 设置 Tab 栏 ········ 239
15.3.3 改变 Tab Item 图标 ······· 241
15.3.4 为 ViewPager 添加内容 ········ 242
15.3.5 ViewPager 与 TabLayout 联动 ········ 245
15.3.6 使用 SpannableString 显示图像 ········ 247
15.3.7 禁止 ViewPager 滑动翻页 ········ 251
15.3.8 创建“消息”页 ········ 252
15.3.9 显示气泡菜单 ········ 258
15.3.10 抽屉效果 ········ 271
15.3.11 创建“联系人”页 ······ 286
15.3.12 创建“动态”页 ········ 303
15.3.13 实现搜索功能 ········ 304

第 16 章 实现聊天界面 ········ 313

16.1 原理分析 ········ 313
16.2 创建聊天 Activity ········ 313
16.2.1 activity_chat.xml ········ 313
16.2.2 类 ChatActivity ········ 316
16.2.3 显示消息的 Layout ······· 318
16.3 启动 ChatActivity ········ 320
16.4 模拟聊天 ········ 321

第 17 章 多线程 ········ 323

17.1 线程与进程的概念 ········ 323
17.2 创建线程 ········ 324
17.3 创建线程的另一种方式 ········ 325
17.4 多个线程操作同一个对象 ········ 326
17.5 单线程中异步执行 ········ 329
17.6 多线程间同步执行 ········ 330
17.7 在其他线程中操作界面 ········ 330
17.8 HandlerThread ········ 333
17.9 线程的退出 ········ 333

第 18 章 网络通信 ········ 336

18.1 网络基础知识 ········ 336
18.1.1 IP 地址与域名 ········ 336
18.1.2 TCP 与 UDP ········ 337
18.1.3 HTTP 协议 ········ 337
18.2 Android HTTP 通信 ········ 338
18.3 使用“异步任务” ········ 341
18.3.1 定义异步任务类 ········ 341
18.3.2 使用异步任务类 ········ 342
18.3.3 完善异步任务类 ········ 344
18.3.4 异步任务的退出 ········ 349
18.4 使用 OkHttp 进行网络通信 ······· 351
18.4.1 使用 OkHttp 下载图像 ··· 352
18.4.2 创建 Web 服务端 ········ 354
18.4.3 使用 OkHttp 下载数据 ··· 355
18.4.4 JSON 转对象 ········ 357
18.4.5 使用 OkHttp 上传文件 ··· 358

18.5 使用 Retrofit 进行网络通信 …… 360
18.5.1 加入 Retrofit 的依赖项 … 360
18.5.2 用 Retrofit 下载文本 …… 361
18.5.3 用 Retrofit 下载图像 …… 363
18.5.4 用 Retrofit 上传图像 …… 364

第 19 章 异步调用库 RxJava …… 366

19.1 小试牛刀 …… 366
19.2 精简发送代码 …… 369
19.3 精简接收代码 …… 370
19.4 map 与 flatmap …… 371
19.5 并行 map …… 373
19.6 RxJava 与 Retrofit 合体 …… 374
19.7 RxJava Retrofit 合体并行执行 …… 376
19.8 RxJava 与 Activity 的配合 …… 377

第 20 章 实现聊天功能 …… 378

20.1 添加注册功能 …… 378
20.1.1 创建注册 Activity …… 378
20.1.2 设计注册页面 …… 379
20.1.3 显示 Bottom Sheet …… 381
20.1.4 拍照 …… 384
20.1.5 提交注册信息 …… 392
20.2 改进登录功能 …… 399
20.2.1 创建 Retrofit 相关实例 … 399
20.2.2 添加 Fragment 回调接口 …… 400
20.2.3 发出登录请求 …… 401
20.2.4 保存自己的信息 …… 403
20.2.5 防止按钮重复单击 …… 403
20.2.6 显示进度条 …… 404
20.3 获取联系人 …… 406
20.3.1 修改 Retrofit 接口 …… 407
20.3.2 使用 RxJava 定时器 …… 407
20.3.3 添加 Fragment 回调接口 …… 408
20.3.4 获取并显示联系人 …… 408
20.3.5 出错重试 …… 410
20.3.6 停止网络连接 …… 411
20.4 发出聊天消息 …… 413
20.4.1 定义承载消息的类 …… 413
20.4.2 在接口中添加方法 …… 414
20.4.3 在 ChatActivity 中初始化 Retrofit …… 414
20.4.4 上传消息 …… 415
20.4.5 失败重传 …… 416
20.5 获取聊天消息 …… 417
20.5.1 为 ChatService 增加方法 …… 417
20.5.2 发出请求 …… 417

第 1 章

◂ Kotlin快速入门 ▸

Java 和 Kotlin 都是 Android 的官方开发语言，但是 Kotlin 已上升为第一开发语言，Java 屈居第二。

Kotlin 的官网地址是 https://kotlinlang.org。

Kotlin 在底层与 Java 完全兼容，而且 Kotlin 是强类型语言，编译产物是 Java 的 class 文件，要基于虚拟机运行，所以 Kotlin 与 Java 可以说是一体两面、无缝结合。但是，Kotlin 比 Java 更进一步，它编写的程序可以做到不依赖于虚拟机运行，这被称为 Native（原生）方式，就像 C 程序的运行方式，当然比虚拟机快多了，这种运行方式对于移动设备来说意义重大！

如果说 Kotlin 代表了未来开发语言的方向也不算夸张，因为它很新，站在了前人的肩膀上。如果去研究一下各种新出现的语言（比如 Apple 的 Swift），会发现它们的语法规则几乎完全一样。

当前的 Java 使用者大都还停留在第 8 版（JDK 1.8），因为很多库、框架或系统都最高支持到 Java 8。写作此书时，Java 13 就要出世了，Java 8 之后的语法改进有很多。这些改进都体现了新式语法，但是很多人对新式语法不熟悉，甚至看到后感到别扭，然而新式语法思想是每个软件开发者都应该理解和掌握的。

其实要掌握新式语法并不困难，还可以说是一件很轻松的事。万变不离其宗，只要掌握了一门语言，再学另一门就很快，当然要有一个条件：有一本好的、适合的指引手册。本书就是为 Java 开发者提供的一本 Kotlin 快速学习手册。

1.1 开发环境配置

开发环境的配置仅需两步：安装 JDK；安装 IDE。

1.1.1 安装 JDK

在地址“https://www.oracle.com/technetwork/java/javase/downloads/index.html”中选择要下载的 JDK，见图 1-1。

单击图 1-1 箭头所指图标，进入新页面，在最下面能看到图 1-2 所示的内容。

Overview
Downloads
Documentation
Community
Technologies
Training
Java SE Downloads
Java
DOWNLOAD
Java Platform (JDK) 12
Java Platform, Standard Edition
Java SE 12.0.2
Java SE 12.0.2 is the latest release for the Java SE Platform
Learn more

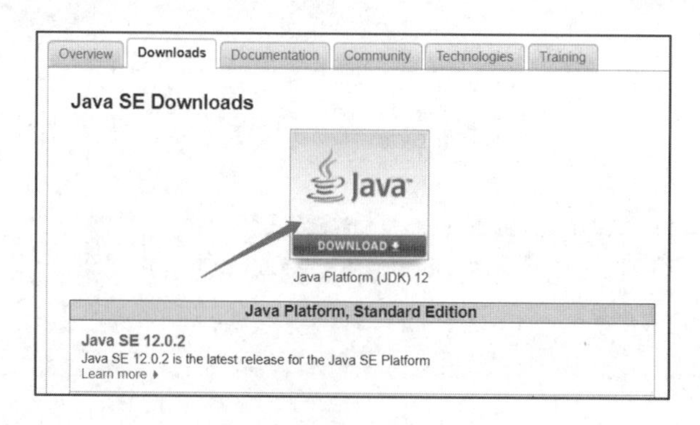

图 1-1

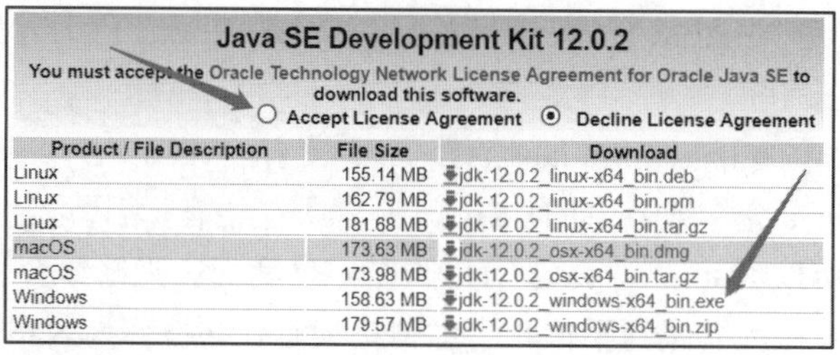

Java SE Development Kit 12.0.2
You must accept the Oracle Technology Network License Agreement for Oracle Java SE to download this software.
Accept License Agreement
Decline License Agreement
Product / File Description | File Size | Download
Linux | 155.14 MB | jdk-12.0.2_linux-x64_bin.deb
Linux | 162.79 MB | jdk-12.0.2_linux-x64_bin.rpm
Linux | 181.68 MB | jdk-12.0.2_linux-x64_bin.tar.gz
macOS | 173.63 MB | jdk-12.0.2_osx-x64_bin.dmg
macOS | 173.98 MB | jdk-12.0.2_osx-x64_bin.tar.gz
Windows | 158.63 MB | jdk-12.0.2_windows-x64_bin.exe
Windows | 179.57 MB | jdk-12.0.2_windows-x64_bin.zip

图 1-2

注意一定要选择“Accept License Agreement（同意许可协议）”，才可以用鼠标单击下面的文件链接。

如果是 Windows，建议选择可执行文件（它是安装包，可以自动设置很多配置），并且在安装过程中不要改变默认安装路径，这样不会引起不必要的麻烦。

需要注意的是，JDK 安装到的路径中不能有中文，否则会引起莫名其妙的问题。默认安装位置一般是“系统盘：\Program files”。

1.1.2 安装 IDE

仅有 JDK 虽然可以开发软件，但是要手动维护一切，可以借助开发工具来提高编程效率。Kotlin 是 JetBrains 开发出来的，而 JetBrains 的主业为开发工具，所以选择 JetBrains 家的 IDEA。

IDEA 可以说是 Java 编程的首选 IDE，当然也是 Kotlin 的首选，它的官网地址是“https://www.jetbrains.com/idea/”。下载 IDEA 很简单，在页面中单击图 1-3 所指的“DOWNLOAD”图标即可。进入下载页面，如图 1-4 所示。

IntelliJ IDEA
Capable and Ergonomic IDE for JVM
DOWNLOAD
TAKE A TOUR

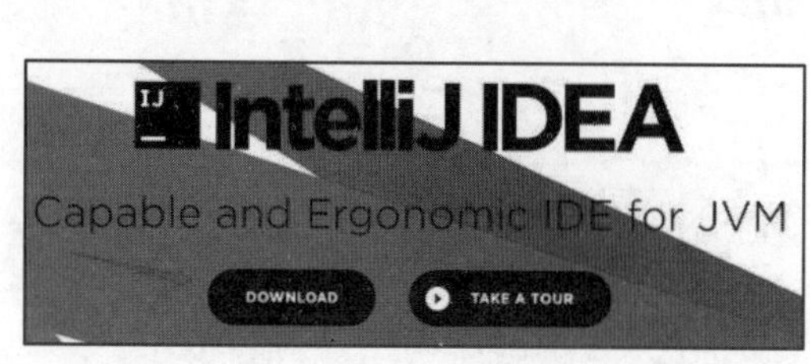

图 1-3

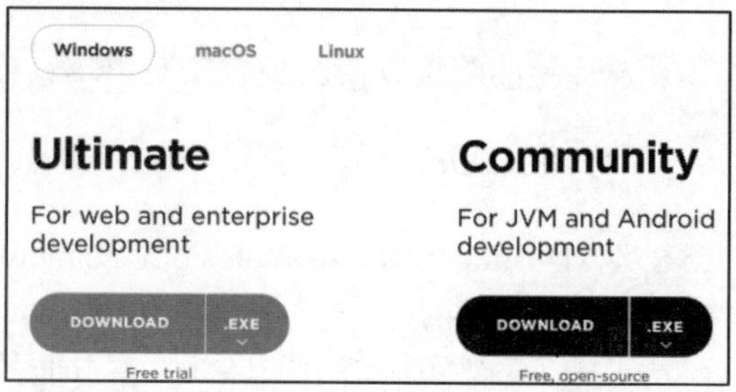

Windows
macOS
Linux
Ultimate
For web and enterprise development
DOWNLOAD
.EXE
Free trial
Community
For JVM and Android development
DOWNLOAD
.EXE
Free, open-source

图 1-4

有两个版本可供选择：Ultimate（旗舰版）和 Community（社区版）。旗舰版功能强大，但是要收费；社区版功能少，是免费的。选择社区版来学习 Kotlin 就足够了。

下载的文件是一个安装包，运行它即可安装 IDEA。安装过程最好保持默认设置，安装完就可以用。

跟 JDK 一样，注意 IDEA 所安装到的路径中不能有中文，否则亦会引起莫名其妙的问题，它的默认安装位置一般是“系统盘：\Program files”。

1.1.3　创建第一个 Kotlin 工程

其实 Android 的 IDE Android Studio 就是 IDEA。Google 为 IDEA 开发了 Android 插件，把它和 IDEA 绑定在一起（取名为 Android Studio）供我们下载，所以 Android Studio 的界面与 IDEA 的界面是一样的。

第一次运行 IDEA，会出现如图 1-5 所示的页面。

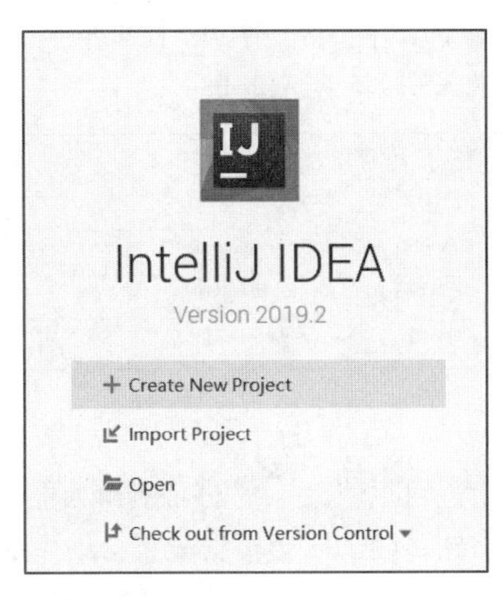

图 1-5

IDEA 的功能项有“创建新工程”（Create New Project）“引入工程”（Import Project）“打开已有工程”（Open）“从版本控制系统导入工程”（Check out from Version Control）。要创建新工程，选择第一项之后出现创建工程向导，如图 1-6 所示。

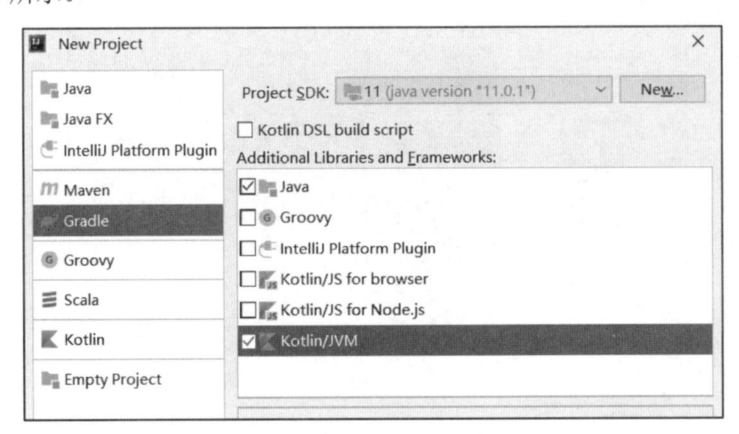

图 1-6

可以创建多种类型的工程，仅 Kotlin 工程就有多种形式，那么选择哪一种呢？推荐创建基于 Gradle 的 Kotlin/JVM 工程。Gradle 是当前如日中天的工程管理软件之一（另一个与它齐名的是 Maven），主要用于管理 Java 工程，但是 Kotlin 与 Java 是同一“种族”，所以也适合使用 Gradle 管理。使用 Kotlin 可以开发多种程序：

- Kotlin/JS 表示用 Kotlin 开发 JavaScript 程序，其实是把 Kotlin 代码翻译成 JavaScript 代码，然后才能在浏览器或 Node.js 环境中执行。
- Kotlin/JVM 表示用 Kotlin 开发基于 JVM 的程序，也就是基于 Java 虚拟机运行的程序，其实就是以 Kotlin 代替 Java 编写代码，编译出的就是 class 文件。

建议选择 Kotlin/JVM 类型的工程，因为 Kotlin 对此类型支持得最好，在此类型的工程中可以使用 Kotlin 的所有特性。选好后单击 Next（下一步）按钮，出现如图 1-7 所示的内容。

在图 1-7 中可以设置程序的名字，在 GroupId（组名）中一般填入的是颠倒的域名，这里主要用于区分不同组织发布的程序，因为域名肯定是唯一的，所以都填写域名。本例中填的是“com.niuedu”，随手写的，只是为了演示一下。

ArtifactId（产品名）指的是程序名，默认与工程同名，所以最好不要用中文，中间也不能用空格等非常规字符，比如取名“HelloKotlin”就合乎规则和习惯。填完后，单击 Next 按钮，进入图 1-8 所示的页面。

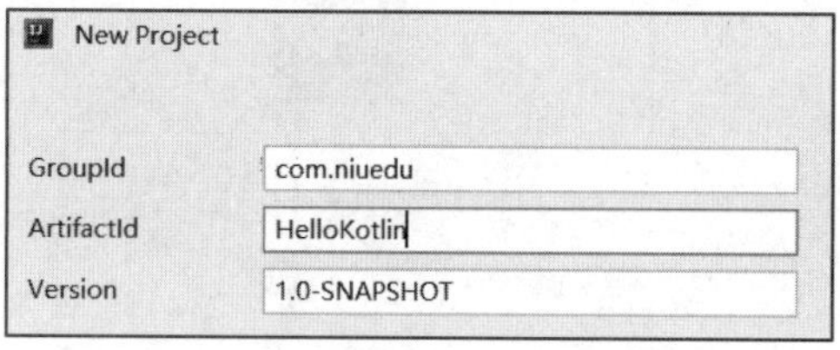

New Project

GroupId com.niuedu

ArtifactId HelloKotlin

Version 1.0-SNAPSHOT

图 1-7

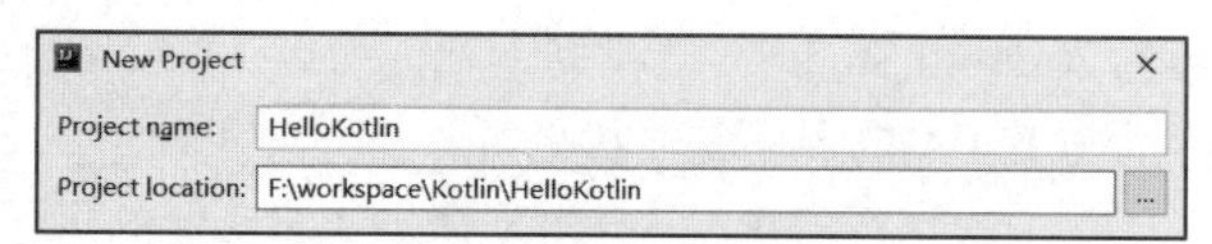

图 1-8

可以修改工程的名字和工程所保存到的路径，这里就用默认的路径，单击 Finish（完成）按钮，Gradle 会根据配置自动生成一个工程，同时 IDEA 会进入编辑模式，如图 1-9 所示。

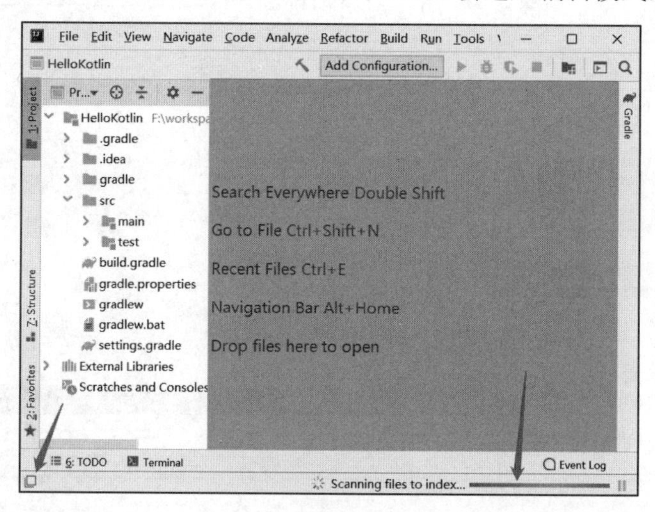

图 1-9

整个工作区的构成非常主流化，左边是工程目录，右边是内容编辑区（现在没有打开任何文件）。注意下面的状态栏，左边这个小图标是切换左右竖向工具条的开关，初用者如果不小心点，就会找不着某些窗口。右边是进度条，要十分注意这个地方，如果此处有进度条或文字出现，则表示 IDEA 正在忙着做什么事，此时最好不要动工程中的文件，等 IDEA 忙完了，再编辑文件。尤其是第一次创建工程，可能需要很长时间，因为 Gradle 工程会严重依赖网络，自动下载很多文件，包括管理工程的插件以及工程所依赖的库，如果网速慢（这是很可能的，因为文件仓库服务器在国外），就可能需要漫长的等待。如果工程创建不成功，十有八九是因为网络问题导致某些文件没有下载成功，这时就需要重试（IDEA 会提示重试）下载。

下面了解一下工程的组织结构。

1.1.4　工程组织结构

当工程创建成功后，可以看到图 1-10 这样的目录结构。

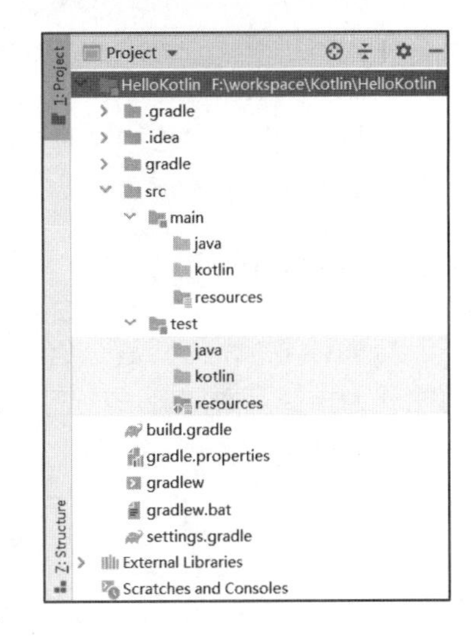

图 1-10

稍微解释一下：.gradle、.idea、gradle 这三个文件夹是 IDEA 自己产生的，用于工程管理，我们不用它们。

src 下是工程源码和非源码文件的保存地，但是不能随便放这些文件，src/main 下存放的是源码，java 下存放的是 Java 源码，kotlin 下存放的是 kotlin 源码，resources 下存放的是非源码文件，比如图片、配置文件等。test 与 main 的目录结构相同，test 起什么作用呢？它下面存放的是单元测试代码。

注意！这种目录结构是固定的，不要试想通过一些配置来改变目录的名字或作用，这种理念名曰"约定大于配置"。

根目录下的 build.gradle 文件是整个工程管理的核心文件，因为它是工程的配置文件，当前它的内容是这样的：

```
plugins {
    id 'java'
    id 'org.jetbrains.kotlin.jvm' version '1.3.41'
}

group 'com.niuedu'
version '1.0-SNAPSHOT'

sourceCompatibility = 1.8

repositories {
    mavenCentral()
}

dependencies {
    implementation "org.jetbrains.kotlin:kotlin-stdlib-jdk8"
    testCompile group: 'junit', name: 'junit', version: '4.12'
}

compileKotlin {
    kotlinOptions.jvmTarget = "1.8"
}
compileTestKotlin {
    kotlinOptions.jvmTarget = "1.8"
}
```

这些代码是用 Groovy 语言编写的，配置了工程的一些工具或参数，比如工程管理所需插件(Plugins)、源码兼容性(Source Compatibility)、仓库(Repositories)、依赖的库(Dependencies)等。改动比较多的是依赖库。

至于根目录下的其他文件，都是与 Gradle 相关的配置文件或脚本工具，也是自动生成的，我们不需要关心。

虽然工程下有这么多文件，但是这个工程是空工程，因为没有实质的程序代码，下面就来添加代码完成第一个程序。

1.1.5 添加代码

与 Java 相似，先创建一个包，在包下再创建文件，与 Java 不同，main 函数不用写在类中，直接作为全局函数即可。

首先创建一个包，见图 1-11。

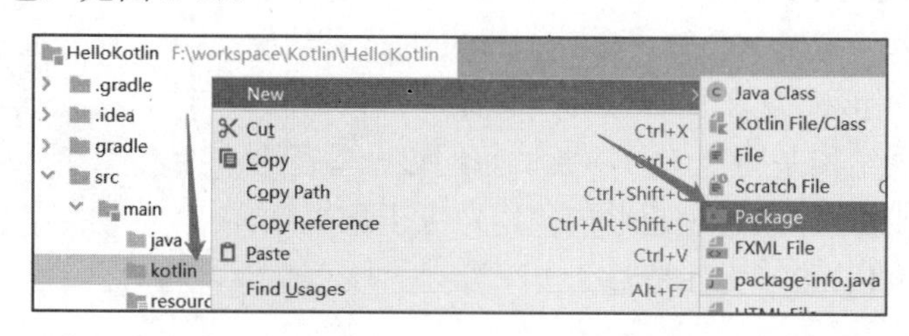

图 1-11

用鼠标右击“kotlin”目录，在弹出的快捷菜单中选择“New”→“Package”，出现图 1-12 所示的界面。在这里填上包名，单击“OK”按钮，会在 main/java 下创建 com.niuedu 包，在包上右击，弹出如图 1-13 所示的快捷菜单。

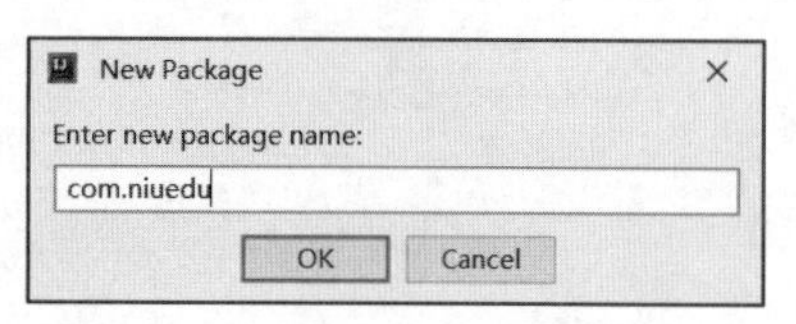

图 1-12

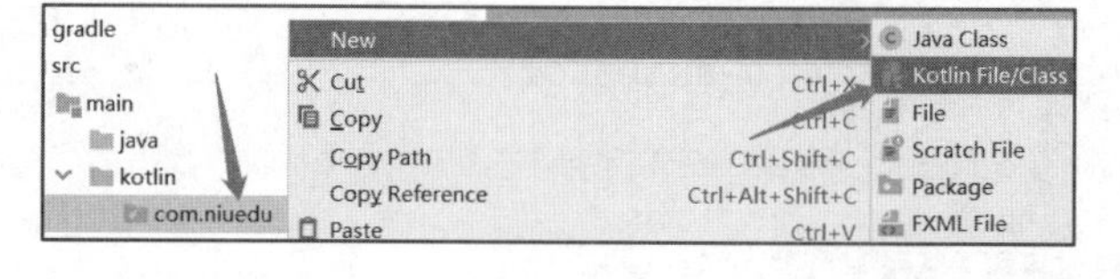

图 1-13

选择“Kotlin File/Class”之后，出现图 1-14 所示的界面。

接下来选择所创建文件的类型，填入文件名“HelloApp”，选择“File”并双击，会在 main/kotlin/com.niuedu 下添加文件 HelloApp.kt。编辑此文件，最终内容如下：

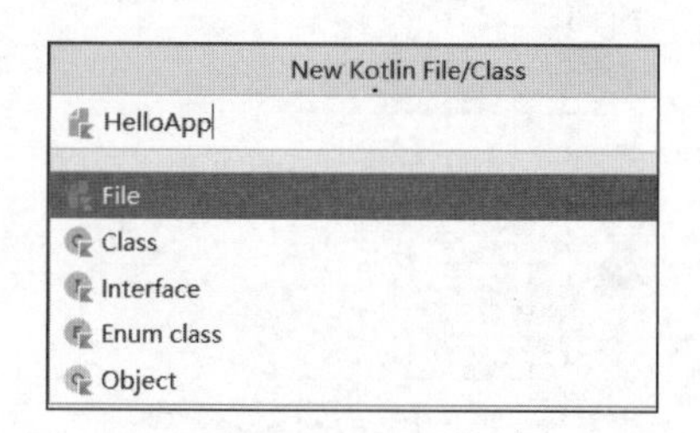

图 1-14

```
package com.niuedu

fun main() {
    println("Hello world!")
}
```

Main()函数很简单，其内容是打印一条文本。代码有了，如何运行呢？请看下节讲解。

1.1.6 运行程序

与 Java 工程一样，需要先配置运行方式。单击图 1-15 所示的位置，进入配置页面。

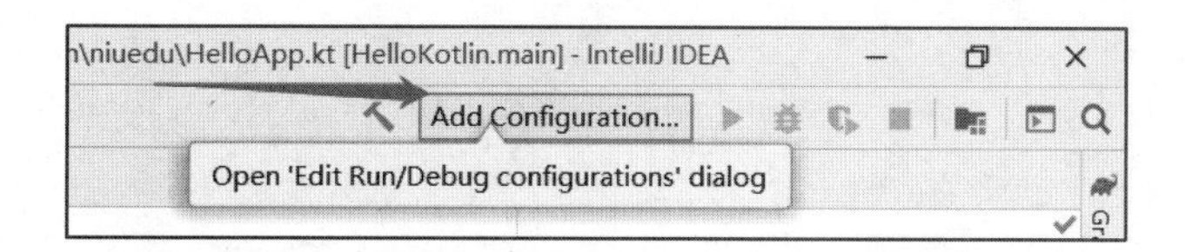

图 1-15

图 1-16 是运行方式的配置页面。

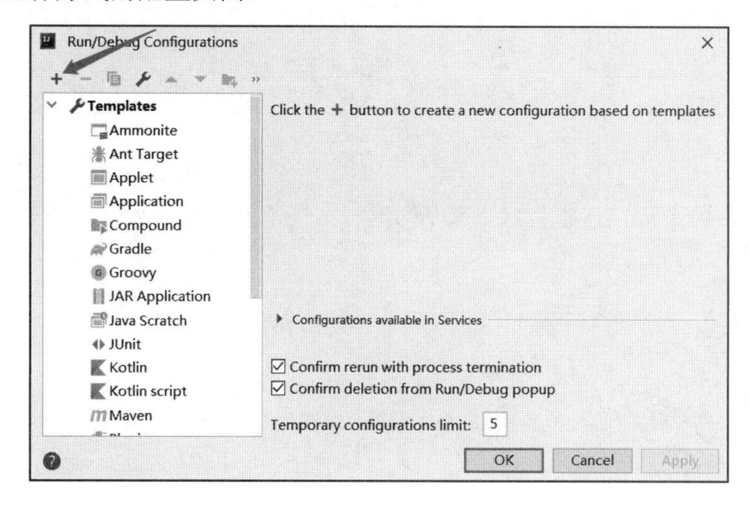

图 1-16

单击左上角的“+”图标，添加一条运行方式。选择正确的方式，这里应选“Kotlin”，如图 1-17 所示。

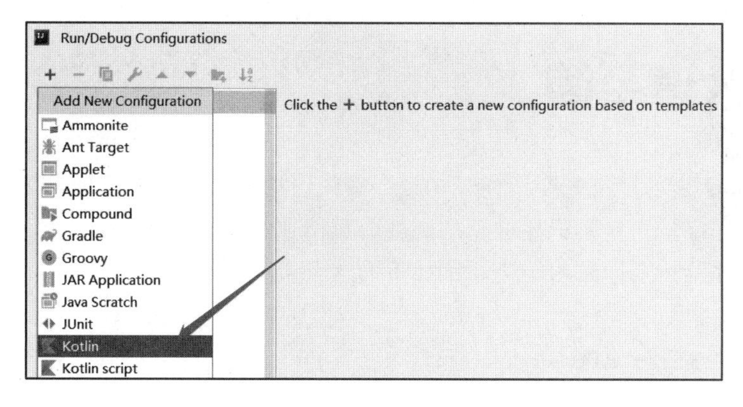

图 1-17

选择后则会出现如图 1-18 所示的界面。

将运行方式取名为“app”。在“Main class”字段填入的类名对应着 HelloApp.kt 文件，虽然 main 函数是全局函数，但是因为 Kotlin 代码最终要转成 class，所以它必然会有一个主类，从这里的类名可以看出 Kotlin 文件是如何与 Java 类对应的。

最后要注意的是，“Use classpath of module”字段需选择“HelloKotlin.main”，否则找不到 HelloAppKt 类。完成后单击“OK”按钮，回到主页面，此时可以看到运行方式旁边的图标变成绿色了，如图 1-19 所示。

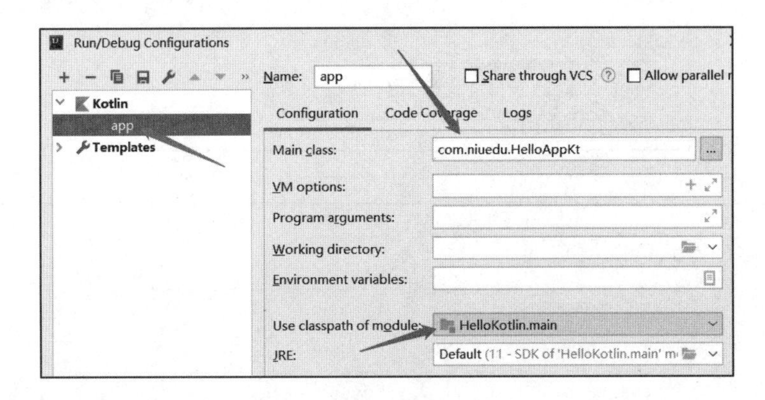

图 1-18

此时可以单击此图标以运行程序，程序的运行结果就是在控制台窗口中输出一行文本，如图 1-20 所示。

图 1-19

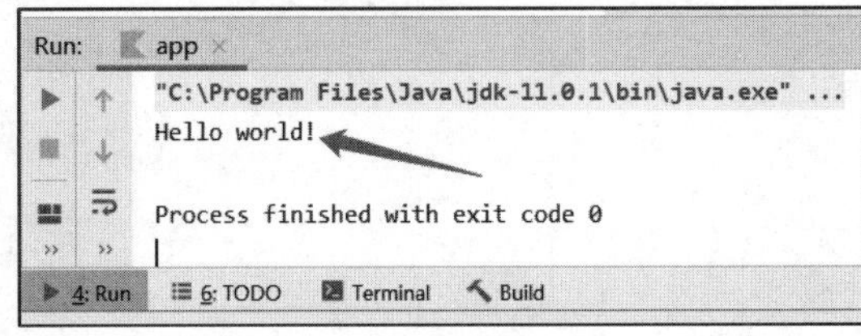

图 1-20

至此，第一个程序运行成功，下面就快速学习一下 Kotlin 的语法。

1.2 大道至简

在学习 Kotlin 之前，首先要记住一句话：新式语法的一个重要目标是简化。简化的目的是什么呢？减少码字量！只要记住这句话，就会觉得那些奇怪的语法越来越“可爱”。

首先我们来体验一下什么叫简化，比如下面这个 Java 类：

```
class ContactInfo{
    private Bitmap bitmap;
    private String title;
    private String detail;

    public ContactInfo(Bitmap bitmap, String title, String detail) {
        this.bitmap = bitmap;
        this.title = title;
        this.detail = detail;
    }

    public Bitmap getBitmap() {
        return bitmap;
```

```
    }

    public String getTitle() {
        return title;
    }

    public String getDetail() {
        return detail;
    }
}
```

这种类的写法是如此固定，字段（Field，即类的成员变量）名决定了 getter 和 setter 方法的命名，所以 getter 和 setter 方法的名字是可以推断出来的，getter 和 setter 仅仅是对字段的包装，并没有什么逻辑在里面，这跟直接暴露字段有什么区别？我们可不可以改进一下，把 getter 和 setter 省略掉呢？

```
class ContactInfo{
    public Bitmap bitmap;
    public String title;
    public String detail;

    public ContactInfo(Bitmap bitmap, String title, String detail) {
        this.bitmap = bitmap;
        this.title = title;
        this.detail = detail;
    }
}
```

字段变成了 public，但是与之前的代码最终没有什么实质的不同。

这里要解释一下，虽然直接暴露字段不符合封装的思想，但是可以改进一下编译器，把这些字段当作属性，自动编译出 getter、setter 和对应的字段变量。

继续研究：构造方法的写法似乎也可以省略。因为所有字段的值都需要通过构造方法的参数传进来，所以构造方法的参数与字段是一一对应的，而且习惯上我们还喜欢让参数名与字段名相同。可以试着改进一下 Java 语法，支持下面这种写法：

```
class ContactInfo(public Bitmap bitmap,
          public String title,
          public String detail) {
}
```

直接把构造方法与类声名结合起来，让编译器根据构造参数创建字段。于是，来到了 Kotlin 的世界：

```
class ContactInfo(val bitmap: Bitmap,val title: String, val detail: String ){}
```

注　　意

在 Kotlin 中，用 val 定义常量、var 定义变量，常量或变量的类型放在符号名后面，并用冒号分隔开，这一点与 Java 很不相同。

Kotlin 的目标是什么？少写字！既然类的内容是空的，就把大括号也省略。所以，这样写也行（注意，最后不必加分号，Kotlin 不喜欢分号）：

```
class ContactInfo(val bitmap: Bitmap,val title: String, val detail: String )
```

1.3 万变不离其宗

虽然代码简化了，但是什么也没少，表面上再怎么变化，底层的实质永恒如一。

就拿上一节的 Kotlin 类定义来说，看起来只有一行，实质上编译出的 class 代码中什么也没少，所以写的时候把一些能省的代码省了，其实是留给了编译器去完成。所以要记住，只是表现形式变了，该有的东西一样都不少，这叫万变不离其宗。

那么哪些代码能省呢？答案很简单：能推导出来的代码就能省！举一个例子：Lambda 表达式。其实 Java 8 中已经支持 Lambda 了，可以说 Lambda 是新式语法中的一个重要语法糖。初接触 Lambda 的人会感到很迷惑，主要是因为它的语法，虽然知道它的作用跟函数一样，但是看起来却很不像函数，比如下面这段 Java：

```
fab.setOnClickListener(view -> Snackbar.make(view, "",
Snackbar.LENGTH_LONG));
```

这是 Android 中常见的设置侦听器的代码，“fab”是一个按钮，setOnClickListener()方法用于设置响应按钮单击事件的侦听器，侦听器是一个类，主要作用就是包含一个回调方法，当然可以用 Lambda 来代替侦听器类，因为这可以少写很多代码。

小括号里就是一个 Lambda，怎么解读这个 Lambda 呢？首先它是一个函数（当然准确地说它是一个函数对象，但现在不必深究），定义一个函数必须具备四要素：函数名、参数、函数体、返回值类型。那么这个 Lambda 具备这些要素吗？当然具备了，万变不离其宗！

首先说函数名。Lambda 就是匿名函数，虽然有名字，但是因为用不到，所以匿名了。再说参数，“->”左边是参数、右边是函数体。返回值也是存在的，但不必像一般函数那样明确声明，而是靠推导而得。如何推导呢？看函数体最后一条语句的返回值类型。

其实可以让 Lambda 看起来更接近一般函数，比如参数放在小括号里、函数体放在大括号里，并为参数增加类型，具体如下：

```
fab.setOnClickListener((View view) -> {
    Snackbar.make(view, "", Snackbar.LENGTH_LONG);
});
```

虽然看起来稍微顺眼点了，但是我们的原则是能省就省，所以前面的写法才是更好的。

如果这段代码改用 Kotlin 实现，会如何呢？请看：

```
fab.setOnClickListener { view ->
    Snackbar.make(view, "", Snackbar.LENGTH_LONG)
}
```

Kotlin 也支持 Lambda，而且看起来与 Java 的写法区别不大，唯一的区别就是 Lambda 的所有部分都放在大括号中。这样的语法又带来一个好处：Kotlin 可以更进一步，把简化做到极致——连方法调用的小括号都省掉，因为方法 setOnClickListener()的参数只有一个，且其内容都放在了大括号中，所以可以将小括号省掉，编译器依然可以判定此种形式的函数调用语法。

现在我们知道了新式语法的简洁是靠编译器自动推导的，那么推导是如何进行的呢？

有时很简单，比如定义变量：

```
var aStr=""
```

根据初始值，一下就推导出 aStr 的类型是字符串。但是，如果像下面这样定义变量呢？

```
var bStr = null
```

这就不允许了，因为初始值 null 不属于任何类型，推导不出 bStr 的类型，而强类型语言是不允许在编译阶段有不确定的变量类型，所以此时必须明确指定类型：

```
var bStr:String? = null
```

为什么类型后面多了一个问号？后文会有详细解释。

为了让大家快速入门，下节将对新式语法的特征做一个总结。

1.4 新式语法特征

下面是对新式语法共有特征的一个总结，虽然并不全面，但是用于快速理解和学习是没有问题的。

（1）不需要分号。

只有想在同一行内放多条语句时，才需要用分号来分隔。

（2）使用明确的关键字定义方法，而不是根据语法来辨别。

比如：“**fun** sum(a: Int , b: Int):Int { return a+b }”，Kotlin 使用“fun”关键字定义函数和方法。

（3）使用明确的关键字定义变量，而不是根据语法来辨别，并且对常量（也可叫只读变量）和变量用关键字进行明确的区分：

- var 表示定义变量，比如：“**var** param1: Int = 12”。
- val 表示定义常量，比如：“**val** param2: String? = null”。

（4）方法或函数的返回值类型放在后面，使用“:”分隔。

比如：“fun onOptions(): **Boolean** { return true }”，其中 Boolean 是函数的返回值类型。

（5）变量和常量的类型放在后面，使用“:”分隔。

比如：“**var** param1: Int = 12”，其中“Int”是变量类型。

（6）不再完全忠诚于面向对象。

支持全局函数。既可以在类外面定义函数，也可以把函数保存在变量中，还可以定义函数类型，跟 C/C++一样。

（7）支持 Lambda 表达式，使语法精简再精简。

可以发挥想象力，试着写出最少的代码，只要编译器能把它识别出来即可。

（8）定义变量时可省略类型。

前提是编译器可以根据其他内容推导出来，如果推导不出来，就不能省略。

（9）可以在字符串中嵌入表达式，比字符串的格式化函数更方便。

比如 Java 中这样输出格式化字符串：

```
String strName = "老王";
String str = String.format("Hi,%s",strName);
```

而在 Kotlin 中这样写即可：

```
val strName = "老王"
val str = String.format("Hi,${strName}")
```

在 Kotlin 中，以“${}”的形式嵌入表达式。

（10）将可为空和不可为空作为两种类型对待，赋值时需要类型转换。

可空类型与不可空类型以“?”来区分。

这样做主要是为了消除“空指针异常”。编译器无法自动消除，“空指针异常”但会时刻提醒“这个变量是不能为空的，不要给它赋空值……”，最终还是靠人去保证避免空指针异常。

比如定义非空变量：

```
var strName1:String = "老王"
strName1 = null
```

定义非空变量后，立即把它的值改成 null，会导致编译错误：“Null can not be a value of a non-null type String”，意思是说“null 不能作为非 null 类型的值”。所以，要保证赋给非空类型变量的值不为 null。

可以向可空变量赋任何值，比如：

```
var strName2:String? = null
strName2 = "老空"
```

类型后面加上问号后，就可以放空值了，但由于“String”与“String?”不是同一类型，因此在两种类型之间赋值时需要进行转换，比如：

```
var strName1:String = "老王"
var strName2:String? = "老空"
strName1 = strName2
```

第三句是将可为空的变量值赋给不可为空的变量，此时编译器会报错误“Type mismatch: inferred type is String? but String was expected”，意思是“类型不匹配：推导出的类型是 String?，但是期望的类型是 String”，也就是说期望 strName2 是 String 类型而不是 String?类型。这时就需要明确的类型转换了，比如：

```
strName1 = strName2!!
```

两个叹号用于把可为空类型转成不可空类型。使用两个叹号就是为了警示开发者：“要考虑一下，strName2 中的值能确保不为 null 吗？”此时可能有人要问：“strName2 虽然是可为空类型，但其值不是空啊，我都看到了！”你的确看到了，但是编译器看不到，因为一般情况下这些语句不会靠得这么近，比如 strName1 和 strName2 可以是类的字段，而“strName1=strName2”这一句在类的某个方法中，此种情况下编译器无法知道 strName2 的值是否为 null（是运行时才能确定的）。

也可以先判断 strName2 是否为 null，只有在它不为 null 时才赋值给 strName1，比如：

```
var strName1:String = "老王"
var strName2:String? = "老空"
if (strName2 != null) {
    strName1 = strName2
}
```

注意，strName2 的两个叹号被省略了。为什么可以省略呢？因为判断条件为 True 时，strName2 的值必然不是 null，所以编译器就自动将它转成了非空类型。

（11）具有表示范围的语法。

比如：“for (i in 1..4 step 2)”，用“..”表示范围。

（12）所有类型都是对象，不存在基础类型，或者说所有类型都在箱子里。

没有 Java 中的 int、long、char 等，只有 Int、Long、Char 等。也就是说，可以这样写代码：

```
110.equals(33)
"老李".get(1)
```

（13）增加“===”操作符，用于确定两个变量是不是引用同一个对象。

“==”比较两个对象的值是否相等，相当于调用 equals()，而“===”相当于 C 语言中的直接比较指针。

（14）显式类型转换。

编译器一般不帮我们自动转换类型，因为开发者应该明确知道每一个转换的后果，所以大多数情况下都需要开发者自己进行类型转换。

（15）创建对象时不再用“new”，而是直接调用构造方法。

这个就不用解释了，原因很简单：可以少打字。

（16）支持 if ... else ...表达式。

也就是说 if 语句可以有返回值，其返回值就是子语句中最后一句的值。比如：

```
var a=100
var b=200
val max = if (a > b) {
    print("ret is a")
    a
} else {
    print("ret is b")
    b
}
```

max 会保存 if 表达式的值，如果 a 大于 b，max 就等于 a，否则 max 就等于 b。要实现同样的效果，Java 就要写得复杂一点。另外，有了这样的语法，就不必支持三目运算符了，比如“a > b ? c : d”的效果可以用 Kotlin 实现：“if(a > b) c else d”。

（17）用 when 代替 switch...case。

when 比 switch...case 简洁一些，比如：

```
val a=1
when (a) {
    1 -> print("a == 1")
    2 -> {
        print("a == 2")
        print("a != 1")
    }
    else -> {
        print("a 不是 1 也不是 2")
    }
}
```

每个判断不需带“case”关键字，每个子语句中也不用写 break。注意，else 对应 switch...case 中的 default。

when 比 switch...case 强大得多，switch...case 只能比较是否相等，而 when 还可以判断目标变量的值是否在一个范围内，比如：

```
val a = 199
when (a) {
    in 1..10 -> print("a 在 1 到 10 内")
    100,101 -> print("a 的值是 100 或 101")
    !in 10..20 -> print("a 不在 10 与 20 之间")
    else -> print("以上都不对")
}
```

when 后也可以不带目标变量，此时它判断每个 case 是否为真，比如：

```
val a = 100
when {
    a.isOdd() -> print("a 是奇数")
    a.isEven() -> print("a 是偶数")
    else -> print("a 是啥?")
}
```

也就是说，“->”前面的部分为真时，其子语句就会被执行。

when 语句也可以像 if 语句那样作为表达式。

（18）在类中定义的成员变量其实是属性，而不是字段。

比如：

```
class Message{
    var title:String? = null
    var content:String? = null
    var timestamp:Long = 0
}
```

此类有三个属性，既然叫属性，也就是说它们对应 Java 的 getter 和 setter 方法。当然，也可以定制 getter 和 setter。注意，在 getter 和 setter 中不能再访问属性（比如不能在 title 的 getter 或 setter 代码中使用 title），这样会引起无限递归调用，那要使用这个对应属性的值时怎么办呢？每个属性都有一个不可见的字段存储属性的值，这个字段可以用“field”访问，比如：

```
class Message{
    var title: String = "通知"
        get() = field + ":"    // 将变量赋值后转换为大写

    var content: String? = "从明天起，一天工作不要超过 25 小时！"
        set(value) {
            field = value
        }

    var timestamp:Long = 0
}
```

可以看到 getter 或 setter 不需要定制时可以省略。

（19）有默认构造方法。

默认构造方法是直接在类名后加小括号来定义，比如：

```
class Message(var title: String="通知", var content: String?){
    var timestamp:Long = 0
}
```

title 和 content 不仅仅是默认构造方法的参数，同时也是类的属性。类的构造方法没有方法主体（body），如果需要定制其内部的程序逻辑怎么办呢？很简单，实现 init 代码块，示例如下：

```
class Message(var title:String  = "通知", var content: String?){
    var timestamp:Long = 0

    init {
        title += ":"
    }
}
```

（20）非默认构造方法必须调用默认构造方法。

非默认构造器不再与类名同名，其名字固定，叫作 constructor。可以有多个 constructor 方法，它们之间以不同的参数来区分。

对默认构造器，可以直接调用，也可以间接调用，总之得调用一下。例如：

```
class Message(var title:String  = "通知", var content: String?){
    var timestamp:Long = 0

    init {
        title += ":"
    }

    // 次构造函数
    constructor (title:String, timestamp:Long) : this(title,"不知道通知内容") {
        this.timestamp = timestamp
        this.content = "最终内容为：$title-$content"
    }
}
```

非默认构造方法调用默认构造方法的语法有点像类的继承。

（21）枚举也是类。

枚举类中的每个枚举都是这个类的一个实例，在定义类的同时把实例也定义出来，并且不能再通过类创建新的实例，也就是说其实例的数量是固定的。看下面的例子：

```
enum class NUM{
    ONE,TWO,THREE
}
```

这个跟我们常见的枚举没有太大区别，但它是类，所以可以带属性和方法，比如：

```
enum class Color(val rgb: Int) {
    RED(0xFF0000),
    GREEN(0x00FF00),
    BLUE(0x0000FF)
}
```

此枚举带有一个属性 rgb，所以在定义枚举实例（RED、GREEN、BLUE）时，为它们的构造方法传入了参数。

（22）属性也可以被覆盖（Override）。

属性的本质是函数，当然可以被覆盖。

（23）接口中可以定义属性。

属性的本质是函数，当然可以定义属性，但是属性是抽象的，子类必须覆盖（Override）这个属性。

（24）可以在不继承类的情况下为类添加方法。

这叫"扩展"。属性的本质是方法，支持扩展，但是扩展出来的属性没有对应的字段，所以只能实现 getter 方法。它只能是 val，不能赋初始值。

此特性一般用在别人写的类上。对于自己写的类，想怎么改就怎么改，没有必要用扩展。

（25）类型转换使用"as"关键字。

看一个例子：

```
val a:String = Color.RED as String
```

这里借用了前面定义的枚举。注意，这个转换会返回 null，因为两种类型不匹配。

（26）当连续调用某个对象的多个方法时，可以让对象只出现一次。

Kotlin 的做法是放在"with"开头的代码块中，看以下示例：

```
with(fab){
    clearCustomSize()
    setCompatElevationResource(100)
    show()
}
```

fab 是一个对象，大括号中三个方法都是它的成员函数，这种方式就相当于如下代码：

```
fab.clearCustomSize()
fab.setCompatElevationResource(100)
fab.show()
```

很明显，就是为了少打点字，但有时也少不了太多。

（27）支持全局函数。

1.5 Kotlin 独特语法

（1）表达式可以作为函数的主体。

比如：fun sum(a: Int, b: Int) = a + b。

（2）Java 下的 void 在 Kotlin 中变为 Unit：

比如："fun exitNow():Unit { return Unit }"，其实此函数的参数与返回语句都可以删掉。注意，Unit 也是一个对象。

（3）不定参数使用关键字 vararg 定义，在函数内以数组对待。

这一点跟 Java 一样，看一个例子：

```
fun asList(vararg ts: String): List<String> {
    for (t in ts) // ts 是一个 Array
        ...
    return ...
}
```

（4）可以为表达式加个标签（标签就是表达式的名字），从而直接跳转到表达式位置执行。这个功能只用在三个指令上：break、continue、return。

下面的例子是 break 或 continue 的位置标签：

```
loop@ for (i in 1..100) {
    for (j in 1..100) {
        if (...) {
            break@loop
        }
    }
}
```

本来 break 应该打破内部循环，加了标签便变成了打破外部循环。

（5）Lambda 中的 return 会导致外部函数的返回，如果仅想从 Lambda 中返回，要用到标签。

看一个 return 的例子：

```
fun foo() {
    listOf(1, 2, 3, 4, 5).forEach{
        if (it == 3) return
        print(it)
    }
    print(" done with explicit label")
}
```

forEach 后面是一个 Lambda，return 出现在 Lambda 中。猜一下，这个 return 是从哪里返回的。从 Lambda 返回？这种写法在 Kotlin 中是从 foo()返回！相当于在 foo()中调用 return。那么如何从 Lambda 中返回呢？这样做：

```
fun foo() {
    listOf(1, 2, 3, 4, 5).forEach lit@{
        if (it == 3)
return@lit
        print(it)
    }
    print(" done with explicit label")
}
```

return 后加了标签，变成了退出到 forEach()，也就相当于从 Lambda 返回。

注意，Lambda 的参数如果只有一个，就可以在定义时省略，然后通过“it”引用。

（6）可以通过主构造方法的参数为类直接定义属性。

这个特性前面已经接触过。其实还可以在参数前加访问性修饰（public、private 等关键字），例如：

```
class ContactInfo(public val bitmap: Bitmap,
                  private val title: String,
                  val detail: String)
```

（7）具体类默认是 final 的，不能被继承，如果需要被继承，就要用 open 修饰。

这点与 Java 相反，Java 类默认是可以被继承的。抽象类默认肯定是 open，因为抽象类必须被继承才有存在的意义。

（8）在类内部定义的类有两种：嵌套类和内部类。

嵌套类相当于 Java 中的静态内部类，不能使用外部类的 this。内部类必须以“inner class”定义，相当于 Java 中的私有非静态内部类，可以访问外部类的 this。跟 Java 一样，支持匿名内部类。

（9）所有类都从 Any 派生。

Any 就是 Java 中的对象（Object）。

（10）方法默认是 final 的，所以要想被子类覆盖（Override），需用 open 修饰。

这个设计与类一致。

（11）要想让类的属性或方法属于类型而不是实例，应在“companion object（伴随对象/伴生对象）”代码块中定义。

看如下示例代码：

```
class MyClass {
   companion object {
      fun create(): MyClass = MyClass()
   }
}
```

方法 create()就是 MyClass 的一个类型方法（也就是静态方法），可以这样调用：

```
val instance = MyClass.create()
```

（12）用 object 创建内部匿名类。

看这个例子：

```
window.addMouseListener(object : MouseAdapter() {
   override fun mouseClicked(e: MouseEvent) {
      clickCount++
   }
   override fun mouseEntered(e: MouseEvent) {
```

```
        enterCount++
    }
})
```

这是 Android 中常见的语法，设置事件侦听器，这个侦听器类必须从 MouseAdapter 类派生。语法看起来与 Java 很相似，最大的差别就是多了“object:”，实际上它表示定义一个“对象表达式”，内部匿名类实际上是把类的定义与创建实例合在一起了，因为最终创建的是一个实例，所以用 object 来标识。

（13）语法上直接支持单例模式。

要创建一个全局唯一静态对象（也就是单例），比 Java 下简单得多。其做法是用关键字 object 而不是 class 来定义一个类。这相当于先定义一个类，然后用它创建对象，并想办法保证此对象在进程中是唯一的。下面是创建单例的示例：

```
object DataProviderManager {
    fun registerDataProvider(provider: DataProvider) {
        // ...
    }

    val allDataProviders: Collection<DataProvider>
        get() = // ...
}
```

下面是使用它的代码，可以直接通过类名调用方法，而不用先创建实例，因为它本身就是一个实例：

```
DataProviderManager.registerDataProvider(...)
```

（14）可以在一个类中为另一个类定义扩展：

“扩展”就是为已存在的类添加新的方法或属性，而那个类的原有代码不会受影响。这种语法有时看起来很奇怪，因为随时可以干这种事，比如在某个类内部为另一个类添加方法：

```
class A {
    fun methodOfA() { println("类A") }
}

class B {
    fun methodOfB() { println("类B") }

    fun A.method2OfA() {
        methodOfA()
        this@B.methodOfB()
    }
}
```

我们先定义一个类 A，它有一个方法 methodOfA()；再定义类 B，其中第二个方法 A.method2OfA()看起来是在 B 中定义的，但实际上是 A 的方法，因为其最前面指定了 A 的类名。

注意扩展的影响范围，在上面的例子中，A 的扩展方法只能在 B 中调用，B 之外是不能用的，如果要在更大的范围内使用，可以在类外定义 A 的扩展。

（15）可定义只用于包含数据的类。

这种类叫作“数据类”，以“data class”修饰。注意，并不是说这种类不能包含方法，它的本质与普通类没有区别，“data”修饰符起的作用是：为类添加了几个方法，它们的功能分别是：比较值是否相等（equals()）、求取 Hash 码（hashCode()）、转字符串（toString()）、复制数据的方法（copy()）等。当然还可以自由添加方法，但是由于我们的设计目标就是把它当作数据容器，所以尽量不要为它添加包含业务逻辑的方法。

例如：

```
data class User(val name: String, val age: Int)
```

（16）支持封闭类。

封闭类是什么？密封类的子类数量有限，这一点不同于 Enum Class（Enum Class 的实例数有限）。

封闭类要求子类必须在其所在的文件中创建。如此一来，其他人就因为不能修改此类的源码而无法创建此类的新子类，于是达到了“封闭”的目的。看下面这个例子：

```
sealed class Expr
data class Const(val number: Double) : Expr()
data class Sum(val e1: Expr, val e2: Expr) : Expr()
object NotANumber : Expr()
```

定义了一个封闭类 Expr，从它派生了三个类，其中最后一个类是一个单例。这些代码必须在同一个文件中。

（17）定义函数类型时还可以指定调用此函数的对象。

先看一个例子：

```
val sum: Int.(Int) -> Int = { other -> this.plus(other) }
```

sum 是一个函数常量，其类型是“Int.(Int) -> Int”，参数是 Int，返回类型是 Int，但是前面多了一个“Int.”，表示调用此函数时必须通过 Int 类型的实例（叫作目标对象的类型），比如“44.sum(33)”。注意：大括号内是 Lambda，other 是 33，this 指向 44（this 是可以省略的）。

实际上 sum 并不是 Int 的方法，但是这样定义之后就成了 Int 的方法，跟扩展的效果很相似。

再看一个例子：

```
class HTML {
    fun body() { }
}

fun html(init: HTML.() -> Unit): HTML {
    val html = HTML()  // 创建接受者对象
    html.init()        // 将接受者对象传递给 Lambda 表达式
    return html
```

```
}

html{          // 带接受者的 Lambda 表达式从这里开始
    body()   // 调用接受者对象上的一个方法
}
```

定义了一个类 HTML，并在类外定义了函数 html()。html()有唯一的参数 init（是一个函数），在它的类型定义中指定了必须通过 HTML 的实例调用 init。当然，在 html()的实现中也是这样做的。

最后是对 html()函数的调用，由于它只有一个参数，因此小括号被省略。其参数是一个 Lambda，Lambda 中调用了 HTML 实例的方法 body()。根据 html()函数的定义可以推断出 Lambda 中所调用的方法所属的类，所以可以做到如此简洁的函数调用语法。这种语法的一个主要应用就是实现"类型安全的构建器"，看下面的例子：

```
fun result() =
    html {
        head {
            title {+"XML encoding with Kotlin"}
        }
        body {
            h1 {+"XML encoding with Kotlin"}
            p  {+"this format can be used as an alternative markup to XML"}

            // 一个元素，指定了属性，还指定了其中的文本内容
            a(href = "http://kotlinlang.org") {+"Kotlin"}

            // 混合内容
            p {
                +"This is some"
                b {+"mixed"}
                +"text. For more see the"
                a(href = "http://kotlinlang.org") {+"Kotlin"}
                +"project"
            }
            p {+"some text"}

            // 由程序生成的内容
            p {
                for (arg in args)
                    +arg
            }
        }
    }
```

以上是常用特性中比较特殊的地方，其余方面与 Java 差不多。

1.6 作用域函数

Kotlin 中有 5 个风格相似的函数，善用它们，可以使代码更加简洁，分别是 let()、apply()、with()、run()、also()。

这几个函数都是 inline 函数，而且都是范型。比如 let()函数：

```
@kotlin.internal.InlineOnly
public inline fun <T, R> T.let(block: (T) -> R): R {
    contract {
        callsInPlace(block, InvocationKind.EXACTLY_ONCE)
    }
    return block(this)
}
```

注意，函数名“let”前面指定了目标对象的类型。不是所有的函数都会指定目标对象的。

这几个函数被称作“作用域函数”，因为它们都为所操作的对象创建了一个作用域，在作用域中使用要操作的对象时可以把代码写得更简捷，比如：

```
Person("Alice", 20, "Amsterdam").let {
    println(it)
    it.moveTo("London")
    it.incrementAge()
    println(it)
}
```

如果不用 let 函数，需要这样写：

```
val alice = Person("Alice", 20, "Amsterdam")
println(alice)
alice.moveTo("London")
alice.incrementAge()
println(alice)
```

代码量差不多，没有体现出作用域函数的优势，但是代码量大的时候可以明显看出作用域函数的优势。

let 后是一个 Lambda（是作用域），Lambda 的参数是 Person 实例（是 let 所操作的对象），被叫作“上下文对象”。

这几个函数的作用非常相似，要正确选择是有一定困难的，仅看名字还不行。为了清楚它们的区别，需要从两方面进行研究：一是引用上下文对象的方式；二是返回值。

在 Lambda 中引用上下文对象时，有的用 this，有的用 it。run()、with()、apply()用 this，所以在这几个函数的作用域中要访问上下文对象的方法或属性时，可以把 this 省略，但这样带来一个问题，在作用域中不仅可以调用上下文对象的方法，还可以调用全局函数，于是容易让人分不清哪个函数属于谁，所以开发者最好自行保证在作用域中仅调用上下文对象的方法或属性。看下面这个例子：

```
val adam = Person("Adam").apply {
    age = 20                     // same as this.age = 20 or adam.age = 20
    city = "London"
}
```

在代码中同时修改一个对象的多个属性值，看起来还挺舒服。

在 let()和 also()中使用 it 引用上下文对象，此时访问上下文对象的方法或属性时，it 是不能省略的，因为 it 比 this 字母少，所以在不能省略对象的场合下，用 it 方便一些。

在返回值方面，apply()和 also()返回的是上下文对象，let()、run()、with()返回的是 Lambda 中返回的值。

下面简要说明面对各函数该如何抉择。

1.6.1 let()

上下文对象用 it 引用，返回 Lambda 返回的值。

let()用在调用链的最后面，能省点事，比如：

```
val numbers = mutableListOf("one", "two", "three", "four", "five")
val resultList = numbers.map { it.length }.filter { it > 3 }
println(resultList)
```

改用 let 后：

```
val numbers = mutableListOf("one", "two", "three", "four", "five")
numbers.map { it.length }.filter { it > 3 }.let { println(it) }
```

还有一种用法，就是判断对象是否为空，如果不为空，则执行 Lambda 中的代码，并将其上下文对象自动变为不可为空类型。示例如下：

```
val str: String? = "Hello"
//processNonNullString(str) -- 这样调用有错误，因为函数要求参数不可为空，而 str 可为空
val length = str?.let {
    println("let() called on $it")
    processNonNullString(it)      // 这样调用 OK: 'it' 以自动变为不可为空
    it.length
}
```

在 let 中一般放置相关性比较大的对上下文对象的一堆操作，包括设置属性的值、调用方法并对返回值进行运算等。

1.6.2 run()

上下文对象用 this 引用，返回 Lambda 返回的值。

run 的作用有点像 let，把对上下文对象相关性比较大的操作放在一起。run 和 let 可以很自然地相互替换，比如：

```
val service = MultiportService("https://example.kotlinlang.org", 80)

val result = service.run {
    port = 8080
    query(prepareRequest() + " to port $port")
}

val letResult = service.let {
    it.port = 8080
    it.query(it.prepareRequest() + " to port ${it.port}")
}
```

run 可以不在某个对象上调用，此时它的作用是将一堆相关的操作放在一起。当然也可以产生结果并返回给某个变量以保存下来，比如：

```
val hexNumberRegex = run {
    val digits = "0-9"
    val hexDigits = "A-Fa-f"
    val sign = "+-"

    Regex("[$sign]?[$digits$hexDigits]+")
}

for (match in hexNumberRegex.findAll("+1234 -FFFF not-a-number")) {
    println(match.value)
}
```

注意，hexNumberRegex 是一个常量，保存了 run 中 Regex()返回的值。

1.6.3　apply()

上下文对象用 this 引用，返回上下文对象。

在此函数 Lambda 中，主要对上下文对象的属性进行设置，意图是“将这些参数应用到这个对象”，所以一般用于配置对象时。

看下面的示例代码：

```
val adam = Person("Adam").apply {
    age = 32
    city = "London"
}
```

1.6.4　also()

上下文对象用 it 引用，返回上下文对象。

此函数一般用于调用那些以上下文对象为参数的方法，比如打印上下文对象的属性值，或者将上下文对象的属性值记入日志中，而且不应该在 Lambda 中更改上下文对象，比如：

```
    val numbers = mutableListOf("one", "two", "three")
    numbers.also { println("The list elements before adding new one:
$it") }.add("four")
```

使用 also 的特点是，如果从调用链中抽走 also 调用，不会影响调用逻辑和执行结果。

1.6.5 with()

上下文对象用 this 引用，返回 Lambda 返回的值。

with 的作用可以理解为：“用这个对象，做点事”。当前面的函数都不大合适时，就可以考虑它了，比如：

```
val numbers = mutableListOf("one", "two", "three")
val firstAndLast = with(numbers) {
          "The first element is ${first()}," +
          " the last element is ${last()}"
}
println(firstAndLast)
```

一般在 Lambda 中只写操作上下文对象的代码。

1.7 新式语法特点总结

总结一下新式语法的主要特点：

（1）尽量少码字，比如省掉分号、省掉小括号、多用 Lambda。

（2）减少人为错误，比如力所能及地支持自动类型推断。

（3）在语法层面减少空指针异常。这本来是调试中才能发现的错误，但通过把同一类型可为空和不可为空作为不同的类型，在编译时就可以发现更多逻辑上的问题。

（4）要支持函数式编程，这个特性是必需的。

（5）可以扩展已存在的类的功能，而不必从它派生。

要深入理解 Kotlin 和它背后的设计与演化思想，还要在入门的基础上阅读详细参考手册。最好的资料是官网发布的，幸运的是官网也提供了中文版的参考手册，地址为 https://www.kotlincn.net/docs/reference/。

第 2 章

◄ Android系统简介 ►

Android 当前已是最流行的移动操作系统，没有之一。

Android 基于 Linux 构建，但它不同于一般的 Linux 发行版（比如 Fedora、Ubuntu）。它对 Linux 内核的改动大一些，同时提供了很多特有的系统服务，当然还有面向移动设备的桌面，所以很多人把 Android 的地位与 Linux 并列，也不算错，其实很多事也不必深究，除了程序员，大部分人也不想搞清楚两个操作系统之间的关系。

Android 的大部分系统功能由 C/C++和 Java 开发，默认对外提供的开发接口以 Java API 为主（当前虽然第一开发语言是 Kotlin，但是 Kotlin 还是要使用 Java 编写的 API）。

2008 年 9 月，Google 正式发布了 Android 1.0 系统。之后几年，Google 不断快速更新 Android 系统。Android 3.0 是一个有较大改进的系统，提高了对平板的支持，但没有流行起来。从 4.0 之后，每一个版本都比较流行。从 6.0 之后大幅改进了安全性。AndroidQ（也就是 Andriod 10）在执行效率上的优化越来越好，只要硬件配置达到一定的水平，在界面流畅度上，用户感觉与 iOS 没有什么差别。

图 2-1 是 Android 系统在软件层面的架构图，上层依赖所紧邻的下层。

我们开发的 App 处于最上层，即应用层。在开发 App 时，我们所使用的类、方法等主要是应用框架层的包和库。应用框架层的主要目的是为我们封装了系统运行库层的 API，简化了系统功能的使用方式，并为我们提供了 Java 编程接口，于是我们才可以用 Java 和 Kotlin 进行 Android 应用开发。

Android 的原生开发（以 Java 作为开发语言）在国内其实经历了一个低潮，这个低潮基本上是从 2016 年到 2018 年年初，这段时间基于 JavaScript 的前端移动开发框架占据了主流，但 2018 年后 Android 原生开发又重新抬头。当前在招聘网站上可以看到 Android 原生开发人员的需求量逐渐增加。

Android 当前支持多种类型的设备，包括手机、平板、车载导航仪、电视盒、电视、手环、智能手表等，由于其开源、免费，在市场上占据的份额一直在增加，现已成为第一，并且还看不到替代品的出现。

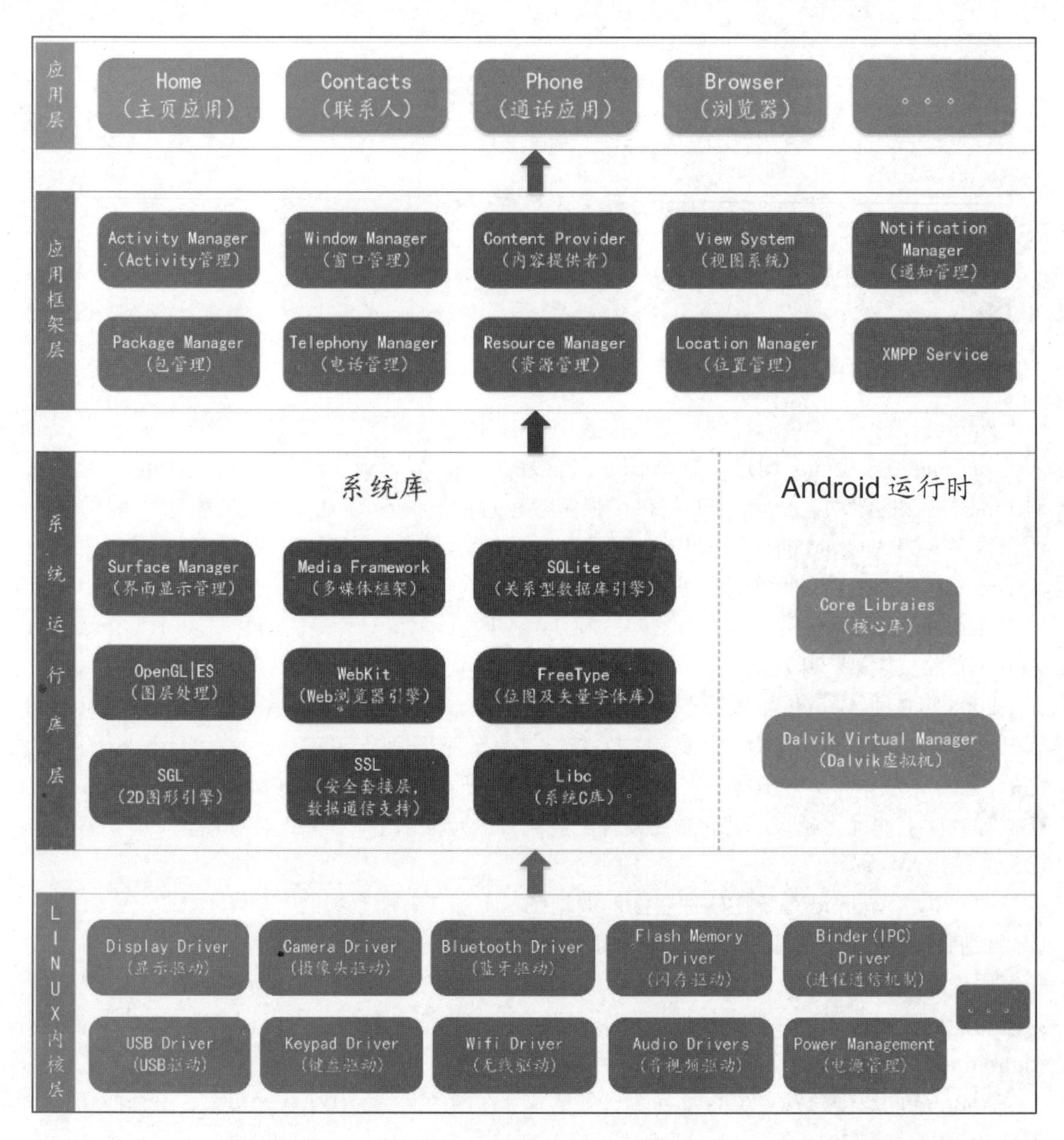
应用层
Home
（主页应用）
Contacts
（联系人）
Phone
（通话应用）
Browser
（浏览器）
应用框架层
Activity Manager
（Activity管理）
Window Manager
（窗口管理）
Content Provider
（内容提供者）
View System
（视图系统）
Notification Manager
（通知管理）
Package Manager
（包管理）
Telephony Manager
（电话管理）
Resource Manager
（资源管理）
Location Manager
（位置管理）
XMPP Service
系统运行库层
系统库
Android 运行时
Surface Manager
（界面显示管理）
Media Framework
（多媒体框架）
SQLite
（关系型数据库引擎）
Core Libraies
（核心库）
OpenGL|ES
（图层处理）
WebKit
（Web浏览器引擎）
FreeType
（位图及矢量字体库）
Dalvik Virtual Manager
（Dalvik虚拟机）
SGL
（2D图形引擎）
SSL
（安全套接层，数据通信支持）
Libc
（系统C库）
LINUX内核层
Display Driver
（显示驱动）
Camera Driver
（摄像头驱动）
Bluetooth Driver
（蓝牙驱动）
Flash Memory Driver
（闪存驱动）
Binder（IPC）Driver
（进程通信机制）
USB Driver
（USB驱动）
Keypad Driver
（键盘驱动）
Wifi Driver
（无线驱动）
Audio Drivers
（音视频驱动）
Power Management
（电源管理）

图 2-1

第 3 章
Android开发环境搭建

经过了充分的热身，现在正式开始 Android 开发之旅。

首先肯定是安装开发环境，当前的 Android 开发只有一个选择：Android Studio，Google 官方出品。其实除了 Android Studio 之外还需要 Android SDK，不过现在 Android Studio 已经很好地集成了 Android SDK，在安装 Android Studio 过程中会自动安装 Android SDK。所以，Android 开发环境的搭建需要经过以下几步：

- 下载 Android Studio。
- 安装 Android Studio。
- 配置 Android SDK。

本文的操作都是在 Windows 下进行，其余操作系统上也差不多，只要你熟悉那个系统，参照这个教程也可以配置成功。

3.1 下载 Android Studio

Android 现在在国内已经有了官网镜像，其地址是“https://developer.android.google.cn/studio/”，进入后可看到如图 3-1 的页面内容。

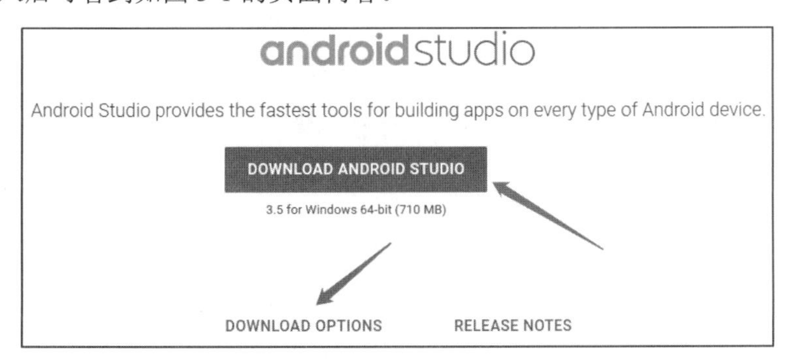

图 3-1

如果是 64 位的 Windows 操作系统，可以直接单击上面的大绿按钮下载安装包，如果不是，就需要单击“DOWNLOAD OPTIONS”，进入另一个页面选择合适的安装包。

下载完成后，下一步就是安装 Android Studio 了。欲知后事如何，请看下节分解。

3.2 安装 Android Studio

找到下载的文件，双击运行之。启动时间可能比较长，要耐心等待，启动后出现图 3-2 所示的界面。

什么都不用改动，直接单击“Next（下一步）”按钮，进入如图 3-3 所示的页面。

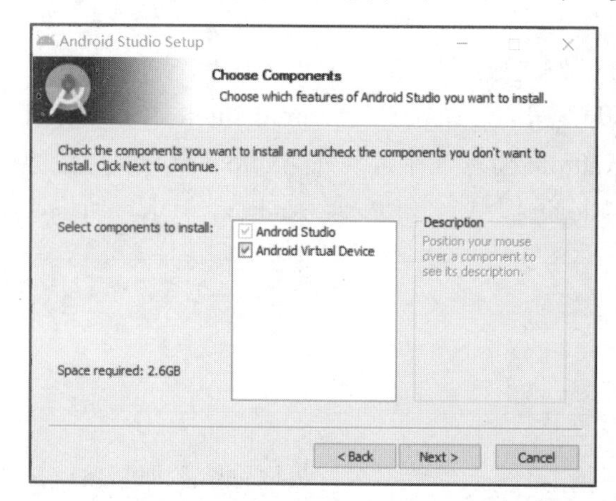

图 3-2

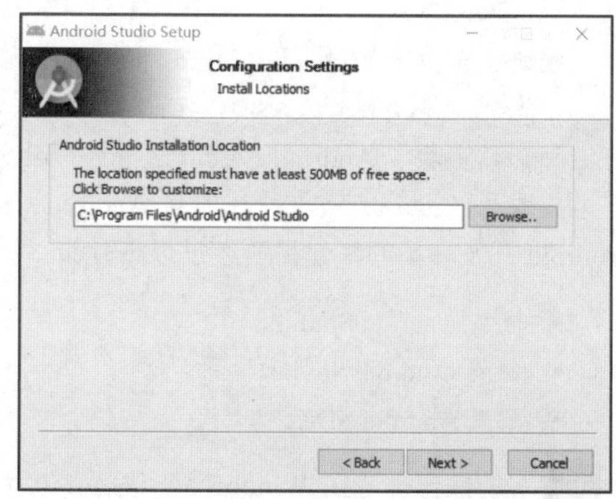

图 3-3

在这里选择安装位置。注意，安装到的路径中不要有中文或全角字符。如果 C 盘剩余空间小于 20GB，就应该选择安装到其他盘了。如果要选其他位置安装，单击“Browser（浏览）”按钮。其实默认位置就不错，直接单击“Next”按钮，进入建立快捷方式的页面（见图 3-4）。

这里不需要改动，单击“Next”按钮，进入安装页面（见图 3-5）。等待安装完成，完成后单击“Next”按钮。

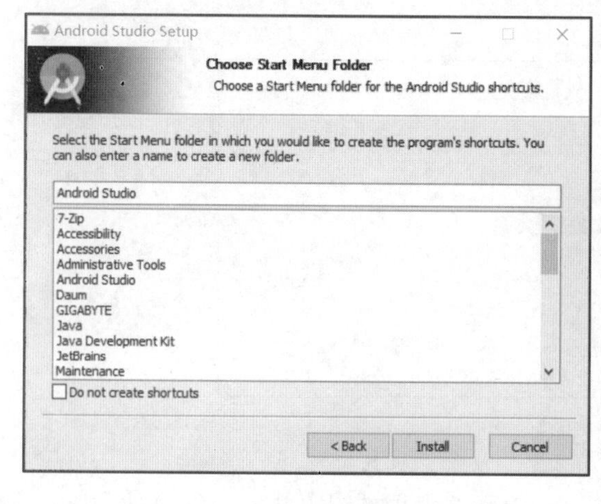

图 3-4

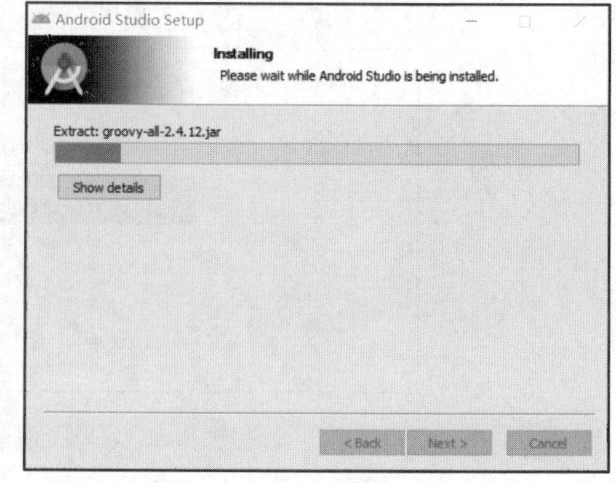

图 3-5

安装完成，如图 3-6 所示，单击“Finish（完成）”按钮。

因为“Start Android Studio（启动 Android Studio）”被选中了，所以单击“Finish”按钮后，Android Studio 会开始运行。如果没有运行，也可以去开始菜单找到 Android Studio 的快捷菜单来启动（见图 3-7）。

图 3-6

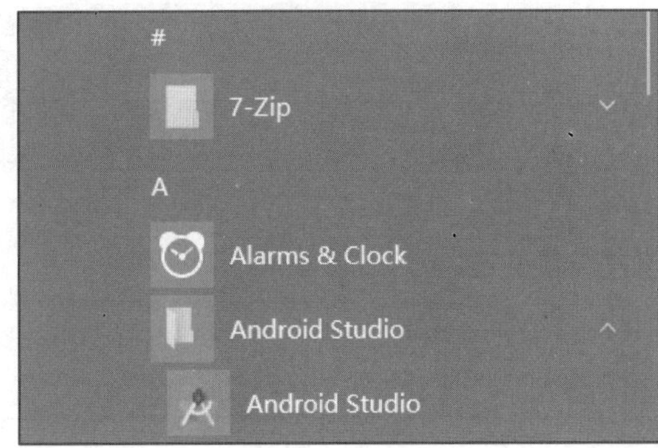

图 3-7

Android Studio 启动界面如图 3-8 所示。启动后可能会出现如图 3-9 所示的界面。

图 3-8

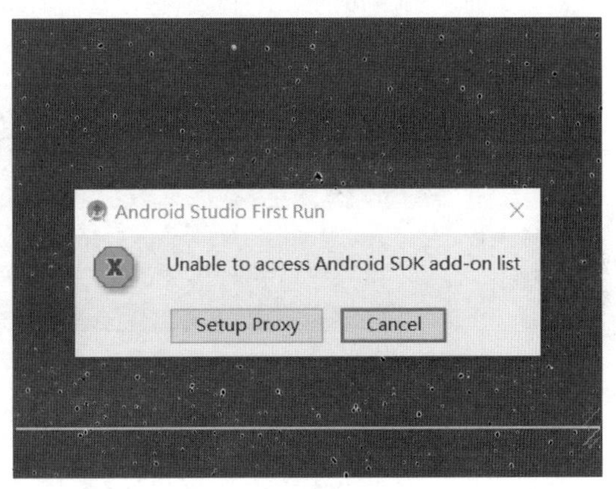

图 3-9

“Unable to access Android SDK add-on list”的意思是无法访问 Android SDK 附件列表，说明需要安装配置 Android SDK。

3.3 配置 Android SDK

SDK 是软件开发工具包的意思。要基于某个语言开发软件，就需要使用一些类、调用一些方法。这些类和方法封装了一些基础功能和操作系统的功能。以这种语言的方式提供，这些类、方法等就组成了 SDK。

JDK 是 Java SDK 的意思，就是用 Java 开发程序时所使用的 SDK，要开发 Android 程序，当然得用 Android SDK。而 Android Studio 安装包中并不带有 Android SDK，需要单独安装，基本步骤如下：

步骤 01 在图 3-9 中，单击“Cancel”按钮，进入如图 3-10 页面。

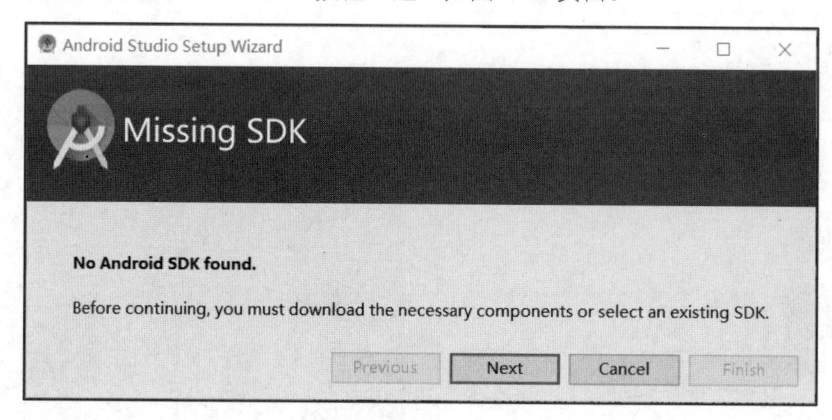

图 3-10

步骤 02 这个页面告诉我们Missing SDK（缺少SDK），必须下载必要的组件。单击“Next”按钮，进入图 3-11 所示的页面。

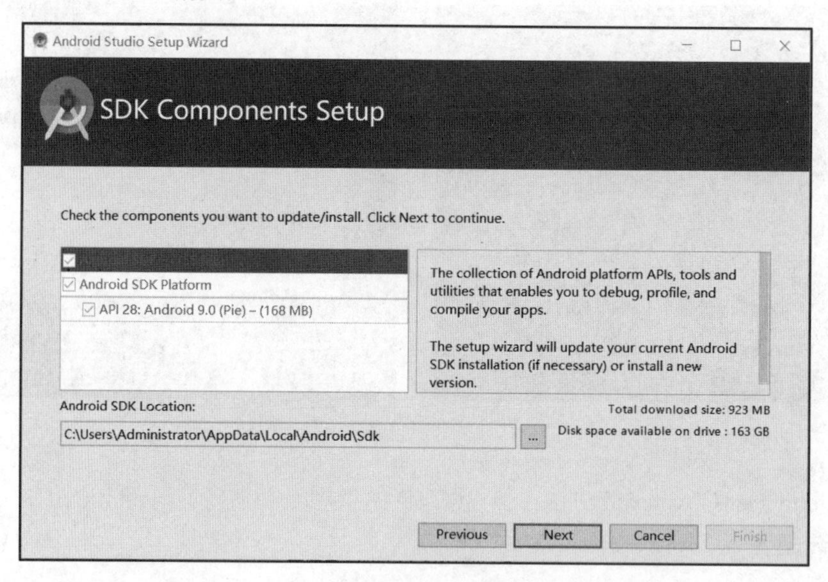

图 3-11

步骤 03 这个页面让我们选择SDK中要安装的组件，其实什么也选不了，因为复选框都是灰色的，能改动的就是SDK的安装位置（Android SDK Location）。SDK文件占据的硬盘空间比较多，所以如果C盘空间小于 30GB，就应该安装到其他盘中。注意，选择位置时，路径中不要包含中文和全角字符。比如把位置改到“F:\android-sdk”，单击“Next”按钮，进入确认页面（见图 3-12）。

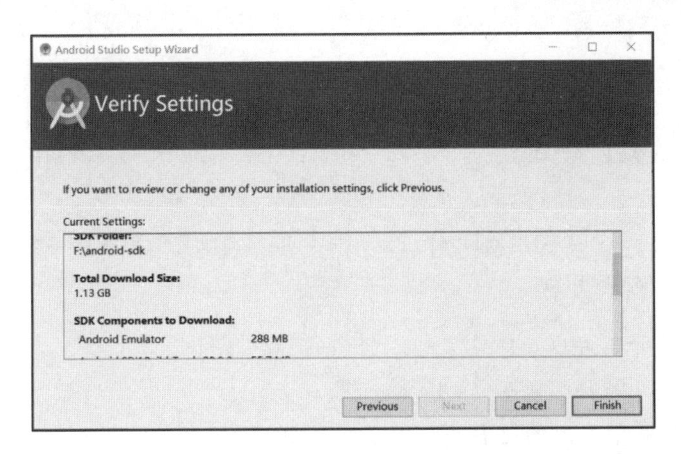

图 3-12

步骤 04　这个页面是让我们确认一下前面的选择，没有什么问题就单击“Finish”按钮，进入组件下载页面（见图 3-13）。

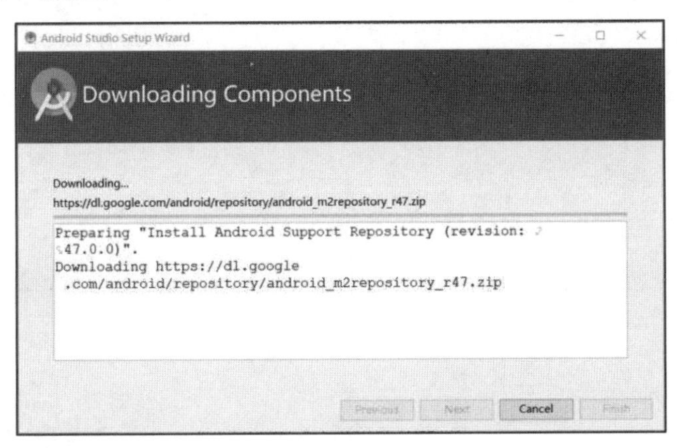

图 3-13

步骤 05　下载时间比较长，保持网络畅通并耐心等待（见图 3-14）。

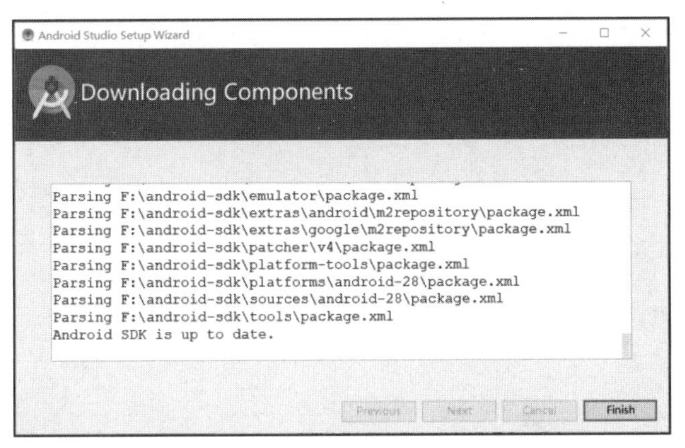

图 3-14

步骤 06　单击“Finish”按钮，完成收工。准备工作完成，可以开始编写App啦！

3.4 四项原则

创建 App 工程时遵守以下四项原则，可以让你少进很多坑。当然还有更多要遵守的事项，但是多了记不住，先记这四条：

- 工程名不能有中文或标点符号，比如“我的工程”。
- 工程名中不能有空格，比如“hello world”。
- 工程不要放在有中文的路径下，比如：helloworld 这个工程的路径为“c:\work\安卓\helloworld”就不好。
- 变量、函数、类等不要取中文名或带有标点符号。比如：“String 名字 ="马云雨""。等号前为变量名，不能用中文，改为“name”比较好。

第 4 章

第一个Kotlin App

现在可以创建第一个基于 Kotlin 的 Android App 了，步骤如下：

步骤 01 创建项目，如图 4-1 所示，选择“Start a new Android Studio project（创建新的Android Studio项目）”。

图 4-1

步骤 02 选择工程类型。需选择App所支持的设备和页面类型，如图 4-2 所示。

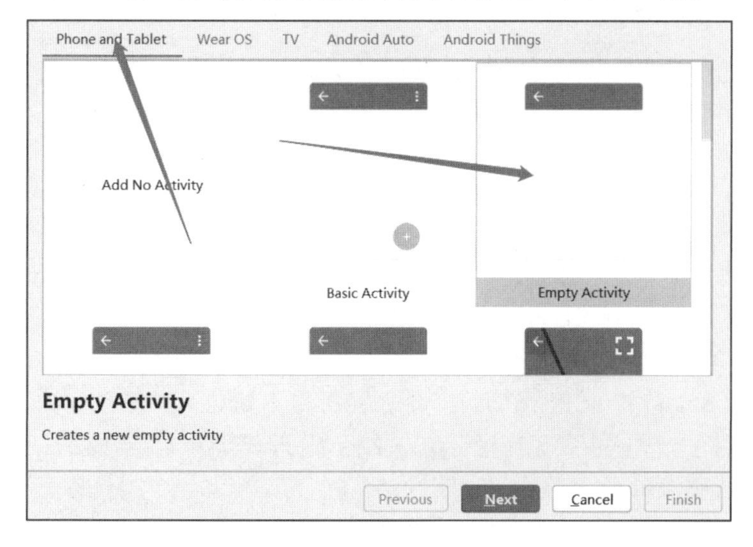

图 4-2

上面的一行 Tab 页是当前支持的各种设备类型，包括：

- Phone and Tablet：手机和平板。
- Wear OS：穿戴设备，比如手表、手环。
- TV：电视。
- Android Auto：汽车上的影音设备。
- Android Things：嵌入式设备。

选择“Phone and Tablet（手机与平板）”，在页面类型中选择“Empty Activity（空 Activity）”。单击“Next”按钮，进入工程配置页面，如图 4-3 所示。

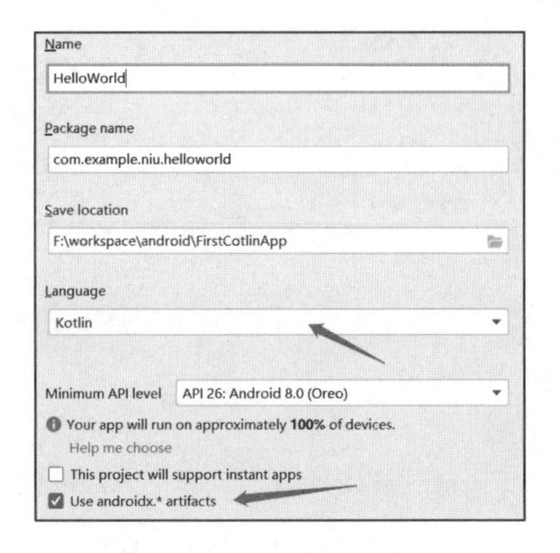

图 4-3

在这个窗口中从上到下的字段依次是：

- Name：App 的名字。这里填入“HelloWorld”，也可以填其他名字，不过第一个程序还是老老实实跟着学吧！
- PackageName:基础包名字，一般是一个域名倒过来写，后面再加个单词。
- Save location：工程保存位置。
- Language：开发语言，支持 Java 和 Kotlin。我们选择 Kotlin。
- Minimum API level：App 最低支持的 API 版本，当前默认是 26，对应 Android 8.0，也就是我们的 App 不支持 8.0 之前的系统。这个数越低，App 可以安装到的设备就越多。在下面有“Your app will run on approximately 100% of devices（你的 App 将能运行在大约 100%的设备上）”这样的提示。
- This project will support instant apps（这个项目将支持 instant app）：Instant App 是一种新型 App 结构，可以按需安装 App 的各部分而不用一次性全装好。要支持 Instant App 的话相当复杂，不在本书的范围内。
- Use androidx.* artifacts：使用 androidx 库。这个是 android support 库的改进版，我们要使用它。

选择完成后，单击“Finish”按钮，Android Studio 开始帮我们创建工程。如果计算机配置低，可能需要等待一段时间。注意窗口右下角的进度条，如果它存在，就说明工程未创建完成，需要继续等待（见图 4-4）。

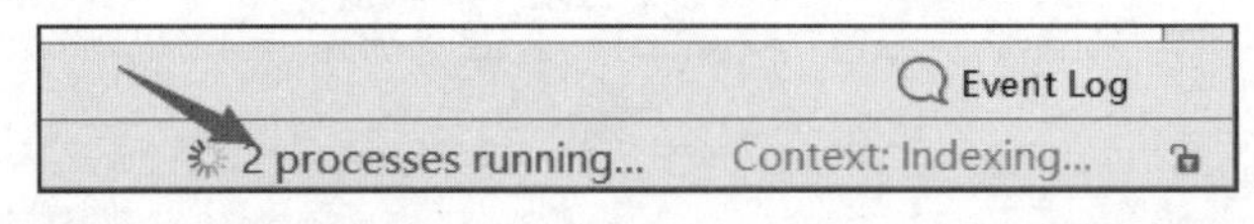

图 4-4

工程创建成功后，进入工程编辑界面，如图 4-5 所示。很熟悉的界面！与 IDEA 几乎一样。

现在 Android Studio 打开了一个工程。左下角标号 1 处是一个开关，如果看不到左右竖排的边栏，一定要点它一下。主要工作区分成左右两部分，左区（标号 2 处）是工程结构，右区（标号 3 处）是代码编辑区。

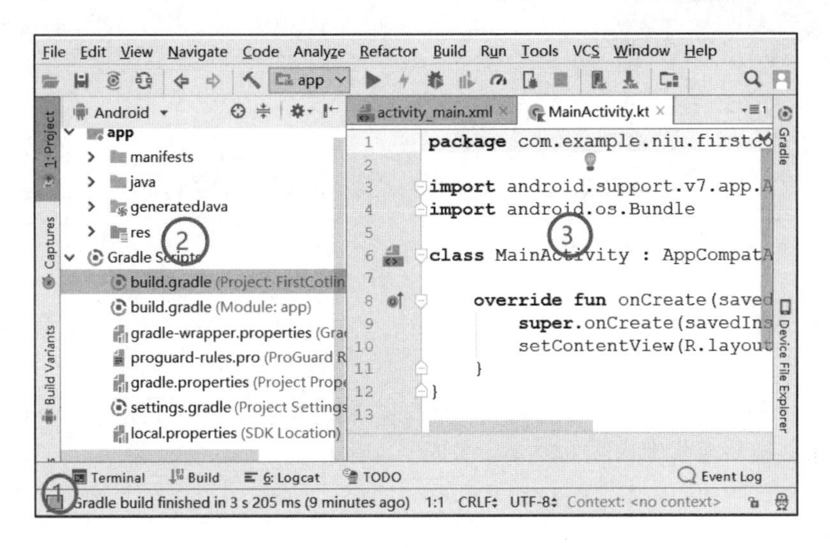

图 4-5

现在工程已经创建成功，可能会有些错误提示或警告，那些一般都不是错误，只需要编译一下工程，一般就会消失。编译工程的方式是：在主菜单中单击“Build（构建）”菜单，然后选择“Make Project（构建工程）”命令即可。

注意，如果在 Build（构建）窗口（见图 4-6）中没有出现“completed successfully（成功完成）”的语句，就说明创建失败。

如果创建失败，也不会出现图 4-7 框住的内容。

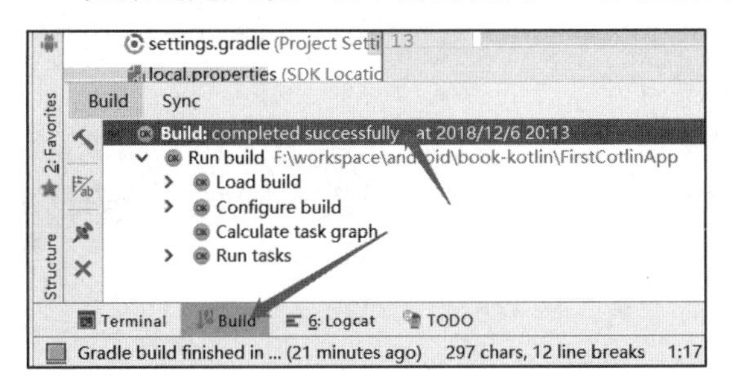

图 4-6

图 4-7

如果创建失败，90%以上是因为网络不畅通，需要做的就是多重试几次，或者换个网络环境再重试，在介绍 Maven 工程时讲过。如果没有错误，下一步就要把它运行起来。

4.1 运行 App

要运行一个 App 很简单，单击菜单栏下面工具栏上的绿色三角箭头即可（见图 4-8）。之后，可能在左下角出现如图 4-9 所示的错误提示。

此提示的意思是“找不到目标设备”。App 必须运行在 Android 设备上，如果指定了一个设备，Android Studio 就会把我们的 App 安装到这台设备上并自动开启。

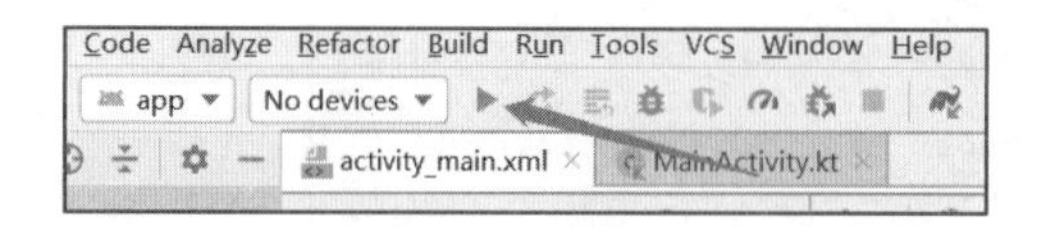

图 4-8

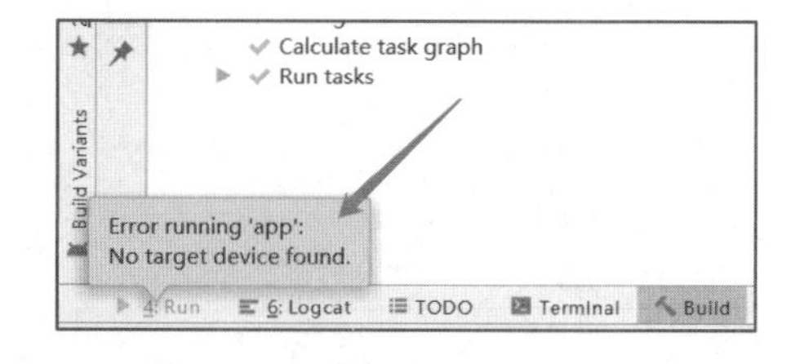

图 4-9

运行一个 App 不是那么简单的，不过也不是什么大问题，我们只要有一台 Android 设备就行了。

设备分为真实设备和虚拟设备，这两种都可以运行 App。真实设备就是 Android 手机或平板，虚拟设备是在计算机中用软件模拟出来的 Android 虚拟机。如果有 Android 手机或平板，可以把它连接到计算机上，让 Android Studio 找到它。下面讲一下如何把真实的设备连接到 Android Studio 中。

4.1.1　在真实设备上调试

要想让 Android Studio 找到真实的设备，需要做两步操作（不分先后）：

（1）在设备上开启调试（DEBUG）模式。

（2）用 USB 线把计算机与设备连接起来。

注意，在第二步中，把设备连接到的计算机是运行 Android Studio 的计算机，而不是不相干的计算机。

重点讲第一步。不同版本的 Android 系统，其打开调试的方式有点不一样。我们讲一下比较新的版本的打开调试方式，旧版本的方式可以从网上搜索到。打开某个搜索引擎（微软必应）的主页（见图 4-10），以三星手机为例，我们输入“三星手机打开调试”，单击右边的搜索图标或按回车键（也可以输入“安卓手机打开调试”之类的语句），搜索结果中的任何一个几乎都对我们有帮助，比如找到一个在三星 S4 上开启调试的教程，结果在三星 A8 上也适用。

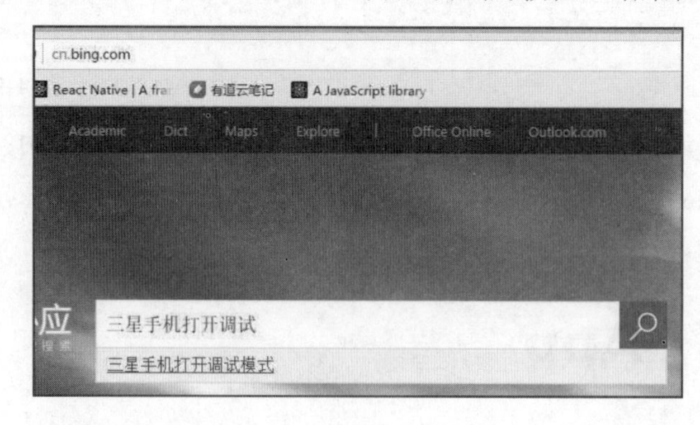

图 4-10

根据教程说明，打开调试的过程是：打开设置（也可叫作“设定”）→选择“关于手机”选项→“Android 版本”选项。第一次选择时会提示你“点 N 次开启调试”之类的话，跟着做就行。如果已经启用调试模式，就会提示已经开启，此时就不必再次开启了。

当开启开发模式之后，再回到手机的设置主页面，找到“其他设置”项，进入“其他设置”页面，就可以看到多了一条“开发者选项”，如图 4-11 所示。

进入开发者选项页面后，选择最上面的“开发者选项”并切换到开状态，就打开了开发者模式，如图 4-12 所示。

开启开发者模式后，下面出现好多设置项，只需在其中找到“USB 调试”后开启即可，如图 4-13 所示。

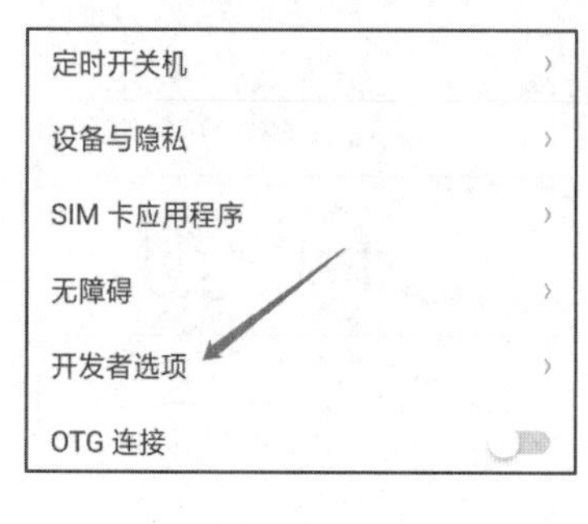

图 4-11

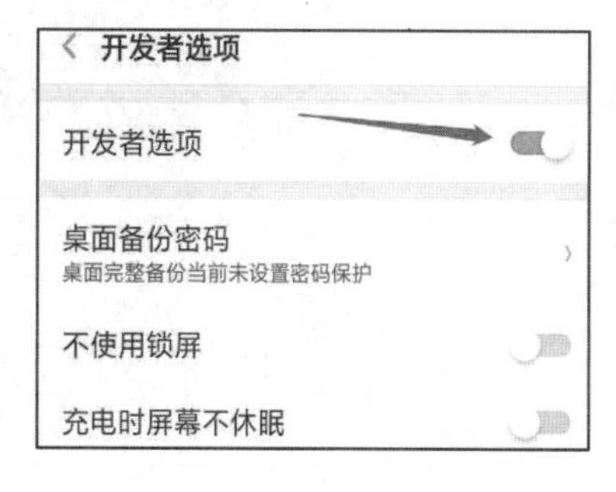

图 4-12

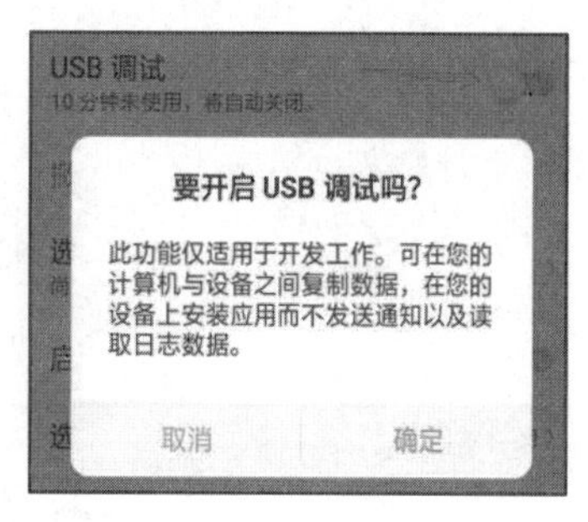

图 4-13

单击开关控件开启它，当单击之后会出现一个对话框，要求确认一下，单击“确定”按钮即可。

注　意

其实每次 Android 版本升级时，它的系统设置项都会发生一定的改变，但不论怎么变，以多次点击“版本号”来开启开发者模式的方式却没变，只需要仔细找找，多点击几下试试就能开启。

开启调试模式后，把手机连到计算机上之后再单击“运行”按钮，是否看到了类似图 4-14 所示的界面？真实的设备被找到了，选中它，单击“OK”按钮，就可以在这部设备上运行 App 了（可能编译和安装 App 的过程要花一点时间，请耐心等待）。

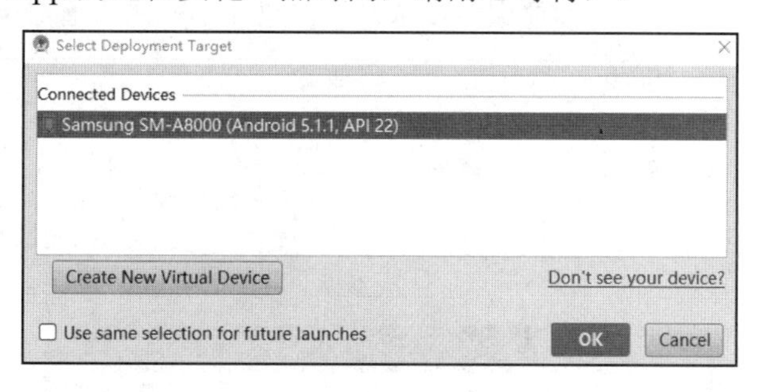

图 4-14

注　意

一般原装的 USB 数据线都可以让计算机识别出设备，但是如果用的是后期买的便宜线，可能充电没有问题，用来调试就不行了。

4.1.2　配置虚拟机

上一节在真机上开启了调试，如果手中没有 Android 真机怎么办？如果真机的系统版本太低怎么办？（还记得建立项目时，需要我们选择最低能安装到的系统版本吗？）或者想在不同 Android 版本的系统中测试我们的 App 怎么办？不用担心，我们有 Android 虚拟机！我们现在就通过 Android Studio 提供的工具来创建虚拟机。

单击主菜单中的“Tools（工具）”，如图 4-15 所示。

在出现的菜单中单击“AVD Manager（虚拟机管理器）”命令，会出现如图 4-16 所示的窗口。

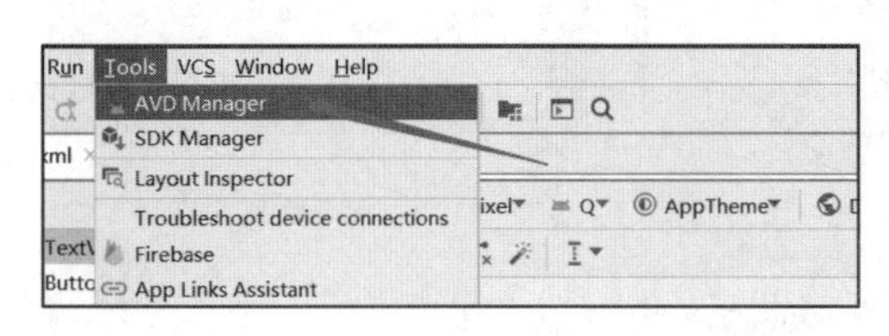

图 4-15

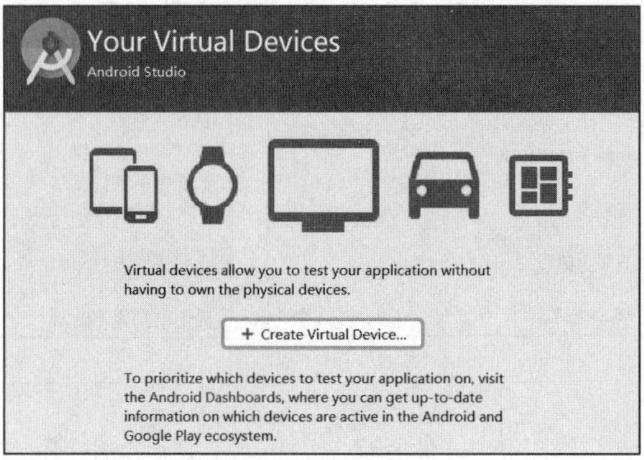

图 4-16

其实也可以在工具栏上打开虚拟机管理器，如图 4-17 所示。

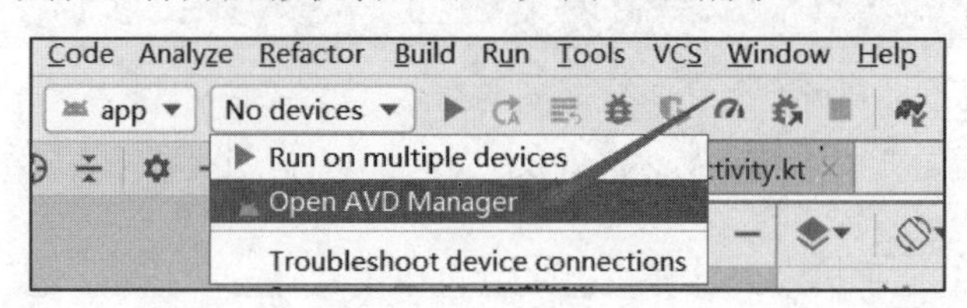

图 4-17

单击“Create Virtual Device（创建虚拟设备）”按钮开始创建新虚拟设备，如图 4-18 所示。

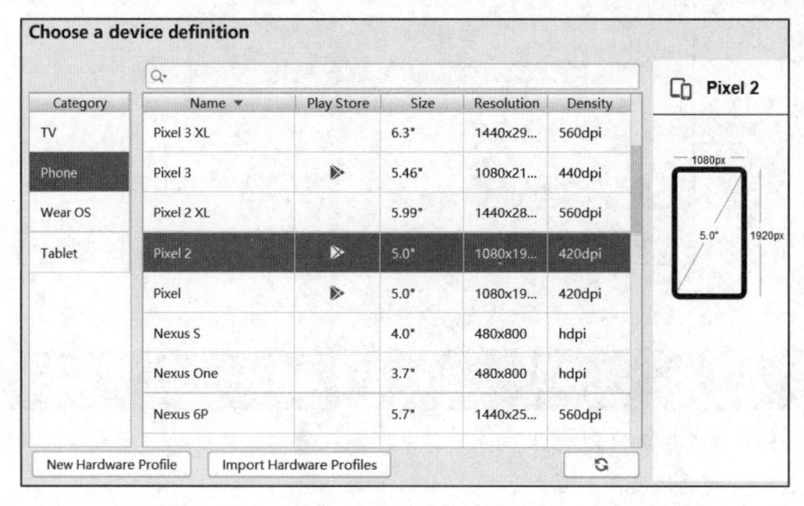

图 4-18

在这个窗口中，选择一种设备去创建虚拟机。最左边区域是类别；中间区域是具体设备属性，其中 Name 表示设备的名字、Size 表示设备的屏幕尺寸、Resolution 表示设备的分辨率、Density 表示设备像素的密度；最右边区域是预览信息。

选择一种设备，然后单击“Next”按钮，就会出现如图 4-19 所示的窗口。

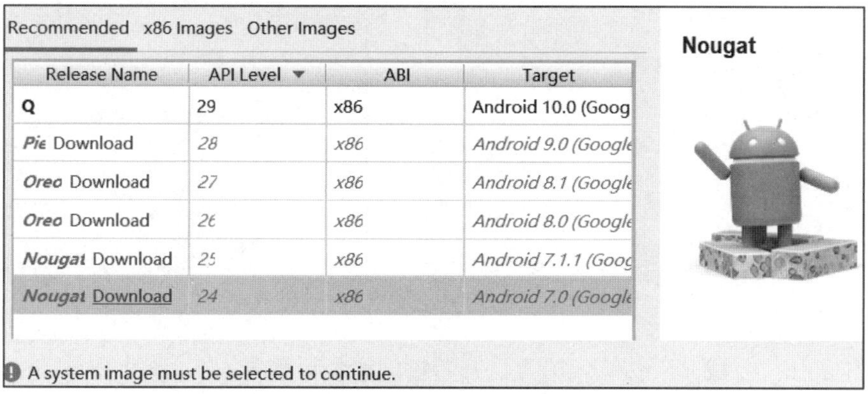

Recommended　x86 Images　Other Images

Release Name	API Level ▼	ABI	Target
Q	29	x86	Android 10.0 (Goog
Pie Download	28	x86	Android 9.0 (Googl
Oreo Download	27	x86	Android 8.1 (Googl
Oreo Download	26	x86	Android 8.0 (Googl
Nougat Download	25	x86	Android 7.1.1 (Goog
Nougat Download	24	x86	Android 7.0 (Googl

Nougat

A system image must be selected to continue.

图 4-19

在这个窗口中，选择一个 System Image（系统镜像）。系统镜像就是一种模拟操作系统安装光盘的文件，就像 Ghost Windows 时用到的“.iso”文件。

左边区域的上面有三个 Tab 页，让我们选择不同的镜像。第一个 Recommended 是推荐的镜像，第二个 x86 Images 是 x86 镜像，第三个是其他类型的镜像。注意，如果不联网，表格中是不会出现镜像信息的。

表格中一行是一个镜像文件。第一列是镜像所对应的 Android 系统的名字（Android 每个大版本都用一种甜品的名字做代号）。第二列是所支持的 SDK 版本。第三列是所兼容的 CPU 架构，第四列是操作系统的版本号以及所包含的附加功能。黑色的行表示已下载到本地的镜像文件，而灰色的行是未下载到本地的镜像文件。在灰色行上的“名字”列中，名字的旁边是“Download（下载）”，单击即可下载这个镜像文件。不需要全部下载，只需下载所需的镜像文件即可。

可以看到推荐的都是兼容 x86 架构的镜像，单击 Tab 页的“Other Images（其他镜像）”，就可以看到非 x86 的镜像，比如“armeabi”“arm64”等，这些都是以“arm”开头，表示兼容 ARM 架构的 CPU。其实我们的真实设备一般都是 ARM 架构的 CPU，但是虚拟机却推荐我们使用 x86 架构的镜像，这是为什么呢？因为我们用于开发的计算机都是 x86 架构的，运行在上面的虚拟机如果也是 x86 架构，那么其运行就能优化。完全可以创建 ARM 架构的虚拟机，但是启动速度比乌龟还慢。也许在看此书时，ARM 架构的虚拟机被优化得更快了。

现在选择一个已下载到本地的镜像，然后单击“Next”按钮，就会出现如图 4-20 所示的页面。

这里可以对虚拟机进行进一步的设置。一般不需要什么改动，默认就很好，最多也就改改名字（AVD name）。注意，右边区域中如果有图 4-21 所示的提示，就需要安装 HAXM 工具。要安装 HAXM 很简单，单击超链接就自动下载安装。这个工具是帮助我们提升 x86 虚拟机运行速度的。

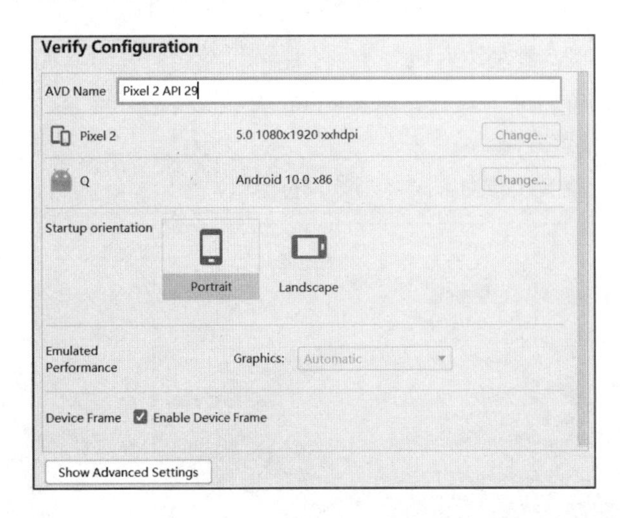

图 4-20

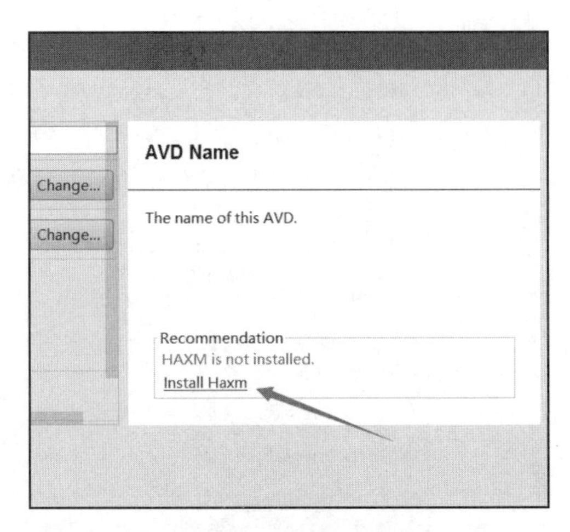

图 4-21

单击“Finish（完成）”按钮，虚拟机开始被创建。可能需要一段时间，请耐心等待。完成后，就会出现如图 4-22 所示的窗口。

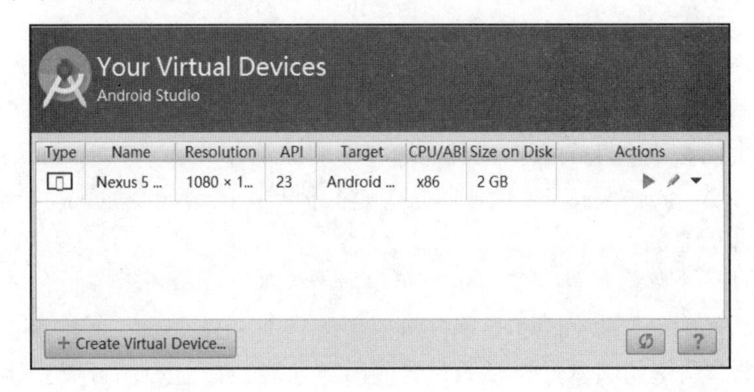

图 4-22

这里列出了我们创建的所有虚拟机。最右边的三个图标是用于管理虚拟机的，比如启动、修改、删除等。绿三角箭头表示启动。可以现在就点一下试试，是不是看到有虚拟机启动了？也可以不在这里启动虚拟机，在运行 App 时再启动，效果一样。

4.2 虚拟机加速

Android Studio 之所以推荐创建 x86 架构的虚拟机，主要是因为它快，但是这是有条件的：

（1）计算机必须是 Intel 的 CPU。

（2）计算机必须在 BIOS 中开启了 CPU 虚拟支持。

（3）必须安装了虚拟加速工具：HAXM。

虽然 AMD 也是 x86 架构，但是 Android 虚拟机却不支持它的虚拟化技术，只支持 Intel

的虚拟化技术。拥有 AMD CPU 计算机的话，只能创建和运行 ARM 架构的虚拟机。似乎 Google 正在对 AMD CPU 加行虚拟机提速优化，可能在读此书时 AMD 的虚拟化已被支持。

如果是 Intel 的 CPU，还需要开启虚拟化支持和安装加速工具。

4.2.1　在 BIOS 中开启虚拟化支持

需要做两件事：一是进入 BIOS；二是找到虚拟化设置项并开启它。

台式机进入 BIOS 的方式比较固定，开机后马上按住“Del”键，过几秒就能进入。如果进不了，就上网搜索对应计算机型号如何进入。如果是笔记本电脑，不同的品牌差别比较大了，一般都需要在网上搜索一下。比如搜索“联想笔记本怎么进 BIOS”，然后可以找到相关文章，比如 http://jingyan.baidu.com/article/ 546ae18577d3f11149f28c23.html 写得就很详细。

虚拟化支持在不同品牌的计算机中叫法有点不一样，一般都带有“Virtualization”这样的字眼，如图 4-23 所示。

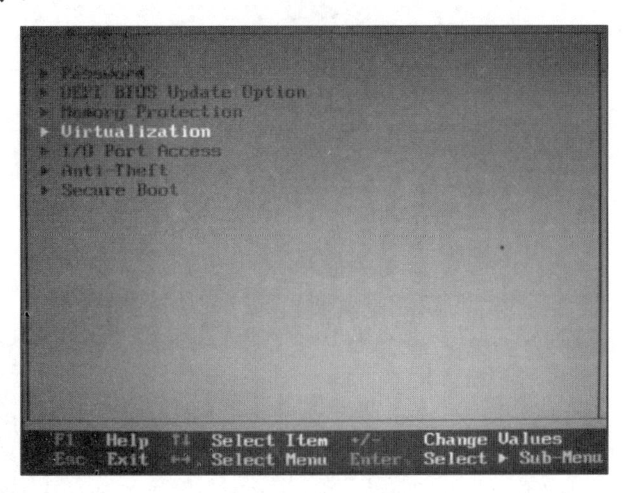

图 4-23

4.2.2　安装 HAXM

可能在前面的讲解中就安装了这个工具，但是也应该看一下本节的内容。这里将讲解安装 Android 开发工具的通用方法。

首先在 Android Studio 中启动 Android SDK 管理器：在主菜单中单击“Tools”→“SDK Manager”，如图 4-24 所示。

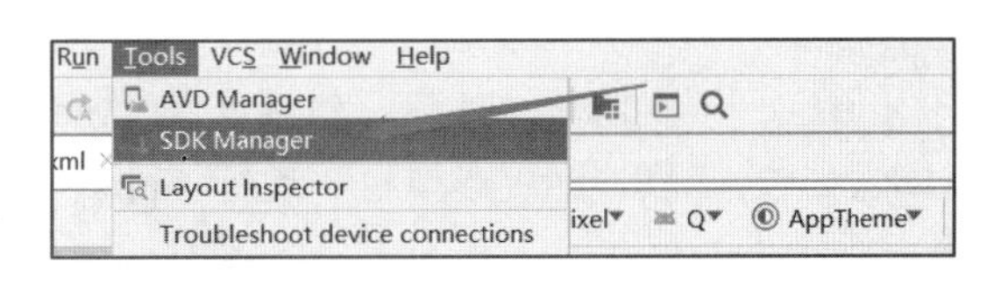

图 4-24

选择后，打开 Android SDK 管理窗口（见图 4-25）。

选择“SDK Tools”选项卡，在下面的列表区拖动滚动条，直到看到“Intel x86 Emulator Accelerator（HAXM Installer）”。如果前面的复选框已被选中，则表示已安装，不需要再安装；如果没有选中，就选中它，然后单击下面的“Apply（应用）”或“OK”按钮，SDK 管理器就会自动下载并安装它。

SDK Platforms SDK Tools SDK Update Sites

Below are the available SDK developer tools. Once installed, Android Studio will automatically check for updates. Check "show package details" to display available versions of an SDK Tool.

Name	Version	Status
☐ GPU Debugging tools		Not Installed
☐ LLDB		Not Installed
☐ NDK (Side by side)		Not Installed
☐ CMake		Not Installed
☐ Android Auto API Simulators	1	Not installed
☐ Android Auto Desktop Head Unit emulator	1.1	Not installed
☑ Android Emulator	29.0.11	Installed
☑ Android SDK Platform-Tools	29.0.2	Installed
☑ Android SDK Tools	26.1.1	Installed
☑ Documentation for Android SDK	1	Installed
☐ Google Play APK Expansion library	1	Not installed
☐ Google Play Instant Development SDK	1.8.0	Not installed
☐ Google Play Licensing Library	1	Not installed
☐ Google Play services	49	Not installed
☐ Google USB Driver	11	Not installed
☐ Google Web Driver	2	Not installed
✓ Intel x86 Emulator Accelerator (HAXM installer)	7.5.2	Not installed

☑ Hide Obsolete Packages ☐ Show Package Details

OK Cancel Apply Help

图 4-25

4.3 App 的样子

不论在启动 App 时选择了虚拟机还是真实设备，都应该能看到 App 的样子了，基本如图 4-26 所示。

- 最上面深蓝色长条是系统状态栏，显示了很多系统状态，比如是否有内存卡、是否连接到了 WIFI、电池电量等。
- 下面的高度大一些的蓝色条为导航栏，一般显示一个页面的标题、菜单等。
- 再下面白色区域是内容区，现在只显示了一段文字："Hello World"。

图 4-26

至此，第一个 App 运行起来了。

回忆一下我们做了什么，包括安装 Android Studio 和 Android SDK、创建工程、配置虚拟机、运行 App。

4.4 工程里面有什么

环境准备好了，下面要开始编写代码。先了解一下 Android 工程里有什么（见图 4-27）。

注意，左边箭头所指的 Tab 页要选中，右边箭头所指的地方有很多选项，它们表示从不同的角度来观察工程。默认选择"Android"，因为是 Android 工程。

工程用一个树形结构来展示，有两个根：“app”和“Gradle Script”。这是两个组，不一定对应实际的文件夹。其实应该抛开文件夹的概念来观察这个工程结构。

app 组下有三个组：

- manifests：里面包含 manifest 文件（AndroidManifest.xml），这个文件可以认为是整个 App 的全局描述和配置文件。
- java：里面是 Java 类。类分布在三个 Java 包中：最上面的包里放的是最终包含在 App 中的代码，有“androidTest”标记的包里要放与 Android 有关的测试代码，有“test”标记的组里要放与 android 无关的测试代码。
- res：里面放的是非代码文件。这些文件叫作资源，不能被编译器编译，包括图片、界面定义等。不同类型的资源放在不同的组下。

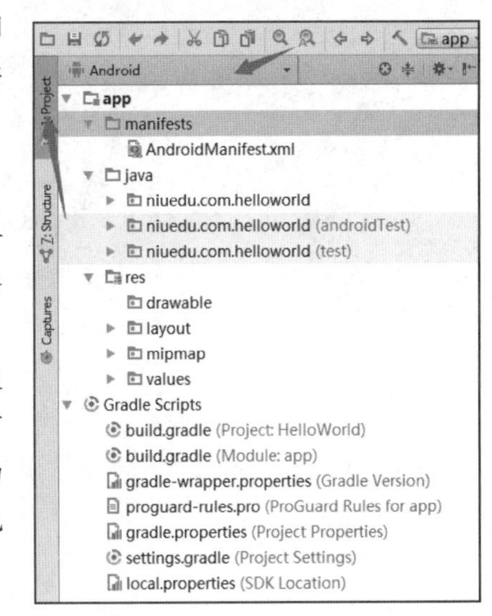

图 4-27

Android Studio 使用 Gradle 这个工具来管理工程，所以在“Gradle Scripts（Gradle 脚本）”组下有很多与 Gradle 有关的文件。Gradle 文件一般不需要直接修改，在项目设置中改变选项就会修改它们。

注　意

在打开一个工程的过程中，一开始可能显示的工程结构不是这样的，此时应该注意观察 Android Studio 最下面的状态栏上是否有进度条（见图 4-28）。如果有，则表示在执行 Gradle 脚本，工程的初始化还未完成，还不是最终的样子，此时最好不要动工程中的文件。

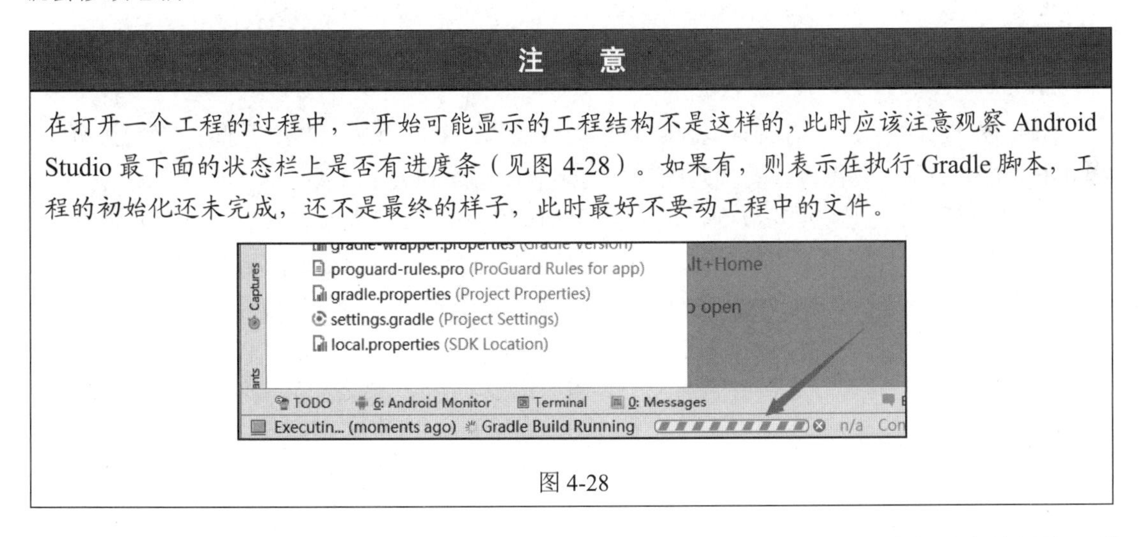

图 4-28

后面将开始设置这个工程，让 App 变得有个性并强大起来。界面是最容易出效果的，所以下一章就从界面入手。

第 5 章

UI资源与Layout

大家对 Android 开发有了初步的具体认识。下面我们创建一个新工程，然后逐步丰富这个工程的界面，渐进式增加它的功能，让大家轻松理解各种组件和工具的作用。

创建工程过程不再赘述，参考第 4 章。建议新工程名字为“FirstKotionApp”，包名为“com.example.niu.firstcotlinapp”，跟这里创建的一样。

我们先试着做界面（即 User Interface，UI）。

我们看到的窗口、控件都属于 UI。相对于命令行的用户界面，这种界面是图形用户界面，简写为 GUI（更简化一下，也叫作 UI）。

如今的 GUI 框架都讲究代码与 UI 设计分离，Android 也是这样，它把 UI 的样子定义在 XML 文件中，App 运行时根据 XML 的内容在内存中创建各种界面元素对象。在 Android 中，这种定义 UI 的 XML 文件被称作 Layout 资源（有时被简称为 Layout）。

现在我们的 App 界面中央显示了一句话“Hello World”，它是由一个 TextView 控件显示的，可以改进一下。

如果 UI 设计与代码不分开，也就是直接用代码设计 UI，我们可以先预想一下怎么做。比如想在页面中显示一幅图像，写代码的话，肯定有一些类和方法（API）可供我们调用以操作界面。我们应该能通过 API 获取到代表内容显示区的一个 UI 对象（容器），然后创建出一个能显示图片的 UI 对象，把图像 UI 对象添加到容器 UI 对象中，图像成了容器的“儿子”，“儿子”会显示在“爸爸”上面，所以就能在内容区看到这个图像了。这个猜想很对！其实不同操作系统中的 UI 构建都是这个原理。然而，在 Android 开发中，还有更简单的办法，不用写一句代码就能完成 UI 构建。如何做到的呢？编辑 UI 资源文件！那么如何编辑 UI 资源呢？使用界面构建器！

5.1 Layout

Layout 的意思是界面布局，用来设计界面的布局，所以 Layout 类型的资源文件就是界面定义文件。使用 Android Studio 提供的界面构建器设计 Layout，可以做到所见即所得。

Android 中的 UI 定义文件是一个 XML 文件，因为不是 Java 代码，所以被归为资源。Layout 资源放在哪里呢？见图 5-1。

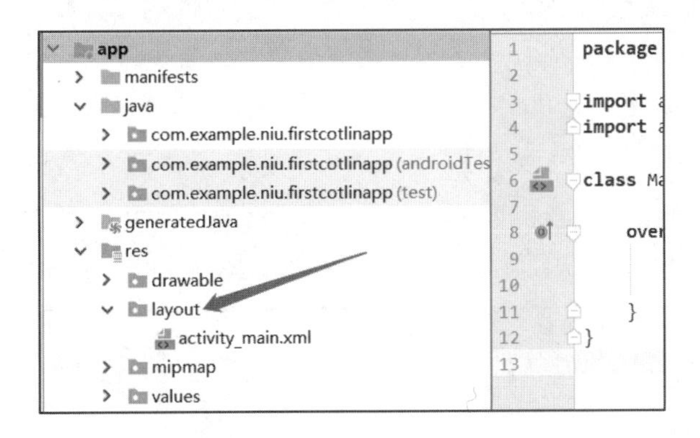

图 5-1

可以看到 res/layout 组下当前只有一个文件：activity_main.xml，就是它定义了我们所能看到的界面。它是我们创建这个 App 时被自动添加的，也可以手动添加。双击打开它，可以看到如图 5-2 所示的界面（第一次显示 UI 的过程可能比较长，请耐心等待）。

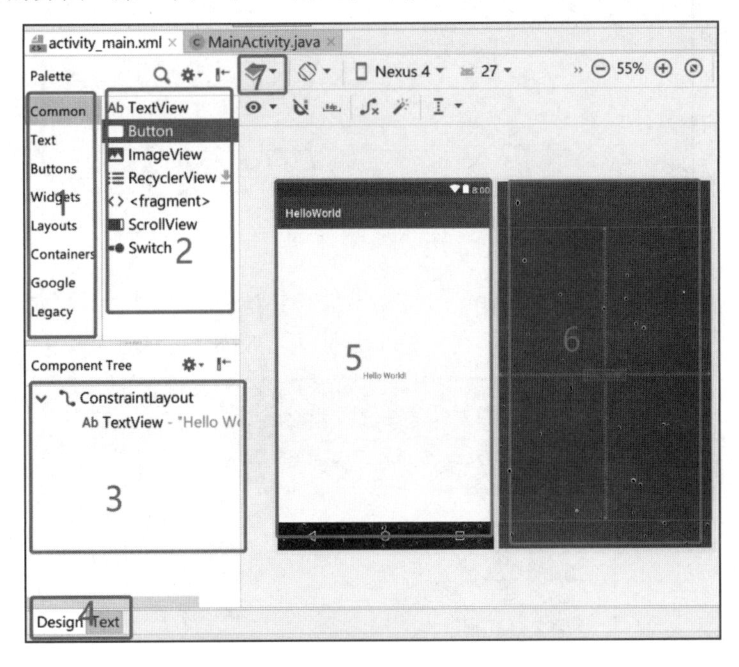

图 5-2

这里展示的是界面设计器。在这个窗口中可以通过拖动一些控件摆放它们的位置来设计 App 的页面。标号所示区域的作用如下：

- 1：控件类别。
- 2：选中类别的控件列表。
- 3：所设计的页面中的控件树。
- 4：切换页面设计器视图，可选择设计视图或源码视图。Design 是设计，就是当前看到的；Text 是源码，就是此页面所对应的 XML 内容。
- 5：页面预览图。可能与 App 实际运行效果有些许差异。

- 6：页面排版预览图。突出显示各控件之间的摆放位置和它们之间的位置关系。
- 7：此图标有下拉菜单，用于选择如何预览界面，有三种模式，即同时显示预览图与排版图、只显示排版图、只显示预览图。

可以看到标号 5 处是一个手机页面的预览图。这个 layout 文件定义了一个页面的界面，一个页面叫作 Activity。但是，在预览时也有可能看到如图 5-3 所示的界面。

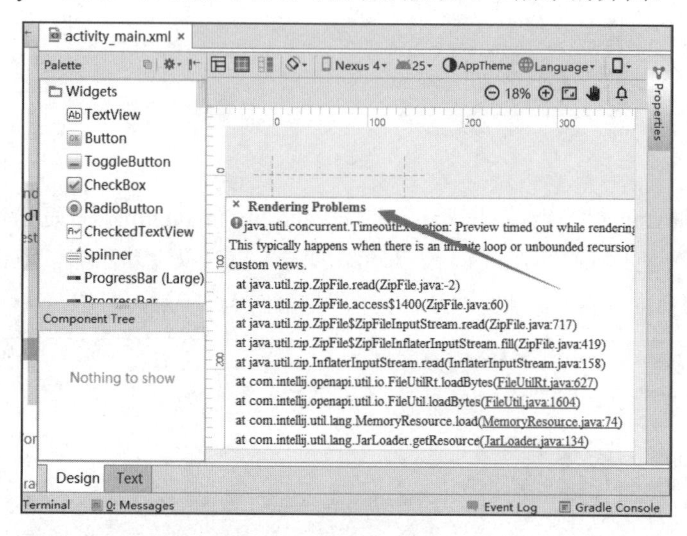

图 5-3

预览不成功。“Rendering Problems”的意思是“呈现时的问题”，就是呈现 UI 时遇到了问题。要解决这个问题，一般重新编译整个工程即可，如图 5-4 所示。

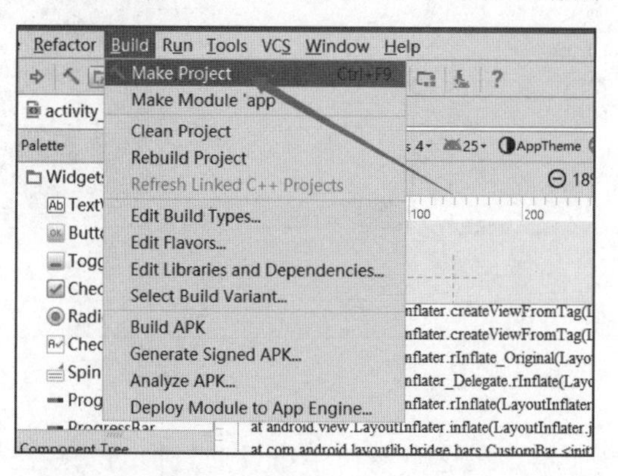

图 5-4

当重新编译之后，就能看到 UI 的样子了。

注　意

所有的控件都是从类 View 派生的，所以控件也被叫作 View。各种 Layout 控件当然也是 View，但是其作用特殊，所以单独称之为 Layout（有时我们也把一个 UI 资源文件称作 layout 资源，因为它在 res/layout 组下）。

5.2 改动 Layout

改一下 Layout，显示一个图片。首先看一下 Android Studio 的界面设计器中为我们提供了哪些可用的控件（见图 5-5）：

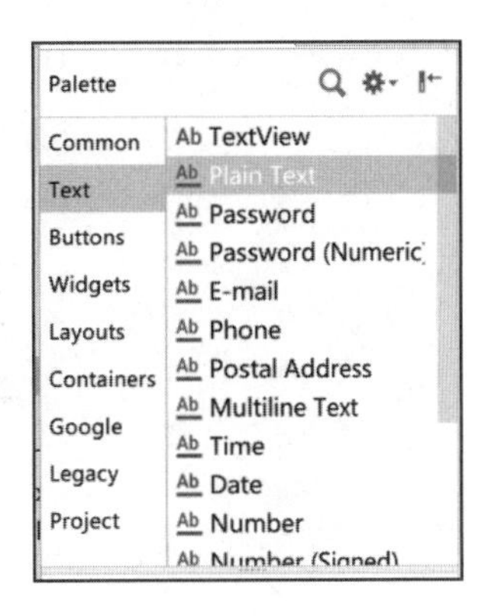

图 5-5

- Common：一些常用的控件。
- Text：文本显示控件和各种文本输入控件，它们都不能容纳孩子。
- Buttons：各种按钮。
- Widgets：包含各种不好分类的控件，它们的共同特点是不能容纳孩子。
- Layouts：专门用于排版的控件，它们是容器，专用于容纳控件，按某种规则排列它里面的控件。
- Containers：容器，与 Layout 类似，专门用于容纳控件，支持内容滚动，控件的排列方式固定，不能更改。
- Google：Google 为 Android 提供的第三方控件，比如 Google 的广告控件、Google 地图控件。
- Legacy：旧控件，有了新的替代控件。
- Project：在项目中自定义的控件。

要显示图像，应该去 Common 或 Widgets 组中去找合适的控件，如图 5-6 所示。

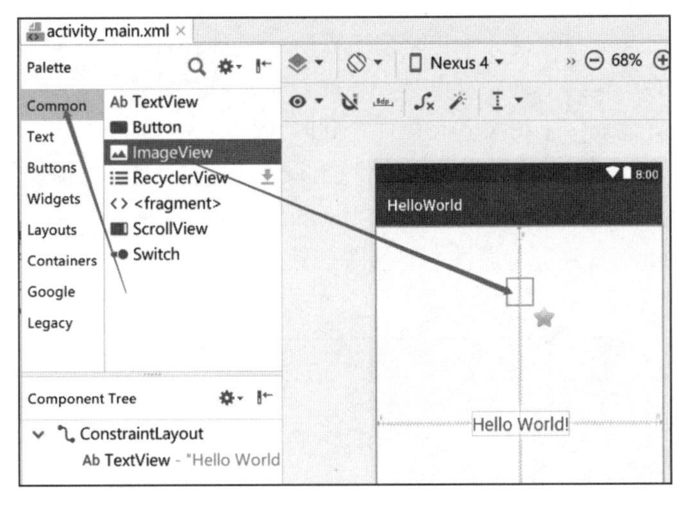

图 5-6

选择“ImageView（图像视图）”这个控件，然后把它拖到预览页面的内容区。当放开鼠标时，Android Studio 就会打开一个窗口，选择要在这个图像控件中显示的图像（第一次运行可能要等很长时间），如图 5-7 所示。

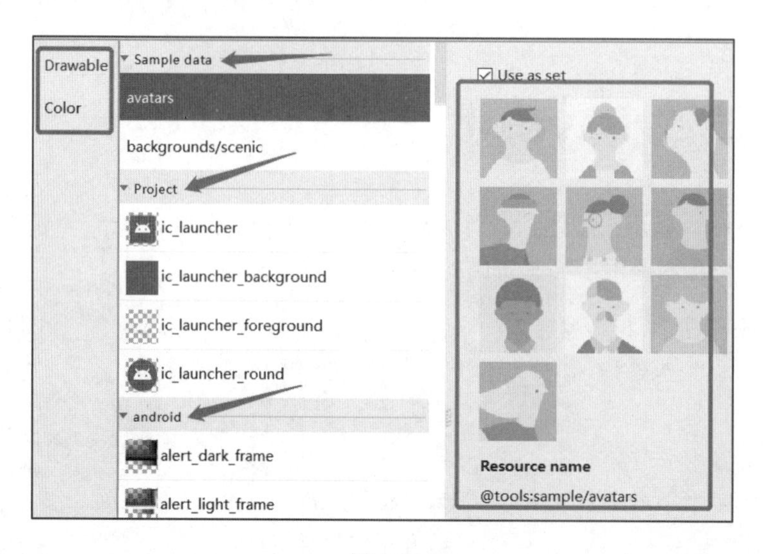

图 5-7

此窗口分成左、中、右三个区，最左边为类别，有“Drawable”和“Color”，分别表示可绘制的（图像）资源和颜色资源。选择“Drawable”，此时中间区显示的都是可用的图像资源。这些 Drawable 资源又被分为多个组：Sample data 组中是示例图像和 PC 上的一些图像；Project 组中是工程中的资源；android 组中是 Andriod SDK 中带的资源。选什么都行，比如这里选择 Project 中的第一个：ic_launcher，单击“OK”按钮后就可以看到预览界面中多了一幅图像，如图 5-8 所示。

图 5-8

图像有点小，把这个图像调大一点，怎么做呢？图像控件默认是以所显示图像的真实大小来决定自身大小的，也就是控件适应图像，但也可以反过来，让图像适应控件，此时我们应该为图像控件指定固定的大小，然后让图像根据图像控件的 size 自动缩放。要做到此效果，只需要修改图像控件的“layout_width”（宽度）和“layout_height”（高度）属性。要修改控件属性，需打开属性栏，如图 5-9 所示。

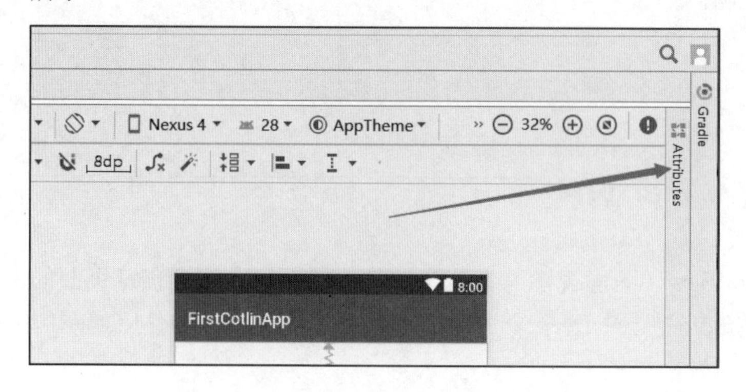

图 5-9

打开后，可以看到类似图 5-10 中的内容。

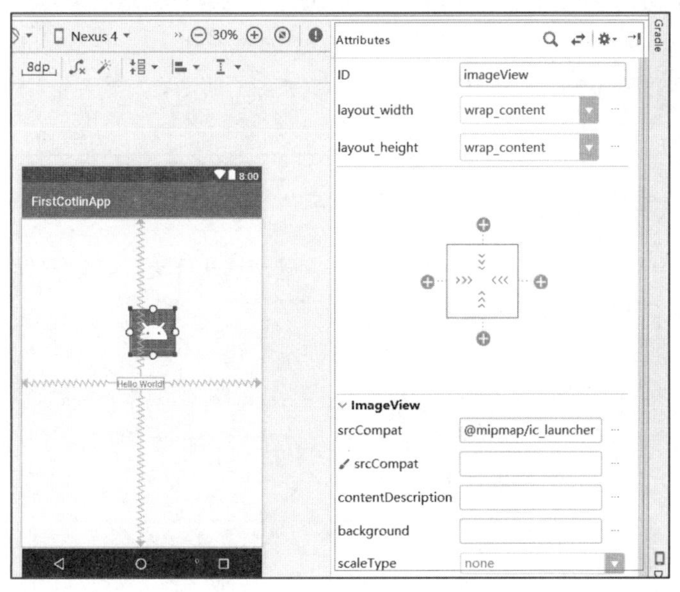

图 5-10

红框内就是属性栏。当选中不同的控件就可以看到不同的属性，在预览窗口或控件树中选中图像控件时，就会看到与本书一样的内容了。

当前 layout_width（宽）属性和 layout_height（高）属性的值都是“wrap_content（包着内容）”，所以控件的大小由其内容（就是图像）决定。把这两个值改为固定的大小，比如宽和高都改为“200dp”，效果如图 5-11 所示。

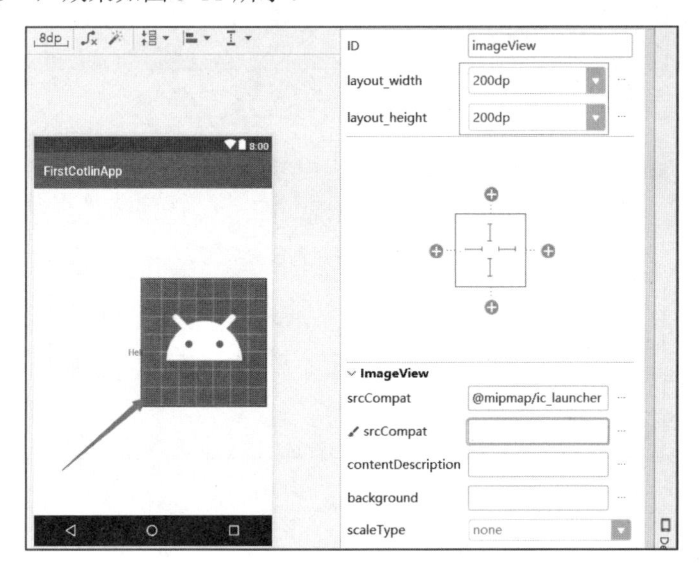

图 5-11

有人可能注意到表示距离的数字后带有“dp”。是的，必须带它。dp 是一个距离单位，表示的是实际的物理距离，与像素大小无关。

注　意

属性栏中显示的属性是随着所选择的控件而变化的，可以单击“Hello World！”这个文本控件试试，是不是显示的属性变了？所以在编辑属性之前要先确定当前是哪个控件，因为经常发生点错的情况。

5.2.1　添加图像资源

如果想在图像中显示自己喜欢的图像，怎么办呢？这也不难，可以把计算机上的图像复制到工程的资源中，这样就可以在工程中使用它们了。

向工程中添加资源文件的做法是：在文件浏览器中找一幅图像文件（如果没有就从网上下载一个），最好是 PNG 格式的，JPG 的也行，然后在文件浏览器中复制此文件（按 Ctrl+C 键或右键菜单中选择“复制”），再在工程中要放入此文件的组上右击，再从弹出的快捷菜单中选择“Paste（粘贴）”命令，如图 5-12 所示。

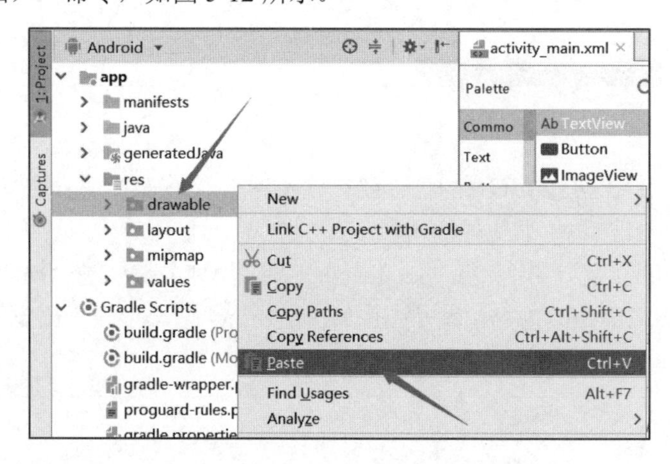

图 5-12

图像必须放到“drawable”组中。drawable 组中专门放可以绘制的资源，所以不要放到其他组中。单击“粘贴（Paste）”命令之后即会出现如图 5-13 所示的对话框。

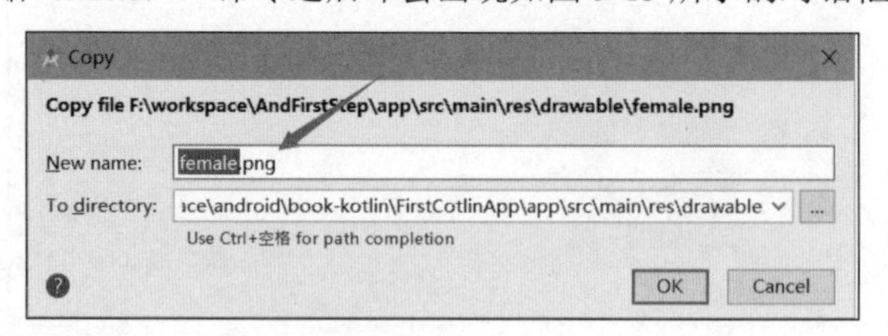

图 5-13

在这个对话框中，可以修改文件名和文件存放的位置。存放位置不要动。资源名可以随便取，但要有意义，而且不能用中文、不能以数字开头、不能用大写字母，如果不符合这些要求，工程编译通不过。如果英语不好就用拼音取名。如果资源文件名不符合要求，那么编译 App 时会看到错误，如图 5-14 所示。

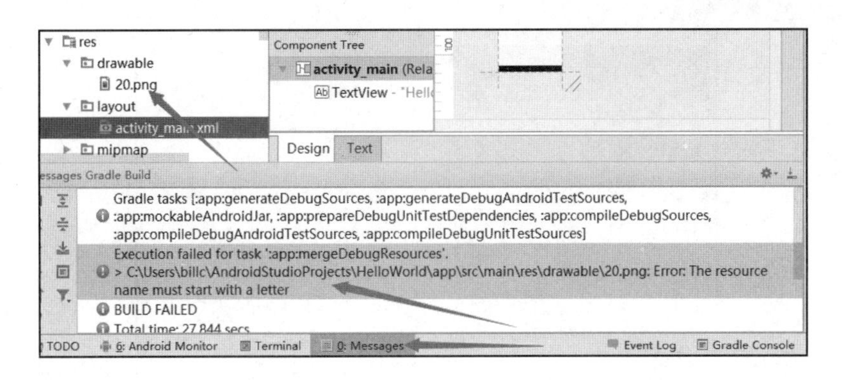

图 5-14

在“Messages”这个窗口中，输出了编译中遇到的错误，可以看到这个错误最后给出的原因是“The resource name must start with a letter”意思是资源的名字必须以字母开头。

5.2.2　文件或文件夹改名

如果这个资源已加入了工程，但是名字不合格，怎么办呢？改名！改名方式是：在文件上右击，在弹出的快捷菜单中选择“Refactor（重构）”命令，再选择“Rename（重命名）”命令，如图 5-15 所示。

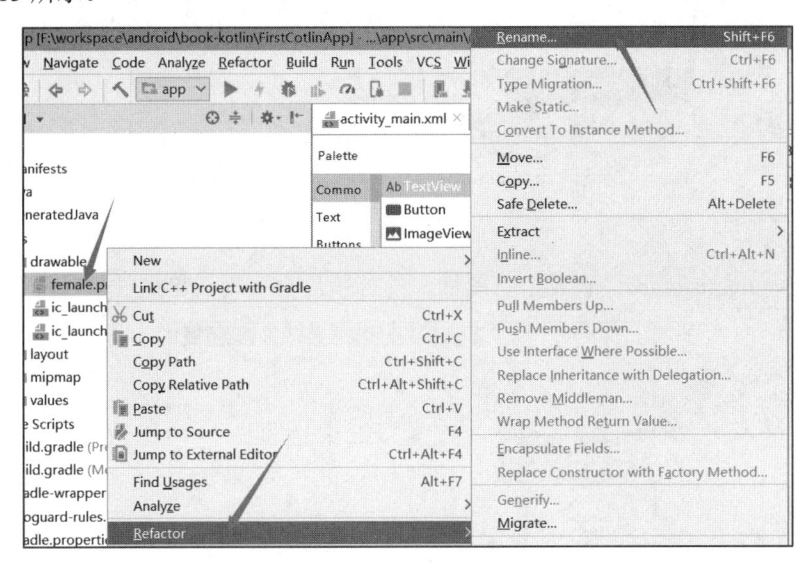

图 5-15

一个窗口现身，如图 5-16 所示。

注意，改名时不要改扩展名，改完后单击“Refactor（重构）”按钮保存新名。

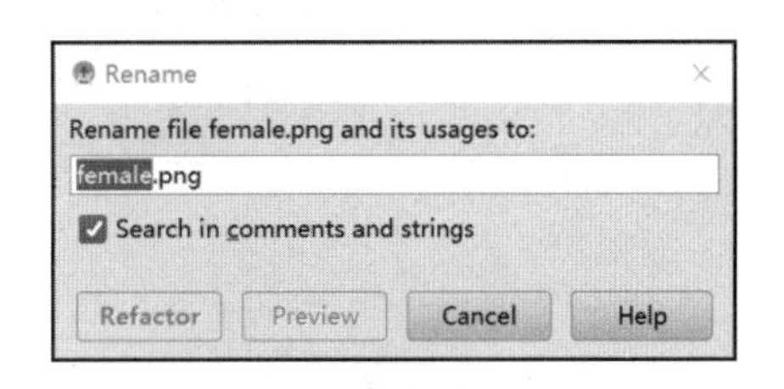

图 5-16

5.2.3　显示自己的图像

选中图像控件，打开属性栏，其中 srcCompat 属性就是用于设置图像的，如图 5-17 所示。

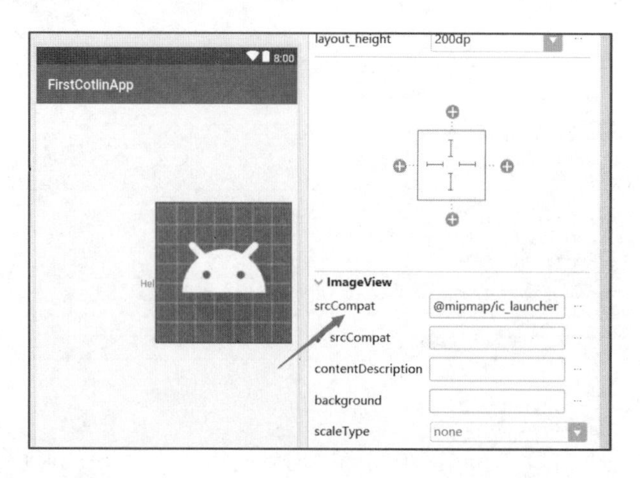

图 5-17

注意，在这个属性栏中，并不能显示所有的属性。如果要显示所有的属性，需单击图 5-18 中箭头所指的位置。

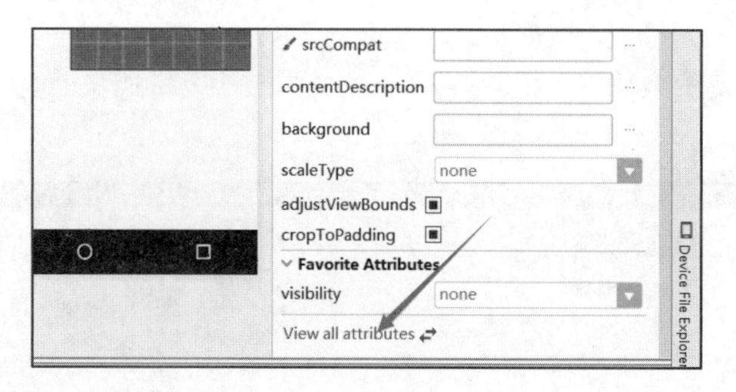

图 5-18

单击“View all attributes（查看所有属性）”链接后会发现一堆属性（见图 5-19）。

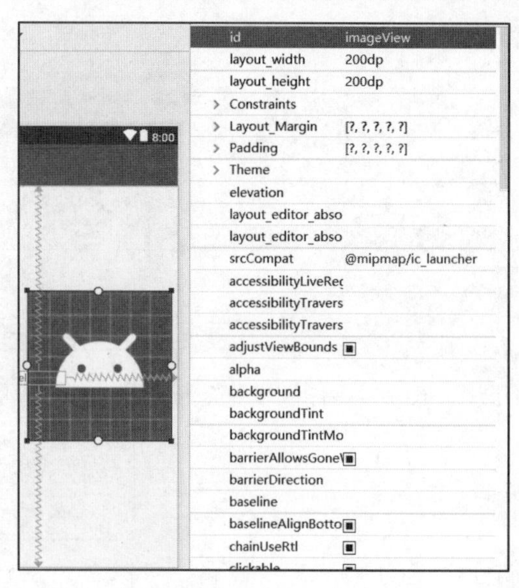

图 5-19

如果要回到原来的视图，单击最下面的“View fewer attributes（查看更少的属性）”（见图 5-20）。

在图 5-21 中可以看到，它的值是“@mipmap/ic_launcher”。这个以“@”开头的字符串表示的是一个 ID。每个资源都有自己的 ID，ID 的名字就是这个资源的文件名。这里通过 ID 引用了一幅图像资源。若要改变显示的图像，可以为这个属性直接写入某个图像的 ID。手写容易出错，可以借助工具来设置。单击图 5-21 所示的按钮，出现资源选择窗口（见图 5-22）。

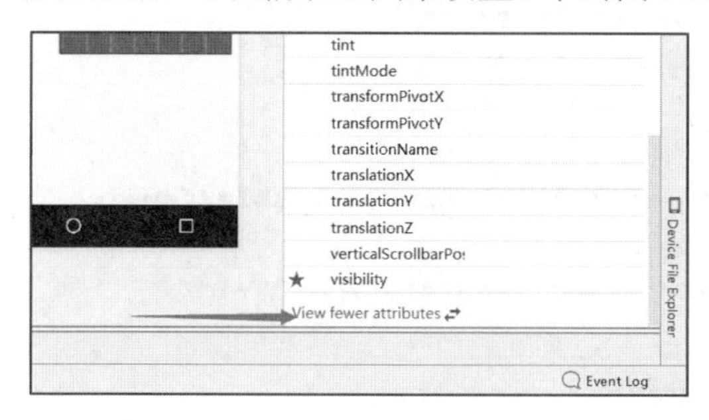

图 5-20

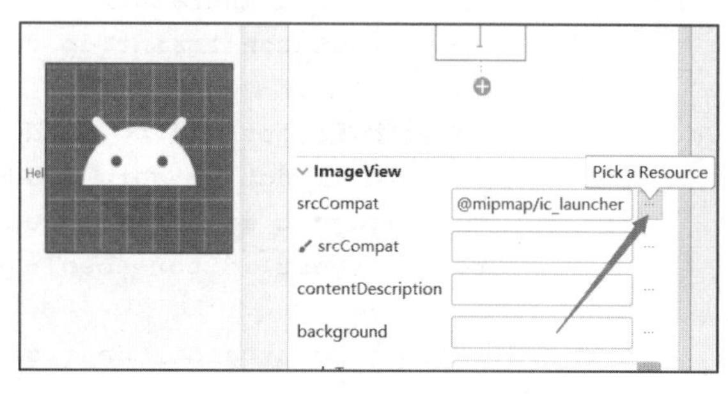

图 5-21

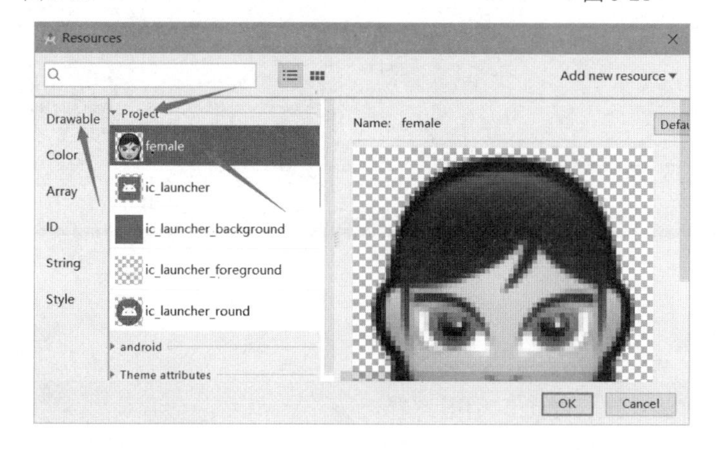

图 5-22

在 Drawable 类别的 Project 组下可以看到我们新加入的图像，选中后单击“OK”按钮，效果如图 5-23 所示。

图 5-23

Android Studio 会自作聪明地把属性编辑器中刚刚编辑过的属性移到靠顶的位置，也就是说这些属性在属性栏中乱跑！

运行起来看看真实的效果（运行 App 的方法参见 2.2 节），此时 activity_main.xml 文件的内容如下：

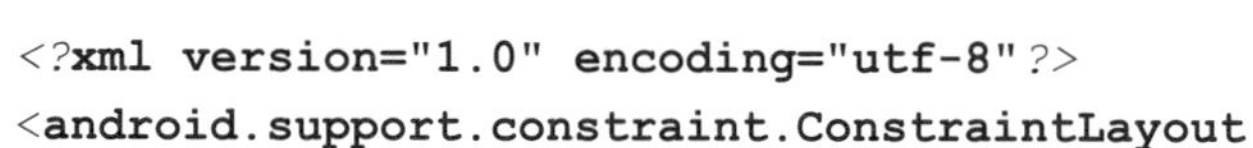

```
<?xml version="1.0" encoding="utf-8"?>
<android.support.constraint.ConstraintLayout
      xmlns:android="http://schemas.android.com/apk/ res/android"
      xmlns:tools="http://schemas.android.com/tools"
      xmlns:app="http://schemas.android.com/apk/res-auto"
      android:layout_width="match_parent"
      android:layout_height="match_parent"
```

```
        tools:context=".MainActivity">
    <TextView
            android:layout_width="wrap_content"
            android:layout_height="wrap_content"
            android:text="Hello World!"
            app:layout_constraintBottom_toBottomOf="parent"
            app:layout_constraintLeft_toLeftOf="parent"
            app:layout_constraintRight_toRightOf="parent"
            app:layout_constraintTop_toTopOf="parent"/>
    <ImageView
            android:layout_width="200dp"
            android:layout_height="200dp" app:srcCompat="@drawable/female"
            tools:layout_editor_absoluteY="141dp"
            tools:layout_editor_absoluteX="176dp" android:id= "@+id/
imageView"/>
</android.support.constraint.ConstraintLayout>
```

这些源码是怎么看到的呢？看图 5-24 就明白了！

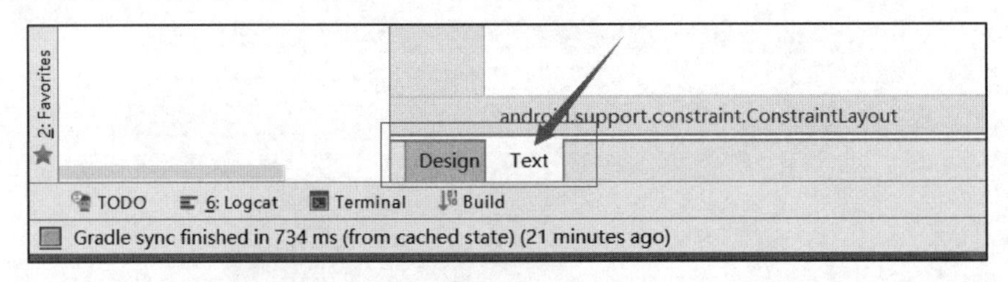

图 5-24

5.2.4 XML 小解

界面设计文件的格式是 XML，稍微解释一下。

XML 是存储数据的一种格式，只能以文本方式存储数据，也就是说存储不了图片（其实也有办法存，但是很麻烦，不推荐这样做，所以现在可以认为它只能存文本）。它的数据由元素组成，一条数据是一个元素，元素由标记来表示。标记即以“< >”包起来的文本。比如：**<aaa></aaa>** 就是一个元素，<aaa>是开始标记，</aaa>是结束标记。如果一个元素不包含子元素，则为空元素。比如这里的<aaa>就是一个空元素。空元素可以把结束标记省略，比如写为**<aaa />** 。以下示例则表示<aaa>有儿子<bbb>和<ddd>，还有孙子<ccc>：

```
<aaa>
  <bbb>
    <ccc />
  </bbb>
  <ddd />
</aaa>
```

一个元素除了可以有多个儿子，还可以有多个属性。例如，在**<aaa eee="1" />**中，eee 就是<aaa>的一个属性，等号前面的内容是属性的名字，等号后面的内容是属性的值。注意，属性的值必须用单引号或双引号包起来，同时引号必须是半角字符！这是一个新手常掉的坑。

5.2.5　Layout 源码解释

现在让我们逐条解释 activity_main.xml 文件中一些令人迷惑的代码：

```
<?xml version="1.0" encoding="utf-8"?>
```

XML 都这样开头，不要太在意。version 表示版本是 1.0，encoding 表示编码是 utf-8，要想没有乱码，就必须保证这个 XML 文件真的是 utf-8 编码。

```
<android.support.constraint.ConstraintLayout xmlns:android=
"http://schemas.android.com/apk/res/android"
    xmlns:app="http://schemas.android.com/apk/res-auto"
    xmlns:tools="http://schemas.android.com/tools"
    android:layout_width="match_parent"
    android:layout_height="match_parent"
    tools:context="niuedu.com.andfirststep.MainActivity">
```

这是界面最外层的元素，可以看到标记名是一个类（ConstraintLayout）的全名。如果这个类是 Android SDK 核心库中的类，可以把包省略，只写类名。根据类名我们就可以知道界面的最外面是一个 ConstraintLayout 控件。

此元素中有一些“xmlns”开头的属性，它为 xml 命名空间指定了别名，比如“android”“app”和“tools”就是三个别名。要使用哪个命名空间中定义的符号，就必须在名字前带上命名空间的别名，比如 **android:layout_width="match_parent"**，这个属性名 **layout_width** 就属于 **android** 这个别名所对应的命名空间中定义的符号。如果命名空间没有引入，则不能使用。此时 AndroidStudio 会提示语法错误。比如，把 **xmlns:android="http://schemas.android.com/apk/res/android"** 这一条语句删掉，之后会出现图 5-25 所示的界面（红色表示错误）。

```
<?xml version="1.0" encoding="utf-8"?>
<android.support.constraint.ConstraintLayout
        xmlns:tools="http://schemas.android.com/tools"
        xmlns:app="http://schemas.android.com/apk/res-auto"
        android:layout_width="match_parent"
        android:layout_height="match_parent"
        tools:context=".MainActivity">
    <TextView
            android:layout_width="wrap_content"
            android:layout_height="wrap_content"
            android:text="Hello World!"
            app:layout_constraintBottom_toBottomOf="parent"
            app:layout_constraintLeft_toLeftOf="parent"
            app:layout_constraintRight_toRightOf="parent"
            app:layout_constraintTop_toTopOf="parent"/>
    <ImageView
            android:layout_width="200dp"
            android:layout_height="200dp" app:srcCompat="@drawable/female"
            tools:layout_editor_absoluteY="141dp"
            tools:layout_editor_absoluteX="176dp" android:id="@+id/imageView"/>
</android.support.constraint.ConstraintLayout>
```

图 5-25

宽和高这两个属性必须存在，即：

```
android:layout_width="match_parent"
android:layout_height="match_parent"
```

它们是控件的宽和高，这两个属性必须存在！“match_parent”的意思是匹配父控件，就是与父控件的大小一样。ConstraintLayout 是最外面的控件，它的大小必须与 Activity 一样，也就是充满整个屏幕，所以值必须为“match_parent”。（我们前面讲过了，宽和高的值可以有三种：match_parent、wrap_content 和固定值。）

以“tools”为前缀的属性仅在界面设计器中起作用。这些属性都是用于设计界面时指示界面设计器行为的，在 App 运行时它们是不起作用的。比如 **tools:context="niuedu.com.andfirststep.MainActivity"**，这是告诉界面设计器此 Layout 中定义的界面与 MainActivity 类关联。其实真正的关联是由 Java 代码决定的，可以与这里不一致，但不会影响运行。

```
android:id="@+id/imageView"
```

这个属性是为控件设置 ID。ID 是一个控件的唯一标志，此处的 ID 叫作“imageView2”。在一个 Layout 文件中的 ID 不能重复。“imageView2”是 ID 的名字，ID 在 App 运行时其实是一个整数。如果一个控件要与另一个控件发生关系，那么就是通过 ID 来引用另一个控件。不仅控件要有 ID，所有的资源都有 ID，比如我们这个 Layout 文件 activity_main.xml，它的 ID 名字就是文件名 **activity_main**。

5.3 ConstraintLayout

所有叫“Layout”的控件都是用于排版的，就是它能决定所包含的子控件的位置。这些 Layout 控件有个特点：可以包含多个子控件。不同的 Layout 控件排列子控件的方式不一样。ConstraintLayout 是既好用又强大的一个，能够应付复杂的需求，而且运行效率很高，一些由多个简单 Layout 组合实现的界面应该改由一个 ConstraintLayout 来实现。当然它也不是万能的。

我们现在的界面就是采用了 ConstraintLayout 作为根容器，如图 5-26 所示。

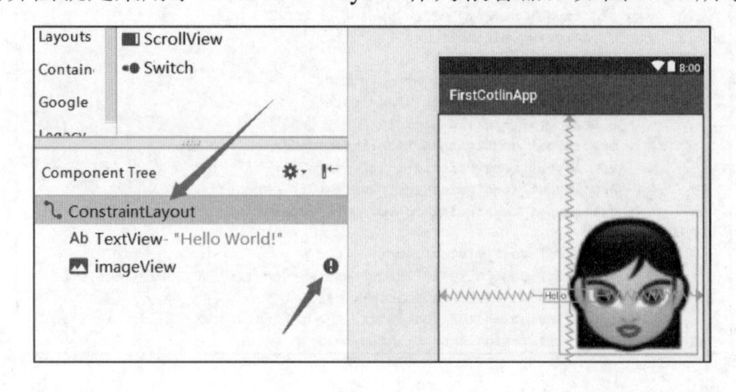

图 5-26

红色叹号图标表示有错误，与 imageView 控件在同一行，说明错误就出在 imageView 上。用鼠标点一下这个图标，会在底部出现一个窗口，显示详细错误信息，如图 5-27 所示。

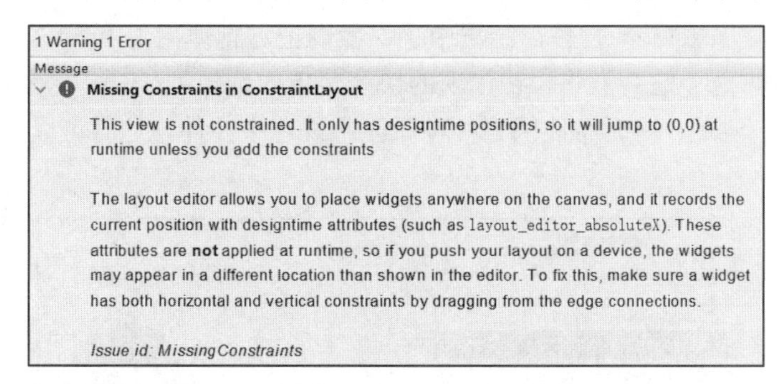

图 5-27

错误标题的意思是：在 ConstraintLayout 中缺少 Constraint（约束）。详细内容的第一段意思是：这个控件没有被约束。它只有设计时位置，于是在运行时会跳到(0,0)坐标处，除非添加了约束。那什么是约束呢？下节分解！

5.3.1　ConstraintLayout 的原理

Constraint 是“约束”的意思。我们可以为 ConstraintLayout 的子控件添加约束，那添加什么约束呢？位置上的约束。App 要面对的设备屏幕有大有小、有方有圆、有宽有窄，要想设计一套界面来适应不同的屏幕非常难，比如不可能用固定距离的方式来保持一个控件在横向上居中。有了 ConstraintLayout 后可以克服这种困难，可以为一个控件添加一个“保持横向居中”的约束，无论在任何屏幕上都能横向居中。

可以设置什么样的约束呢？例如：

- 设置子控件左边或右边与 ConstraintLayout 的左边或右边对齐，以保持子控件居左或居右。
- 设置子控件下边或上边与 ConstraintLayout 的上边或下边对齐，以保持子控件居上或居下。
- 设置子控件在 ConstraintLayout 中横向居中、纵向居中或者横向纵向都居中。
- 设置子控件在 ConstraintLayout 中居中偏左、偏右、偏上或偏下。
- 设置同属于一个 ConstraintLayout 的子控件 A 在子控件 B 的上面、下面、左边或右边。
- 设置同属于一个 ConstraintLayout 的子控件 A 与子控件 B 左边对齐、右边对齐、上边对齐或下边对齐。

还可以设置子控件本身的约束，比如：

- 宽和高保持 n:m 的比率。
- 宽或高为某个固定的值。
- 宽或高由内容决定，比如文本控件的大小由文本中文字的个数决定，图像控件的大小由图像的实际大小决定。

5.3.2 子控件在 ConstraintLayout 中居左或居右

当前的页面中，TextView 控件已经居中了。我们把它删掉，用 ImageView 来试一下。删除一个控件很简单，选中它并右击，在出现的快捷菜单中选择“Delete”命令，也可以选中它直接按 Delete 键。但是，有时可能因为种种原因不好选中控件，这时可以从控件树中选中，如图 5-28 所示。

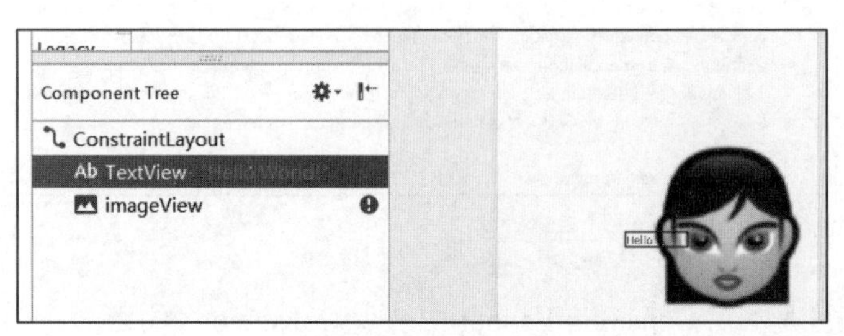

图 5-28

删掉控件之后，只剩下图像了。现在未给图像控件加任何约束，所以它就在我们当初放置的位置上。我们可以为图像添加靠左的限制，使其靠左显示。选中图像，在图像上会出现一些帮助设计的图形，移动鼠标到图像左边界中央的小圈圈上，如图 5-29 所示。

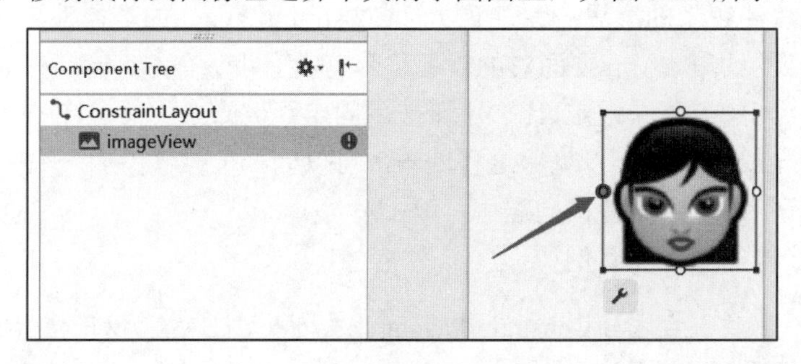

图 5-29

从这个小圈圈中拖出一条线，代表约束。这里要靠左，所以把这条线往父控件的左边界拖，当拖到左边界时图像的边框竟然动了！不要惊慌，只需松手即可，出现如图 5-30 所示的效果。

小圈圈中多了个点，表示在图像的这条边上添加了约束。这个约束是图像的左边界到 ConstraintLayout 左边界的约束。在属性栏的简洁模式下，也可以看到约束被添加了，如图 5-31 所示。

在四条边中，只有左边添加了约束。数字 8 其实是“8dp”，这里把单位隐藏了，意思是这个控件的左边界与 ConstraintLayout 的左边界不要靠得太紧，留出 8dp 的空白。在属性栏显示所有属性的模式下，也可以看到这个约束的设置，如图 5-32 所示。

虽然可以直接通过为相应的属性设置值来添加约束，但是不太直观，还是尽量用鼠标拖动。

图 5-30

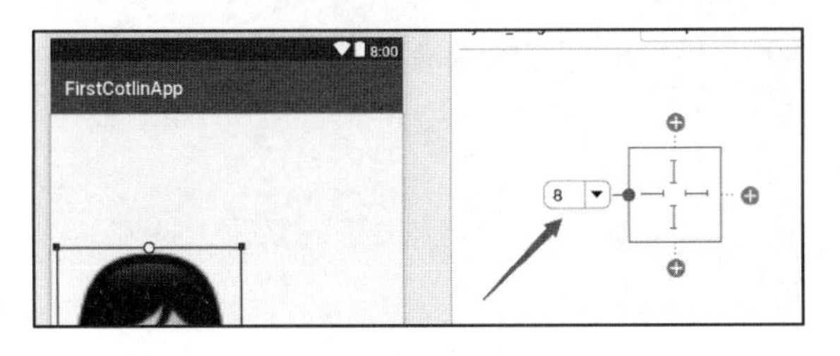

图 5-31

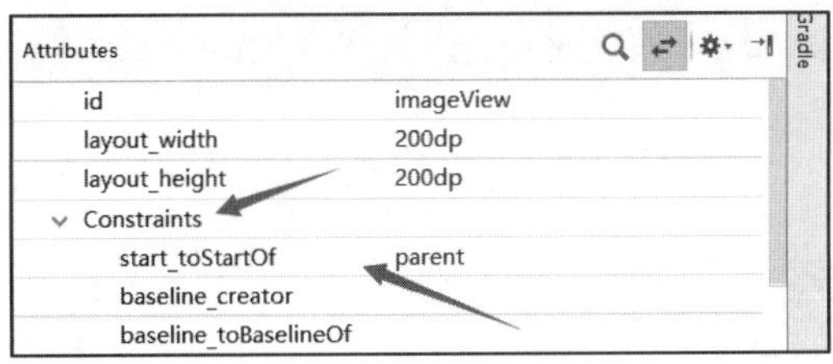

图 5-32

在组件树中依然能看到 imageView 有错误，还缺少约束。为什么呢？原因很简单，坐标有两个，即横坐标和纵坐标，现在只设了横坐标，还没设纵坐标，在纵向上 Layout 系统依然不知道该把 imageView 往哪个位置放。由于默认位置是 0，因此运行时会跑到最上面。若想让它靠下显示，就添加下边界的约束，如图 5-33 所示。

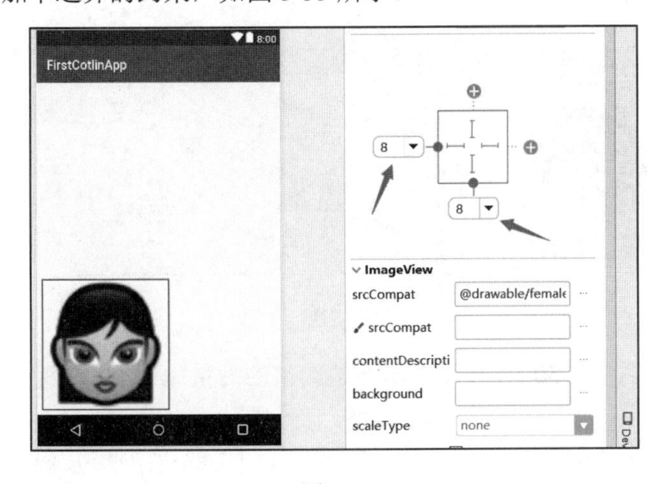

图 5-33

运行 App，图像是不是靠左下角了？这种 Layout 设计方式真的很人性化，简单又好玩！至于怎样让图像靠其他位置，读者可以自己尝试，这里就不讲了。

5.3.3 子控件在 ConstraintLayout 中横向居中

只要在前面的基础上再添加一个靠右的约束就行了，如图 5-34 所示。

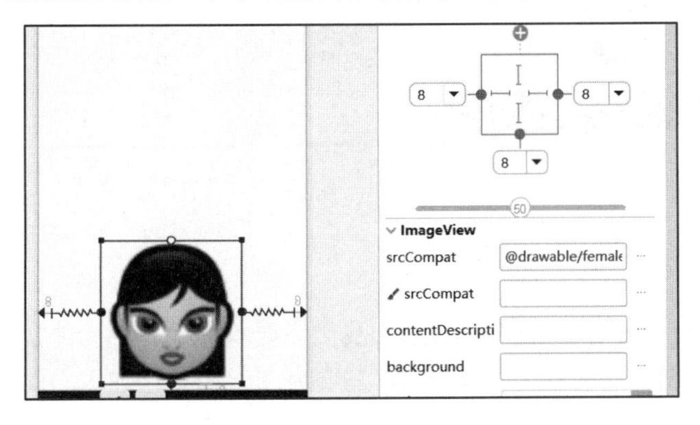

图 5-34

这个效果是不是很直观？Constraint 就像弹簧，如果控件左右都有弹簧并且受力相等，它就位于中央了。

上下居中就不再讲了，读者可以自己尝试。

5.3.4　子控件在 ConstraintLayout 中居中偏左

现在图像左右居中了，还不理想，想让它居中再偏左一点，最好在四分之一处居中而不是在二分之一处居中。没问题，可以用图 5-35 中的设置。

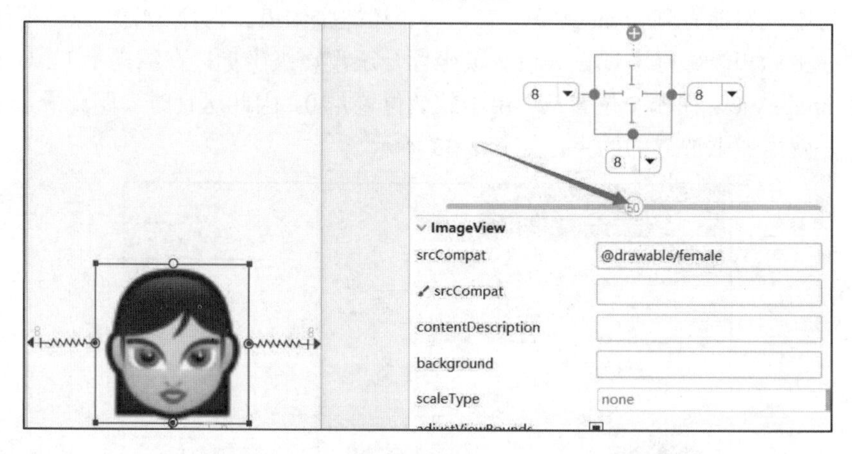

图 5-35

这个柄上有一个数字“50”，表示左右两边约束的力量比值，现在是 50:50，拖动它试试。比如拖到 25 的位置（左 25:右 75），效果如图 5-36 所示。

约束就像弹簧，左右弹簧的力量进行对比，哪边力大，就偏向哪边。纵向上没有类似的柄，因为纵向上只有向下拉的弹簧，没有向上拉的弹簧，无法设置其力量对比，只要加上向上约束即可。

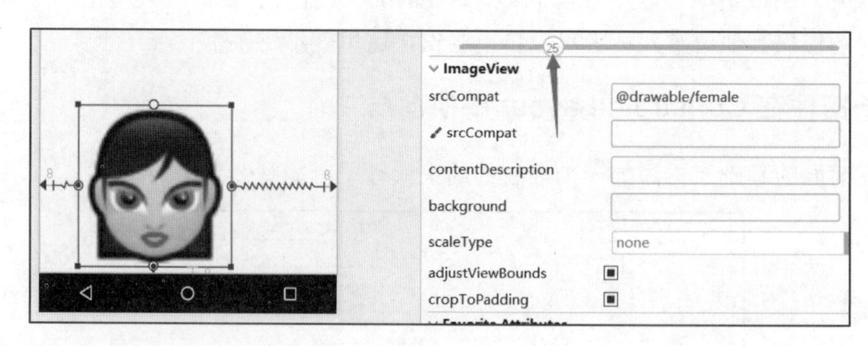

图 5-36

5.3.5　子控件 A 在子控件 B 的上面

为了演示两个控件之间的相对位置约束，我们需要再添加一个新的控件，比如添加一个按钮，最终让按钮位于图像的上面。在此之前，需要为图像控件添加纵向的约束，先让它横、纵向都居中，如图 5-37 所示。

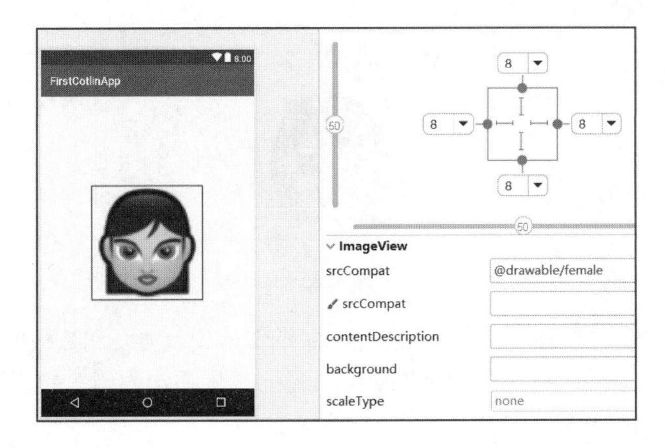

图 5-37

再拖一个按钮进来（见图 5-38）。这个按钮由于没有约束，因此运行时会跑到左上角。下面为它添加约束，从按钮的下边界拖动约束到图像的上边界，让它在图像的上面，如图 5-39 所示。

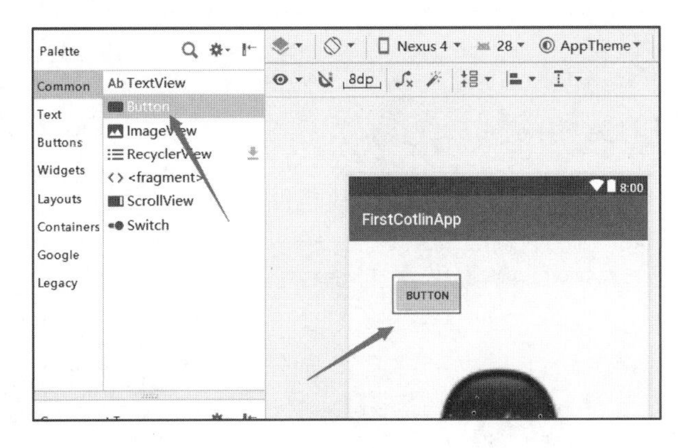

图 5-38

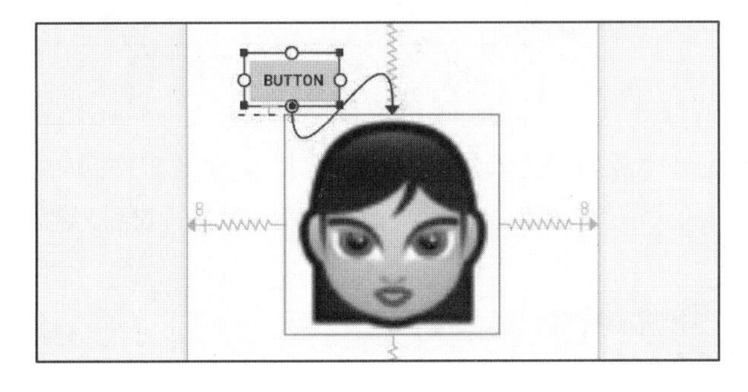

图 5-39

5.3.6　子控件 A 与子控件 B 左边对齐

在上一节的页面中，按钮在横向上没有约束，默认靠左。看着不太舒服，我们可以让按钮的左边与图像的左边对齐，也就是为按钮的左边界与图像的左边界拖出一条约束线，如图 5-40 所示。

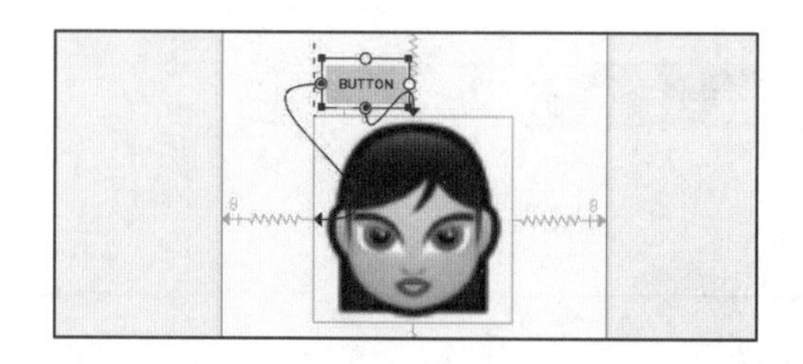

图 5-40

两条优美的曲线揭示了约束的存在。不过，仔细看的话，会发现按钮的左边与图像的左边还有一点差距，没有完全对齐，其实是按钮的 margin 属性在起作用，只要把它的左 margin 改为 0dp 即可，如图 5-41 所示。

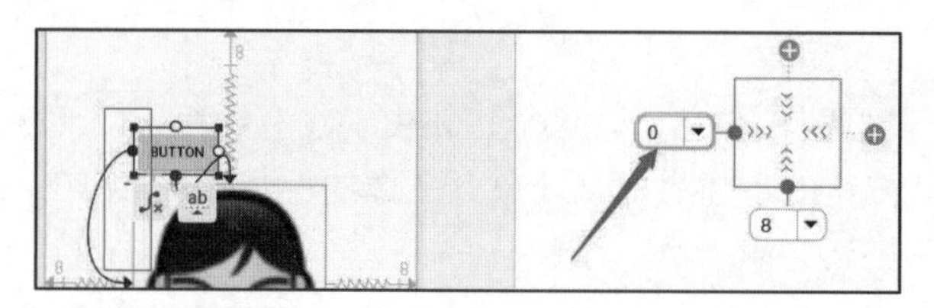

图 5-41

5.3.7 设置子控件的宽和高

以图像控件为例，当前宽和高为固定值，从属性栏中可以看出来（见图 5-42）。

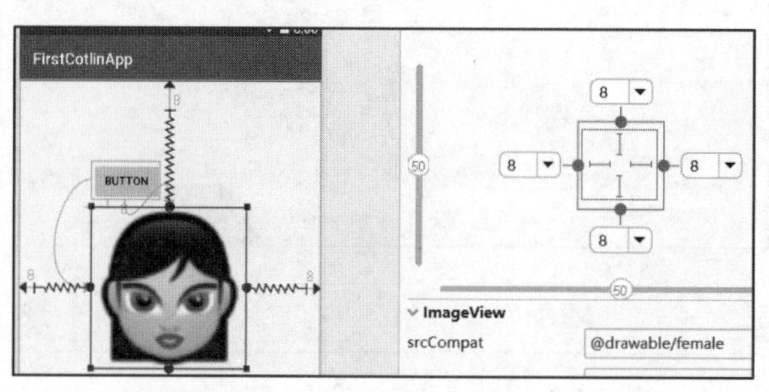

图 5-42

注意红线框出的图形，这样就表示固定值，那么值是多少呢？由“layout_width”和“layout_height”属性的值决定。在红框中的图形上点一下，就会发现图形发生了变化，如图 5-43 所示。

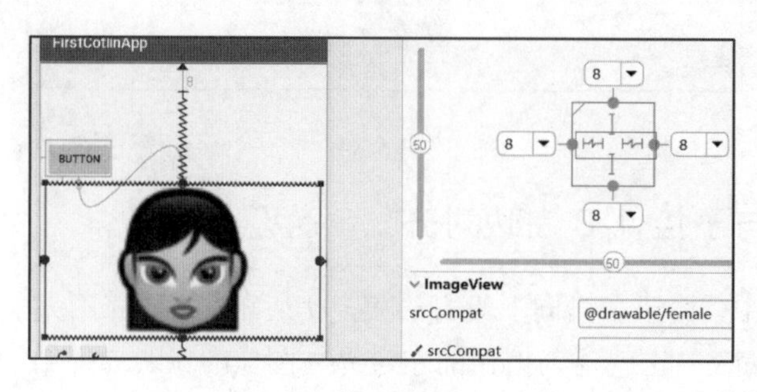

图 5-43

图形变成了弹簧的样子，表示宽度变成了弹性值，即宽度是可变的，同时可以看到 layout_width 的值变成了“0dp”，此时只要两边没有其他控件来挤占它的空间，那么它就会充满整个空间，此时在预览图中可以看到图像的宽度充满了整个父控件。

5.3.8　子控件的宽和高保持一定比例

设置图像控件宽高比为 2:1，就是说图像被缩放时控件的宽高比例不变。

为了更容易看出效果，我们给图像控件设置一下背景（设置控件的 background 属性）。可以为它设置一种颜色，也可以设置一幅图像。先选中图像控件，再在属性栏中单击图 5-44 所示的按钮。出现资源选择对话框，选择一种颜色即可（见图 5-45）。

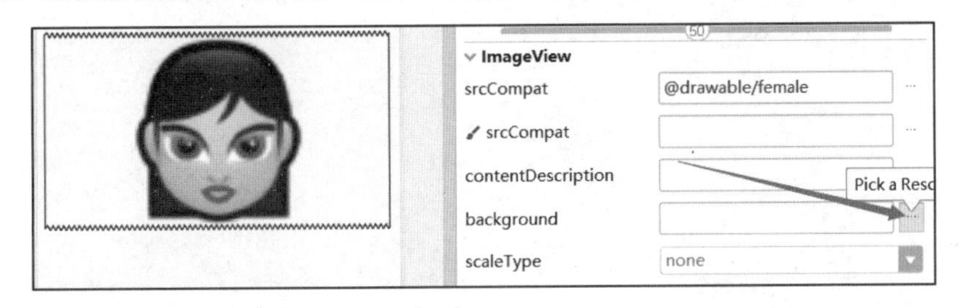

图 5-44

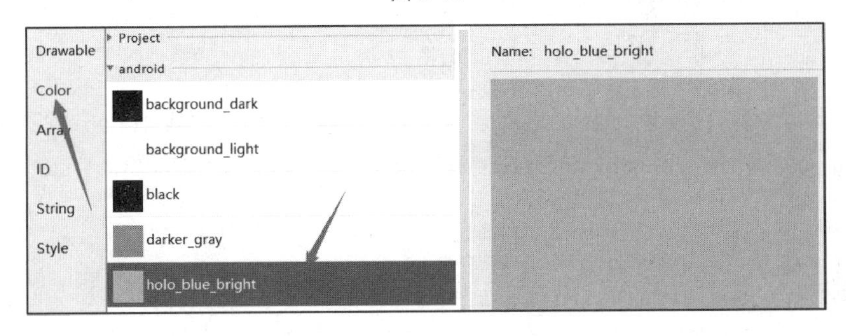

图 5-45

设置背景后，再设一下图像控件的宽高比。首先选中图像控件，然后在属性栏中单击上面红色箭头所指的位置，如图 5-46 所示。

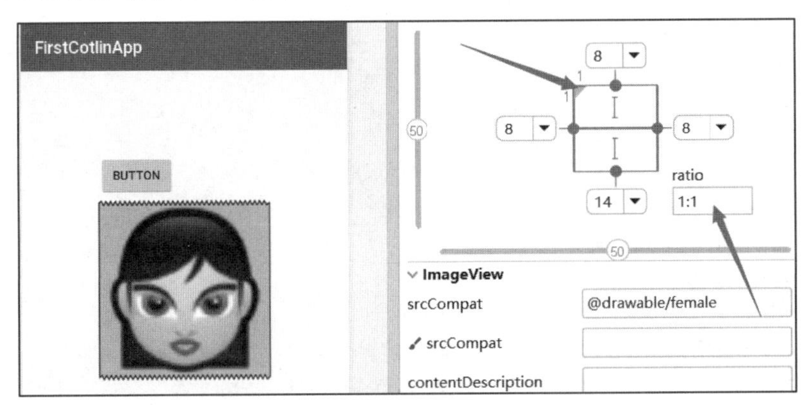

图 5-46

在下面箭头所指的位置出现 ratio（比率）输入控件（默认值是 1:1），图像控件变成方的。注意，此时控件的 layout_width 和 layout_height 属性值是有一定要求的。如果这两个属性的值全不是 0dp，那么比率就不起作用了，至少要有一个是 0dp 才起作用，另一个既可以是固定的数值，也可以是 match_parent 或 wrap_content。如果既设置了宽和高的值又设置了比例，明显是有冲突的，该怎么解决呢？其实就是优先级的问题，谁优先级高谁起作用。

把比例改成 2:1（宽是 2，高是 1），则会出现图 5-47 所示的效果。

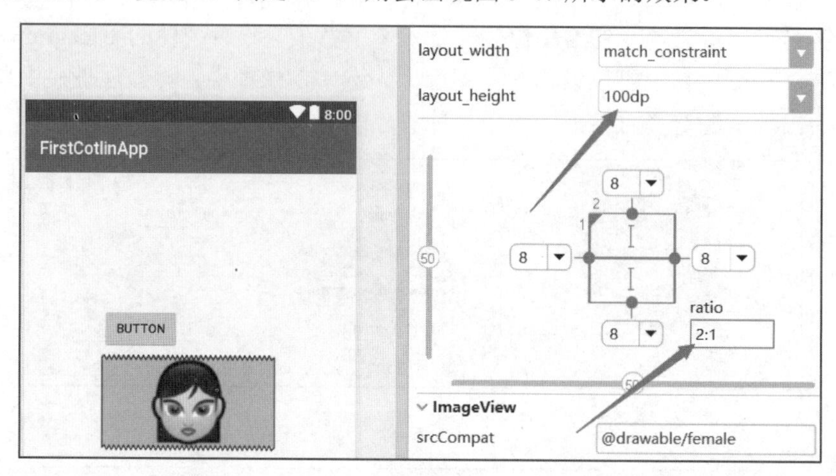

图 5-47

实际上图像太宽，已超出了显示区，于是把高度改小一些，改成 100dp（注意此时应保证宽度为 match_constraint。match_constraint 是一个常量，它的值就是“0dp”）。最后 layout 文件的源码如下：

```
<?xml version="1.0" encoding="utf-8"?>
<android.support.constraint.ConstraintLayout
      xmlns:android="http://schemas.android.com/apk/res/android"
      xmlns:tools="http://schemas.android.com/tools"
      xmlns:app="http://schemas.android.com/apk/res-auto"
      android:layout_width="match_parent"
      android:layout_height="match_parent"
      tools:context=".MainActivity">
   <ImageView
      android:id="@+id/imageView"
      android:layout_width="0dp"
      android:layout_height="100dp"
      android:layout_marginStart="8dp"
      android:layout_marginTop="8dp"
      android:layout_marginEnd="8dp"
      android:layout_marginBottom="8dp"
      android:background="@android:color/holo_blue_bright"
      app:layout_constraintBottom_toBottomOf="parent"
      app:layout_constraintDimensionRatio="w,2:1"
      app:layout_constraintEnd_toEndOf="parent"
```

```
        app:layout_constraintStart_toStartOf="parent"
        app:layout_constraintTop_toTopOf="parent"
        app:srcCompat="@drawable/female" />
    <Button
        android:id="@+id/button"
        android:layout_width="wrap_content"
        android:layout_height="wrap_content"
        android:layout_marginBottom="8dp"
        android:text="Button"
        app:layout_constraintBottom_toTopOf="@+id/imageView"
        app:layout_constraintStart_toStartOf="@+id/imageView" />
</android.support.constraint.ConstraintLayout>
```

5.4 设计登录页面

下面设计一个登录页面。这个登录页面最上面是一幅图像，中间是用户名输入框，接着是密码输入框，最下面是登录按钮。

为了美观一些，希望这些内容整体居中（纵向居中）显示，因为屏幕一般都是竖着的。可以把文本输入控件和按钮控件的高度设置为“wrap_content”，即由文本的字体大小决定高度（这个值不会太大）。图像控件的大小也由内容（也就是图像）来决定的话就不合适了，可能很小，也可能很大。所以我们应该把图像控件设置成合适的固定大小，然后让图像保持比例缩放来自适应地填充到图像控件中。总之，一般情况下都是为图像控件指定固定的大小。至于文本输入控件，也不让它在横向上充满整个父控件，所以将宽度设置为固定值，高度则由其内容决定。

纵向上的居中怎么设置好呢？如果让图像在纵向上居中，其他控件以它为基准往下摆，整体内容看起来就会偏下，不如以图像下面的用户名输入框为基准。把用户名输入框设置为在容器控件中纵向居中，其他控件都以它为基准上下摆放，效果如下：

下面让我们一步一步设计出这个登录界面。

5.4.1 添加用户名输入控件

修改当前的 Activity 界面（res/layout/activity_main.xml），在当前的基础上改造一下。先把“Hello World”这个文本控件删掉，用不着了。

当前，图像控件处于纵向居中，我们先把它移到顶端。很简单，把图像控件下边界的约束删掉即可。

然后，拖一个文本输入控件到页面内，在“Text”组中拖一个“Plain Text”控件到页面中，放在图像控件的下面，如图 5-48 所示。

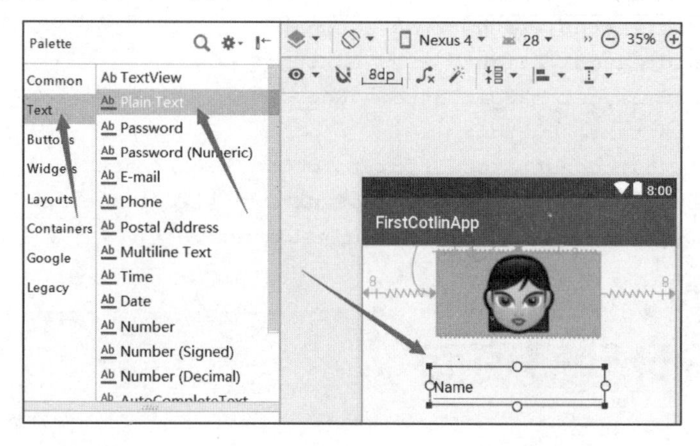

图 5-48

为了保证文本输入控件在运行时真的位于图像控件下面，需要在图像的下边界与文本框的上边界之间添加一个约束。这个约束的默认 Margin 为 8dp，离得太近了，改成 16dp，如图 5-49 所示。

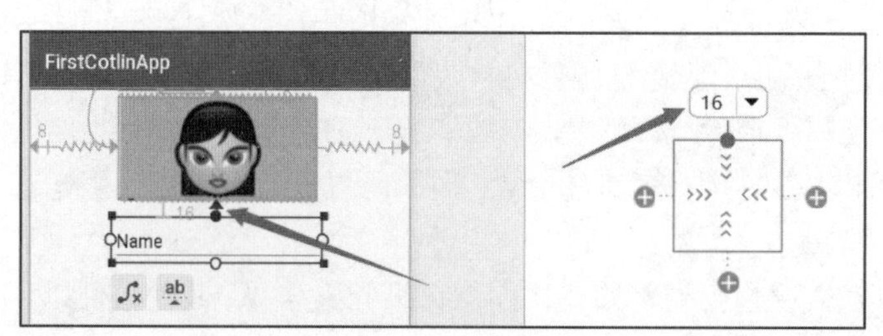

图 5-49

我们还应让文本框左右居中。另外，文本框的宽度默认是 wrap_content，但是一般我们都希望它在横向上充满整个空间，只要把 layout_width 属性改为 match_constraint（或 0dp）即可，如图 5-50 所示。

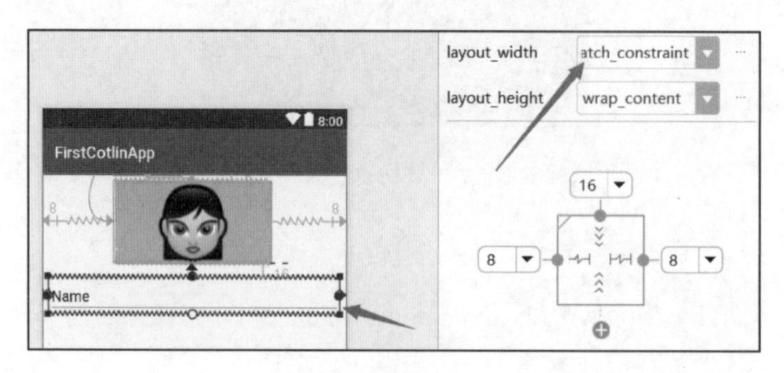

图 5-50

注意，“Text”这个组下有很多控件，比如“Email”“Phone”等。这些控件用于输入不同的文本格式，“Email”是专门输入邮箱地址的控件，“Phone”是专门输入电话号码的控件。但是，其实它们是同一个类（这个类叫作“EditText”），只是把 EditText 的某些属性预设成了不同的值，我们完全可以自己改变这些值。现在使用最通用的一种“Plain Text”，对输入文本的格式没什么限制，因为用户名一般都没有限制。

只有文本输入控件还不行，还要有提示性文字，以告诉用户这个地方应输入什么。以前都是将一个文本显示控件（比如 TextView）。放在输入框的左边或上边，提示应输入什么，现在的做法变了，变成了直接在输入框中显示提示，这在 Android 中很容易做到，只需设置输入控件的“hint（提示）”属性，如图 5-51 所示。

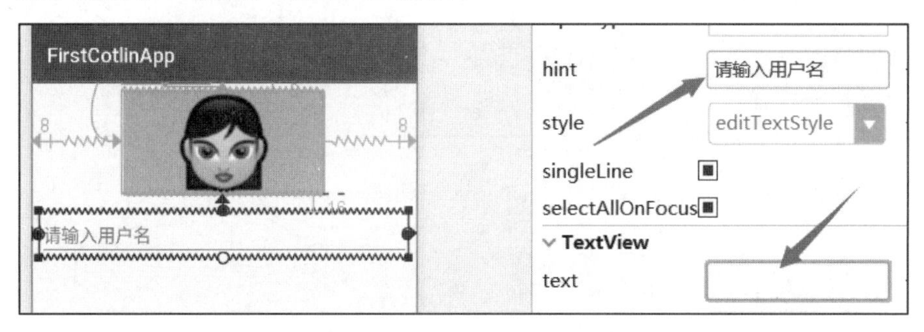

图 5-51

注意，必须将 text 属性的值清空才能显示出 hint 的值。

因为其他控件要相对它的位置摆放，需要引用它，所以还要设置它的 ID，界面设计器会自动为它取个 ID，最好为它的 ID 设置一个有意义的名字，如图 5-52 所示。

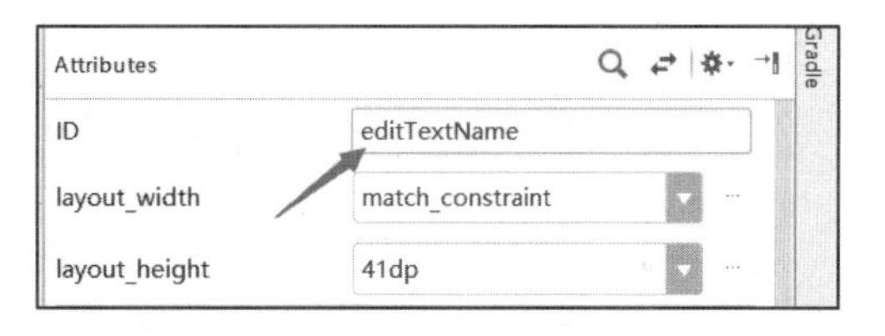

图 5-52

修改 ID 时，Android Studio 会弹出一个对话框，如图 5-53 所示。

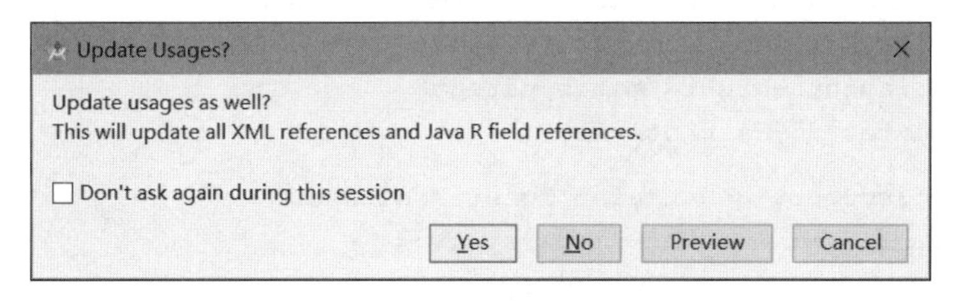

图 5-53

提示是否真要更新 ID，因为更新 ID 会更新 XML 文件中所有的引用和 R 类中相应字段的值。单击“Yes”按钮。为了以后不再让它出来添麻烦，最好选中“Don't ask again during this session（不要在这次会话中再问了）”。

5.4.2 添加密码输入控件

添加密码输入控件，效果如图 5-54 所示，并将 ID 设置为“editTextPassword”。

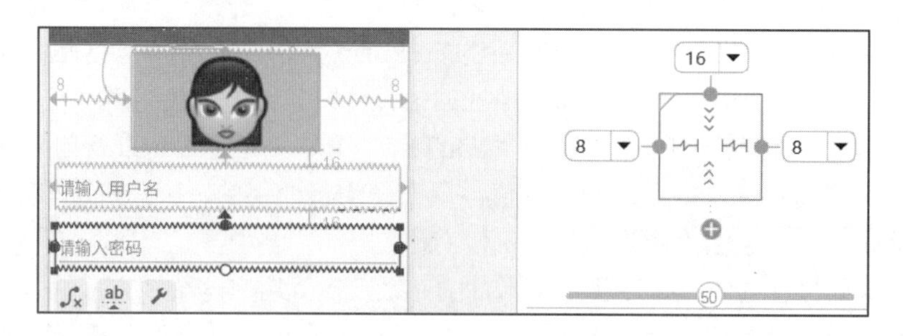

图 5-54

5.4.3 添加登录按钮

参考前面的内容进行设置，只是把 ID 设置为“buttonLogin”，效果如图 5-55 所示。注意，修改标题的方式是设置其 text 属性的值。

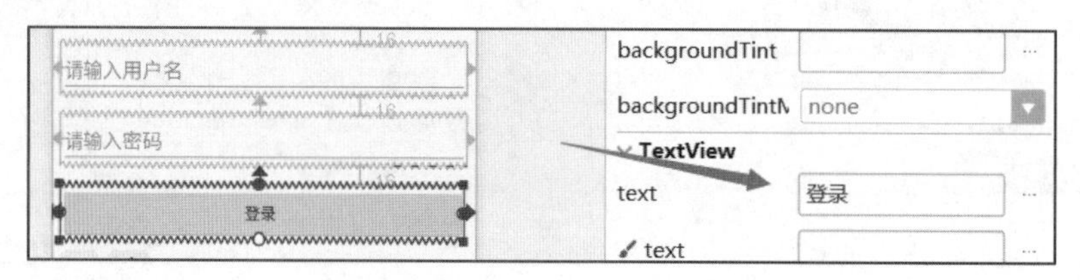

图 5-55

5.4.4 完成收工

最后把头像设置一下，取消宽高比（在设置宽高比的地方再点一下就取消了），将宽高都设为 100dp。最终的 layout 源码如下：

```
<?xml version="1.0" encoding="utf-8"?>
<ScrollView xmlns:android="http://schemas.android.com/apk/res/android"
    xmlns:app="http://schemas.android.com/apk/res-auto"
    xmlns:tools="http://schemas.android.com/tools"
    android:layout_width="match_parent"
    android:layout_height="match_parent"
    tools:context=".MainActivity">

    <android.support.constraint.ConstraintLayout
        android:layout_width="match_parent"
        android:layout_height="match_parent"
        android:layout_gravity="center_vertical">

        <ImageView
            android:id="@+id/imageView"
            android:layout_width="100dp"
            android:layout_height="100dp"
            android:layout_marginStart="8dp"
            android:layout_marginTop="8dp"
            android:layout_marginEnd="8dp"
            android:background="@android:color/holo_blue_bright"
```

```
        app:layout_constraintEnd_toEndOf="parent"
        app:layout_constraintStart_toStartOf="parent"
        app:layout_constraintTop_toTopOf="parent"
        app:srcCompat="@drawable/female" />

    <EditText
        android:id="@+id/editTextName"
        android:layout_width="0dp"
        android:layout_height="41dp"
        android:layout_marginStart="8dp"
        android:layout_marginTop="16dp"
        android:layout_marginEnd="10dp"
        android:ems="10"
        android:inputType="textPersonName"
        app:layout_constraintEnd_toEndOf="parent"
        app:layout_constraintStart_toStartOf="parent"
        app:layout_constraintTop_toBottomOf="@+id/imageView" />

    <EditText
        android:id="@+id/editTextPassword"
        android:layout_width="0dp"
        android:layout_height="wrap_content"
        android:layout_marginStart="8dp"
        android:layout_marginTop="16dp"
        android:layout_marginEnd="8dp"
        android:ems="10"
        android:hint="请输入密码"
        android:inputType="textPassword"
        app:layout_constraintEnd_toEndOf="parent"
        app:layout_constraintStart_toStartOf="parent"
        app:layout_constraintTop_toBottomOf="@+id/editTextName" />

    <Button
        android:id="@+id/buttonLogin"
        android:layout_width="0dp"
        android:layout_height="wrap_content"
        android:layout_marginStart="8dp"
        android:layout_marginTop="16dp"
        android:layout_marginEnd="10dp"
        android:text="登录"
        app:layout_constraintEnd_toEndOf="parent"
        app:layout_constraintStart_toStartOf="parent"
        app:layout_constraintTop_toBottomOf="@+id/editTextPassword" />

    <Button
        android:id="@+id/buttonRegister"
        android:layout_width="0dp"
        android:layout_height="wrap_content"
        android:layout_marginStart="8dp"
```

```
            android:layout_marginTop="16dp"
            android:layout_marginEnd="8dp"
            android:text="注册"
            app:layout_constraintEnd_toEndOf="parent"
            app:layout_constraintStart_toStartOf="parent"
            app:layout_constraintTop_toBottomOf="@+id/buttonLogin" />

    </android.support.constraint.ConstraintLayout>
</ScrollView>
```

5.5 让内容滚动

在上一节做的登录页面上增加一个按钮“注册”，将 ID 设为“buttonRegister”，放到“登录”按钮的下面，效果如图 5-56 所示。然后运行 App，旋转一下屏幕，运行效果如图 5-57 所示。

“注册”按钮看不到了！为什么？显然屏幕的高度不够了，内容在纵向上超出了屏幕，怎么办呢？使用滚动条！然而，Layout 是没有滚动功能的，要想提供滚动功能，需要使用控件 ScrollView。

ScrollView 可以在子控件高度超出自己的范围时在纵向上提供滚动功能。如果想横向滚动，可以使用 HorizontalScrollView。各种 ScrollView 都有自己的要求：只能容纳一个子控件。

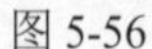

图 5-56

图 5-57

我们让 ConstraintLayout 成为 ScrollView 的子控件，然后设置 ConstraintLayout 的高度由其内容决定，也就是由组成登录界面的各子控件来共同决定。ScrollView 必须有办法计算出其子控件的高度才行，否则不知道该怎么滚。所以 ConstraintLayout 被放在 ScrollView 中后，其高度不能再设为 match_parent，如果子控件的高度永远与它一样高，那么永远不需要滚动。其子控件应体现出内容的高度，这里也就是组成登录功能的控件共同占据的高度，所以 RelativeLayout 的 layout_height 值必须为 wrap_content。下面我们按照这个原理一步步改造界面。

5.5.1　添加 ScrollView 作为最外层容器

可以试着拖一个 ScrollView 到页面中，如图 5-58 所示。不行，无法将控件拖到页面中作为最外层的控件，此时需要手动编辑源码。把页面切换到源码模式，在最外层的元素“<android.support.constraint. ConstraintLayout>”外面添加标记“<ScrollView>”，在 ConstraintLayout 的结束标记“</android.support. constraint.ConstraintLayout>”下面添加 ScrollView 的结束标记“</ScrollView>”，也就是让 ScrollView 元素包着 RelativeLayout 元素。然后，还需要把 RelativeLayout 标记中的一些属性（这些属性必须放在最外层的元素中）移动到 ScrollView 标记中：

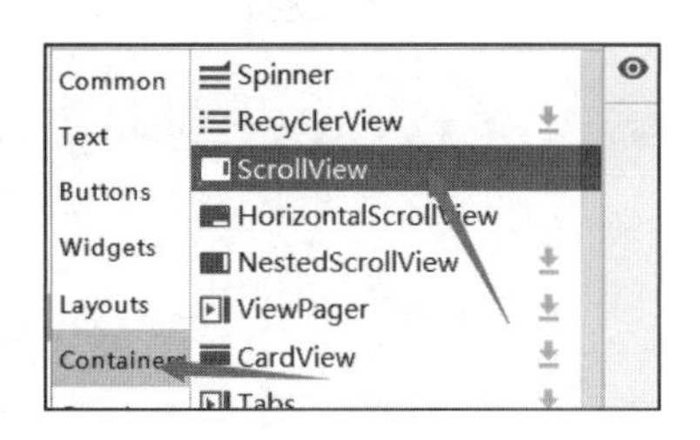

图 5-58

```
xmlns:android="http://schemas.android.com/apk/res/android"
xmlns:tools="http://schemas.android.com/tools"
xmlns:app="http://schemas.android.com/apk/res-auto"
tools:context=".MainActivity"
```

还要为 ScrollView 设置宽和高。它既然是最外层的控件，就应该充满整个父控件（Activity）。现在 layout 文件的源码变为：

```
<?xml version="1.0" encoding="utf-8"?>
<ScrollView xmlns:android="http://schemas.android.com/apk/res/android"
    xmlns:app="http://schemas.android.com/apk/res-auto"
    xmlns:tools="http://schemas.android.com/tools"
    android:layout_width="match_parent"
    android:layout_height="match_parent"
    tools:context=".MainActivity">

    <android.support.constraint.ConstraintLayout
        android:layout_width="match_parent"
        android:layout_height="match_parent">

        <ImageView
            android:id="@+id/imageView"
            android:layout_width="100dp"
            android:layout_height="100dp"
            android:layout_marginStart="8dp"
            android:layout_marginTop="8dp"
            android:layout_marginEnd="8dp"
            android:background="@android:color/holo_blue_bright"
            app:layout_constraintEnd_toEndOf="parent"
            app:layout_constraintStart_toStartOf="parent"
            app:layout_constraintTop_toTopOf="parent"
            app:srcCompat="@drawable/female" />

        <Button
            android:id="@+id/button"
```

```
        android:layout_width="wrap_content"
        android:layout_height="wrap_content"
        android:layout_marginBottom="8dp"
        android:text="Button"
        app:layout_constraintBottom_toTopOf="@+id/imageView"
        app:layout_constraintStart_toStartOf="@+id/imageView" />

    <EditText
        android:id="@+id/editTextName"
        android:layout_width="0dp"
        android:layout_height="41dp"
        android:layout_marginStart="8dp"
        android:layout_marginTop="16dp"
        android:layout_marginEnd="10dp"
        android:ems="10"
        android:hint="请输入用户名"
        android:inputType="textPersonName"
        app:layout_constraintEnd_toEndOf="parent"
        app:layout_constraintStart_toStartOf="parent"
        app:layout_constraintTop_toBottomOf="@+id/imageView" />

    <EditText
        android:id="@+id/editText2"
        android:layout_width="0dp"
        android:layout_height="wrap_content"
        android:layout_marginStart="8dp"
        android:layout_marginTop="16dp"
        android:layout_marginEnd="8dp"
        android:ems="10"
        android:hint="请输入密码"
        android:inputType="textPassword"
        app:layout_constraintEnd_toEndOf="parent"
        app:layout_constraintStart_toStartOf="parent"
        app:layout_constraintTop_toBottomOf="@+id/editTextName" />

    <Button
        android:id="@+id/button2"
        android:layout_width="0dp"
        android:layout_height="wrap_content"
        android:layout_marginStart="8dp"
        android:layout_marginTop="16dp"
        android:layout_marginEnd="10dp"
        android:text="登录"
        app:layout_constraintEnd_toEndOf="parent"
        app:layout_constraintStart_toStartOf="parent"
        app:layout_constraintTop_toBottomOf="@+id/editText2" />

    <Button
        android:id="@+id/buttonRegister"
```

```
            android:layout_width="0dp"
            android:layout_height="wrap_content"
            android:layout_marginStart="8dp"
            android:layout_marginTop="16dp"
            android:layout_marginEnd="8dp"
            android:text="注册"
            app:layout_constraintEnd_toEndOf="parent"
            app:layout_constraintStart_toStartOf="parent"
            app:layout_constraintTop_toBottomOf="@+id/button2" />

    </android.support.constraint.ConstraintLayout>
</ScrollView>
```

切换到预览模式，会惊奇地发现 ConstraintLayout 的高度变了，如图 5-59 所示。虽然 ConstraintLayout 的高度值还是 match_parent，但是被放到在 ScrollView 中时这个值并不起作用，实际上却变成了 wrap_content。

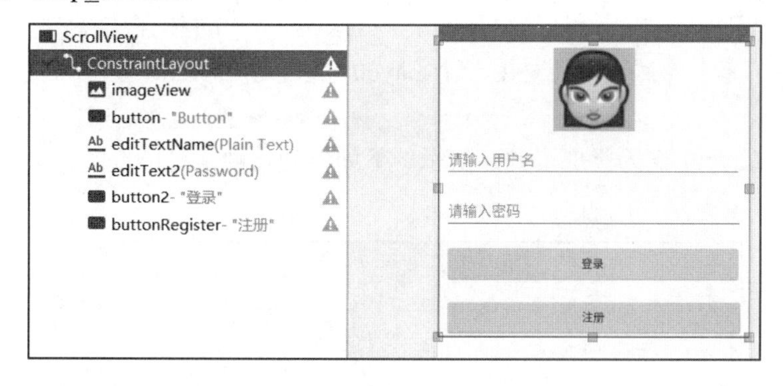

图 5-59

再运行 App，旋转屏幕，就可以上下滚动了，效果如图 5-60 所示。

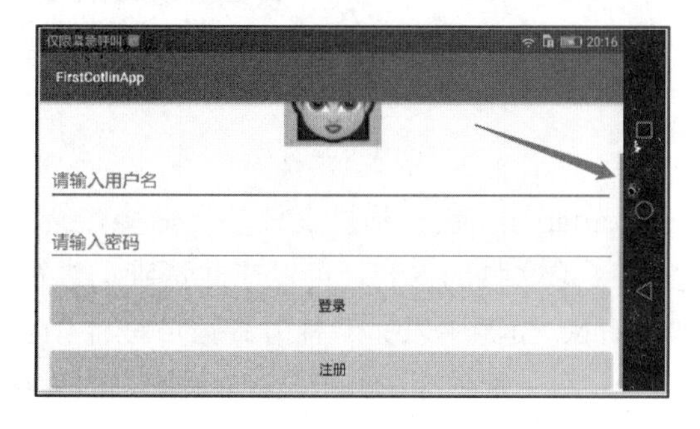

图 5-60

5.5.2　禁止旋转

除了使用 ScrollView 外，还有一个办法可以解决横屏显示不全的问题，那就是不支持横屏！这需要固定 Activity 的方向，即在 Manifest 文件中设一下，如图 5-61 所示。

属性名 screenOrientation 表示屏幕方向，值 portrait（原意是肖像画，是长的）表示竖屏、landscape（原意是风景画，是宽的）表示横屏。如果不设置此属性，就表示横竖屏都支持。

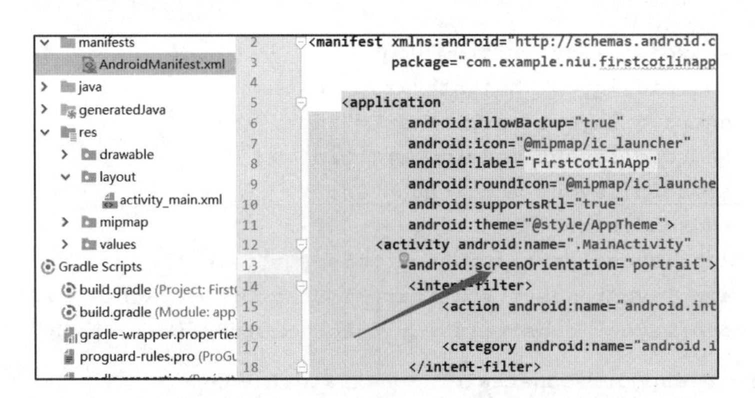

图 5-61

5.5.3 为横屏和竖屏分别创建 Layout

可以为一个页面创建横屏和竖屏两个资源。Android App 会根据屏幕方向自动选择资源，为横屏和竖屏创建看起来很不一样的界面效果。实际上这个功能除了支持横屏和竖屏外，还支持不同的屏幕分辨率。当然最好还是用一个 Layout 能自适应横屏、竖屏和各种分辨率，但有时是做不到的。

下面将当前 Layout 作为竖屏资源，演示一下如何为它创建横屏资源。选择菜单命令，如图 5-62 所示。

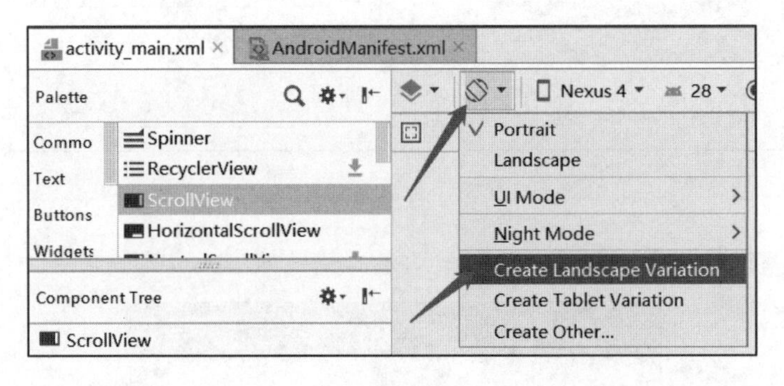

图 5-62

选择“Create Landscape Variation（创建横屏变体）”命令，会为当前 Layout 添加一个新的资源文件。新文件默认复制了原文件的内容，可以在此基础上进行修改，比如把 ScrollView 去掉，因为我们可以在 Landscape 资源中以另一种方式摆放控件让它们充分利用横屏空间。

当前资源下面包含了两个文件（见图 5-63），在文件系统中的组织和命名如图 5-64 所示。

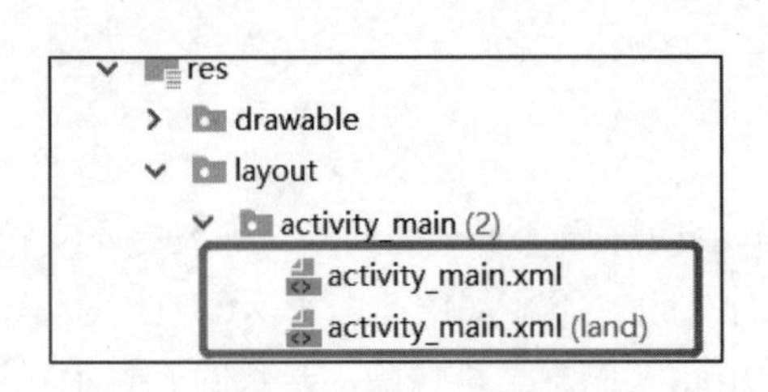

图 5-63

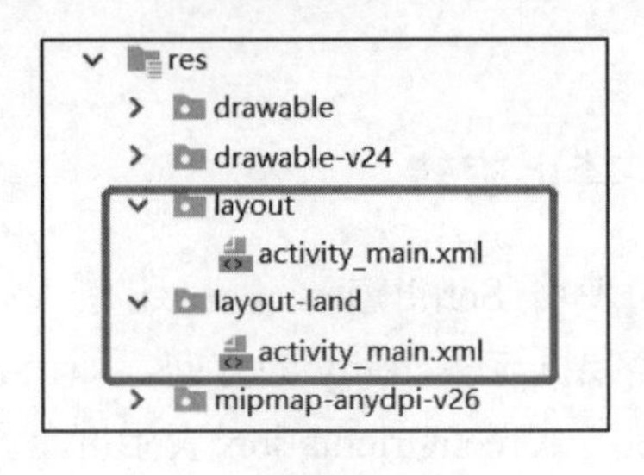

图 5-64

5.5.4　让内容居中

现在还有一个不完美的地方：内容不居中。在竖屏时，内容靠在上部，最好的方式是屏幕足够时居中，屏幕不够时滚动。注意，要先把横屏 layout 文件删掉。

ScrollView 代表屏幕（充满父控件），ConstraintLayout 代表内容区，只要设置 ConstraintLayout 在 ScrollView 纵向上居中就能达到目标。设置方法有两种：一是查找 ScrollView 中是否存在设置子控件摆放位置的属性，二是查找 ConstraintLayout 中是否存在设置其在父控件中如何摆放的属性。ConstraintLayout 中有个叫 layout_gravity 的属性，表示其在父控件中的重心，有很多值可以设置，这里设置为 center_vertical，如图 5-65 所示。

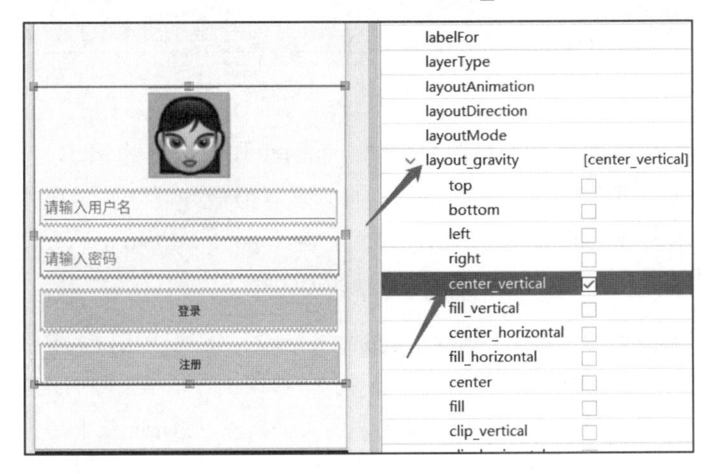

图 5-65

ConstraintLayout 纵向居中了，收工！

5.6　添加新的 Layout 资源

创建 Activity 时，Android Studio 一般会帮我们添加 Layout 资源，但这不一定满足我们的需要，所以需要手动添加新的 Layout 资源。

添加新的 Layout 资源，其实就是往合适的文件夹下添加一个 XML 文件。我们应该借助 Android Studio 提供的工具而尽量不要自己去做，具体做法是：在 res/layout 组上右击，在弹出的快捷菜单（见图 5-66）中选择“New”→“Layout resource file”命令，出现“New Resource File（新建资源文件）”对话框（见图 5-67）。

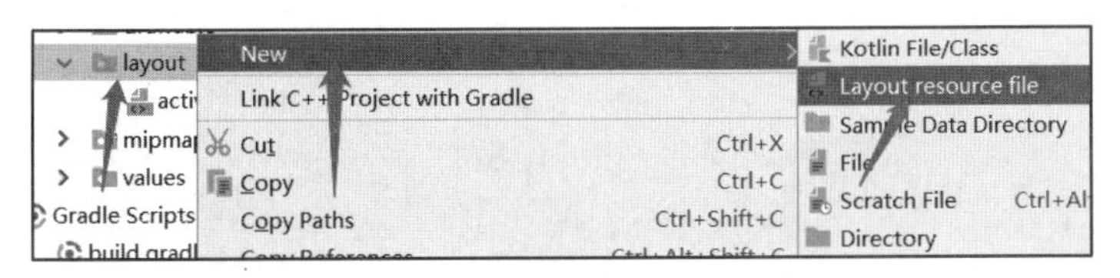

图 5-66

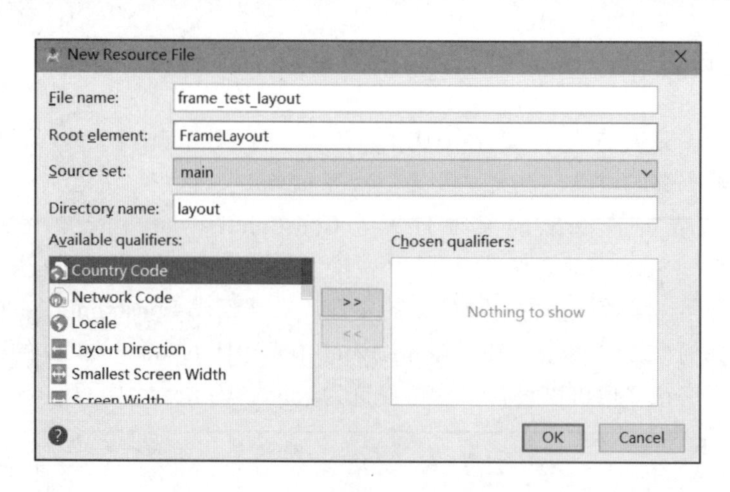

图 5-67

在“File name”字段中要填入资源文件名，同时也作为资源的 id 名。要注意其规则，不能以数字开头，单词之间推荐用下画线分隔（非必须，但最好遵守）。在“Root element（根元素）”字段中填入最外层的 Layout 控件，默认是 ConstraintLayout，改为 FrameLayout，其余都不用动。下面再解释一下 Source set 和 Directory name 选项。

- Source set：源码集。它有三个选项：main、release、debug。debug 指的是带有调试信息的 App 版本，release 是没有调试信息的 App 版本。在这个对话框里指的是分别包含在 debug、release 版中的代码和资源，即可以指定某些文件只在 release 版中起作用、有些文件只在 debug 版中起作用。属于 main 的文件在两者中都起作用。这里一般选择 main。
- Directory name：所在文件夹的名字，必须放在 Layout 下。

单击“OK”按钮，创建新文件，如图 5-68 所示。

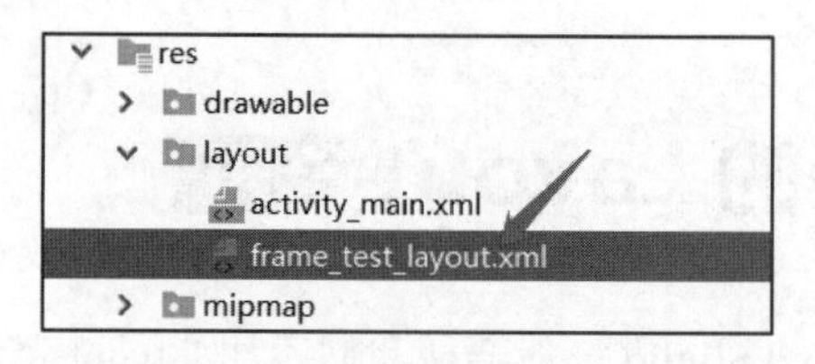

图 5-68

第 6 章

各种Layout控件

除了 ConstraintLayout 外，还有很多其他 Layout 控件，实际上 ConstraintLayout 是最复杂的，再学其他 Layout 就感觉很简单了。

6.1 FrameLayout

FrameLayout 是很简单的一种 Layout，当然也可以容纳多个 View，但是并没有一定的规则去排列多个 View，而是简单地把它们堆叠在一起，后添加的会盖住先添加的。

上一章我们添加了一个 Layout 资源（frame_test_layout.xml），其根控件是 FrameLayout。双击打开文件 frame_test_layout.xml，向里面添加 View，就会发现它们都堆在了一起（见图 6-1）。

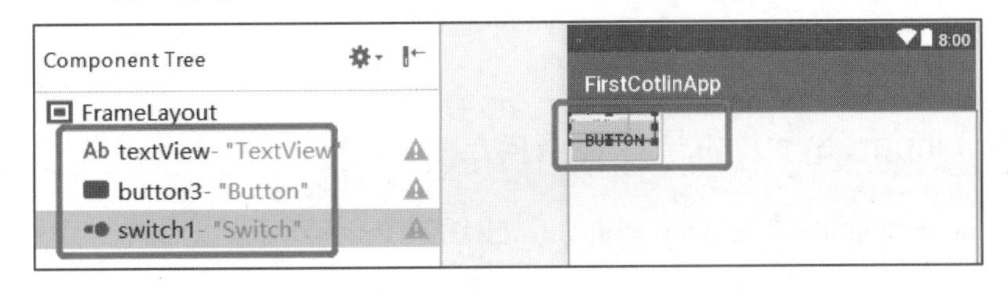

图 6-1

FrameLayout 一般用于整个页面只有一个子控件的场景或用于实现翻页效果的场景。

6.2 LinearLayout

这种 Layout 也比较简单，里面的子控件是依次排列的，有横向和纵向之分。创建一个新的 Layout 文件，设置根元素为 LinearLayout（见图 6-2）。

这个 LinearLayout 是纵向的（vertical，见图 6-3），宽和高都是“match_parent”，也就是充满了整个容器的空间（这里是预览，可以看到它充满了除工具栏之外的整个屏幕）。向这个 Layout 里面拖入一些 View，比如加入一堆按钮，依次纵向排列，如图 6-4 所示。

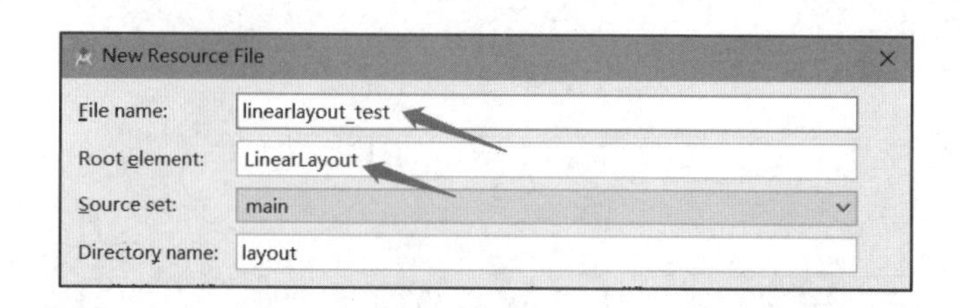

图 6-2

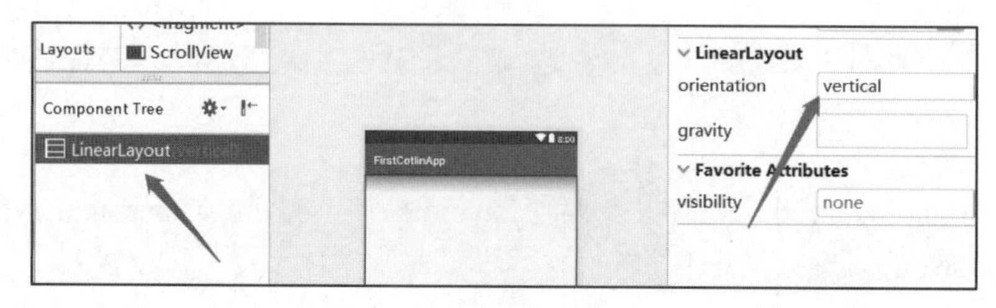

图 6-3

LinearLayout 也有很多好玩的细节，下面我们一起来玩一玩。

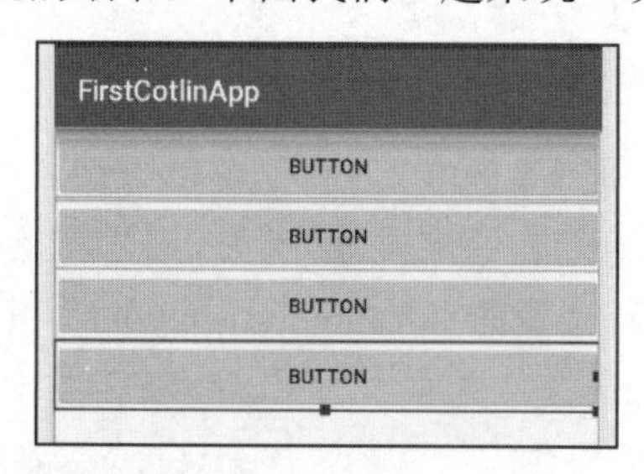

图 6-4

6.2.1　纵向 LinearLayout 中子控件横向居中

把按钮的 layout_width 改为 wrap_content，出现如图 6-5 所示的效果。

要使 LinearLayout 中的子控件横向居中，有两种方式：一是设置 LinearLayout 的 gravity 属性；二是设置子控件本身的 layout_gravity 属性。

在第一种方式中，gravity 表示内容的重心。我们只要让内容的重心在横向上处于居中即可。操作方式如图 6-6 所示，设置 gravity 的值为“center_horizontal”（横向居中）即可。

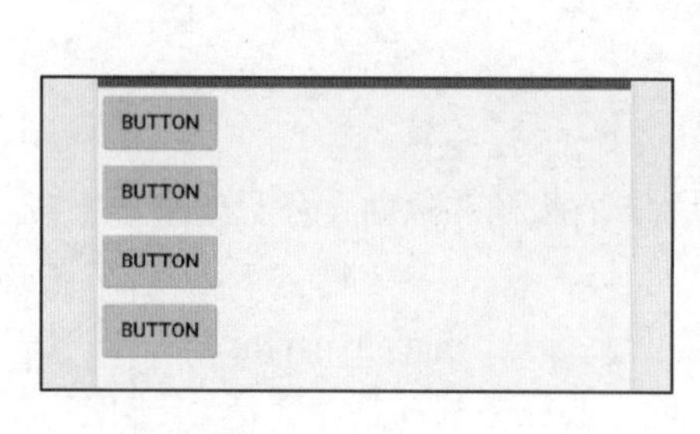

图 6-5

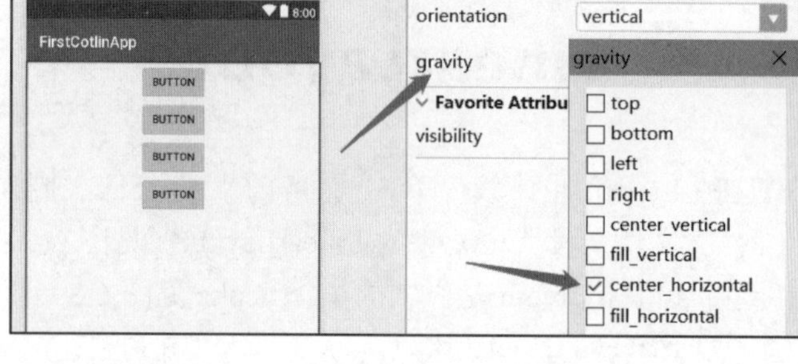

图 6-6

采用第二种方式时，先把Layout控件的gravity的值清空，然后设置各按钮的Layout_gravity

属性。Layout_gravity 表示控件在容器中的对齐方式，操作方式如图 6-7 所示。

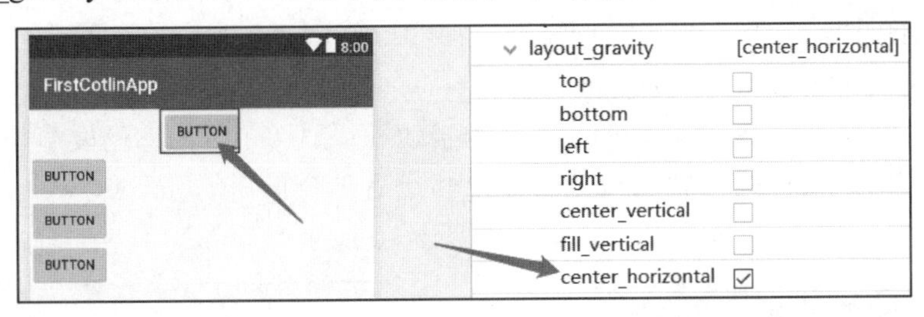

图 6-7

可以设置控件在 Layout 中靠上、靠下、靠左、靠右还是居中。我们选择横向居中（center_horizontal）。注意，纵向居中此时没有意义，选了也不起作用。

第二种方式可以精确控制每个控件的对齐方式，到底用哪一种，根据自己的需要选择。有一点要注意，有的 Layout 控件不支持 gravity，那就只能设置子控件的 layout_gravity 了。

6.2.2　子控件均匀分布

虽然上一节使按钮都居中了，但是我们还希望这些按钮能在纵向空间上均匀分布。此时不能再指望 LinearLayout 有设置子控件分布模式的属性了，得从子控件入手。

子控件有个叫 layout_weight（在排版中的比重）的属性，用于设置子控件在 LinearLayout 中在纵向或横向空间上所占的比重。要想让它正确地起作用，需要将子控件的 layout_width（在横向 LinearLayout 中时）或 layout_height（在纵向 LinearLayout 中时）设置为“0dp”！

要均匀分布，就需要为各子控件设置相同的 layout_weight 值，都设为 1 时效果如图 6-8 所示。

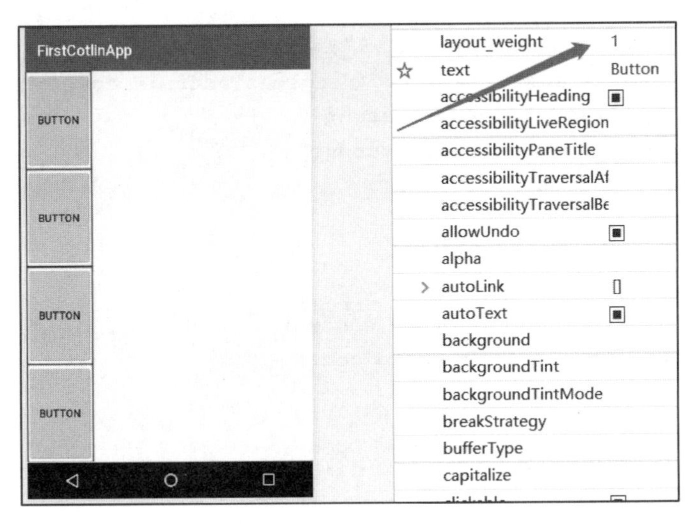

图 6-8

6.2.3　子控件按比例分布

上一节讲到了比重，本节用它来设置非均匀分布。注意，要先把所有按钮的 layout_width

设置为“0dp”。我们把第一个按钮的 layout_weight 设为“1”，其余的都设为“2”，如图 6-9 所示，所有按钮按比例分配了整个纵向空间，第一个按钮与其余按钮之间的高度比例为 1:2。

如果不想让子控件的 layout_height 为“0dp”，而是一个固定的值或 wrap_content，就需要把它的 layout_weight 值删除。比如让第一个按钮和最后一个按钮的高度都为固定值，其余的都按比例充满剩余的空间，就应该把第一个和最后一个按钮的 layout_weight 值删除、把 layout_height 设置为“wrap_content”，效果如图 6-10 所示。

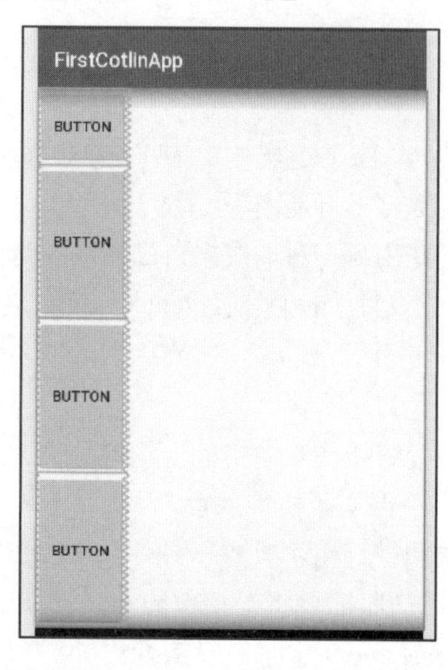

图 6-9

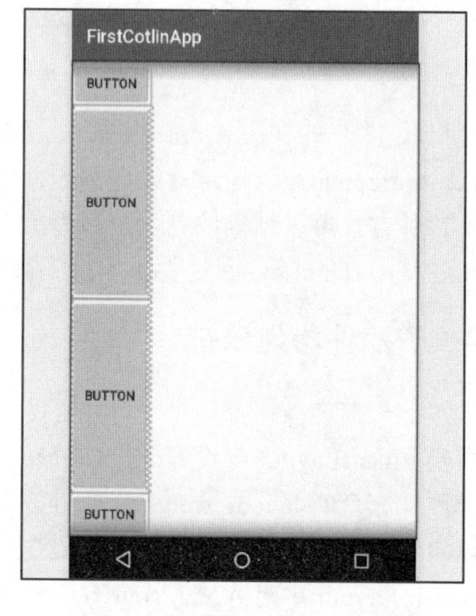

图 6-10

整个 linear_layout_test 文件的源码如下：

```
<?xml version="1.0" encoding="utf-8"?>
<LinearLayout xmlns:android="http://schemas.android.com/apk/res/android"
    android:layout_width="match_parent"
    android:layout_height="match_parent"
    android:orientation="vertical">

    <Button
        android:id="@+id/button4"
        android:layout_width="wrap_content"
        android:layout_height="wrap_content"
        android:text="Button" />

    <Button
        android:id="@+id/button5"
        android:layout_width="wrap_content"
        android:layout_height="0dp"
        android:layout_weight="2"
        android:text="Button" />
```

```
    <Button
        android:id="@+id/button6"
        android:layout_width="wrap_content"
        android:layout_height="0dp"
        android:layout_weight="2"
        android:text="Button" />

    <Button
        android:id="@+id/button7"
        android:layout_width="wrap_content"
        android:layout_height="wrap_content"
        android:text="Button" />
</LinearLayout>
```

6.2.4　用 LinearLayout 实现登录界面

观察一下前面登录界面的例子，可以发现各控件都是纵向排列的。我们完全可以用 LinearLayout 代替 ConstraintLayout 来实现。如果一个界面需要多个 LinearLayout 组合才能实现，那么首选 ConstraintLayout。虽然 ConstraintLayout 看起来比较复杂，但是对于复杂的排版，它们的处理速度更快。我们这个登录界面不属于很复杂的界面类型，所以也适合以 LinearLayout 来实现。

创建一个 Layout 文件，根元素为 ScrollView（为了适应横屏显示不了整个登录内容的情况），如图 6-11 所示。

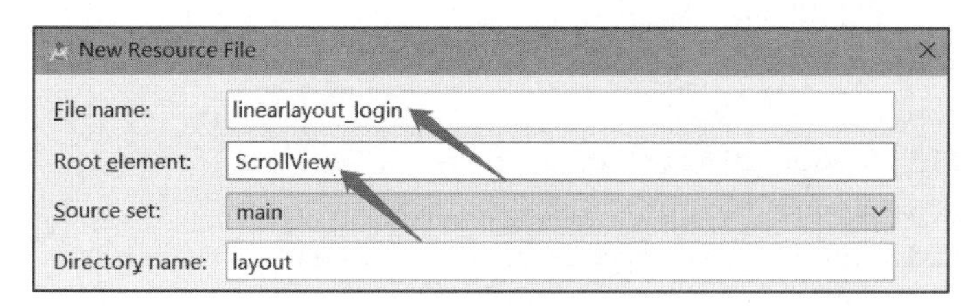

图 6-11

创建文件之后，执行以下操作：

（1）向其中拖入一个纵向的 LinearLayout。

（2）依次向 LinearLayout 中拖入 ImageView、Plain EditText、Password EditText、Button。拖入 ImageView 时选择要显示的图像，这里选择前面加入的图像资源 female.png。

（3）修改各 EditText 控件的 hint 属性。

（4）把各 EditText 的 text 属性的值清空。

（5）修改按钮的 text 属性。

（6）将 ImageView 的宽和高都设为“100dp”，设置图像的 layout_gravity 属性为横向居中。

（7）设置 LinearLayout 的 layout_gravity 属性为纵向居中。

各控件的 id 不太重要，因为它们之间不需要设置相对位置关系。整体界面如图 6-12 所示。

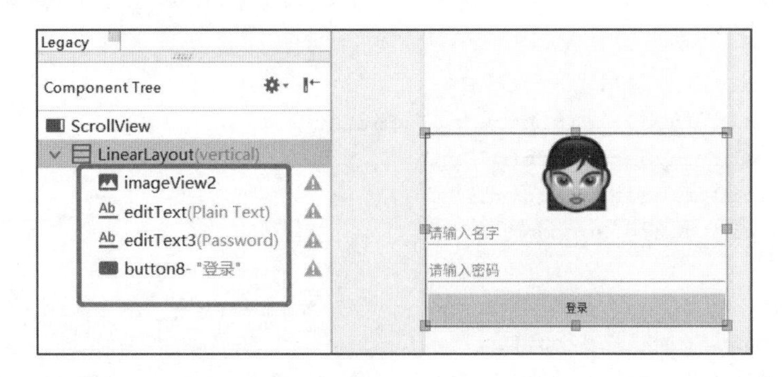

图 6-12

其实还有一点点问题，就是在横向上太靠近父控件的边界，一般是习惯性留出 8dp 的空白。设置空白的方式有两种：一是设置父控件的 Padding 属性（见图 6-13）；二是设置子控件的 Margin 属性。Padding 表示内部空白，Margin 表示外部空白。

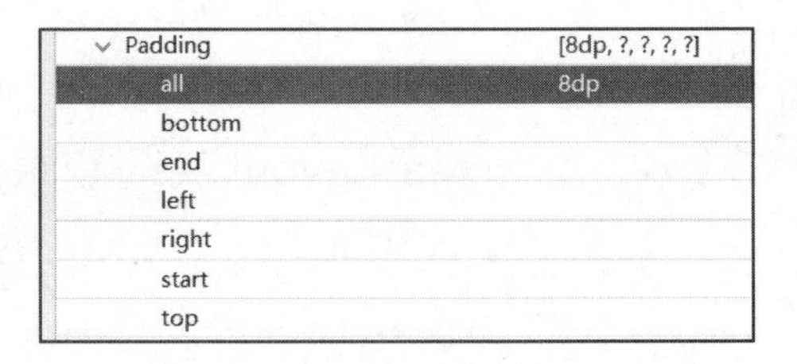

图 6-13

linearlayout_login.xml 的内容如下：

```
<?xml version="1.0" encoding="utf-8"?>
<ScrollView xmlns:android="http://schemas.android.com/apk/res/android"
    xmlns:app="http://schemas.android.com/apk/res-auto"
    android:layout_width="match_parent"
    android:layout_height="match_parent"
    android:padding="8dp">

    <LinearLayout
        android:layout_width="match_parent"
        android:layout_height="wrap_content"
        android:layout_gravity="center_vertical"
        android:orientation="vertical">

        <ImageView
            android:id="@+id/imageView2"
            android:layout_width="100dp"
            android:layout_height="100dp"
            android:layout_gravity="center_horizontal"
            app:srcCompat="@drawable/female" />

        <EditText
            android:id="@+id/editText"
            android:layout_width="match_parent"
            android:layout_height="wrap_content"
            android:ems="10"
            android:hint="请输入名字"
            android:inputType="textPersonName" />
```

```
        <EditText
            android:id="@+id/editText3"
            android:layout_width="match_parent"
            android:layout_height="wrap_content"
            android:ems="10"
            android:hint="请输入密码"
            android:inputType="textPassword" />

        <Button
            android:id="@+id/button8"
            android:layout_width="match_parent"
            android:layout_height="wrap_content"
            android:text="登录" />
    </LinearLayout>
</ScrollView>
```

6.3 GridLayout

Grid 是网格的意思，就是把显示区分成 n 行 n 列，每列的宽度都一样，主要用于表格式的排版。一个 View 放在此 Layout 中，需要设置 View 的 layout_row（行号）和 layout_column（列号）来决定 View 处于第几行第几列。如果一个 View 跨多个列或行，则使用 layout_columnSpan 和 layout_rowSpan 设置。

创建一个 Layout 文件 gridview_test.xml，设置其根 View 为 GridLayout，如图 6-14 所示。

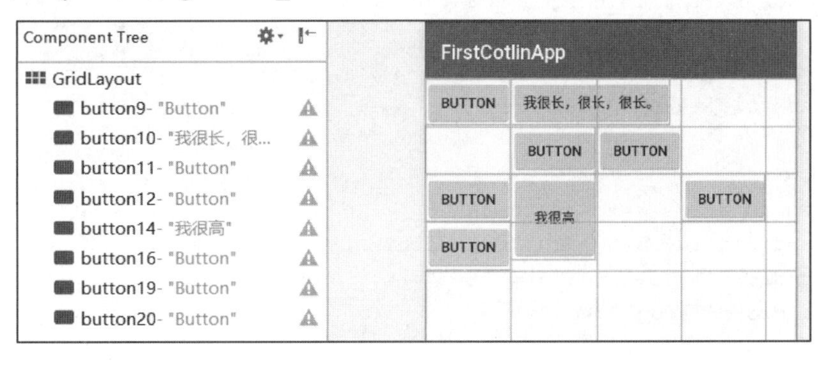

图 6-14

文件的内容如下：

```
<?xml version="1.0" encoding="utf-8"?>
<GridLayout xmlns:android="http://schemas.android.com/apk/res/android"
    xmlns:app="http://schemas.android.com/apk/res-auto"
    android:layout_width="match_parent"
    android:layout_height="match_parent">
```

```
<Button
    android:id="@+id/button9"
    android:layout_width="wrap_content"
    android:layout_height="wrap_content"
    android:text="Button" />

<Button
    android:id="@+id/button10"
    android:layout_width="wrap_content"
    android:layout_height="wrap_content"
    android:layout_row="0"
    android:layout_column="1"
    android:layout_columnSpan="2"
    android:text="我很长，很长，很长。" />

<Button
    android:id="@+id/button11"
    android:layout_width="wrap_content"
    android:layout_height="wrap_content"
    android:layout_row="2"
    android:layout_column="3"
    android:text="Button" />

<Button
    android:id="@+id/button12"
    android:layout_width="wrap_content"
    android:layout_height="wrap_content"
    android:layout_row="1"
    android:layout_column="1"
    android:text="Button" />

<Button
    android:id="@+id/button14"
    android:layout_width="wrap_content"
    android:layout_height="86dp"
    android:layout_row="2"
    android:layout_rowSpan="2"
    android:layout_column="1"
    android:text="我很高" />

<Button
    android:id="@+id/button16"
    android:layout_width="wrap_content"
    android:layout_height="wrap_content"
    android:layout_row="1"
    android:layout_column="2"
    android:text="Button" />
```

```
    <Button
        android:id="@+id/button19"
        android:layout_width="wrap_content"
        android:layout_height="wrap_content"
        android:layout_row="3"
        android:layout_column="0"
        android:text="Button" />

    <Button
        android:id="@+id/button20"
        android:layout_width="wrap_content"
        android:layout_height="wrap_content"
        android:layout_row="2"
        android:layout_column="0"
        android:text="Button" />
</GridLayout>
```

6.4 TableLayout

TableLayout 与 GridLayout 有些类似，也是可以分成多行多列的，但各行之间是独立的，每一行的列数可以不同，比如一行是 3 列，而另一行是 5 列。此 Layout 的每一行又是一个单独的 Layout 控件：TableRow。要添加一行，需要先添加一个 TableRow，再向这 TableRow 中添加 View。

创建一个 Layout 资源 tablelayout_test.xml，设置其根 View 为 TableLayout，如图 6-15 所示。

TableRow 控件的位置如图 6-16 所示。

图 6-15

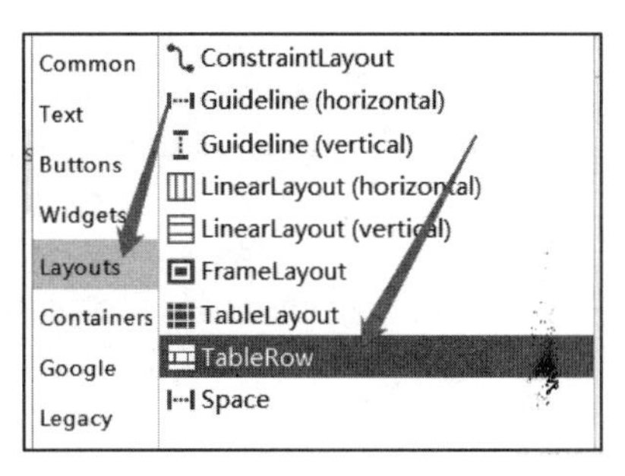

图 6-16

文件源码如下：

```
<?xml version="1.0" encoding="utf-8"?>
<TableLayout xmlns:android="http://schemas.android.com/apk/res/android"
    android:layout_width="match_parent"
    android:layout_height="match_parent">
```

```
    <TableRow
        android:layout_width="match_parent"
        android:layout_height="match_parent"
        android:gravity="center_horizontal">

        <RadioButton
            android:id="@+id/radioButton"
            android:layout_width="wrap_content"
            android:layout_height="wrap_content"
            android:text="我很长、很长、很长。。。" />

        <Button
            android:id="@+id/button13"
            android:layout_width="wrap_content"
            android:layout_height="wrap_content"
            android:text="Button" />

    </TableRow>

    <TableRow
        android:layout_width="match_parent"
        android:layout_height="match_parent"
        android:gravity="center_horizontal">

        <Button
            android:id="@+id/button15"
            android:layout_width="wrap_content"
            android:layout_height="wrap_content"
            android:text="Button" />

        <Button
            android:id="@+id/button17"
            android:layout_width="wrap_content"
            android:layout_height="wrap_content"
            android:text="Button" />

        <Button
            android:id="@+id/button18"
            android:layout_width="wrap_content"
            android:layout_height="wrap_content"
            android:text="Button" />
    </TableRow>
</TableLayout>
```

第 7 章

操作控件

界面设计出来后，还不能响应用户的指令触发业务逻辑的执行，也不能根据情况改变自身的状态，需要用代码让控件活起来。

7.1 在 Activity 中创建界面

Activity 虽然代表一个页面，但是不是 View，却能够管理 View。我们虽然可以使用代码将一个 Activity 上的控件一个一个创建出来并摆好位置来构成 Activity 的界面，但是太麻烦，以后的改动也非常难，所以通常都是在 Layout 资源中定义 Activity 的界面。App 在显示一个 Activity 前会把 Layout 中定义的界面创建出来并设置给 Activity，之后再把 Activity 显示出来。Activity 的内容是由里面的控件组合出来的。

App 并不会自动从 Layout 资源创建界面并设置给 Activity，需要我们写代码完成——并不复杂，只需要调用 Activity 的方法 setContentView()即可。这个方法需要一个参数，就是 Layout 资源文件的 id。这个方法在 Activity 被创建之后还未显示出来之前调用。最适合的地方就是 Activity 的 onCreate()方法（见图 7-1）。

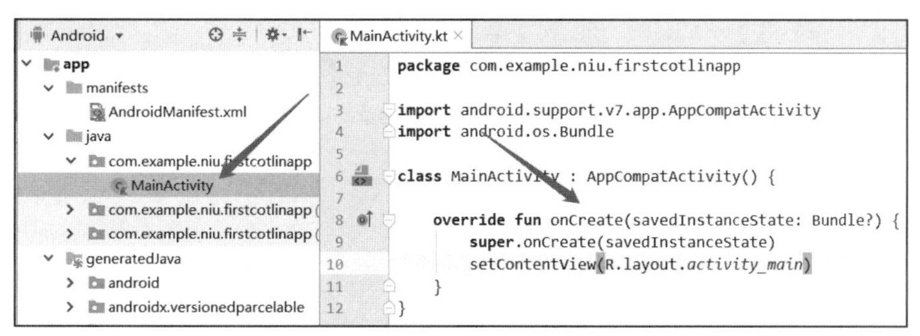

图 7-1

方法 setContentView()方法是不是被调用了？在 onCreate()方法被调用之后经过不长的时间，Activity 就被显示出来。由于显示之前已创建好了控件并加载了，因此我们就看到了 Activity 的界面。Android Studio 已帮我们添加了这些代码，不需要手动输入，但是它们也不是 SDK 中的类已封装好的，所以还是相当于我们手动添加的。

7.1.1　类 R

setContentView()的实参是 R.layout.activity_main。它是一个整数常量，是 Layout 型资源文件 activity_main.xml 的 id。

“R”是一个类，是 Gradle 编译项目中的资源文件后自动产生的(我们不能改动它的内容)。Layout 资源文件的 id 名与文件名相同，而扩展名被忽略。文件名要成为类中常量的名字，所以不能以数字开头。

资源 id 的命名一般是“R.资源类型.id 名”，比如引用一个资源中定义的字符串，其 id 为“xxx”，就用“R.**string**.xxx”；引用一个图片（id 也为“xxx”），就用“R.**drawable**.xxx”；引用 Layout 资源（比如 activity_main.xml）中的某个控件（id 为“xxx”），就用“R.**id**.xxx”。总之，如果引用的是一个资源文件，那么“R”后面是类别；如果引用的是资源文件中的一个元素（比如 Layout 资源中的一个控件），那么“R”后面就是“id”。

7.1.2　类 Activity

所有 Activity 的祖先都是类 Activity。MainActivity 类的父类是 AppCompatActivity，也是从 Activity 类派生的。它对老版本 Android 系统的兼容性好，所以推荐此类为我们定义 Activity 的父类，这样 App 才有可能运行在低版本的 Android 系统中，才能在更多的手机中运行。

7.1.3　四大组件

Android 系统中的四大组件分别是：Activity、BroardcastReceiver（广播接收者）、Service（服务）和 ContentProvider（内容提供者）。

这四大组件后面都会介绍，现在只需要记住四大组件有个明显的特征即可，也就是不能通过 new 直接实例化，而必须由 Android 系统创建，前提是能让系统找到这四大组件的类定义。如果要自定义一个四大组件的类，就必须在 App 的 Manifest（名单）文件中声明。这样系统才能找到这个类，才能实例化它。我们的 AndriodManifest.xml 文件的内容如图 7-2 所示。被红框框起来的就是 App 中当前唯一的 Activity 声明。属性“android:name”的值“.MainActivity”是 Activity 的类名，此处省略了包名，但是前面的“.”不能省略。有了这个类名，系统就可以通过反射的方式把 Activity 创建出来了。至于“<intent-filter>”元素的作用，后面会讲到。

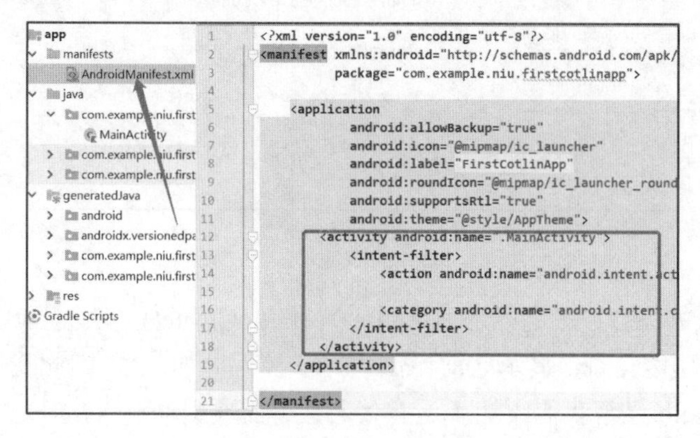

图 7-2

如果只创建了 Activity 的类，而没有在 Manifest 文件中声明它，那么 Activity 是不能启动的。

7.2 在代码中操作控件

运行 App，看到的将是登录界面。我们正好可以通过登录功能来演示代码如何操作控件。比如要验证是否能登录，就必须获取用户输入的用户名和密码。什么时候获取呢？登录这个动作是在用户单击了“登录”按钮之后执行的，所以需要响应按钮的单击事件，在响应事件的回调方法中获取用户名和密码。

无论怎样，只有先获取控件才能操作。

7.2.1 获取控件

我们为控件指定的 ID 如图 7-3 所示。

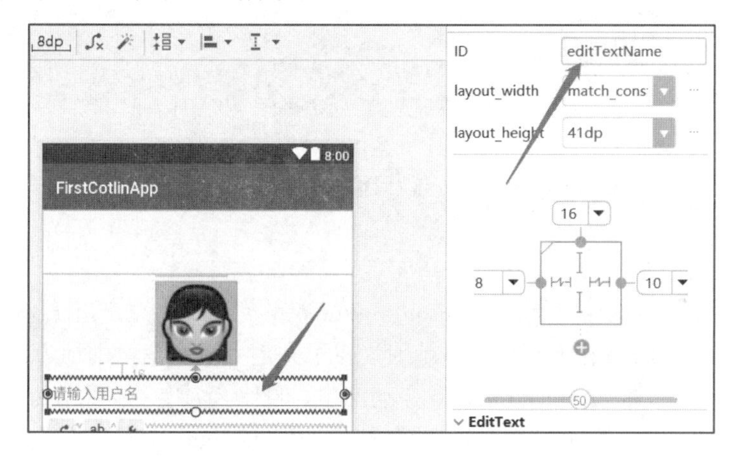

图 7-3

在代码中就是通过这个 ID 来获得控件对象的。获得用户名这个 EditText 控件的代码为：

```
val editTextName:EditText = findViewById(R.id.editTextName);
```

获取控件用的是 Activity 的 findViewById()方法，其参数是控件的 ID。

注意！上面是传统的方式，使用 Java 时必须这样做。使用 Kotlin 时，可以选择这样做，也可以不这样做——把这句省掉，直接使用与控件 id 同名的成员变量（成员变量也叫作**字段**，变量名就叫“**editTextName**”）。也就是说查找控件的代码，Activity 类已经帮我们执行了，并且为此控件在类中建立了字段，这是使用 Kotlin 带来的一个好处。

得到了这个控件，就可以对它进行操作了，比如可以把在属性编辑器中设置属性改为用代码来设置，这样也让我们体会到一切的本质还是代码。

首先在属性编辑器中把用户名输入控件的 hint 属性清空（操作的文件是 activity_main.xml），于是就看不到提示了（见图 7-4）。

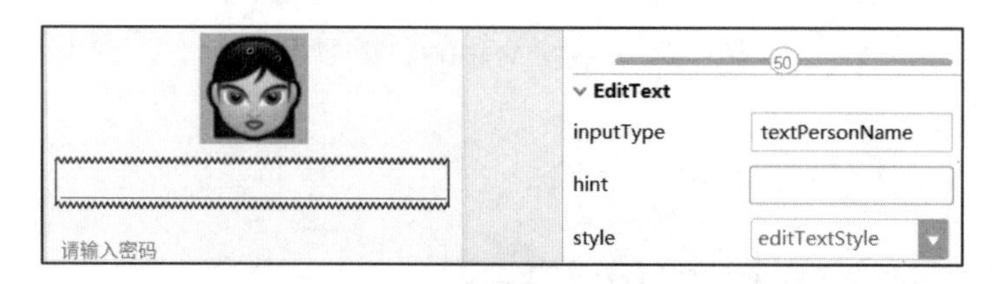

图 7-4

然后写入代码：

```
this.editTextName.setHint("请输入用户名");
```

我们一般希望 Activity 一显示出来就能看到 EditText 控件中的 hint，所以应在界面显示之前设置，当然控件也必须已被创建，所以应放在控件创建之后、显示之前，最合适的位置就是在 Activity 的 onCreate()方法中 setContentView()语句之后。现在 Activity 的 onCreate 方法如下：

```
class MainActivity : AppCompatActivity() {
    override fun onCreate(savedInstanceState: Bundle?) {
        super.onCreate(savedInstanceState)
        setContentView(R.layout.activity_main)

        //不再需要查找控件了
        //val editTextName:EditText = findViewById(R.id.editTextName);

        //设置控件的 hint 属性
        this.editTextName.setHint("请输入用户名");
    }
}
```

注意，此时可能会有语法错误，Android Studio 会以红色或红色波浪线标出错误的地方，通不过编译。editTextName 被标成红色，是因为找不到定义这个变量的地方。如何解决这个错误呢？导入变量所在的类（Android Studio 自动产生，叫什么名字不必太在意，可以让 Android Studio 帮助导入）。在出错的地方点一下鼠标，然后按“Alt+Enter”快捷键，会在 MainActivity.kt 的顶部出现下面的语句，问题解决：

```
import kotlinx.android.synthetic.main.activity_main.*
```

有时 Android Studio 无法确定应该如何解决一个错误，它此时会显示一个菜单，里面列出了多个解决方案，如图 7-5 所示。

因为多个文件中都出现了 editTextName，所以需要我们来选，选择的时候要看仔细。运行 App，效果如图 7-6 所示。

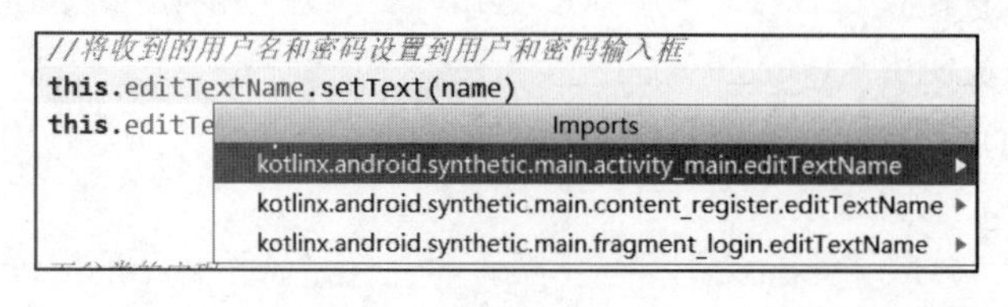

图 7-5

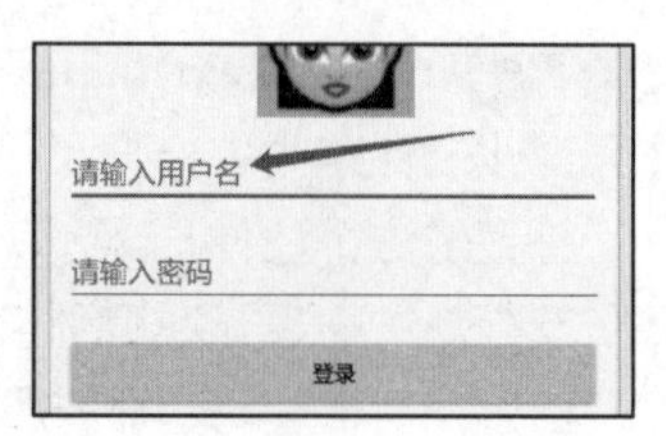

图 7-6

在实际运行中，用户名输入控件中依然有提示，说明代码起作用了！在代码中设置提示的方法是 setHint()，符合 Java 中 getter 和 setter 的命名规则。setHint 对应的属性名就是“hint”，所以在界面设计器中就是设置“hint”属性。

7.2.2 响应 View 的事件

App 提供了图形界面，我们通过界面中的控件与 App 交互。比如在登录页面中，通过单击“登录”按钮登录，所以登录代码是在单击登录按钮之后执行的。那么如何响应按钮的单击事件呢？添加侦听器！

侦听器是一个接口或 Lambda。侦听器就是用来包装响应代码的。如果设置接口的实例，那么我们的主要工作就是实现接口的唯一方法。下面是一个侦听器接口的代码：

```
public interface OnClickListener {
    void onClick(View var1);
}
```

要实现这个接口，才能创建侦听器的实例。要响应哪个控件的事件，就把侦听器实例设置给哪个控件。注意，不同的事件对应的侦听器接口不一样，比如上面就是响应单击事件的侦听器接口，而响应滚动事件的侦听器接口为 AbsListView.OnScrollListener。

以 Lambda 为参数时，响应单击“登录”按钮的代码如下：

```
//响应“登录”按钮的单击事件
this.buttonLogin.setOnClickListener {
    //这里面编写响应事件的代码
}
```

可以看到，创建 Lambda 的写法省略到了极致。

以侦听器对象为参数时，响应单击“登录”按钮的代码如下：

```
//响应“登录”按钮的单击事件，以侦听器对象为参数
this.buttonLogin.setOnClickListener(View.OnClickListener {
    //这里面编写响应事件的代码
})
```

在创建侦听器对象时，依然使用了 Lambda。实际上这两种方式没有什么不同，核心都是实现一个方法。我们选用第一种方式，省事。

7.2.3 添加依赖库

有多种方式可以显示提示，较好的方式是用类 Snackbar。要使用这个类，就需要添加依赖库“design”，否则不能被导入。

项目所依赖的库在 Gradle 的 Module 脚本文件中定义，如图 7-7 所示。在此文件中的 dependencies（依赖）块列出了 App 依赖的库：

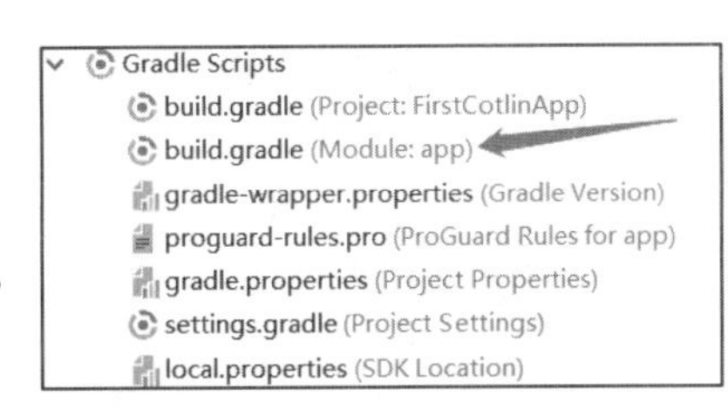

图 7-7

```
    dependencies {
        implementation fileTree(dir: 'libs', include: ['*.jar'])
        implementation"org.jetbrains.kotlin:kotlin-stdlib-jdk7:$kotlin_version"
        implementation 'com.android.support:appcompat-v7:28.0.0'
        implementation 'com.android.support.constraint:constraint-layout:1.1.3'
        testImplementation 'junit:junit:4.12'
        androidTestImplementation 'com.android.support.test:runner:1.0.2'
        androidTestImplementation 'com.android.support.test.espresso:
espresso-core:3.0.2'
    }
```

这都是 Gradle 的语法，稍微解释一下：

```
implementation fileTree(dir: 'libs', include: ['*.jar'])
```

这一句定义默认库文件夹为“libs”，如果把 jar 包扔到工程的 libs 文件夹下就会被自动找到，如果工程根路径下没有 libs 目录，就自己建立一个，但一般不这样做，因为有更方便的做法。

```
implementation 'com.android.support:appcompat-v7:28.0.0'
```

这一句定义一个依赖库，以“:”分成了 3 部分：“com.android.support”是库的 groupid，“appcompat-v7”是库名，“28.0.0”是库的版本。注意，项目中的版本号可能不一样。

testImplementation 和 androidTestImplementation 表示在单元测试代码中所用到的库。

我们要添加 design 库，可以这样写：“implementation 'com.android.support:design:28.0.0'”。放在这个代码块内就行，顺序无所谓。注意，必须与已存在的同属于“com.android.support”组的其他库的版本相同才行，否则编译通不过。

还可以通过模块设置对话框添加依赖库，方法是：

（1）在工具栏上找到“Project Structure（工程结构）”按钮（见图 7-8）并单击之。

图 7-8

（2）选择菜单项“Open Module Settings（打开模块设置）”，出现模块设置窗口，选中标签页“Dependencies”（见图 7-9）。

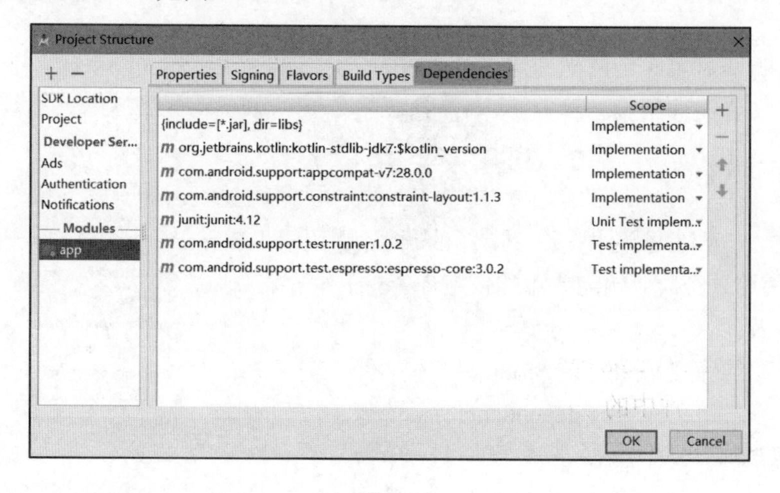

图 7-9

（3）在“Dependencies（依赖）”页面中添加依赖项。单击右上角的绿色“+”图标，出现菜单（见图 7-10）。

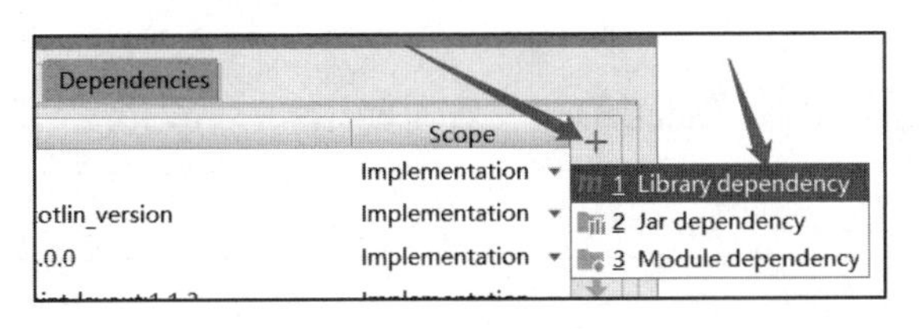

图 7-10

（4）选择“Library dependency（库依赖）”，出现如图 7-11 所示的窗口。

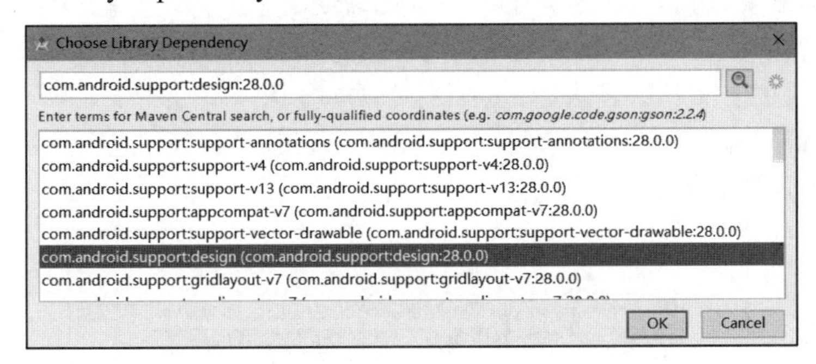

图 7-11

选择“com.android.support:design”这一条。如果看不到，可以在搜索栏中搜索“design”。选中后，单击“OK”按钮，Gradle 就会自动添加这个库。注意，版本号有时会与已存在的 support 库的其他包版本不一致，要手动改一下。

一个库要能被 Android Studio 正确使用，需要经过一定的处理，可以看一下在 Android Studio 下面的状态栏右边是否有进度条（见图 7-12），如果有就等一会儿，直到进度条消失才能继续下一步工作。

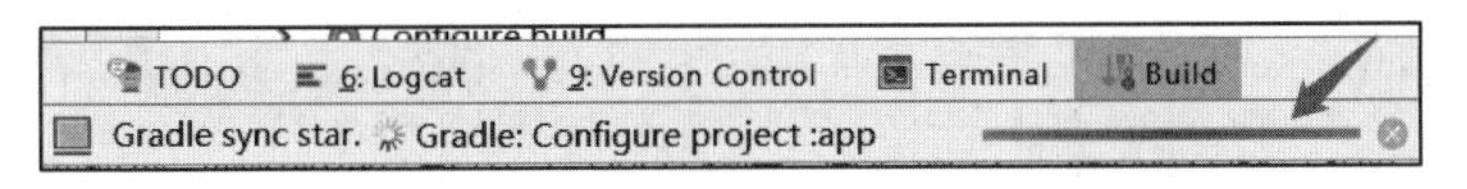

图 7-12

7.2.4 显示提示

使用 Snackbar 显示提示信息，可以在 Lambda 中加入如下代码：

```
//创建 Snackbar 对象
val snackbar = Snackbar.make(v,"你点我干啥?",Snackbar.LENGTH_LONG);
//显示提示
snackbar.show();
```

第一行语句创建一个 Snackbar 对象，第二行语句显示提示。创建对象调用了 Snackbar 类的静态方法 make()。这个方法需要 3 个参数。第一个是 View，Snackbar 根据它获取一个合适的父控件来放置自己。我们传入了“it”。因为“it”是 Lambda 的唯一参数，所以可以省略，在 Lambda 内部就以“it”访问此参数。它就是被单击的那个控件。第二个参数是要提示的文本。第三个是一个常量，表示文本多长时间后提示自动消失，有 3 个值（定义在 Snackbar 类中的常量）可选。

注意，在添加 Design 库后，SnakeBar 类还需要导入，因为会看到如图 7-13 所示的提示。

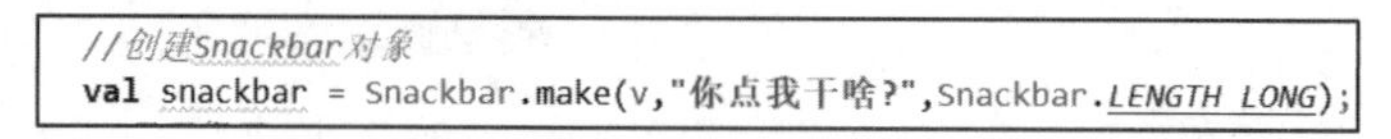

图 7-13

红色表示语法有错误（找不到“SnakeBar”这个标识符的定义），编译通不过。类名、方法名、变量名等统称为**标识符**，根据 Java 的命名习惯，开头字母大写的是类或接口，所以这里显示类定义找不到。其原因可能是类真的没有定义，也可能是已定义了而没有导入。这里就是由于没有导入造成的，解决方法是 Import 这个类。

按“Alt+Enter”快捷键，然后会显示一个菜单（见图 7-14），里面是各种建议的解决方案，选择一个合适的即可。

图 7-14

我们选择第二项。第一项和第三项都是类“R”里的类，是用于包含常量的，不是真正的 SnackBar 类；第二项是“widget”包里的类，widget 一般用于表示界面中的组件。只有第二项是，这是需要靠经验的。选择第二项后在 MainActivity.kt 的顶部导入了类 SnackBar。

若想看 Snackbar 类的定义，可按 Ctrl 键，然后在 Snackbar 类名出现的地方单击，便可打开 SnackBar 的源码文件，如图 7-15 所示。

```
public final class Snackbar extends BaseTransientBottomBar<Snackbar> {
    private final AccessibilityManager accessibilityManager;
    private boolean hasAction;
    public static final int LENGTH_INDEFINITE = -2;
    public static final int LENGTH_SHORT = -1;
    public static final int LENGTH_LONG = 0;
    private static final int[] SNACKBAR_BUTTON_STYLE_ATTR;
    @Nullable
    private BaseCallback<Snackbar> callback;

    private Snackbar(ViewGroup parent, View content, ContentViewCallback
        super(parent, content, contentViewCallback);
        this.accessibilityManager = (AccessibilityManager)parent.getCont
    }
```

图 7-15

其中“LENGTH_INDEFINITE”表示永不自动关闭提示；“LENGTH_SHORT”表示短时间内就关闭提示；“LENGTH_LONG”表示比较长的时间之后才关闭提示。这个时间的长短可以自己体会一下。

7.2.5 完成收工

最终，文件的代码如下：

```
import android.os.Bundle
import android.support.design.widget.Snackbar
import android.support.v7.app.AppCompatActivity
import kotlinx.android.synthetic.main.activity_main.*

class MainActivity : AppCompatActivity() {
    override fun onCreate(savedInstanceState: Bundle?) {
        super.onCreate(savedInstanceState)
        setContentView(R.layout.activity_main)

        //不再需要查找控件了
        //val editTextName:EditText = findViewById(R.id.editTextName);

        //设置控件的hint属性
        this.editTextName.setHint("请输入用户名");

        //响应“登录”按钮的单击事件，以Lambda为参数
        this.buttonLogin.setOnClickListener {
            //创建Snackbar对象
            val snackbar = Snackbar.make(v,"你点我干啥?",Snackbar.LENGTH_LONG);
            //显示提示
            snackbar.show();
        }
    }
}
```

运行 App，然后单击“登录”按钮，随即出现如图 7-16 所示的效果。

图 7-16

第 8 章

Activity导航

Activity 导航就是页面之间的切换。

我们现在有了一个登录页面，在这个页面上有“注册”按钮。一般的设计是单击“注册”按钮进入注册页面，用户在注册页面注册成功后，返回登录页面进行登录，此时会把刚注册的用户名和密码填到登录页面相应的输入框中。下面我们就把这个典型的过程实现一下，同时演示如何实现页面导航。

8.1 创建注册页面

创建注册页面需要添加一个 Activity，过程如下：

首先，在项目的“App”目录上右击，在弹出的快捷菜单中选择“new→Activity→Basic Activity”命令，如图 8-1 所示。

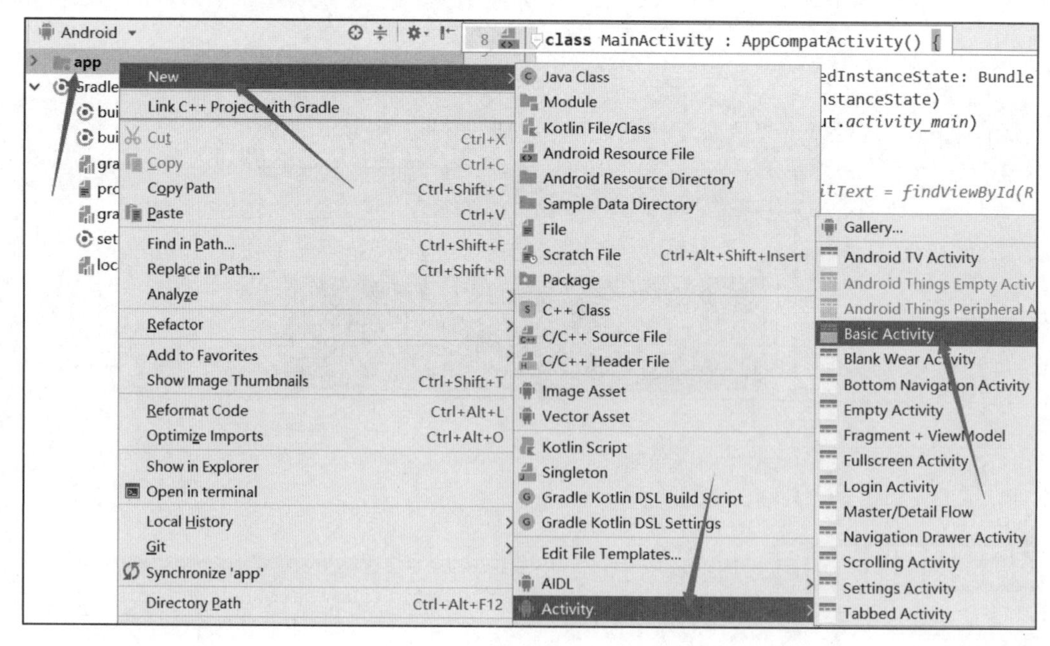

图 8-1

在创建 App 时，我们也创建了一个 Activity，当时选择的模板是“Empty Activity”，这次选择“Basic Activity”。出现“Create Activity”对话框（见图 8-2），在“Activity Name”字段中输入“RegisterActivity”，其余项不动，单击“Finish”按钮。

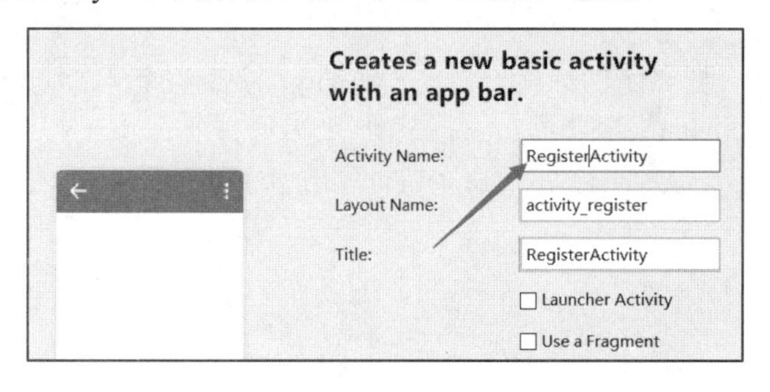

图 8-2

Android Studio 会创建以下文件：

- java 组下的 RegisterActivity 类文件。
- res/layout 组下的 activity_register.xml 和 content_register.xml 文件。

在 Manifest 文件中增加了 RegisterActivity 的声明：

```
<activity
   android:name=".RegisterActivity"
   android:label="@string/title_activity_register"
   android:theme="@style/AppTheme.NoActionBar"></activity>
```

此时虽然创建了注册 Activity，但是运行时并不能看到它，因为我们需要写代码将它启动。

include layout 资源文件

由于这次选择的 Activity 模板是 Basic Activity，因此一个 Activity 对应两个 layout 文件（见图 8-3）。

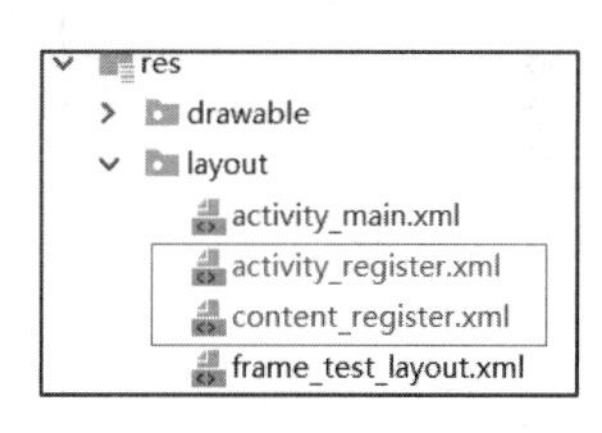

图 8-3

它们之间是 include 关系，activity_register.xml 中包含了 content_register.xml。在 activity_register.xml 的源码中，有这么一条语句：

```
<include layout="@layout/content_register" />
```

其实它们最终还是形成一个文件，只是通过 include 的方式把内容分散到不同的文件中，易于维护。

activity_register.xml 是总文件，定义了内容区之外的组件，比如 AppBar 和 FloatingActionButton（浮动动作按钮）。content_register.xml 定义了内容。

注　意
要编辑内容的话，必须打开 content_register.xml，而不是 activity_register.xml。

8.2 启动注册页面

新的页面已创建，要显示的话就得启动 Activity。要启动新的 Activity，需要调用当前 Activity 的方法 startActivity()，用参数 Intent 来指明要启动哪个 Activity。启动新 RegisterActivity 的代码放在哪里呢？我们应该在单击注册按钮时才启动注册界面，所以放在响应注册按钮单击事件的方法中：

```
//响应注册按钮，进入注册页面
this.buttonRegister.setOnClickListener{
    //创建 Intent 对象
    val intent = Intent(this@MainActivity, RegisterActivity::class.java)
    //启动 Activity
    startActivity(intent)
}
```

这段代码应放在 MainActivity 类的 onCreate()方法中。

注意，Activity 不允许直接调用构造方法创建实例，只能请求系统帮我们创建。在 Intent 的构造方法中通过在第二个参数传入 Activity 的类对象（RegisterActivity::**class**.*java*），从而指明要启动哪个 Activity。Intent 构造方法的第一个参数是一个 Context 对象，表示代码执行所在的环境。Activity 就是从 Context 派生的，所以此处传入了当前 Activity 的实例（MainActivity）。

运行起来，单击“注册”按钮，出现了注册界面（见图 8-4）。

如何回到上一页面呢？单击返回键（箭头指示处）。

图 8-4

8.2.1 修改页面标题

不论是 MainActivity 还是 RegisterActivity，其 AppBar 上的标题都不够人性化，比如 RegisterActivity 的标题是“RegisterActivity”。这些字符串都放在资源文件 res/values/strings.xml 中，但直接去这个文件中找是比较麻烦的，因为我们不能确定哪个 String 资源被谁使用，所以应该先看一下 Activity 的标题使用的是哪个 String 资源。打开 Manifest 文件，如图 8-5 和图 8-6 所示。

```
<application
    android:allowBackup="true"
    android:icon="@mipmap/ic_launcher"
    android:label="FirstCotlinApp"
```

图 8-5

```
<activity
    android:name=".RegisterActivity"
    android:label="RegisterActivity"
    android:theme="@style/AppTheme.No
```

图 8-6

可以看到 activity 元素的属性“android:label”指定了 Activity 的标题。application 也有这个属性，指定的是 App 的名字，即显示在桌面上的 App 名字，如图 8-7 所示。

按住 Ctrl 键，在 activity 的 android:label 属性值上点一下鼠标左键，就会打开 string.xml 文件，并显示字符串资源“title_activity_register”，内容如下：

```
<resources>
    <string name="app_name">FirstCotlinApp</string>
    <string name="title_activity_register">RegisterActivity</string>
</resources>
```

把此字符串资源的值改为“注册”，并把 MainActivity 的标题改为“登录”，但是 MainAcitivity 的声明中没有“android:label”属性，没关系，添加一个即可（见图 8-8）。

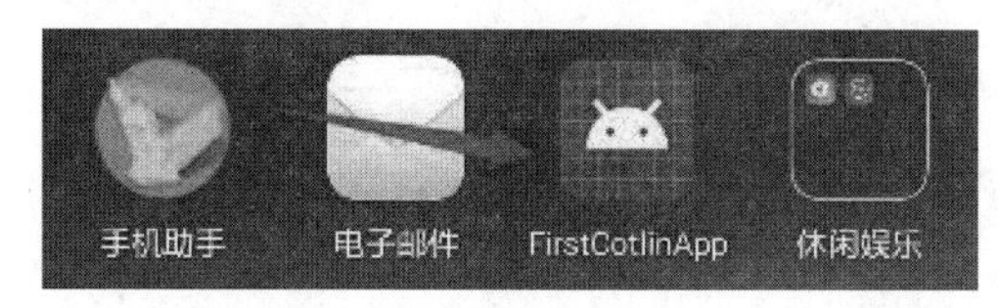

图 8-7

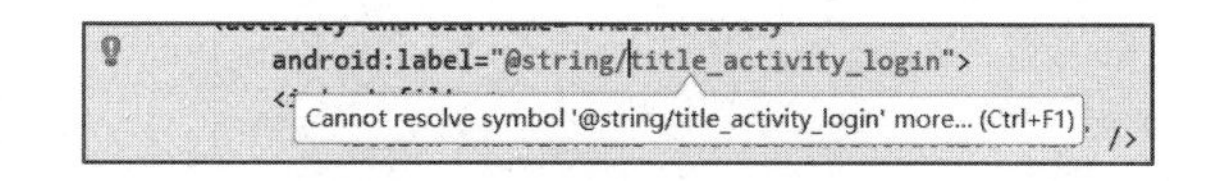

图 8-8

为 android:label 属性设置字符串资源 title_activity_login，但是这里显示红色，因为这个字符串资源并没有定义，我们既可以手动去 string.xml 中添加，也可以借助 IDE 创建。借助 IDE 的方式是：单击左边的红色灯泡，或者把光标放到红色字符之间，然后按下 Alt+Enter 键，此时出现菜单（见图 8-9），让我们选择如何解决此问题。

选择第一个菜单项“Create string value resource 'title_activity_login'（创建 String 值资源）”，出现资源创建对话框（见图 8-10）。

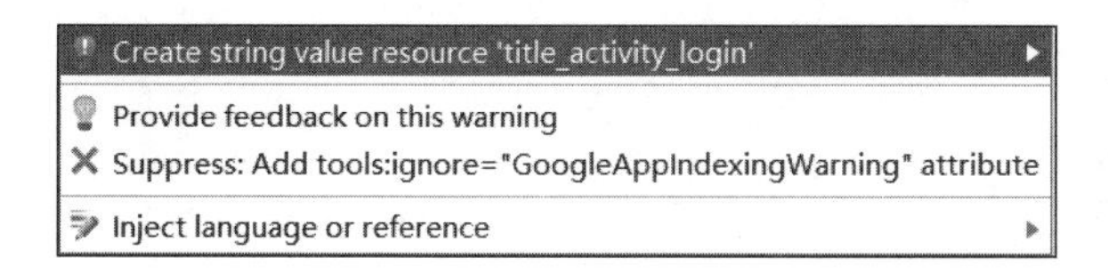

图 8-9

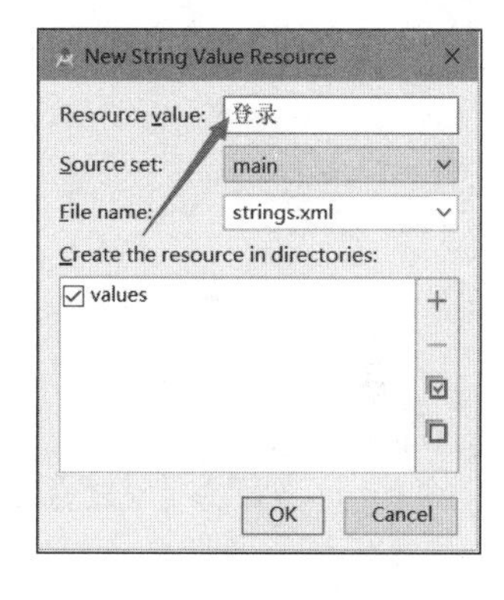

图 8-10

在 Resource value 文本框中输入“登录”即可，其余选项不动，单击 OK 按钮。可以看到红色提示信息消失，字符串资源被创建。可以去 string.xml 文件中查看是否多了新的字符串资源“title_activity_login“。现在登录页面的标题如图 8-11 所示，同时注册页面的标题也变了。

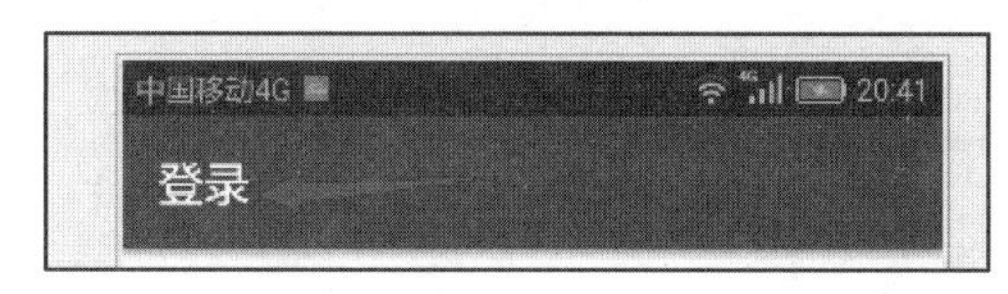

图 8-11

8.2.2 MainActivity 源码

MainActivity 的源码如下：

```
class MainActivity : AppCompatActivity() {
    override fun onCreate(savedInstanceState: Bundle?) {
        super.onCreate(savedInstanceState)
        setContentView(R.layout.activity_main)

        //不再需要查找控件了
        //val editTextName:EditText = findViewById(R.id.editTextName);

        //设置控件的 hint 属性
        this.editTextName.setHint("请输入用户名");

        //响应"登录"按钮的单击事件，以 Lambda 为参数
        this.buttonLogin.setOnClickListener {
            //创建 Snackbar 对象
            val snackbar = Snackbar.make(it,"你点我干啥?",Snackbar.LENGTH_LONG);
            //显示提示
            snackbar.show();
        }

        //响应"注册"按钮事件，进入注册页面
        this.buttonRegister.setOnClickListener{
            //创建 Intent 对象
            val intent = Intent(this@MainActivity, RegisterActivity::
class.java)
            //启动 Activity
            startActivity(intent)
        }
    }
}
```

8.3 设计注册页面

注册页面光秃秃的，我们放一些控件上去，设计一下。用户注册时，可以输入用户名、密码、Email、电话、性别、住址。最终界面以及控件树结构如图 8-12 所示。

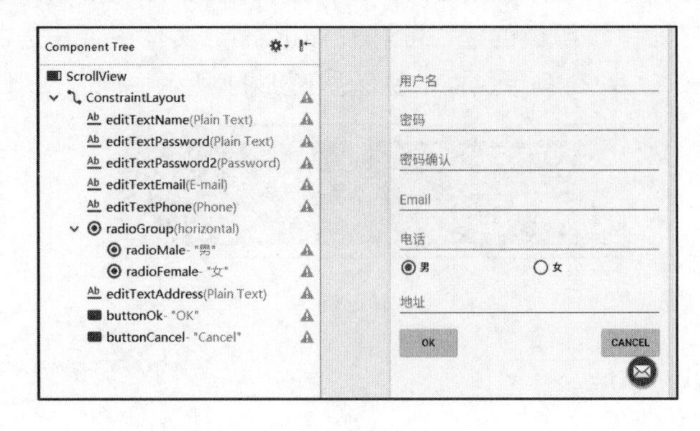

图 8-12

layout 资源文件源码（content_register.xml）如下：

```
<?xml version="1.0" encoding="utf-8"?>
<ScrollView
    xmlns:android="http://schemas.android.com/apk/res/android"
    xmlns:app="http://schemas.android.com/apk/res-auto"
    xmlns:tools="http://schemas.android.com/tools"
    android:layout_width="match_parent"
    android:layout_height="match_parent"
    app:layout_behavior="@string/appbar_scrolling_view_behavior"
    tools:context=".RegisterActivity"
    tools:showIn="@layout/activity_register">

    <android.support.constraint.ConstraintLayout
        android:layout_width="match_parent"
        android:layout_height="match_parent"
        android:layout_gravity="center_vertical">

        <EditText
            android:id="@+id/editTextName"
            android:layout_width="0dp"
            android:layout_height="wrap_content"
            android:layout_marginStart="8dp"
            android:layout_marginTop="8dp"
            android:layout_marginEnd="8dp"
            android:ems="10"
            android:hint="用户名"
            android:inputType="textPersonName"
            app:layout_constraintEnd_toEndOf="parent"
            app:layout_constraintStart_toStartOf="parent"
            app:layout_constraintTop_toTopOf="parent" />

        <EditText
            android:id="@+id/editTextPassword"
            android:layout_width="0dp"
            android:layout_height="wrap_content"
            android:layout_marginStart="8dp"
            android:layout_marginTop="8dp"
            android:layout_marginEnd="8dp"
            android:ems="10"
            android:hint="密码"
            android:inputType="textPassword"
            app:layout_constraintEnd_toEndOf="parent"
            app:layout_constraintStart_toStartOf="parent"
            app:layout_constraintTop_toBottomOf="@+id/editTextName" />

        <EditText
```

```
        android:id="@+id/editTextPassword2"
        android:layout_width="0dp"
        android:layout_height="wrap_content"
        android:layout_marginStart="8dp"
        android:layout_marginTop="8dp"
        android:layout_marginEnd="8dp"
        android:ems="10"
        android:hint="密码确认"
        android:inputType="textPassword"
        app:layout_constraintEnd_toEndOf="parent"
        app:layout_constraintStart_toStartOf="parent"
        app:layout_constraintTop_toBottomOf="@+id/editTextPassword" />

    <EditText
        android:id="@+id/editTextEmail"
        android:layout_width="0dp"
        android:layout_height="wrap_content"
        android:layout_marginStart="8dp"
        android:layout_marginTop="8dp"
        android:layout_marginEnd="8dp"
        android:ems="10"
        android:hint="Email"
        android:inputType="textEmailAddress"
        app:layout_constraintEnd_toEndOf="parent"
        app:layout_constraintStart_toStartOf="parent"
        app:layout_constraintTop_toBottomOf="@+id/editTextPassword2" />

    <EditText
        android:id="@+id/editTextPhone"
        android:layout_width="0dp"
        android:layout_height="wrap_content"
        android:layout_marginStart="8dp"
        android:layout_marginTop="8dp"
        android:layout_marginEnd="8dp"
        android:ems="10"
        android:hint="电话"
        android:inputType="phone"
        app:layout_constraintEnd_toEndOf="parent"
        app:layout_constraintStart_toStartOf="parent"
        app:layout_constraintTop_toBottomOf="@+id/editTextEmail" />

    <RadioGroup
        android:id="@+id/radioGroup"
        android:layout_width="0dp"
        android:layout_height="wrap_content"
        android:layout_marginStart="8dp"
        android:layout_marginEnd="8dp"
```

```
        android:checkedButton="@+id/radioMale"
        android:orientation="horizontal"
        app:layout_constraintEnd_toEndOf="parent"
        app:layout_constraintStart_toStartOf="parent"
        app:layout_constraintTop_toBottomOf="@+id/editTextPhone">

        <RadioButton
            android:id="@+id/radioMale"
            android:layout_width="match_parent"
            android:layout_height="wrap_content"
            android:layout_weight="1"
            android:text="男" />

        <RadioButton
            android:id="@+id/radioFemale"
            android:layout_width="match_parent"
            android:layout_height="wrap_content"
            android:layout_weight="1"
            android:text="女" />
    </RadioGroup>

    <EditText
        android:id="@+id/editTextAddress"
        android:layout_width="0dp"
        android:layout_height="wrap_content"
        android:layout_marginStart="8dp"
        android:layout_marginTop="8dp"
        android:layout_marginEnd="8dp"
        android:ems="10"
        android:hint="地址"
        android:inputType="textPersonName"
        app:layout_constraintEnd_toEndOf="parent"
        app:layout_constraintStart_toStartOf="parent"
        app:layout_constraintTop_toBottomOf="@+id/radioGroup" />

    <Button
        android:id="@+id/buttonOk"
        android:layout_width="wrap_content"
        android:layout_height="wrap_content"
        android:layout_marginStart="8dp"
        android:layout_marginTop="8dp"
        android:text="OK"
        app:layout_constraintStart_toStartOf="parent"
        app:layout_constraintTop_toBottomOf="@+id/editTextAddress" />

    <Button
        android:id="@+id/buttonCancel"
```

```
            android:layout_width="wrap_content"
            android:layout_height="wrap_content"
            android:layout_marginTop="8dp"
            android:layout_marginEnd="8dp"
            android:text="Cancel"
            app:layout_constraintEnd_toEndOf="parent"
            app:layout_constraintTop_toBottomOf="@+id/editTextAddress" />
    </android.support.constraint.ConstraintLayout>
</ScrollView>
```

8.4 响应注册按钮进行注册

在 RegisterActivity 中，需响应 OK 按钮和 Cancel 按钮。单击 Cancel 按钮时需关闭本 Activity 返回上一个页面（MainActivity）。单击 OK 按钮时，要做的工作就多一些了，包括：

- 取得各输入框中的数据。
- 注册用户（现在还做不了，没有后台服务器）。
- 设置返回数据。
- 关闭本 Activity。

Activity 要关闭自己，调用方法 finish()即可，当前 Activity 关闭后自然回到前一个 Activity，即启动本 Activity 的那个 Activity。Activity 如果想把一些数据返回给启动自己的那个 Activity，就必须设置返回数据，才能在关闭时把数据传递给启动它的 Activity，设置返回数据的方法是 setResult()。Cancel 按钮的响应代码如下：

```
//响应 Cancel 按钮的单击事件
this.buttonCancel.setOnClickListener{
    //关闭我自己
    this@RegisterActivity.finish()
}
```

finish()是 Activity 的（也可能是父类的）实例方法，它的作用是关闭当前的 Activity。

响应 OK 按钮的单击事件才是重点，代码如下：

```
//响应 OK 按钮的单击事件
buttonOk.setOnClickListener{ view->
    //获取控件中的数据
    val name = editTextName.text.toString()
    val password = editTextPassword.text.toString()
    val email = editTextEmail.text.toString()
    val phone = editTextPhone.text.toString()
    val address = editTextAddress.text.toString()
    var sex = false //性别，我们设 true 代表男、false 代表女，默认为女
```

```
    //获取单选按钮组中被选中的按钮的 ID
    val checkRadioId = radioGroup.checkedRadioButtonId
    //如果这个 id 等于代表男的单选按钮的 id，则把 sex 置为 true
    if (checkRadioId == R.id.radioMale) {
        sex = true
    }

    //注册
    //TODO：做好后台服务器后要实现此处代码

    //创建 Intent 对象，保存要返回的数据，我们只需返回用户名和密码即可
    val intent = Intent()
    intent.putExtra("name", name)
    intent.putExtra("password", password)

    //设置要返回的数据，第一个参数是 SDK 中定义的常量，表示本 Activity 正确执行
    //第二个参数就是包含要返回的数据的 Intent 对象
    setResult(Activity.RESULT_OK, intent)

    //关闭当前的 Activity
    finish()
}
```

这些代码应放在哪里呢？我们希望页面一出现，就能单击其中的按钮执行业务逻辑，所以应放在 RegisterActivity 的 onCreate()方法中，注意必须在 setContentView()之后。

在 Activity 之间传递数据用“Intent”，而不论是正向传递还是返回。Intent 中的数据以“key-value”的形式存储，key 是一个字符串，value 是值，值的类型必须是基本类型（如 Int、Float 等），也可以是字符串类（String），但其他的类不行。

注意，其中的 radioGroup 内部包含了两个 RadioButton，某一时刻只能有一个 RadioButton 被选中，那么如何判断是哪个 RadioButton 被选中了呢？

运行一下，没问题，但是数据没有返回。要想返回数据，在启动注册 Activity 时使用 startActivity()是不行的，那么如何做呢？下文分解。

8.5 获取页面返回的数据

MainActivity 要想获取 RegiserActivity 返回的数据，在启动 RegiserActivity 时必须使用方法 startActivityForResult()而不是 startActivity()。打开 MainActivity 类，找到启动注册页面的地方：

```
//响应“注册”按钮，进入注册页面
this.buttonRegister.setOnClickListener{
    //创建 Intent 对象
```

```
        val intent = Intent(this@MainActivity, RegisterActivity::class.java)
        //启动 Activity
        startActivity(intent)
    }
```

将 startActivity(intent)改为 startActivityForResult(intent,123)。startActivityForResult()有两个重载的版本，我们使用其中一个，要求有两个参数：一个是 Intent 对象，一个是请求码。请求码是一个整数，用于标志是哪个 Activity 返回了。因为我们可以在 MainActivity 中启动不同的 Activity，如果要取得它们返回的数据，就必须区分是谁返回了，可用请求来完成。

注册页面返回的数据并不能主动去获取，只能被动获取，因为 MainActivity 并不知道注册页面什么时候关闭，只能等注册页面通知 MainActivity。这里不能设置 RegisterActivity 关闭时的侦听器，因为没有这样的 API，而是需要在 MainActivity 中重写父类的一个方法：

```
fun onActivityResult(requestCode: Int, resultCode: Int, data: Intent?)
```

第一个参数是启动 Activity 时传入的请求码，就是调用 startActivityForResult()传入的“123”。第二个参数是被启动的 Activity 关闭前设置的结果码，就是 RegisterActivity 中下面这一句中的第一个参数。第三个参数是下面这一句中的第二个参数:

```
setResult(Activity.RESULT_OK, intent)
```

我们要在 MainActivity 中实现 onActivityResult()方法，需要在其中先判断是哪个 Activity 返回的，再把数据取出来，然后用日志输出一下。代码如下：

```
override fun onActivityResult(requestCode: Int, resultCode: Int, data: Intent?) {
    if (requestCode === 123) {
        //说明是注册页面返回了
        if (resultCode === Activity.RESULT_OK) {
            //说明在注册页面中执行的逻辑成功了，从 data 中取出返回的数据
            val name = data?.getStringExtra("name")
            val password = data?.getStringExtra("password")
            //用日志的方式输出一下
            Log.i("testLogin", "name = $name,password = $password")
        }
    }

    //调用一下父类的实现
    super.onActivityResult(requestCode, resultCode, data)
}
```

8.5.1 避免常量重复出现

在运行代码之前，先优化一下代码，因为有一处很明显需要优化：启动注册 Activity 时的请求码是“123”，这个常量被用到了两次。为了避免出错，我们应把它定义成类的只读属性，而且由于此变量的值不会改变，也就没必要让它在不同类的实例中各保持一份，因此把它置为静态，使它属于类而不是类的实例。

在 MainActivity 中定义一个常量 REGISTER_REQUEST_CODE，具体如下：

```
class MainActivity : AppCompatActivity() {
    //伙伴对象，就是与类本身一起做伴的对象
    //这不就是静态字段吗?
    companion object{
        val REGISTER_REQUEST_CODE = 123
    }
```

然后，在出现“123”的地方用这个常量来代替，在 MainActivity 中为：

```
//响应注册按钮，进入注册页面
this.buttonRegister.setOnClickListener{
    //创建 Intent 对象
    val intent = Intent(this@MainActivity, RegisterActivity::class.java)
    //启动 Activity
    this@MainActivity.startActivityForResult(intent,
            MainActivity.Companion.REGISTER_REQUEST_CODE)
}
```

还有这里：

```
override fun onActivityResult(requestCode: Int, resultCode: Int, data: Intent?) {
    if (requestCode === Companion.REGISTER_REQUEST_CODE) {
```

注意，“Companion”前面的“MainActivity”可以省略，因为代码就在 MainActivity 类内部。

同理，我们通过 Intent 传递用户名和密码时，key 的名字“name”和“password”等字面量也被多次使用，所以也有必要把它们设成静态常量。于是，MainActivity 的 Companion Object 变为：

```
companion object{
    val REGISTER_REQUEST_CODE = 123
    val KEY_NAME="name"
    val KEY_PASSWORD="password"
}
```

MainActivity 中获取返回数据的代码变为：

```
if (resultCode === Activity.RESULT_OK) {
    //说明在注册页面中执行的逻辑成功了，从 data 中取出返回的数据
    val name = data?.getStringExtra(Companion.KEY_NAME)
    val password = data?.getStringExtra(Companion.KEY_PASSWORD)
```

然后 RegisterActivity 中添加返回数据的代码变为：

```
//创建 Intent 对象，保存要返回的数据，我们只需返回用户名和密码即可
val intent = Intent()
intent.putExtra(MainActivity.Companion.KEY_NAME, name)
intent.putExtra(MainActivity.Companion.KEY_PASSWORD, password)
```

这样做其实并不会提高程序的运行效率，但会提高代码维护的效率，不用每次在用到的地方都输入常量。

8.5.2 日志输出

我们使用了 Log 类的方法来输出日志：

```
Log.i("testLogin", "name = $name,password = $password")
```

日志在 Logcat 窗口中输出（见图 8-13）。这些日志总是一大堆，并有不同的颜色，是由所连接的虚拟机或真实的设备中输出的。有 Android 系统输出的，也有 App 输出的。颜色代表级别可以在标记 3 所示的组合框中选择级别。从高到低分别为 Verbose、Debug、Info、Warn、Error、Assert。并不是选哪个级别就只显示哪个级别的日志，而是显示这个级别和低于这个级别的日志，比如选了 Info，那么 Info、Warn、Error、Assert 级别的日志都会输出。

标记 1 处是当前连接的设备，可能是真机，也可能是虚拟机，反正日志就是它输出的。标记 2 处是当前正在调试进程，当通过 Android Studio 启动 App 时，这里就显示 App 进程。标记 4 处是过滤字符串，如果没有，就不过滤，从中可以看到当前显示的日志中都带有“network”字符串。

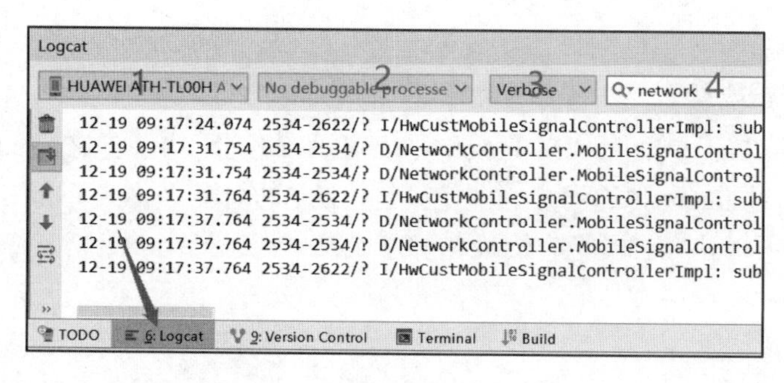

图 8-13

在代码中，可以调用 Log 的 Log.v()、Log.d()、Log.i()、Log.w()、Log.e()、Log.wtf()（wtf 是 What a Terrible Failure 的意思）来输出不同级别的日志。这六个方法都需要两个参数：第一个参数是一个字符串，叫作 tag（标记），就是所输出日志“:”前面的部分；第二个参数也是字符串，就是“:”后面的内容。

测试一下，运行我们的 App，进入注册页面，在注册页面的用户名和密码框中输入名字和密码，然后单击 OK 按钮，回到登录页面，虽然在界面上看不到变化，但是 MainActivity 已经取得返回的数据并打印出来了。可以在监视窗口中看到 Log.i()所输出的日志（见图 8-14）。

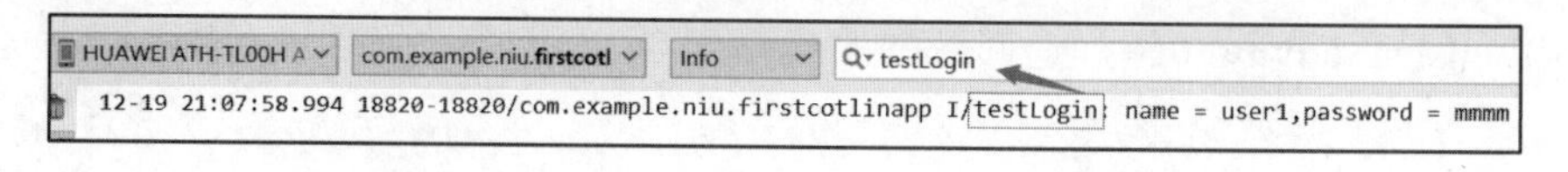

图 8-14

把所输出日志的 tag 作为过滤字符串之后，在窗口中就只剩下了我们输出的这一条日志了，从中可以看到 name 和 password 的值都得到了。

8.5.3　将返回的数据设置到控件中

我们要做的还没完成。我们还要把注册页面返回的用户名和密码设置到登录页面的用户名和密码输入框中。此段代码应放在 onActivityResult()方法中，替换日志输出那句：

```
if (resultCode === Activity.RESULT_OK) {
    //说明在注册页面中执行的逻辑成功了，从 data 中取出返回的数据
    val name = data?.getStringExtra(Companion.KEY_NAME)
    val password = data?.getStringExtra(Companion.KEY_PASSWORD)

    //将收到的用户名和密码设置到用户和密码输入框
    this.editTextName.setText(name)
    this.editTextPassword.setText(password)
}
```

运行试一下！在注册页面输入用户名和密码，单击 OK 按钮，回到登录页面，是不是用户名和密码都显示在相应的控件中了？

总结一下这个过程：

（1）启动 Activity 时用方法 startActivityForResult()。
（2）重写 onActivityResult()方法获取返回的数据。
（3）用 setResult()设置返回数据。
（4）用 request code 区分是哪个 Activity 返回了。
（5）Activity 之间传递数据用 Intent。

8.6　ActionBar 上的返回图标

ActionBar 翻译为“动作栏”，但也有人把它称作“导航栏”或 AppBar。不论是登录页面还是注册页面，它们都有 ActionBar，即图 8-15 中浅绿色部分所示。

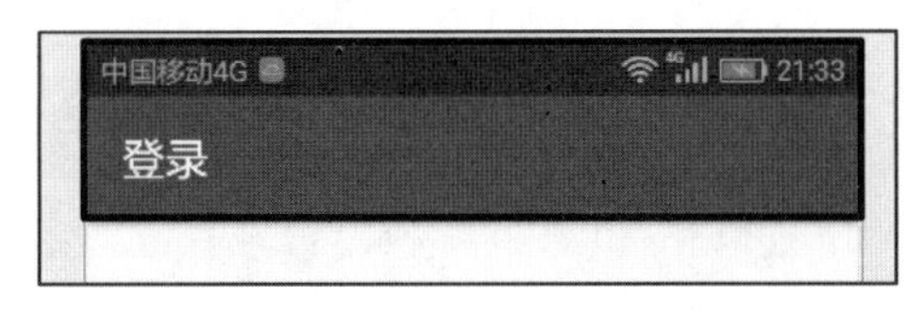

图 8-15

Android 推荐我们在 ActionBar 上显示返回图标，位置就在 ActionBar 的最左边，也就是图 8-15 中的标题位置。点它时返回上一个页面（注意点它时做什么由我们决定，并不是默认就有此功能）。然而，默认情况下这个返回图标是不显示的，我们需要用代码把它显示出来。

首先要明白，在入口页面，即登录页面（MainActivity）返回的话，其实是返回桌面，而在注册页面返回时是返回到登录页面。登录页面与注册页面实现 Action Bar 的方式不一样，所以我们都要演示一下。

8.6.1 原生 Action Bar 与 MaterailDesign Action Bar

登录页面与注册页面的 Action Bar 的区别在哪里呢？登录页面使用的是原生 ActionBar，而注册页面使用的是符合 Android 最新视觉设计思想 Material Design 的自定义 ActionBar。

对比一下两个 Activity 的 layout 文件。图 8-16 是登录页面的，其最外层是一个 ScrollView，它代表的是内容区，跟 ActionBar 无关。我们之所以能看到 ActionBar，是因为 Activity 自带了 ActionBar。图 8-17 是注册页面。

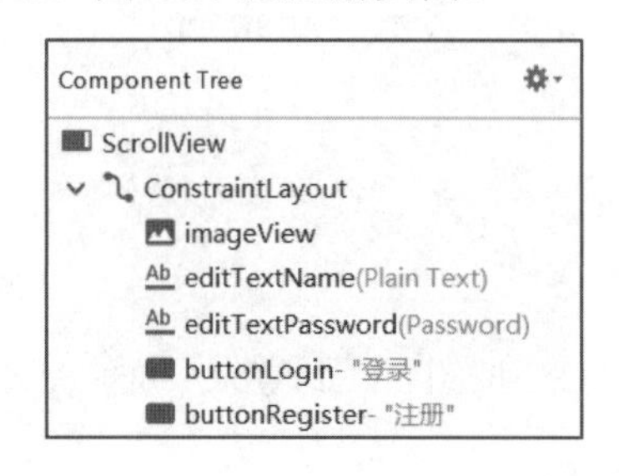

图 8-16

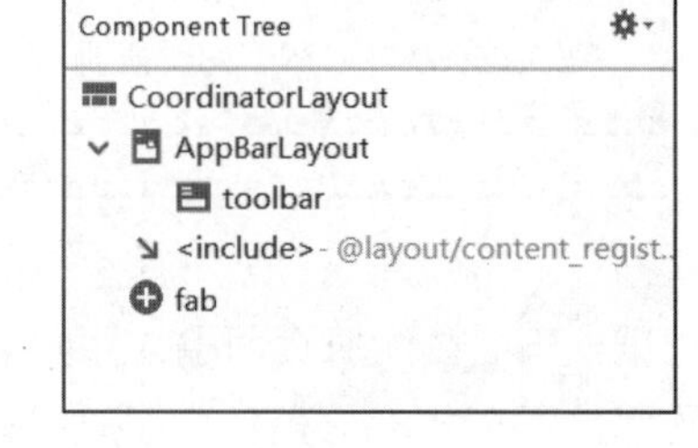

图 8-17

注册页面的最外层是一个 CoordinatorLayout。先不要在意这个 Layout 的作用，我们可以看到这个 Layout 包含了 AppBarLayout，而 AppBarLayout 又包含了 ToolBar。我们在注册页面看到的 ActionBar 就是 ToolBar 控件。也就是说，注册页面中实现了一个 ActionBar，所以需要把原生的 ActionBar 隐藏掉，否则就会显示两个 ActionBar。如何隐藏呢？Android 为我们提供了非常简单的方法：使用 Theme。Android 使用哪个 Theme 需在 Manifest 文件中指定：

```
<application
   ... ...
   android:theme="@style/AppTheme">
... ...
<activity android:name=".RegisterActivity"
      ... ...
      android:theme="@style/AppTheme.NoActionBar"></activity>
... ...
</application>
```

application 也有 theme 属性，它决定了默认的 theme，如果 activity 中不指定 theme，就会使用 application 中所规定的。而 activity 也可以单独设置 theme，会覆盖掉 application 的 theme。

默认的 theme“AppTheme”是用于显示原生 ActionBar 的，而 RegisterActivity 使用的 theme“AppTheme.NoActionBar”是没有 ActionBar 的，即不显示原生的 ActionBar。所以 RegisterActivity 中利用特殊的 Layout 控件和 ToolBar 自定义了 ActionBar，这种方式符合 Android 最新的 UI 设计思想：Material Design。

8.6.2 登录页面显示返回图标

要想设置返回图标，需要先获得 ActionBar 对象。

登录页面用的是 Android 原生的 ActionBar，所以只需调用方法 getSupportActionBar()即可

获得 ActionBar 对象。注意，Activity 还有一个方法 getActionBar()，看起来也是获取 ActionBar，但是它是不能用的，因为我们在创建 Activity 时使用了 Support 库中的类（见图 8-18）。

```
import android.support.v7.app.AppCompatActivity
import kotlinx.android.synthetic.main.activity_main.*

class MainActivity : AppCompatActivity() {
```

图 8-18

MainActivity 从类 AppCompatActivity 派生，而 AppCompatActivity 属于 support 库。如果不使用 Support 库，就要使用 getActionBar()获取 ActionBar 了。

设置返回图标的代码如下：

```
override fun onCreate(savedInstanceState: Bundle?) {
    super.onCreate(savedInstanceState)
    setContentView(R.layout.activity_main)

    //在 ActionBar 上显示返回图标
    supportActionBar?.setDisplayHomeAsUpEnabled(true);
```

运行后，登录页面的效果如图 8-19 所示。

图 8-19

如何响应对它的单击呢？并不是设置侦听器，而是需要在 Activity 类中重写父类的方法 onOptionsItemSelected()，代码如下：

```
    override fun onContextItemSelected(item:
MenuItem?): Boolean {
        if (item != null && item?.itemId == android.R.id.home){
            //提示用户：再点一次退出
            val snackbar = Snackbar.make(editTextName,
                    "你再点我，我真要退出了！",
                    Snackbar.LENGTH_LONG)
                //显示提示
                snackbar.show()
                return true;
            }

            return super.onContextItemSelected(item)
        }
    }
```

这个方法的参数是 MenuItem 类型，看名字是一个菜单项。其实这个方法就是用于响应菜单选择的。所以 ActionBar 上的返回图标也是一个菜单项，其 ID 是内置的，其常量叫作 **android.R.id.home**。

我们获取了菜单项的 ID，然后进行比较，如果是返回图标被选择了，就向用户发出提示。注意，在这个方法中，当一个菜单项被响应后，应返回 true。

注意，Snackbar.make()方法的第一个参数是一个按钮，并不是想把提示显示在按钮中，而是会从按钮开始自动找一个合适的父控件来显示提示。

8.6.3 注册页面显示返回图标

在 RegisterActivity 的 onCreate()方法中，可以看到这一句（字体加粗行）：

```
override fun onCreate(savedInstanceState: Bundle?) {
    super.onCreate(savedInstanceState)
    setContentView(R.layout.activity_register)
    setSupportActionBar(toolbar)
```

先获取 Layout 中定义的 ToolBar，然后将这个 ToolBar 设置成 SupportActionBar，既然把 ToolBar 模拟成了 ActionBar，那么我们是不是可以通过 getSupportActionBar()来获取 ActionBar？是不是可以通过调用 ActionBar 的 setDisplayHomeAsUpEnabled()方法显示出返回图标？是不是可以在方法 onOptionsItemSelected()中响应选中事件？全对！

我们单击返回图标是要返回登录页面（MainActivity）的，所以应在响应选中事件的方法中关掉当前 Activity，其处理方式跟 Cancel 按钮完全一样（此方法位于 RegisterActivity 中）：

```
override fun onContextItemSelected(item: MenuItem?): Boolean {
    if(item !=null && item.itemId == android.R.id.home){
        finish()
        return true
    }
    return super.onContextItemSelected(item)
}
```

运行 App，进入注册页面，单击返回图标，是不是回到登录页面了？

8.7 ScrollView 与软键盘

其实现在的 App 还有个不理想的地方，就是在向文本框输入时，由于软键盘的出现会把文本框顶到上面而被遮住，因此就会看不到输入的字符，在注册页面尤甚，如图 8-20 所示。

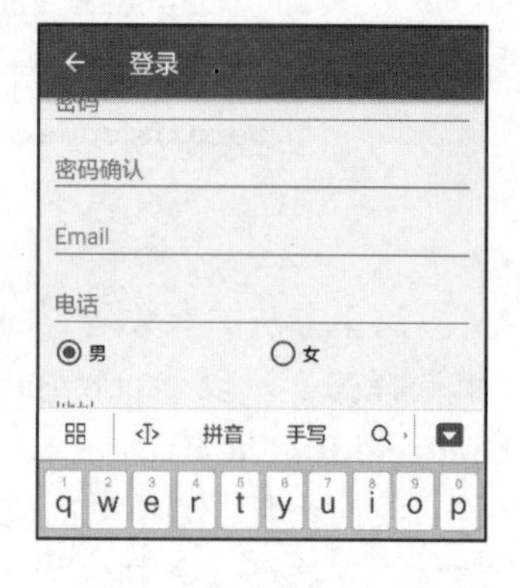

图 8-20

为什么会出现这种现象呢？这是 ScrollView 与软键盘冲突引起的。我们只需要设置软键盘的显示模式，让它适应 ScrollView 的特性就可以了，软键盘属于 Activity，设置代码要放在 MainActivity 和 RegisterActivity 的 onCreate()中，修改后如下：

```
override fun onCreate(savedInstanceState: Bundle?) {
    super.onCreate(savedInstanceState)
    setContentView(R.layout.activity_main)
```

```
//设置软键盘的模式，以解决 ScrollView 带来的冲突
window.setSoftInputMode(
        WindowManager.LayoutParams.SOFT_INPUT_ADJUST_PAN
        or WindowManager.LayoutParams.SOFT_INPUT_STATE_HIDDEN)
```

SOFT_INPUT_ADJUST_PAN 使得软键盘适应 ScrollView，而 SOFT_INPUT_STATE_HIDDEN 使得软键盘在刚启动时不会自动蹦出来。

8.8 源码

8.8.1 MainActivity

MainActivity 的源码如下：

```
class MainActivity : AppCompatActivity() {
    //伙伴对象，就是与类本身一起做伴的对象
    //这不就是静态字段吗？
    companion object{
        val REGISTER_REQUEST_CODE = 123
        val KEY_NAME="name"
        val KEY_PASSWORD="password"
    }

    override fun onCreate(savedInstanceState: Bundle?) {
        super.onCreate(savedInstanceState)
        setContentView(R.layout.activity_main)

//设置软键盘的模式，以解决 ScrollView 带来的冲突
window.setSoftInputMode(
            WindowManager.LayoutParams.SOFT_INPUT_ADJUST_PAN
            or WindowManager.LayoutParams.SOFT_INPUT_STATE_HIDDEN)

        //在 ActionBar 上显示返回图标
        supportActionBar?.setDisplayHomeAsUpEnabled(true);

        //不再需要查找控件了
        //val editTextName:EditText = findViewById(R.id.editTextName);

        //设置控件的 hint 属性
        this.editTextName.setHint("请输入用户名");

        //响应登录按钮的单击，以 Lambda 为参数
        this.buttonLogin.setOnClickListener {
            //创建 Snackbar 对象
            val snackbar = Snackbar.make(it,"你点我干啥?",Snackbar.LENGTH_LONG);
```

```
                //显示提示
                snackbar.show();
            }

            //响应注册按钮，进入注册页面
            this.buttonRegister.setOnClickListener{
                //创建 Intent 对象
                val intent = Intent(this@MainActivity,
RegisterActivity::class.java)
                //启动 Activity
                this@MainActivity.startActivityForResult(intent,
                        MainActivity.Companion.REGISTER_REQUEST_CODE)
            }
        }

        override fun onActivityResult(requestCode: Int, resultCode: Int, data:
Intent?) {
            if (requestCode === Companion.REGISTER_REQUEST_CODE) {
                //说明是注册页面返回了
                if (resultCode === Activity.RESULT_OK) {
                    //说明在注册页面中执行的逻辑成功了，从 data 中取出返回的数据
                    val name = data?.getStringExtra(Companion.KEY_NAME)
                    val password = data?.getStringExtra(Companion.KEY_PASSWORD)

                    //将收到的用户名和密码设置到用户和密码输入框
                    this.editTextName.setText(name)
                    this.editTextPassword.setText(password)
                }
            }

            //调用一下父类的实现
            super.onActivityResult(requestCode, resultCode, data)
        }

        override fun onContextItemSelected(item: MenuItem?): Boolean {
            if (item != null && item?.itemId == android.R.id.home){
                //提示用户：再点一次退出
                val snackbar = Snackbar.make(editTextName,
                    "你再点我，我真要退出了！",
                    Snackbar.LENGTH_LONG)
                //显示提示
                snackbar.show()
                return true;
            }

            return super.onContextItemSelected(item)
        }
    }
```

8.8.2 RegisterActivity.kt

RegisterActivity.kt 的源码如下：

```
class RegisterActivity : AppCompatActivity() {
    override fun onCreate(savedInstanceState: Bundle?) {
        super.onCreate(savedInstanceState)
        setContentView(R.layout.activity_register)
        setSupportActionBar(toolbar)

//设置软键盘的模式，以解决 ScrollView 带来的冲突
window.setSoftInputMode(
            WindowManager.LayoutParams.SOFT_INPUT_ADJUST_PAN
            or WindowManager.LayoutParams.SOFT_INPUT_STATE_HIDDEN)

        fab.setOnClickListener { view ->
            Snackbar.make(view, "Replace with your own action",
Snackbar.LENGTH_LONG)
                .setAction("Action", null).show()
        }

        //响应 Cancel 按钮的单击
        this.buttonCancel.setOnClickListener{
            //关闭我自己
            this@RegisterActivity.finish()
        }

        //响应 OK 按钮的单击
        buttonOk.setOnClickListener{ view->
            //获取控件中的数据
            val name = editTextName.text.toString()
            val password = editTextPassword.text.toString()
            val email = editTextEmail.text.toString()
            val phone = editTextPhone.text.toString()
            val address = editTextAddress.text.toString()
            var sex = false //性别，我们设 true 代表男、false 代表女、默认为女

            //获取单选按钮组中被选中的按钮的 ID
            val checkRadioId = radioGroup.checkedRadioButtonId
            //如果这个 ID 等于代表男的单选按钮的 ID，则把 sex 置为 true
            if (checkRadioId == R.id.radioMale) {
                sex = true
            }

            //注册
            //TODO：做好后台服务器后要实现此处代码
```

```
            //创建 Intent 对象，保存要返回的数据，我们只需返回用户名和密码即可
            val intent = Intent()
            intent.putExtra(MainActivity.Companion.KEY_NAME, name)
            intent.putExtra(MainActivity.Companion.KEY_PASSWORD, password)

            //设置要返回的数据，第一个参数是 SDK 中定义的常量，表示本 Activity 正确执行
            //第二个参数就是包含要返回的数据的 Intent 对象
            setResult(Activity.RESULT_OK, intent)

            //关闭当前的 Activity
            finish()
        }
    }

    override fun onContextItemSelected(item: MenuItem?): Boolean {
        if(item !=null && item.itemId == android.R.id.home){
            finish()
            return true
        }
        return super.onContextItemSelected(item)
    }
}
```

第 9 章 Theme

在前面讲 Activity 的时候提到了 Theme。Theme 也叫 Style，它们是相同的概念，只不过作用到 Activity 上就叫 Theme，作用到控件上就叫 Style。

Style/Theme 中包含了一堆与控件或窗口的外观相关的属性，比如高、宽、空白大小、前景色、字体大小、字体颜色等。如果使用过 HTML+CSS，就会知道 Style/Theme 相当于 CSS，利用它可实现界面的内容与设计相分离的模式，layout 文件中定义了界面的内容，而 style 文件中定义了内容的外观。

Style 也是一种资源，放在如图 9-1 所示的位置。例如，示例 Style.xml 中的内容如下：

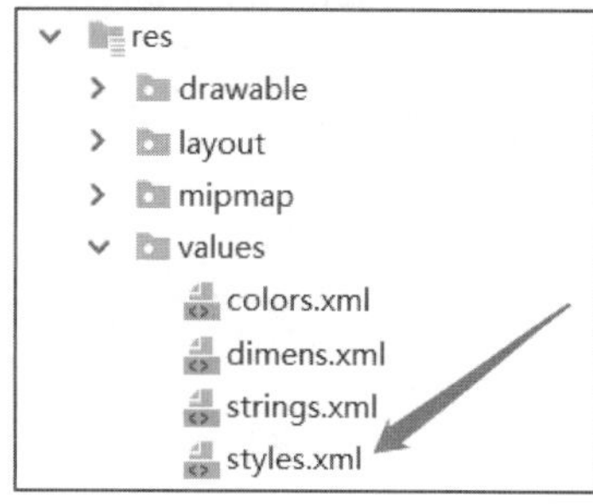

图 9-1

```
<resources>
    <!-- Base application theme. -->
    <style name="AppTheme" parent="Theme.AppCompat.Light.DarkActionBar">
        <!-- Customize your theme here. -->
        <item name="colorPrimary">@color/colorPrimary</item>
        <item name="colorPrimaryDark">@color/colorPrimaryDark</item>
        <item name="colorAccent">@color/colorAccent</item>
    </style>

    <style name="AppTheme.NoActionBar">
        <item name="windowActionBar">false</item>
        <item name="windowNoTitle">true</item>
    </style>

    <style name="AppTheme.AppBarOverlay"
        parent="ThemeOverlay.AppCompat.Dark.ActionBar" />
    <style name="AppTheme.PopupOverlay"
        parent="ThemeOverlay.AppCompat.Light" />
</resources>
```

此文件中定义了四个<style>元素。第一个 style 是 Manifest 文件中<Application>中指定的默认 theme（见 manifest 文件），name 属性定义它的名字为“AppTheme”，<item>元素指明了这个 Style 中定义了哪些与界面外观相关的属性。item 的 name 必须是某个控件或窗口属性的名字,item 的内容根据所属性不同而有不同的值,比如规定 colorPrimary(主要颜色)的 item,它的值“@color/colorPrimary”是一个颜色资源（以“@”开头表示用 ID 引用一个资源）。

这个 Style 如何起作用呢？如果把这个 Style 应用到某个 Activity 中，这个 Activity 包含了某个控件，而这个控件具有 colorPrimary 属性，这个属性就被设为“@color/colorPrimary”所引用的颜色。如果没有控件具有此属性，那么此 item 就不起作用了。

可以在某个已存在的 Style 基础上做少量改动而形成新的 Style，作为基础的 Style 就是父控件。AppTheme 这个 Style 的 parent 属性指定了它从哪个已定义的 Style 继承。

将 Style 设置给 Activity 或 Application，要使用属性“android:theme”（在 manifest 文件中）；设置给控件时，使用属性“style”（在 layout 资源文件中）。

可以在 style 文件中定义控件和窗口的哪些属性呢？自己上网查吧。

第 10 章

◄ Fragment ►

这是一个非常重要的组件！

Fragment 既像 Activity，又与 Activity 有很大差别，这不是几句话能讲清的。首先要记住的是，Fragment 也可以像 Activity 一样表示一个页面，但是 Fragment 必须依靠 Activity 才能显示出来，即 Fragment 被 Activity 所包含。

> **注　意**
>
> 实际上 Activity 与 Fragment 都不是那么简单就能定义的。因为这本书是面向零基础的初学者，所以不能一上来就全面解释各种东西，只能先给出一个具体的初步概念，随着后面的深入，慢慢全面了解。

Fragment 在很多方面与 Activity 相似，而 Fragment 是从 Android 3.0 才出现的。注意，Fragment 并没有为 Android 系统提供比 Activity 更多的功能，那为什么又出现个 Fragment 呢？

10.1 弄巧成拙的 Activity

Activity 被 Android 设计成一个非常独立的部件，并由此淡化了进程的概念。

Android 希望这样为用户提供功能：由多个 Activity 共同配合完成比较复杂的功能，而这些 Activity 可以来自不同的 App。比如说一个功能需要四步完成，就要有四个 Activity，可能其中第一个来自 App，第二个是系统自带的某个 App 中的 Activity，第三个是其他人开发的 App 中的某个 Activity，第四个是自己 App 中的 Activity，而它们四个可以无缝结合。

因为 Activity 要被别人使用，所以在设计一个页面时，就不能只考虑仅满足自己 App 中的需求，而需要把 Activity 封装得很独立。这一点可以从 Activity 的启动方式和数据传递方式体现出来。就拿前面的登录页面与注册页面来讲，如果我们想从登录页面向注册页面传递数据，假设可以直接调用构造方法创建 Activity 实例，我们完全可以通过构造方法的参数向注册页面传递数据。但是，Android 不允许！Activity 必须通过 Intent 启动（其实是由系统创建 Activity 实例），传递数据也必须通过 Intent。

在 Activity 之间传递数据时，即使不能用构造方法直接传递，也可以用静态变量传递！还是拿登录与注册页面来说，它们都属于同一个进程，当然可以访问 App 中的同一个静态变量。但是，不要这样做！因为同一个 App 中的 Activity 也可以运行于不同的进程！（可以在 Manifest 文件中配置某个Activity只运行在单独的进程中，即每次启动它都需要启动一个新的App进程。）

Android 要求 Activity 封装独立，除了满足这种极端的重用性要求外，还有一个原因就是节省内存。既然 Activity 是功能封闭的，那么 Android 系统可以随时杀死看不到的 Activity 来释放内存，等需要它重新显示时，系统先把它创建出来，再恢复原来的样子。比如一个功能有三个页面 A、B、C，用户从 A 到 B 到 C 一步一步执行。显示 C 时，A 和 B 都是看不到的，如果启动 C 时发现内存不够了，那么系统就把 A 和 B 杀死，同时把它们的内容保存到硬盘上。用户是感觉不出什么异样的，因为此时用户看到 C 页面还活着。当用户想返回上一个页面（也就是 B）时，系统会重新创建 B 并把 B 原来的内容恢复，让用户完全感觉不出 B 是死而复生的。

现在明白为什么 Activity 不能被 new 出来了吧？必须由系统掌控 Activity 的生死。现在明白为什么 Activity 之间必须用 Intent 传递数据了吧？Activity 必须功能封闭。现在明白为什么 Activity 要在 manifest 文件中声明了吧？这样系统才能找到 Activity 的类，然后以反射的方式创建它。

看来这个设计好牛啊！果然开发者是高手。但是，有时看起来很美的东西，用起来却并不美好，从实际使用效果来讲算得上是弄巧成拙了：

- 第一，写一个 Activity 很麻烦，为了功能封闭，为了能满血复活，需要多做很多工作，有时逻辑还很复杂，让人焦头烂额。
- 第二，使 Activity 的代码变臃肿，占用内存增多，占用 CPU 多。
- 第三，造成 Activity 生命周期复杂，令人讨厌。
- 第四，Activity 重新创建时需执行大量代码，尤其是恢复数据时要读硬盘（存储），造成界面反应慢。
- 第五，Activity 之间传递数据很麻烦。

实际上，按照传统的以进程为中心的方式来设计 App，可能 Android 系统比现在的运行体验还要好一些：

- 第一，Activity 不用写那么复杂，App 进程只要存在，Activity 就不会被杀死，也就不用考虑 Activity 复活的问题了，所以界面切换反应肯定要快得多。
- 第二，生命周期逻辑变得简单，处理代码也就少了，省内存；CPU 执行的代码也少了，省 CPU。
- 第三，Android 系统不是单片机，而是跟 Windows 一样的高级操作系统，是有虚拟内存（在 Linux 中叫交换分区）的。如果物理内存不够用，后台的 Activity 会被交换到硬盘上的虚拟内存中，而不必杀死它。即使要释放内存，也可以杀后台进程，不用杀 Activity。
- 第四，Activity 一般不重复使用，因为配色、排版、操作模式可能跟自己的设计差别很大，放在一起不和谐。
- 第五，不用 Activity 的方式，系统也可以以其他方式提供给我们这些功能，比如一个类库的形式。

Android 系统占内存多，运行慢，经常卡，其根本原因在于 Activity 的设计，而 Java 或 Kotlin 语言的影响并不大，因为 Google 已经把编译优化得不错了。虽然现在硬件都很强大了，内存也过剩，Android 卡的问题比原来少得多了，但是在相同配置下 Android 还是比 IOS 和 WinPhone 系统要慢得多。

Fragment 主要就是为提高页面间切换效率而出现的，虽然它也可以成为页面的一部分，而不总是占据整个页面。总之，一个 App 应尽量减少 Activity，使用 Fragment 来代替 Activity，让各页面由 Fragment 来实现。

10.2 使用 Fragment

只要在添加 Activity 时选中 Fragment 项，Android Studio 就会自动产生一个带有 fragment 的 Activity。现在添加一个新的 Activity，命名为 TestFragmentActivity，首先在工程的 app 组上右击，在弹出的快捷菜单（见图 10-1）中选择 Basic Activity 模板，因为它符合 Material Design，出现如图 10-2 所示的对话框。

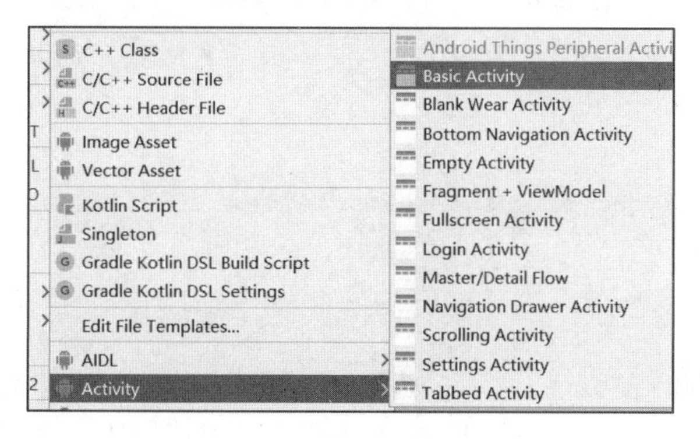

图 10-1

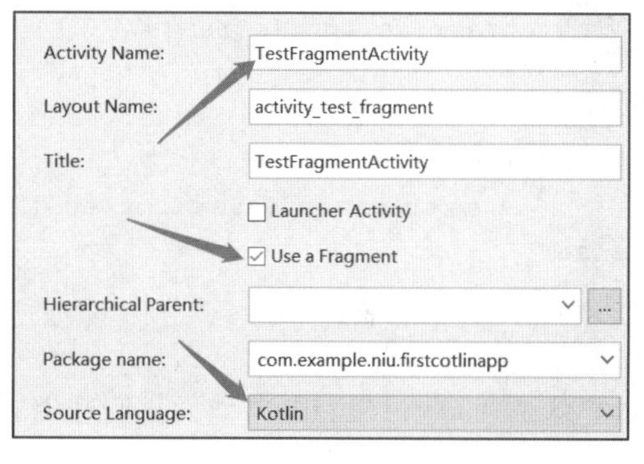

图 10-2

注意，必须选中“Use a Fragment”项，单击 Finish 按钮后，Android Studio 自动为我们创建此 Activity 相关的文件（见图 10-3）。

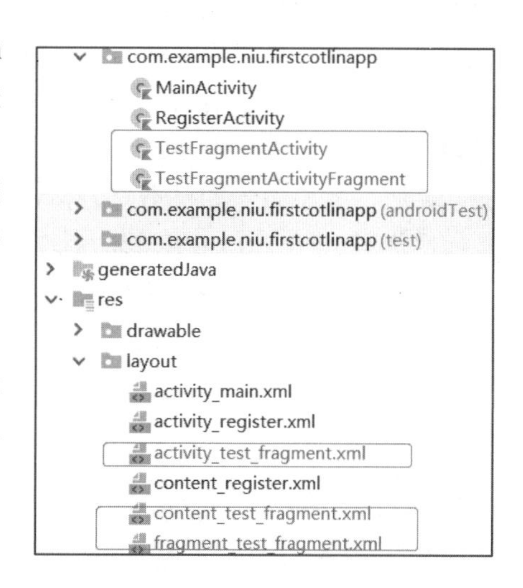

图 10-3

可以看到比之前创建 Activity 时多了一个类（TestFragmentActivityFragment）和一个 layout 文件（fragment_test_fragment.xml）。

activity_test_fragment.xml 是定义 Activity 界面外围框架的文件，存放 Activity 内容部分的 layout 文件是 content_test_fragment.xml（被 activity_test_fragment.xml 所包含），其内容是：

```
<fragment xmlns:android= "http://schemas.android.com/apk/res/android"
    xmlns:app="http://schemas.android.com/ apk/res-auto"
    xmlns:tools="http://schemas.android.com/ tools"
    android:id="@+id/fragment"
    android:name="com.example.niu.
firstcotlinapp.TestFragmentActivityFragment"
    android:layout_width="match_parent"
    android:layout_height="match_parent"
    app:layout_behavior="@string/appbar_scrolling_view_behavior"
    tools:layout="@layout/fragment_test_fragment" />
```

此文件只有一个元素<fragment>，定义了一个 Fragment。<fragment>没有包含子元素，但预览时能看到 fragment 的内容，因为“tools:layout”的存在，其值指向了另一个 layout 文件 fragment_test_fragment.xml，这个文件定义了 fragment 的内容。注意，前缀“tools”所修饰的属性只在设计时起作用，在运行时并不起作用，运行时是用代码来关联 Fragment 与其 layout 文件的。

这是 Fragment 类的定义：

```
class TestFragmentActivityFragment : Fragment() {
    override fun onCreateView(
        inflater: LayoutInflater, container: ViewGroup?,
        savedInstanceState: Bundle?
    ): View? {
        return inflater.inflate(R.layout.fragment_test_fragment, container,
false)
    }
}
```

这是 Android Studio 自动为我们产生的代码，方法 onCreateView()是在显示 Fragment 内容之前调用的，应在此方法中创建 fragment 的界面。如果要从 layout 文件创建界面控件，就必须使用传入的参数“inflater”，调用它的方法 inflater()加载 layout 资源。inflater()方法的第一个参数就是 layout 资源文件的 id，就是这一句在运行时把 Fragment 与其 layout 定义文件关联到一起的。onCreateView()的第二个方法是所加载界面的根 View 要放入的控件，作为这部分界面的容器。但是，是否真的作为容器还需视第三个参数而定：如果这个参数为 true，就做容器；否则，就不做。如果不做容器，可以用它来创建 LayoutParament 对象（LayoutParament 是使用代码进行 View 排版的，后面会讲）。

Activity 是调用 setContentView()加载 Layout 资源，而这里是根据 Layout 资源创建控件并返回。返回的控件在 Fragment 显示时被放到 Activity 中，这样就看到了 Fragment 的内容。

“Inflater”类是 Android 中专门用来根据资源来创建对象的。有多种 Inflater，根据名字就可以看出用途，比如我们上面所用到的 LayoutInflater 就是从 Layout 资源创建 UI 对象的。

再看一下 TestFragmentActivity 类：

```
class TestFragmentActivity : AppCompatActivity() {
    override fun onCreate(savedInstanceState: Bundle?) {
```

```
        super.onCreate(savedInstanceState)
        setContentView(R.layout.activity_test_fragment)
        setSupportActionBar(toolbar)

        fab.setOnClickListener { view ->
            Snackbar.make(view, "Replace with your own action",
Snackbar.LENGTH_LONG)
                    .setAction("Action", null).show()
        }
    }
}
```

与不包含 Fragment 的 Activity 类相比也没有什么特殊的地方。其 Layout 资源是 activity_test_fragment.xml，这个文件中 include 了 content_test_fragment.xml，所以 setContentView() 执行时会创建出 Fragment，而 Fragment 在创建时又关联了 fragment_test_fragment.xml，于是就在 Activity 的内容区看到了 fragment_test_fragment.xml 里面定义的内容。

Fragment 占据了整个内容区，此时 Fragment 就相当于一个页面，切换页面只需替换 Fragment 即可。ActionBar 属于 Activity，不属于 Fragment，所以各 Fragment 共享一个 ActionBar，我们可以在切换 Fragment 时改变 ActionBar 上的内容，这样就更像页面切换了。下面我们把登录页面和注册页面改用 Fragment 来实现。

10.3 改造登录页面

我们将把 MainActivity 作为各 Fragment 的宿主。

10.3.1 添加 layout 文件

当前的登录页面 MainActivity 只有一个 layout 文件（activity_main.xml）来定义它的内容。当我们改用 Fragment 的时候，由于 Fragment 占据了 Activity 的内容区，因此 Activity 的内容应移到 fragment 的 layout 中。这里首先为 Fragment 新建 layout 文件，然后把 activity_main.xml 的内容复制到新文件中。创建新 layout 资源文件的过程如下：

在 res/layout 组上右击，在弹出的快捷菜单中选择 new→Layout resource file，出现创建资源对话框（见图 10-4）。

在“File name”字段中输入“fragment_login”，其余不用动。至于“Root element（根元素）”字段中是什么不重要，因为我们后面要重定义 layout 中的内容，单击 OK 按钮，会在 res/layout/下创建 fragment_login.xml 文件。

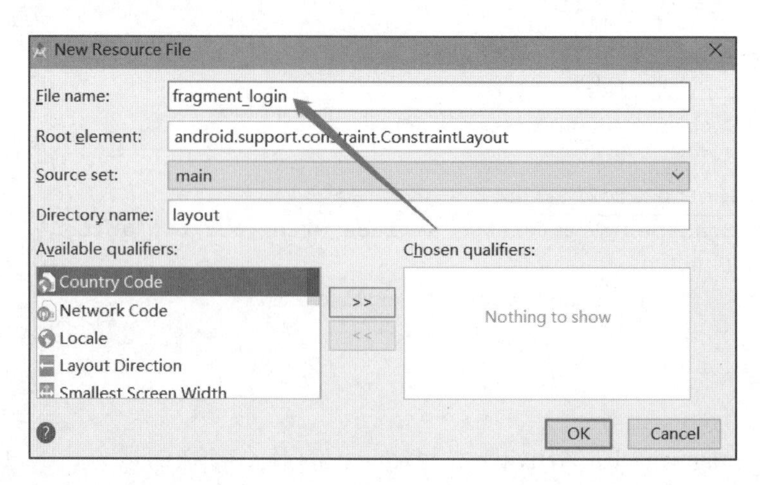

图 10-4

10.3.2 改变 layout 文件的内容

新 layout 文件创建后，将 activity_main.xml 的内容全部复制并粘贴到 fragment_login.xml 中替换现有内容。然后把 activity_main.xml 的内容改成如下形式：

```
<?xml version="1.0" encoding="utf-8"?>
<FrameLayout xmlns:android="http://schemas.android.com/apk/res/android"
    xmlns:app="http://schemas.android.com/apk/res-auto"
    xmlns:tools="http://schemas.android.com/tools"
    android:layout_width="match_parent"
    android:layout_height="match_parent"
    android:id="@+id/fragment_container"
    tools:context=".MainActivity">

</FrameLayout>
```

现在只剩一个 FrameLayout 而已，并且这个 layout 还充满了整个内容区。那么 FrameLayout 有什么特点呢？它的子控件只能位于左上角，适合多个 View 切换的场景。我们可以把一个 Fragment 嵌入到这个 FrameLayout 中（实质上是运行时把 Fragment 的根 View 设置成 FrameLayout 的子控件）。

当把新的 Fragment 嵌入到 FrameLayout 中而把旧的删除时，就完成了 Fragment 的切换。

注意，这个 FrameLayout 有 id（见“android:id”属性）：fragment_layout。因为我们需要通过代码把 Fragment 放到它里面来操作，所以它必须有 id。

10.3.3 添加 Fragment 类

有了 Fragment 的 layout 文件，还要创建 Fragment 类，在 Fragment 类中关联 layout 文件。把 Fragment 类放在与 Activity 相同的包下，在包上右击，而后在弹出的快捷菜单中选择“New→Kotlin File/Class”命令（见图 10-5）。

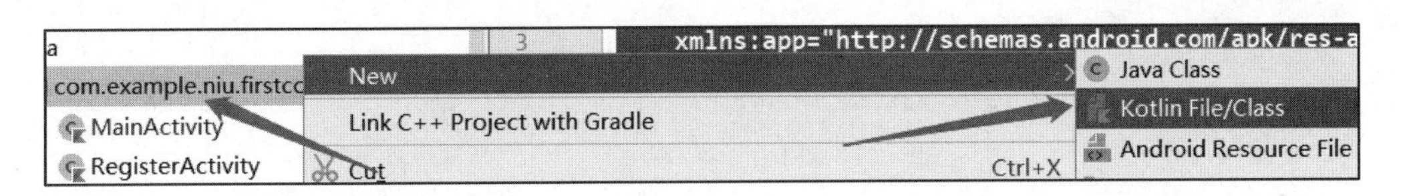

图 10-5

弹出创建类的对话框，填写内容，如图 10-6 所示，单击“OK”按钮，文件 LoginFragment.kt 被创建。它的内容很简单：

```
class LoginFragment {
}
```

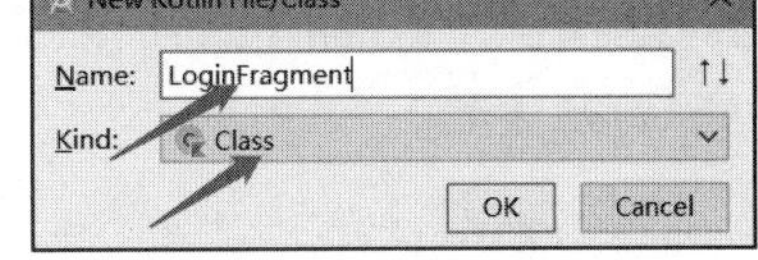

图 10-6

很多工作都需要我们手动完成，幸亏有现成的 Fragment 类（TestFragmentActivityFragment）可以参考。其内容可以全部复制过来，需要改的就是一个地方，即 Fragment 的 Layout 资源 ID。LoginFragment 关联的是 R.layout.fragment_test_fragment。最终代码如下：

```
class LoginFragment: Fragment() {
    override fun onCreateView(
        inflater: LayoutInflater, container: ViewGroup?,
        savedInstanceState: Bundle?
    ): View? {
        return inflater.inflate(R.layout.fragment_login, container, false)
    }
}
```

前面讲过，在 Activity 中放置 Fragment 时，其实放的是 Fragment 的根控件，就是这里返回的 View。

我们在 MainActivity 中准备了一个 FrameLayout 来放置 Fragment，但是 Fragment 不会自动把自己放进去，需要写代码来完成。

在将 Fragment 放入 Activity 之前，我们还需要在 Fragment 中完成登录页面的业务逻辑，把 MainActivity 中与登录相关的代码移到 LoginFragment 中即可。首先将 MainActivity 的 onCreate()方法中的以下代码移到 LoginFragment 中：

```
//设置控件的 hint 属性
this.editTextName.setHint("请输入用户名");

//响应登录按钮的单击事件，以 Lambda 为参数
this.buttonLogin.setOnClickListener {
    //创建 Snackbar 对象
    val snackbar = Snackbar.make(it,"你点我干啥?",Snackbar.LENGTH_LONG);
    //显示提示
    snackbar.show();
}

//响应注册按钮，进入注册页面
this.buttonRegister.setOnClickListener{
```

```
    //创建 Intent 对象
    val intent = Intent(this@MainActivity, RegisterActivity::class.java)
    //启动 Activity
    this@MainActivity.startActivityForResult(intent,
            MainActivity.Companion.REGISTER_REQUEST_CODE)
}
```

这些代码依然需要放在界面对象创建之后且显示之前，虽然可以放在 onCreateView()中，但是 onViewCreated()方法（在 onCreateView()之后执行）更适合，因此我们重写 onViewCreated()方法并移入代码：

```
override fun onViewCreated(view: View, savedInstanceState: Bundle?) {
    super.onViewCreated(view, savedInstanceState)

    //设置控件的 hint 属性
    editTextName.setHint("请输入用户名");

    //响应登录按钮的单击事件，以 Lambda 为参数
    this.buttonLogin.setOnClickListener {
        //创建 Snackbar 对象
        val snackbar = Snackbar.make(it,"你点我干啥?", Snackbar.LENGTH_LONG);
        //显示提示
        snackbar.show();
    }

    //响应注册按钮，进入注册页面
    this.buttonRegister.setOnClickListener{
        //创建 Intent 对象
        val intent = Intent(this@MainActivity, RegisterActivity::class.java)
        //启动 Activity
        this@MainActivity.startActivityForResult(intent,
            MainActivity.Companion.REGISTER_REQUEST_CODE)
    }
}
```

放到 onCreateView()中后会出现一些错误，下面我们逐个解决。

首先是控件变量变成红色，说明找不到这个变量的定义了。其解决方式与 Activity 中一样，导入一个类，还是借助“Alt+Enter”快捷键，此时会弹出一个菜单（见图 10-7），选择中间这项，因为这个 editTextName 控件是在 fragment_login.xml 中定义的。

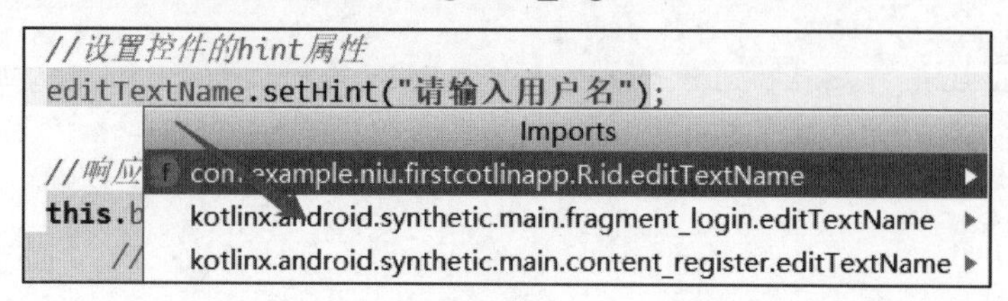

图 10-7

其次是响应注册按钮单击事件的代码，因为我们不再以 Activity 作为注册页面，而改用 Fragment，所以把启动 RegisterActivity 的代码删掉，这部分代码先留空，后面再设。所以 LoginFragment 的 onViewCreated()方法代码最终如下：

```
override fun onViewCreated(view: View, savedInstanceState: Bundle?) {
    super.onViewCreated(view, savedInstanceState)

    //设置控件的 hint 属性
    editTextName.setHint("请输入用户名");

    //响应登录按钮的单击事件，以 Lambda 为参数
    this.buttonLogin.setOnClickListener {
        //创建 Snackbar 对象
        val snackbar = Snackbar.make(it,"你点我干啥?", Snackbar.LENGTH_LONG);
        //显示提示
        snackbar.show();
    }

    //响应注册按钮，进入注册页面
    this.buttonRegister.setOnClickListener{
        //TODO:启动注册页面
    }
}
```

再来看 MainActivity，其 onCreate()方法变为：

```
override fun onCreate(savedInstanceState: Bundle?) {
    super.onCreate(savedInstanceState)
    setContentView(R.layout.activity_main)
    ... ...
    //在 Action Bar 上显示返回图标
    supportActionBar?.setDisplayHomeAsUpEnabled(true);
}
```

还需要把 MainActivity 的 onActivityResult()方法删掉，因为我们不再启动 RegisterActivity，所以也不需要响应 Activity 返回事件了。现在把 MainActivity 的 onOptionsItemSelected()方法改一下，最终 MainActivity 类的代码如下：

```
class MainActivity : AppCompatActivity() {
    //伙伴对象，就是与类本身一起做伴的对象
    //这不就是静态字段吗?
    companion object{
        val REGISTER_REQUEST_CODE = 123
        val KEY_NAME="name"
        val KEY_PASSWORD="password"
    }

    override fun onCreate(savedInstanceState: Bundle?) {
```

```
        super.onCreate(savedInstanceState)
        setContentView(R.layout.activity_main)

        //设置软键盘的模式，以解决 ScrollView 带来的冲突
        window.setSoftInputMode(
               WindowManager.LayoutParams.SOFT_INPUT_ADJUST_PAN
               or WindowManager.LayoutParams.SOFT_INPUT_STATE_HIDDEN)

        //在 ActionBar 上显示返回图标
        supportActionBar?.setDisplayHomeAsUpEnabled(true);

        //创建 Fragment 对象
        val fragment = LoginFragment()

        //将第一个 Fragment（登录 Fragment）加入 Activity 中
        //获取 Fragment 事务
        supportFragmentManager.beginTransaction()
            .add(R.id.fragment_container, fragment)
            .commit()
    }

    override fun onOptionsItemSelected(item: MenuItem?): Boolean {
        if (item != null && item?.itemId == android.R.id.home){
            return true;
        }
        return super.onOptionsItemSelected(item)
    }
}
```

MainActivity 中已经没有登录逻辑代码了。现在运行的话，只看到一片空白，因为它的内容区只是一个空的 FrameLayout，下面就把 LoginFragment 放到 FrameLayout 中。

10.3.4 将 Fragment 放到 Activity 中

我们需要在界面显示之前就把 Fragment 放到 Activity 中，所以在 MainActivity 的 onCreate() 中加入以下代码：

```
//将第一个 Fragment（登录 Fragment）加入 Activity 中
//获取 Fragment 事务
val fragmentTransaction = supportFragmentManager.beginTransaction()
//创建 Fragment 对象
val fragment = LoginFragment()
fragmentTransaction.add(R.id.fragment_container, fragment)
fragmentTransaction.commit()
```

这段代码首先创建了一个 Fragment 的实例。这里要十分注意了，与 Activity 不同，Fragment 实例直接由我们创建，它的实例也可以保存下来，只要对这个 Fragment 的引用存在，它就不

会被销毁，所以我们可以控制 Fragment 的生死！之后通过管理器开启一个事务，然后通过事务将 Fragment 加入 MainActivity 中指定的容器控件（FrameLayout）中，最后提交事务。所有对 Fragment 的添加、删除、替换等操作必须放在事务中。现在 MainActivity 的 onCreate()方法代码如下：

```
override fun onCreate(savedInstanceState: Bundle?) {
    super.onCreate(savedInstanceState)
    setContentView(R.layout.activity_main)

    //设置软键盘的模式，以解决 ScrollView 带来的冲突
        window.setSoftInputMode(
                WindowManager.LayoutParams.SOFT_INPUT_ADJUST_PAN
                or WindowManager.LayoutParams.SOFT_INPUT_STATE_HIDDEN)

        //在 ActionBar 上显示返回图标
        supportActionBar?.setDisplayHomeAsUpEnabled(true);

        //将第一个 Fragment（登录 Fragment）加入 Activity 中
        //获取 Fragment 事务
        val fragmentTransaction = supportFragmentManager.beginTransaction()
        //创建 Fragment 对象
        val fragment = LoginFragment()
        fragmentTransaction.add(R.id.fragment_container, fragment)
        fragmentTransaction.commit()
}
```

运行一下 App，是不是登录页面又出现了？

其实添加 Fragment 的那段代码可以再改进一下，据说这是 Kotlin 推荐的方式，也是现在流行的“流式调用”（粗体部分）：

```
override fun onCreate(savedInstanceState: Bundle?) {
    super.onCreate(savedInstanceState)
    setContentView(R.layout.activity_main)

    //设置软键盘的模式，以解决 ScrollView 带来的冲突
    window.setSoftInputMode(
            WindowManager.LayoutParams.SOFT_INPUT_ADJUST_PAN
            or WindowManager.LayoutParams.SOFT_INPUT_STATE_HIDDEN)

    //在 ActionBar 上显示返回图标
    supportActionBar?.setDisplayHomeAsUpEnabled(true);

    //创建 Fragment 对象
    val fragment = LoginFragment()

    //将第一个 Fragment（登录 Fragment）加入 Activity 中
    //获取 Fragment 事务
```

```
    supportFragmentManager.beginTransaction()
        .add(R.id.fragment_container, fragment)
        .commit()
}
```

但是现在单击注册按钮不会出现注册页面，因为我们还需要创建一个“注册 Fragment”。

> **注　　意**
>
> 事务是一个非常常见的概念，在很多系统中都存在，尤其是数据库。事务的使用有一个很大的特点，就是有一个“开始→执行业务→提交”的过程。新手最容易忘掉的是提交事务。

10.3.5　创建注册 Fragment

创建 Fragment 的方式与 LoginFragment 不同，这次我们借助 Android Studio 提供的工具把 Fragment 类和它对应的 layout 文件一起创建出来。过程如下：

在 App 组上右击，然后在弹出的快捷菜单中选择“New→Fragment→Fragment(Blank)”命令（见图 10-8），出现新建组件对话框（见图 10-9）。

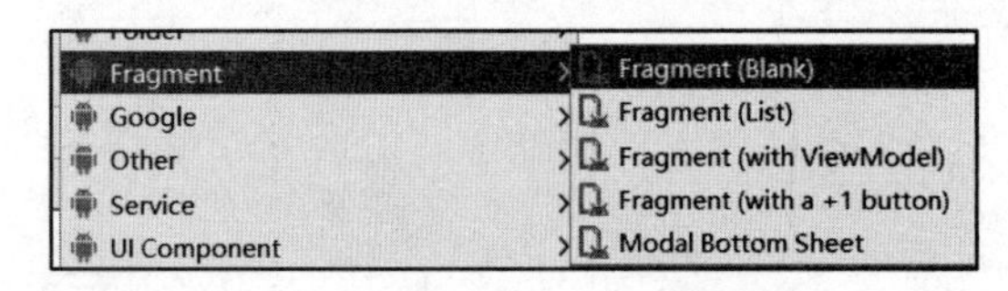

图 10-8

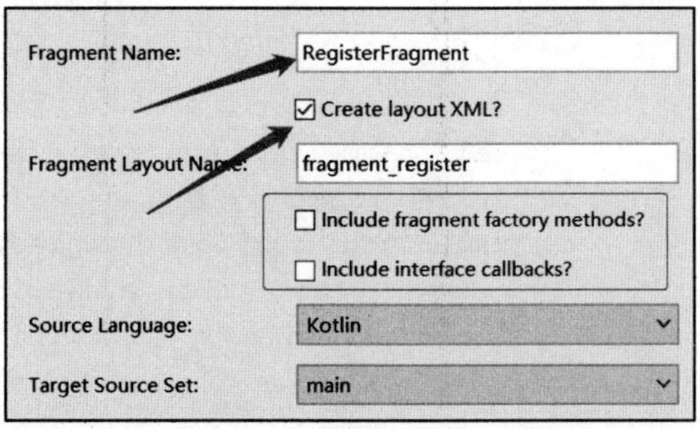

图 10-9

在“Fragment Name”字段中填写“RegisterFragment”，必须确保“Create layout XML”被选中，且不要选中“Include fragment factory methods”和“Include interface callbacks”，单击“Finish”按钮。之后 Gradle 添加了两个文件：一个是 RegisterFragment.kt；另一个是 layout/fragment_register.xml。

由于此 Fragment 是来代替 RegisterActivity 的，因此我们可以把 RegisterActivity 的 layout 文件 content_register.xml 的内容全部复制到 fragment_register.xml 中。再改一个地方，把下面这一句：

```
tools:context=".RegisterActivity">
```

改为：

```
tools:context="com.example.niu.firstcotlinapp.RegisterFragment">
```

前面讲过，带有“tools”前缀的属性只在设计时起作用，运行时不起作用，所以这里改不改都不影响运行，只是设对了可以为界面设计器提供一些帮助。

看一下 RegisterFragment 类的内容：

```
class RegisterFragment : Fragment() {
    override fun onCreateView(
```

```
        inflater: LayoutInflater, container: ViewGroup?,
        savedInstanceState: Bundle?
    ): View? {
        // Inflate the layout for this fragment
        return inflater.inflate(R.layout.fragment_register, container, false)
    }
}
```

很简单，跟前面我们自己加的代码一样，主要是把 layout 文件与此 Fragment 进行关联。下一步我们把 RegisterFragment 显示出来看一看。

10.3.6　显示 RegisterFragment

依然需要在登录页面单击“注册”按钮显示注册页面。现在的登录页面是 LoginFragment。只要在响应注册按钮单击的代码中用 RegisterFragment 代替 LoginFragment 就完成了页面切换。修改 LoginFragment 类的 onCreateView()方法，增加（黑体部分）如下：

```
//响应注册按钮，进入注册页面
this.buttonRegister.setOnClickListener{
    //启动注册页面
    val fragment = RegisterFragment()
    //当注册按钮被执行时调用此方法
    val fragmentManager = activity!!.supportFragmentManager
    fragmentManager.beginTransaction()
        .replace(R.id.fragment_container, fragment)
        .addToBackStack("login")
        .commit()
}
```

replace()方法用于替换 Fragment，它的第一个参数是 Fragment 所在的容器，第二个参数是新的 Fragment。

addToBackStack()方法的作用是把这次操作放到“后退栈”中，这样当用户单击设备上的返回键时就会进行反向操作，也就是退回到登录页面。当然也可以通过 FragmentManager 执行反向操作。它的参数是一个字符串，是为这次操作取的名字，用于查找某个操作，在这里没什么作用。

现在可以运行 App 了，单击注册按钮是不是进入了注册页面？按下后退键是不是回到了登录页面？但是，仅通过按返回键回到登录页面并不能满足需求，我们还想通过单击 AppBar 上的返回图标返回上一个页面，这是下一节要讲的。

10.3.7　通过 AppBar 控制页面导航

现在不论切换到哪个页面，Activity 并没有变。ActionBar 也属于 Activity，所以 ActionBar 也是同一个。还记得原来是哪个方法响应 ActionBar 上返回图标单击事件的吗？Activity 的“onOptionsItemSelected();”在其中响应 android.R.id.home 菜单项即可。要想回到上一个 Fragment，只需要把当前的 Fragment 从后退栈中弹出即可，代码如下：

```
override fun onOptionsItemSelected(item: MenuItem?): Boolean {
    if (item != null && item?.itemId == android.R.id.home){
        if (item.itemId == android.R.id.home) {
            //单击了Action Bar上的返回图标
            supportFragmentManager.popBackStack()//从栈中弹出当前的Fragment
            return true
        }
        return true;
    }
    return super.onOptionsItemSelected(item)
}
```

我们调用了 popBackStack()方法将当前的 Fragment 弹出，回到上一个 Fragment，但前提是当初进行页面切换时调用了 addToBackStack()方法。

注意！当回到登录页面时，再单击返回图标，此处代码依然被执行，然而由于加入登录 Fragment 时并没有调用 popBackStack()，因此此处代码虽被执行，但不起作用。

10.3.8 实现 RegisterFragment 的逻辑

跟 RegisterActivity 中的逻辑一样，单击 Cancel 按钮时，忽略用户的输入，直接回到登录页面；单击 OK 按钮时，执行注册逻辑（以后实现），然后返回登录页面，并且在登录页面中显示刚注册的用户名和密码。

首先在 RegisterFragment 类中重写父类的 onViewCreated()方法，然后在其中添加 Cancel 按钮的响应，代码如下：

```
override fun onViewCreated(view: View, savedInstanceState: Bundle?) {
    super.onViewCreated(view, savedInstanceState)

    //响应取消按钮的单击事件
    buttonCancel.setOnClickListener{
        //关闭当前Activity，回到登录页面
        activity!!.supportFragmentManager.popBackStack()
                                                    //从栈中弹出当前的Fragment
    }
}
```

注意，buttonCancel 变量不能被识别，需要导入 AndroidStudio 来产生（见图 10-10）。

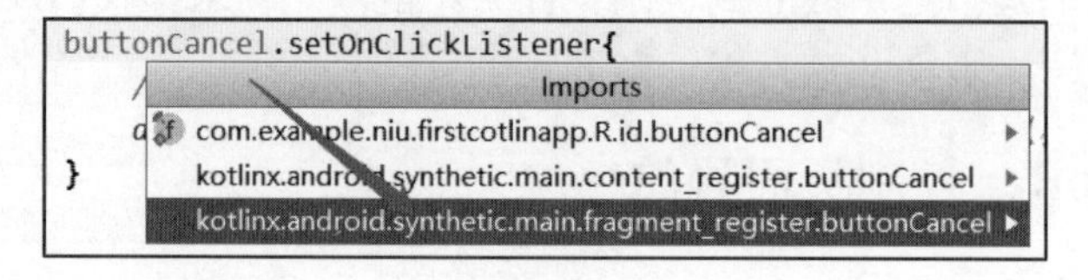

图 10-10

从图中可以看出，响应 Cancel 按钮的代码与单击 ActionBar 上返回图标的处理相同。

在 Cancel 按钮的处理代码最后“return view”这一句之前添加对 OK 按钮的响应：

```
//响应 OK 按钮的单击事件
buttonOk.setOnClickListener{
    //获取控件中的数据
    val name = editTextName.text.toString()
    val password = editTextPassword.getText().toString()
    val email = editTextEmail.text.toString()
    val phone = editTextPhone.text.toString()
    val address = editTextAddress.text.toString()
    var sex = false //性别，我们设 true 代表男、false 代表女，默认为女
    //获取单选按钮组中被选中的按钮的 ID
    val checkRadioId = radioGroup.checkedRadioButtonId
    //如果这个 ID 等于代表男的单选按钮的 ID，则把 sex 置为 true
    if (checkRadioId == R.id.radioMale) {
        sex = true
    }

    //注册
    //TODO：做好后台服务器后要实现此处代码

    //注册完成后，将用户名和密码保存到 Activity 中
    val mainActvity = activity as MainActivity
    mainActvity.userName = name
    mainActvity.password = password

    //回到上一个页面
    activity!!.supportFragmentManager.popBackStack()//从栈中弹出当前的 Fragment
}
```

在响应代码中，前面部分跟 RegisterActivity 中相同，取得用户输入的值，进行注册，然而注册完成后的处理就不一样了，因为此时不能再用 Intent 设置 Activity 的返回数据了。那么怎样在一个 Fragment 关闭时把数据传给另一个 Fragment 呢？如果不考虑 Fragment 与 Activity 之间的低耦合就很简单了：在 RegisterFragment 关闭之前将数据保存到它所在的 Activity（MainActivity）中，然后在 LoginFragment 被显示之前从 MainActivity 取得数据，设置到相应的控件中即可。

在上面的代码中，我们取得了 Fragment 所在的 MainActivity 实例，然后把用户名和密码设置给了它的两个属性 userName 和 password，所以要在 MainActivity 类中添加两个属性：

```
class MainActivity : AppCompatActivity() {
    //保存刚注册的用户名和密码
    var userName: String? = null
    var password: String? = null
```

也可以直接把用户名和密码放在 LoginFragment 中，因为虽然现在 MainActivity 中显示的是 RegisterFragment，但是 LoginFragment 还存在，只要在 MainActivity 中保存对 LoginFragment 的引用，就能在 RegisterFragment 中访问到它了。注册逻辑完成。

10.3.9 从 LoginFragment 中读出用户名和密码

当返回 LoginFragment 时，会重新创建 Fragment 的界面，调用它的方法 onCreateView()和 onViewCreated()。onCreateView()不用动，我们可以在 onViewCreated()中把 MainActivity 的 userName 和 password 的值赋给相应控件：

```
//将 userName 和 password 的值赋给相应的变量，如果它们有值的话
val mainActivity = activity as MainActivity
if(mainActivity.userName != null) {
    editTextName.setText(mainActivity.userName)
}
if(mainActivity.password != null){
    editTextPassword.setText(mainActivity.password)
}
```

注意，在代码中进行了判断，如果用户名和密码为 null，则不向控件赋值，这样就能保证第一次显示 LoginFragment 时用户名和密码输入控件为空，而从 RegisterFragment 返回时，用户名和密码输入控件就有值了。

进入注册页面，在用户名和密码控件中输入文本，单击 OK 按钮返回，没有成功，原因是把这段代码放在 onViewCreated()中是错误的。在 onViewCreated()执行后，在界面显示出来之前还会调用一个方法 onViewStateRestored()。这个方法负责恢复控件的内容，如果不恢复，当界面被重新创建出来时，用户原先输入的内容就没了，就是它掩盖了控件死而复生的“真相”。

之所以在 onViewCreated()中向控件中设置内容不起作用，就是因为在后面的 onViewStateRestored()中又用原来的内容把所设置的值覆盖了。要修正这个问题，也很简单，在控件内容被恢复后再为控件设置值即可。

下面我们为 LoginFragment 重写 onViewStateRestored()，并将上面的代码放到里面：

```
override fun onViewStateRestored(savedInstanceState: Bundle?) {
    super.onViewStateRestored(savedInstanceState)

    //将 userName 和 password 的值赋给相应的变量，如果它们有值的话
    val mainActivity = activity as MainActivity
    if(mainActivity.userName != null) {
        editTextName.text = Editable.Factory.getInstance()
.newEditable(mainActivity.userName)
    }
    if(mainActivity.password != null){
        editTextPassword.text = Editable.Factory.getInstance()
.newEditable(mainActivity.password)
    }
}
```

注意，要想让设置的内容起作用，需要在“super.onViewStateRestored(savedInstanceState)”之后调用，因为恢复控件的内容就是在这一句中完成的。

10.3.10　Fragment 的生命周期

生命周期指的是一个对象从创建到销毁过程中经历的不同阶段，每个阶段都有不同的状态。为了在进入每个阶段后能执行一些我们自定义的逻辑，父类中都提供了回调方法供我们重写，这些回调方法叫作生命周期方法，之所以说它们是回调，是因为它们是由我们实现的，但不被我们调用，而是被系统调用。

当一个 Fragment 被添加到 Activity 时，要调用哪些生命周期方法呢？以 LoginFragment 为例，在它被添加到 Activity 时，依次执行回调方法 onAttach()→onCreate()→onCreateView()。其中，onAttach()表示 Fragment 被附加到了 Activity 上；onCreate()表示 Fragment 被创建完成；onCreateView()表示要创建 Fragment 的界面。与 Activity 比较起来，值得关注的差别是：Activity 的 onCreate()中需要加载界面，而 Fragment 必须在 onCreateView()中加载界面。

在 Fragment 切换过程中会执行哪些生命周期方法呢？在 RegisterFragment 替换 LoginFragment 的过程中，只执行了 LoginFragment 的 onDestroyView()，即 LoginFragment 的界面被销毁掉了。当从 RegisterFragment 返回到 LoginFragment 时，LoginFragment 的 onCreateView()被重新执行，于是其界面被重新创建。

再看一下 Fragment 的销毁过程，拿 RegisterFragment 来说，当从它返回 LoginFragment 时，会先执行它的 onDestroyView()，再执行 onDestroy()，然后执行 onDetach()，被销毁。注意，从 LoginFragment 切换到 RegisterFragment 时，我们将这个替换过程加入到了后退栈中，于是 LoginFragment 需要保持在内存中，准备随时返回到它的页面，所以 LoginFragment 并没有与 Activity 分离。

10.3.11　Fragment 状态保存与恢复

Fragment 生命周期的回调函数还有好多没讲，现在再讲两个方法：

```
fun onViewStateRestored(savedInstanceState: Bundle?)
fun onSaveInstanceState(outState: Bundle)
```

第一个前面已经接触到，因为涉及 Android 控件状态保存与恢复，所以把它们仔细讲解一下。确切地说这两个方法不属于生命周期回调方法，但它们的确又参与到了生命周期的过程中。onViewStateRestored()在 onCreateView()之后被调用，其作用是恢复界面销毁前控件的内容（比如文本输入控件的内容）；onSaveInstanceState()在 Fragment 被销毁时调用，用于保存控件中的内容到硬盘中。它们两个相互配合，在 onSaveInstanceState()中保存控件的内容，然后在 onViewStateRestored()中赋给相应控件的相应属性。如果我们不重写这两个方法，它们的默认实现是对具有 id 的控件进行内容的记录和恢复。如果实现了自定义控件，可能就需要重写这两个方法以保存自定义数据。

注意，这两个方法的调用并不是对称的，每次调用完 onCreateView()之后，onViewStateRestored()一定会被调用，但 onSaveInstanceState()只有在 Fragment 被系统杀死时才被调用。

其实，这两个方法在 Activity 中也有！就是为了应付 Activity 被悄悄杀死再悄悄复活而设立的（让用户感觉不到界面的变化）。不论是 Activity 还是 Fragment，只要没有被销毁，即使界面被销毁了，其字段依然存在，重建界面时可以直接把字段的值赋给控件，所以不用保存其状态。一旦被销毁，重新创建时要想恢复之前界面的内容，就必须在销毁前把状态保存下来（保存到硬盘上）。

总之，Fragment 在 onCreateView()之后必然会调用 onViewStateRestored()，所以我们在 onCreateView()中为控件所赋的值在 onViewStateRestored()中被覆盖了，于是在 LoginFragment 中为控件赋值就不起作用了。

10.3.12 总结

现在，已经把登录和注册功能移到 Fragment 中。MainActivity 的角色发生了转变，成为页面容器；RegisterActivity 已不被使用，就删除掉；同时 MainActivity 中的常量“KEY_NAME”和“KEY_PASSWORD”不再需要在 Activity 之间传递数据，就删除掉。删除 RegisterActivity 类的同时，不要忘记删掉关联的资源，包括 activity_register.xml 和 content_register.xml，还有 values/strings.xml 中的这一条：

```
<string name="title_activity_register">RegisterActivity</string>
```

还没完成，打开 AndroidMainifest.xml，删掉元素：

```
<activity
    android:name=".RegisterActivity"
    android:label="@string/title_activity_register"
    android:theme="@style/AppTheme.NoActionBar" />
```

现在，MainActivity 的代码如下：

```
class MainActivity : AppCompatActivity() {
    //保存刚注册的用户名和密码
    var userName: String? = null
    var password: String? = null

    //伙伴对象，就是与类本身一起做伴的对象
    //这不就是静态字段吗？
    companion object{
        val REGISTER_REQUEST_CODE = 123
    }

    override fun onCreate(savedInstanceState: Bundle?) {
        super.onCreate(savedInstanceState)
        setContentView(R.layout.activity_main)

        //设置软键盘的模式，以解决 ScrollView 带来的冲突
        window.setSoftInputMode(
                WindowManager.LayoutParams.SOFT_INPUT_ADJUST_PAN
                or WindowManager.LayoutParams.SOFT_INPUT_STATE_HIDDEN)
```

```
        //在 ActionBar 上显示返回图标
        supportActionBar?.setDisplayHomeAsUpEnabled(true);

        //创建 Fragment 对象
        val fragment = LoginFragment()

        //将第一个 Fragment（登录 Fragment）加入 Activity 中
        //获取 Fragment 事务
        supportFragmentManager.beginTransaction()
            .add(R.id.fragment_container, fragment)
            .commit()
    }

    override fun onOptionsItemSelected(item: MenuItem?): Boolean {
        if (item != null && item?.itemId == android.R.id.home){
            if (item.itemId == android.R.id.home) {
                //单击了 ActionBar 上的返回图标
                supportFragmentManager.popBackStack()//从栈中弹出当前的 Fragment
                return true
            }
            return true;
        }
        return super.onOptionsItemSelected(item)
    }
}
```

LoginFragment 的代码如下：

```
class LoginFragment: Fragment() {
    override fun onCreateView(
        inflater: LayoutInflater, container: ViewGroup?,
        savedInstanceState: Bundle?
    ): View? {
        return inflater.inflate(R.layout.fragment_login, container, false)
    }

    override fun onViewCreated(view: View, savedInstanceState: Bundle?) {
        super.onViewCreated(view, savedInstanceState)

        //设置控件的 hint 属性
        editTextName.setHint("请输入用户名");

        //响应登录按钮的单击事件，以 Lambda 为参数
        this.buttonLogin.setOnClickListener {
            //创建 Snackbar 对象
            val snackbar = Snackbar.make(it,"你点我干啥?", Snackbar.LENGTH_LONG);
```

```
            //显示提示
            snackbar.show();
        }

        //响应注册按钮，进入注册页面
        this.buttonRegister.setOnClickListener{
            //启动注册页面
            val fragment = RegisterFragment()
            //当注册按钮被执行时调用此方法
            val fragmentManager = activity!!.supportFragmentManager
            fragmentManager.beginTransaction()
                .replace(R.id.fragment_container, fragment)
                .addToBackStack("login").commit()
                    }
                }

                    override fun onViewStateRestored(savedInstanceState:
Bundle?) {
                        super.onViewStateRestored(savedInstanceState)

                        //将 userName 和 password 的值赋给相应的变量，如果它们有值的话
                        val mainActivity = activity as MainActivity
                        if(mainActivity.userName != null) {
                            editTextName.text = Editable.Factory.getInstance()
                .newEditable(mainActivity.userName)
                        }
                        if(mainActivity.password != null){
                            editTextPassword.text =
Editable.Factory.getInstance()
                .newEditable(mainActivity.password)
                        }
                    }
                }
```

RegisterFragment 类的代码如下：

```
class RegisterFragment : Fragment() {
    override fun onCreateView(
        inflater: LayoutInflater, container: ViewGroup?,
        savedInstanceState: Bundle?
    ): View? {
        // Inflate the layout for this fragment
        return inflater.inflate(R.layout.fragment_register, container, false)
    }

    override fun onViewCreated(view: View, savedInstanceState: Bundle?) {
        super.onViewCreated(view, savedInstanceState)
```

```
        //响应取消按钮的单击事件
        buttonCancel.setOnClickListener{
            //关闭当前 Activity，回到登录页面
            activity!!.supportFragmentManager.popBackStack()//从栈中弹出当前的
Fragment
        }

        //响应 OK 按钮的单击事件
        buttonOk.setOnClickListener{
            //获取控件中的数据
            val name = editTextName.text.toString()
            val password = editTextPassword.getText().toString()
            val email = editTextEmail.text.toString()
            val phone = editTextPhone.text.toString()
            val address = editTextAddress.text.toString()
            var sex = false //性别，我们设 true 代表男、false 代表女、默认为女
            //获取单选按钮组中被选中的按钮的 ID
            val checkRadioId = radioGroup.checkedRadioButtonId
            //如果这个 ID 等于代表男的单选按钮的 ID，则把 sex 置为 true
            if (checkRadioId == R.id.radioMale) {
                sex = true
            }

            //注册
            //TODO：做好后台服务器后要实现此处代码

            //注册完成后，将用户名和密码保存到 Activity 中
            val mainActvity = activity as MainActivity
            mainActvity.userName = name
            mainActvity.password = password

            //回到上一个页面
            activity!!.supportFragmentManager.popBackStack()
                                                   //从栈中弹出当前的 Fragment
        }
    }
}
```

10.4 对话框

我们经常看到某些 App 的主页面上按下返回键时会出现对话框，询问我们是否真的退出。实现这个功能的原理很简单：响应返回键，在其中显示对话框，对话框上有“退出”“取消”

之类的按钮，单击“退出”按钮时 finish()当前 Activity，单击“取消”时啥也不做。问题是，如何显示对话框呢？答案是使用 DialogFragment 类。

DialogFragment 是一个 Fragment，必须依附 Activity 而起作用。要使用它，必须从它派生一个子类，在子类中重写 onCreateDialog()方法，在此方法中创建真正的 Dialog 对象。实际上，DialogFragment 是 Dialog 的一个容器，我们看到的对话框是 Dialog 提供的，而 Dialog 通过依附在 Fragment 中来自动配合 Activity 的生命周期。下面就创建一个询问是否退出的对话框。

10.4.1 创建子类

从 DialogFragment 派生一个子类，把这个类作为 MainActivity 的内部类。在 MainActivity 类中添加以下代码：

```
    class ExitDialogFragment() : DialogFragment() {
        //重写父类的方法，在此方法中创建 Dialog 对象并返回
        override fun onCreateDialog(savedInstanceState: Bundle?): Dialog {
            // Use the Builder class for convenient dialog construction
            val builder = AlertDialog.Builder(activity!!)
            //创建对话框之前，设置一些对话框的配置或数据
            //设置对话框中显示的主内容
            builder.setMessage(R.string.exit_or_not)
                //设置对话框中的正按钮以及按钮的响应方法，相当于 OK、YES 之类的按钮
                .setPositiveButton(android.R.string.ok,DialogInterface.OnClickLi
stener { dialog, id ->
                                    //退出当前的 Activity
                                    activity!!.finish()
                                })
                                //设置对话框中的负按钮以及按钮的响应方法，相当于取消之类的按钮
                                .setNegativeButton(android.R.string.cancel,
DialogInterface.OnClickListener { dialog, id ->
                                    //用户单击了取消按钮，什么也不干
                                })
                            //创建对话框并返回它
                            return builder.create()
                        }
                    }
```

这一段代码定义了 DialogFragment 的子类，并重写父类的方法 onCreateDialog()，在此方法中创建了 Dialog 的子类 AlertDialog 的一个实例并返回。在编写这段代码时，可能需要导入多个类，注意有些类在不同的包中都存在。比如类 DialogFragment 有多种选择，如图 10-11 所示。

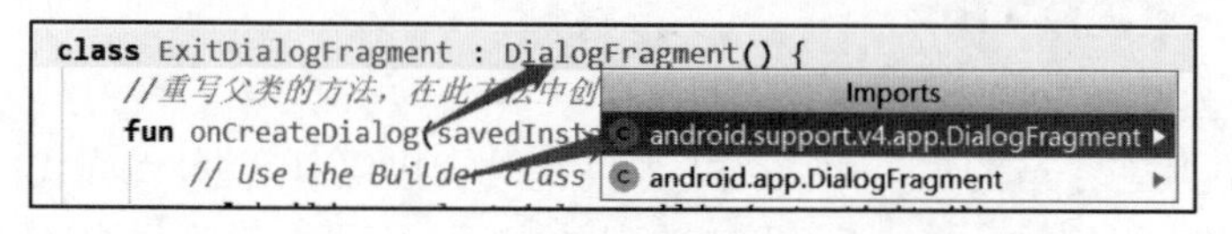

图 10-11

注意，选择带有“support”的包，因为我们使用的 Activity 就是 support 库中的，如图 10-12 所示。

```
import android.support.v7.app.AppCompatActivity
import android.view.MenuItem
import android.view.WindowManager

class MainActivity : AppCompatActivity() {
```

图 10-12

10.4.2　显示对话框

要显示对话框很简单，即创建 DialogFragment 对象，调用 show()方法，代码如下：

```
val dialogFragment = ExitDialogFragment()
dialogFragment.show(supportFragmentManager, "exit")
```

我们希望在主页面中单击返回键时执行这段代码。我们已经在 MainActivity 中响应了返回键，当前的逻辑是从后退栈中弹出上一个 Fragment，当然这只有在处于 RegisterFragment 页面时起作用，在 LoginFragment 页面时不起作用。在处于 LoginFragment 页面时，应显示出对话框，询问用户是否退出。我们首先要确定当前页面是不是 LoginFragment，可以为 MainActivity 添加一个字段，在页面切换时用它记录下当前是哪个页面处于显示状态（在 Fragment 的 onCreateView()方法中设置这个字段的值），这种方法可以做到万无一失，但是封装性不佳。还有更简单一点的做法：查看当前后退栈中是否有条目，如果没有，就说明退回到了最初的页面（LoginFragment），应该显示询问是否退出的对话框。

修改 MainActivity 的 onOptionsItemSelected()方法如下：

```
override fun onOptionsItemSelected(item: MenuItem?): Boolean {
    if (item?.itemId == android.R.id.home) {
        //单击了 ActionBar 上的返回图标
        if (supportFragmentManager.backStackEntryCount === 0) {
            //如果后退栈空了，则说明回到了最初页面，显示退出提示对话框
            val dialogFragment = ExitDialogFragment()
            dialogFragment.show(supportFragmentManager, "exit")
        } else {
            //从后退栈中弹出当前的 Fragment
            supportFragmentManager.popBackStack()
        }
        //处理过的条目必须返回 true
        return true
    }
    return super.onOptionsItemSelected(item)
}
```

运行 App，在登录页面单击 AppBar 上的返回图标，会出现如图 10-13 所示的对话框。

图 10-13

10.4.3 响应返回键

对按键的响应，是在 Activity 中设置的。Activity 类中已实现了方法 onKeyDown()，对键的按下操作进行了默认处理。我们要响应按键实现自己的处理，就需要重写此方法，判断当前页面是不是登录页面：如果是，就弹出退出提示对话框；否则，按默认方式处理。如何按默认方式处理呢？调用父类的实现即可，代码如下：

```
override fun onKeyDown(keyCode: Int, event: KeyEvent?): Boolean {
    if (supportFragmentManager.backStackEntryCount === 0) {
        //如果后退栈空了，则说明回到了最初页面，显示退出提示对话框
        val dialogFragment = ExitDialogFragment()
        dialogFragment.show(supportFragmentManager, "exit")
        return true
    } else {
        //执行默认的操作
        return super.onKeyDown(keyCode, event)
    }
}
```

完成收工！

第 11 章 菜单

Android App 中的菜单如图 11-1 所示。单击箭头所指的三个点，才出现菜单（见图 11-2）。

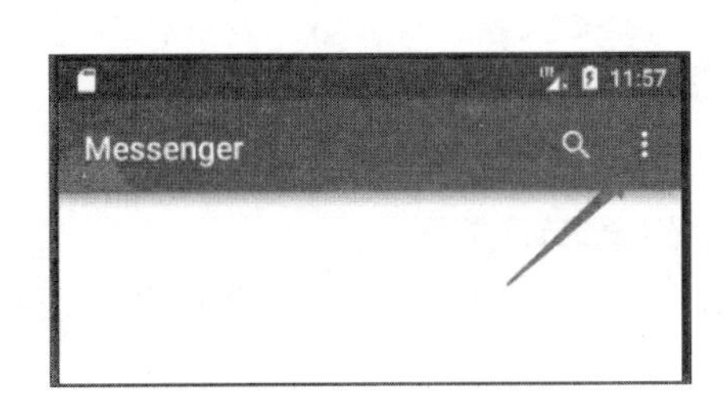

图 11-1

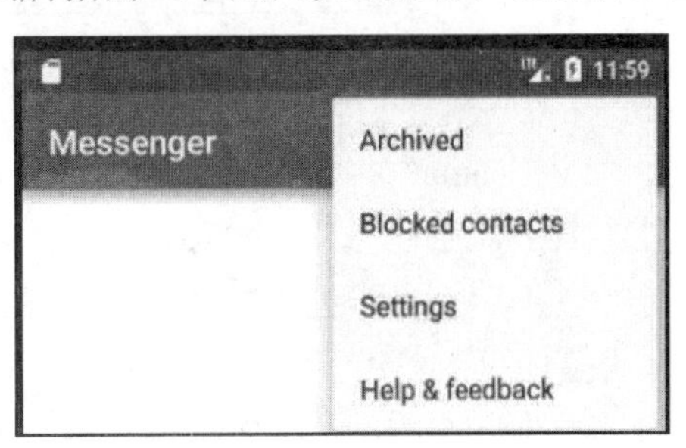

图 11-2

在前面的章节中，为响应 Action Bar 上后退图标的单击事件时，重写了 Activity 的方法 onOptionsItemSelected()。这个方法就是用于响应菜单项选择的，也就是说 Action Bar 上的后退图标其实是被当作菜单项来处理的。但是，实现了这个方法并不能让菜单出现，只是用于响应菜单的选择，实现 Activity 的另一个方法 onCreateOptionsMenu()才能让菜单显示出来。需要显示菜单时，它会被系统调用，必须在这个方法中创建菜单。注意，不是我们去响应单击事件把菜单显示出来，而是让系统去做，我们要做的是编写出创建菜单的逻辑。也就是说，显示什么样的菜单由我们决定，而何时把菜单显示出来由系统决定。总之，实现 onCreateOptionsMenu()，显示菜单；实现 onOptionsItemSelected()，响应菜单选择。

下面我们首先实现 onCreateOptionsMenu()方法。这个方法有一个参数“menu:Menu”，它就是要显示的菜单，我们创建出菜单项之后，要把菜单项添加到这个菜单中。虽然我们可以使用代码创建菜单项，即创建类 MenuItem 的实例，但是有更好的办法，就是添加一个菜单资源，在资源中添加菜单项，可视化地设计菜单。

11.1 添加菜单资源

在 app 组上右击弹出快捷菜单（见图 11-3），选择“Android Resource File”命令，出现创建资源对话框（见图 11-4）。

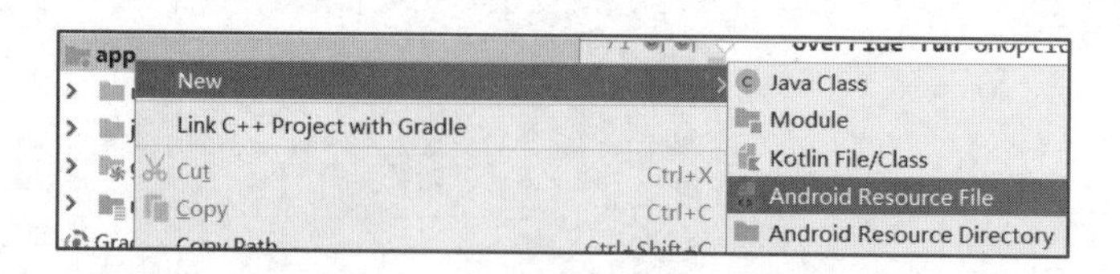

图 11-3

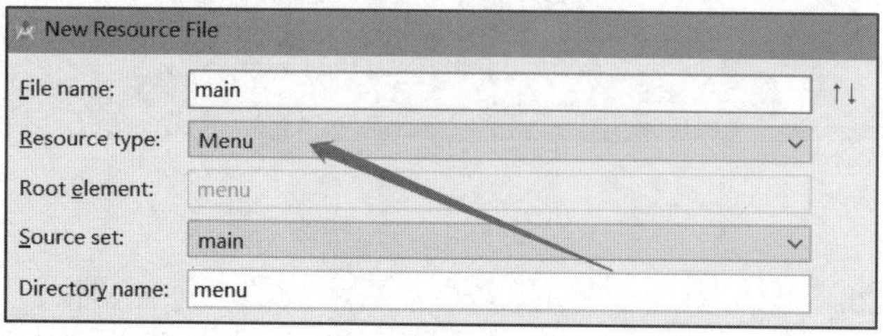

图 11-4

在“File name”中填“main”，这是资源文件的名字，可以修改，“Resource type（资源类型）”这一项必须选 Menu，其余选项照图设置即可，单击 OK 按钮，菜单资源被添加，如图 11-5 所示。打开 main.xml 文件就可以看到菜单设计界面（见图 11-6）。

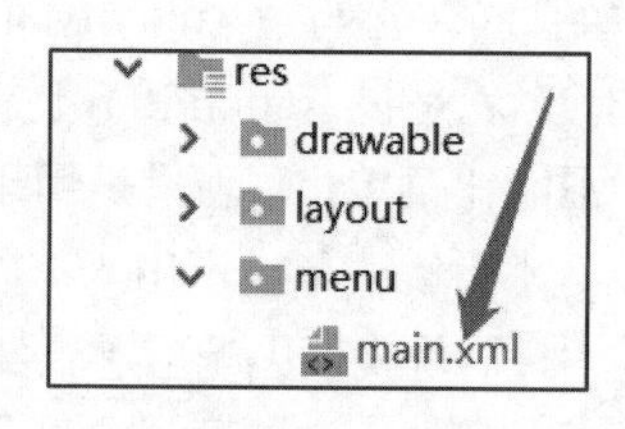

图 11-5

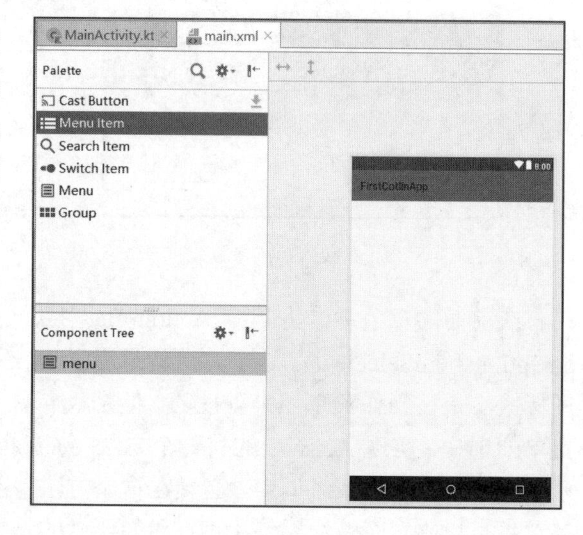

图 11-6

组件树中默认已经有了一个 menu，代表一个菜单，我们需要做的就是向它里面添加菜单项。拖一个“Menu Item”到 menu 中（见图 11-7）。注意，不要往预览图中拖，拖不进去，往组件树里拖。

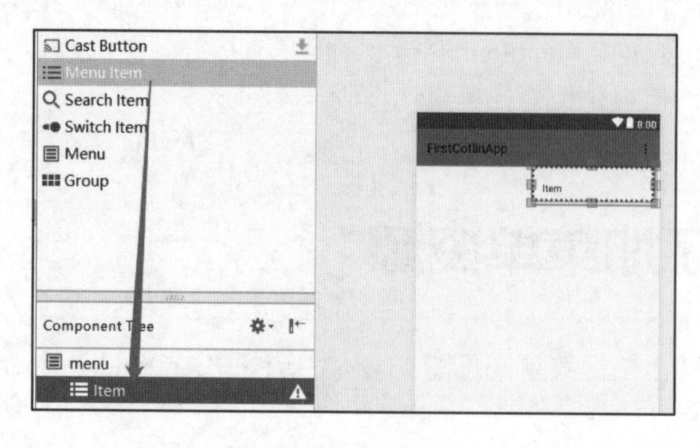

图 11-7

添加菜单项之后，可以选中它，在属性编辑器中进行编辑（见图 11-8）。

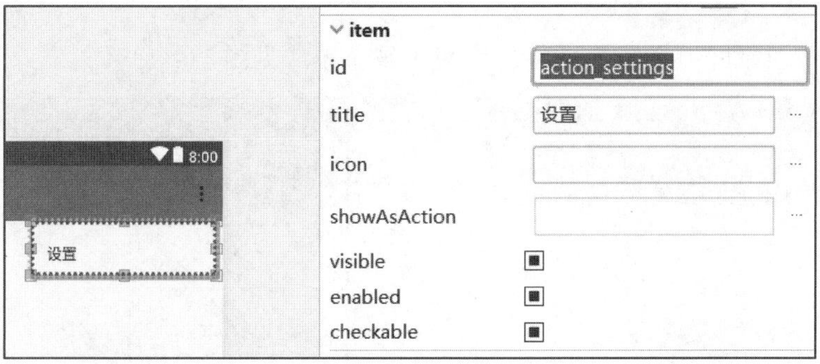

图 11-8

必须为菜单项设置 id，这样才能在响应菜单选择时区分是哪个菜单项被选中。title 也要设置正确的值。icon 是菜单项的图标，可以为它设置一个 drawable 资源。showAsAction 表示是否将这个菜单项放到 ActionBar 上，如果一个菜单项显示在 ActionBar 上，就不再在菜单中显示了，其值有图 11-9 所示的几个选项，含义如下：

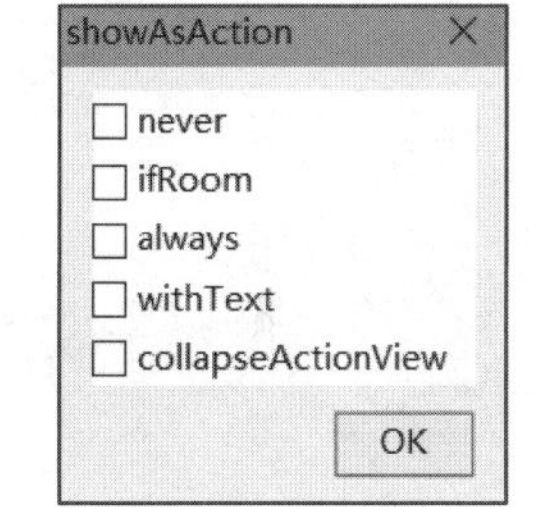

图 11-9

- never 表示永远不，这是默认值。
- ifRoom 表示 AppBar 只要有控件，就放到 AppBar 上。
- always 表示永远放在 App Bar 上，不管有没有控件。
- withText 表示菜单项的文本与图标一起显示。
- collapseActionView 表示菜单项如果是一个复杂控件，就把这个控件收缩起来。

res/menu/main.xml 这个文件的内容如下：

```
<?xml version="1.0" encoding="utf-8"?>
<menu xmlns:android="http://schemas.android.com/apk/res/android">
    <item
        android:id="@+id/action_settings"
        android:title="设置" />
</menu>
```

下一步要把菜单创建出来。

11.2 重写 onCreateOptionsMenu()

在 MainActivity 中，重写方法 onCreateOptionsMenu()，代码如下（请仔细看注释）：

```
override fun onCreateOptionsMenu(menu: Menu?): Boolean {
    //从资源创建菜单，传入 menu 表示把创建出来的菜单项放到 menu 中
    menuInflater.inflate(R.menu.main, menu)
    //返回 true，菜单就会被显示，否则不显示
```

```
    return true
}
```

运行 App（见图 11-10），单击图标即可出现菜单（见图 11-11）。

图 11-10

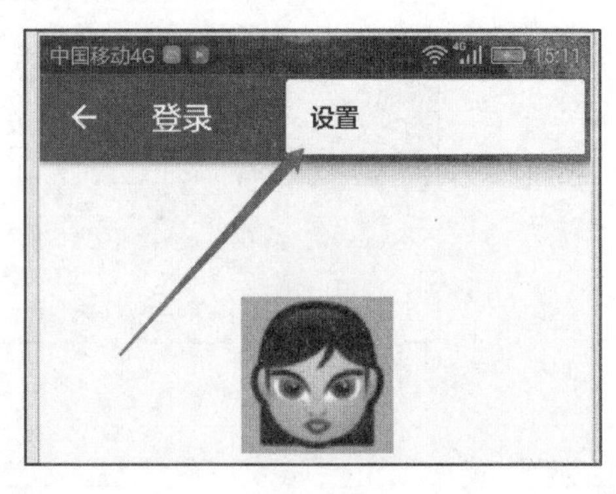

图 11-11

11.3 嵌套菜单

嵌套菜单指的是某个菜单项对应的是一个子菜单（见图 11-12）。“子菜单”这个菜单项右边有个小箭头，表示其下有子菜单项。单击“子菜单”这一项后，出现属于这个菜单项的所有子菜单项（见图 11-13）。这个子菜单中只有一项，灰色的字就是这个子菜单的名字。如何显示这样的子菜单呢？下面来演示一下。

图 11-12

图 11-13

首先添加一个菜单项，将其 Title 设置为字符串“子菜单”，其 id 并不重要（见图 11-14）。然后拖一个“Menu”放到这个新加菜单项的下面，并让它成为这个菜单项的子项（见图 11-15）。

注意，新加的这个 menu 不是一个菜单项，而是一个菜单。菜单中可以包含菜单项，所以可以向它里面添加菜单项，拖一个菜单项给它（见图 11-16）。

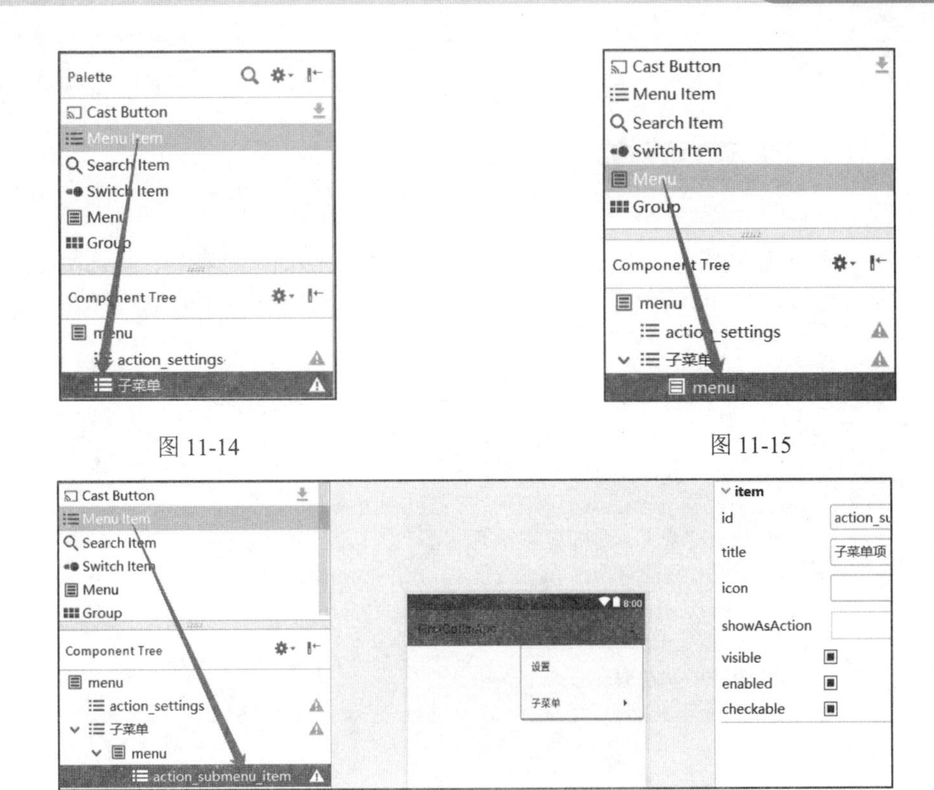

图 11-14

图 11-15

图 11-16

将这个菜单项的 id 设置为“action_submenu_item”、title 设置为“子菜单项”。

11.4 菜单项分组

菜单项分组主要用于在菜单中模拟单选按钮和多选按钮的效果，比如把多个菜单项加入同一个组，通过设置这个组的属性“checkableBehavior”，可以将组内菜单项设置成单选按钮的行为，也可以设置成多选按钮的行为，如图 11-17 所示。

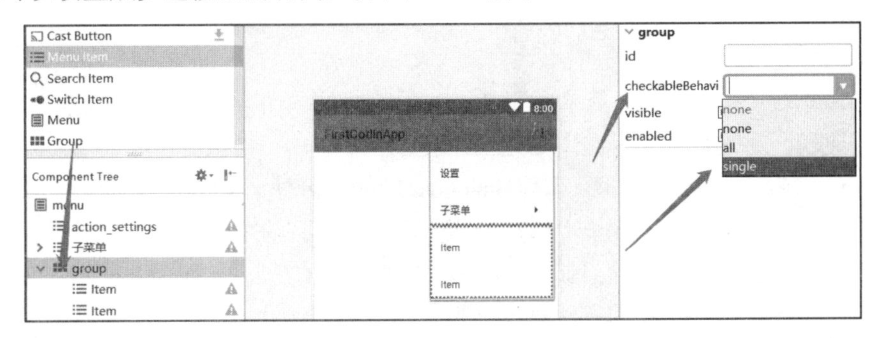

图 11-17

由于不常用，因此就不详细讲解了，读者可自行上网搜索学习。

11.5 响应菜单项

前面讲过，响应菜单项应该在方法 onOptionsItemSelected()中。我们已经在 MainActivity 类中实现了它，现在要做的是在其中添加对新增加的菜单项的响应，代码如下（粗体部分为新添加的代码）：

```
override fun onOptionsItemSelected(item: MenuItem?): Boolean {
    if (item?.itemId == android.R.id.home) {
        //单击了Action Bar上的返回图标
        if (supportFragmentManager.backStackEntryCount === 0) {
            //如果后退栈空了，则说明回到了最初页面，显示退出提示对话框
            val dialogFragment = ExitDialogFragment()
            dialogFragment.show(supportFragmentManager, "exit")
        } else {
            //从后退栈中弹出当前的Fragment
            supportFragmentManager.popBackStack()
        }
        //处理过的条目必须返回true
        return true
    }else if(item?.itemId == R.id.action_settings){
        //选了设置菜单项，显示一条提示信息
        Snackbar.make(findViewById(R.id.fragment_container),
            "你选了设置",
            Snackbar.LENGTH_LONG).show();
    }else if(item?.itemId == R.id.action_submenu_item){
        //选了子菜单下的子菜单项，显示一条提示信息
        Snackbar.make(findViewById(R.id.fragment_container),
            "你选了子菜单项",
            Snackbar.LENGTH_LONG).show();
    }
    return super.onOptionsItemSelected(item)
}
```

在方法中增加了对“设置”菜单项和“子菜单”菜单项的判断和处理，判断方式是通过菜单项 id 进行比较。对它们的响应是简单地显示提示信息。

显示提示信息用了 Snackbar 类，调用 Snackbar 的静态方法 make()创建一个 Snackbar 对象。向 make()传入三个参数：第一个是一个 View，提示信息就显示在它或它的某个长辈上面；第二个参数是信息内容；第三个参数是信息显示的时间，我们传入的是“LENGTH_LONG”（长时间显示）。之后调用 Snackbar 对象的方法 show()把提示信息显示出来。

选择“设置”菜单项时，Snackbar 便出现。它是出现在底部的一个长条（见图 11-18），过一段时间就会自动消失。

> **注　意**
>
> Snackbar 显示时所在的控件并不一定是 make()的第一个参数传入的 View：make()方法内部会查看传入的 View 是否合适，如果传入的是一个很小的按钮，那么在它上面是不可能显示一个长条的，接着查看按钮的父控件，如果父控件不合适再查看父控件的父控件，那么就找到一个合适的 View 并显示在上面。

图 11-18

Snackbar 取代了传统的显示提示类 Toast。然而 Snackbar 也不是 Android SDK 核心库中的类，而是 Design 库中的，所以要添加对 Design 库的依赖“com.android.support:support-v4:Version'”。现在的依赖项如下：

```
dependencies {
    implementation fileTree(include: ['*.jar'], dir: 'libs')
    implementation "org.jetbrains.kotlin:kotlin-stdlib-jdk7:$kotlin_version"
    implementation 'com.android.support:appcompat-v7:28.0.0'
    implementation 'com.android.support.constraint:constraint-layout:1.1.3'
    implementation 'com.android.support:support-v4:28.0.0'
    testImplementation 'junit:junit:4.12'
    androidTestImplementation 'com.android.support.test:runner:1.0.2'
    androidTestImplementation 'com.android.support.test.espresso:
espresso-core:3.0.2'
    implementation 'com.android.support:design:28.0.0'
}
```

注意（版本号 28.0.0），应该会更新，不可随意填，要参考那些自动添加的 Support 库的版本，与它们一样就没有问题。

11.6 其他菜单类型

我们正在讲的菜单有个名字，叫作“Options（选项）菜单”。其实，还有两种不同的菜单：一种叫“Context（上下文）菜单”，一种叫“Popup（弹出）菜单”。

在一个电商 App 中，用鼠标在一条商品上长按，可能会出现菜单，这个菜单就是上下文菜单。要想把它显示出来，必须设置目标控件支持上下文菜单，然后还要重写 Activity 中有关的回调方法，思路跟选项菜单差不多。

选项菜单和上下文菜单有一个共同点，就是我们不能主动把它们呈现出来。它们如何出现我们决定不了，我们只能决定显示什么样的菜单。弹出菜单就不一样了，我们可以决定它如何显示，因为它的呈现是我们调用相应的方法造成的。这些菜单不常用，所以就不细讲了。

第 12 章 动 画

动画是提高视觉感受的有力手段，所以必须学会 Android 动画！

12.1 动画原理

在所有系统或开发库中，动画实现的原理都一样，即重复每隔一段时间改变一下界面这个动作。当间隔时间很短时，比如 30 毫秒改变一次，那么人就会感觉到界面动起来了。间隔时间越短，动画就越顺滑自然。

知道了这个原理，我们就可以用定时器来实现动画了。定时器在各种系统中都存在，既可以设定在某个时间点执行一次某种动作；也可以设置从现在开始计时，多长时间之后执行某种动作；还可以设置每间隔一段时间反复执行某种动作。

对应定时器的类叫 Timer。使用定时器时，要告诉 Timer 对象执行什么动作（代码）、间隔多长时间执行、是否重复等信息。

下面是启动一个定时器的代码示例，运行程序，10 毫秒后开始执行一个动作，然后每隔 30 毫秒重复这个动作：

```
//开启定时器
//创建一个定时器对象
val timer = Timer()
//创建一个 TimerTask 对象，要执行的代码就包在它里面
val timerTask = object: TimerTask() {
    override fun run() {
        //定时器中要执行的代码
        //取得当前的时间
        val date = Date()
        Log.i("timetest", date.toString())
    }
}

//启用这个定时器
timer.schedule(timerTask, 10, 30)
```

这个定时器执行的动作就是在日志中输出当前的时间。这段代码放在哪里都行，这里放在了 MainActivity 的 onCreate()方法中，这样 App 一启动时就开始执行，如图 12-1 所示。

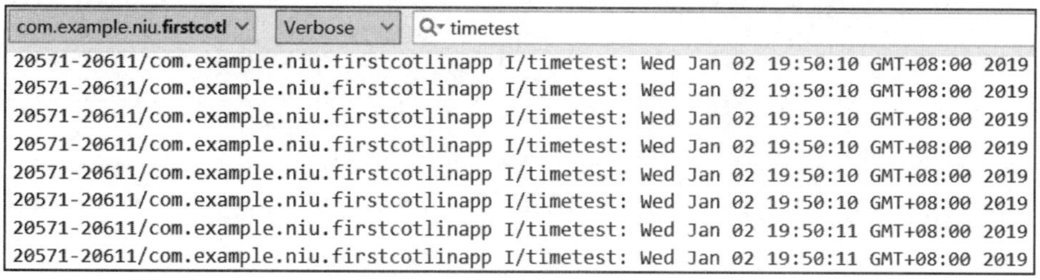

```
com.example.niu.firstcotl   Verbose   timetest
20571-20611/com.example.niu.firstcotlinapp I/timetest: Wed Jan 02 19:50:10 GMT+08:00 2019
20571-20611/com.example.niu.firstcotlinapp I/timetest: Wed Jan 02 19:50:10 GMT+08:00 2019
20571-20611/com.example.niu.firstcotlinapp I/timetest: Wed Jan 02 19:50:10 GMT+08:00 2019
20571-20611/com.example.niu.firstcotlinapp I/timetest: Wed Jan 02 19:50:10 GMT+08:00 2019
20571-20611/com.example.niu.firstcotlinapp I/timetest: Wed Jan 02 19:50:10 GMT+08:00 2019
20571-20611/com.example.niu.firstcotlinapp I/timetest: Wed Jan 02 19:50:10 GMT+08:00 2019
20571-20611/com.example.niu.firstcotlinapp I/timetest: Wed Jan 02 19:50:11 GMT+08:00 2019
20571-20611/com.example.niu.firstcotlinapp I/timetest: Wed Jan 02 19:50:11 GMT+08:00 2019
```

图 12-1

如果把输出日志的代码改为改变一个控件位置的代码，就会让这个控件动起来了。由于涉及多线程，而现在又没讲多线程，因此就不演示此功能了。但是我们可以借此先研究一下创建一个动画所需要的数据，现把要考虑的各方面罗列如下：

- 动谁？
- 动哪里？比如位置、角度、缩放……
- 动多长时间？
- 动一下还是重复动？重复动的话，一次执行完，下一次是否需要反向动？还有，重复多少次？
- 怎么动法？匀速、先快后慢还是……

记住上面这些动画相关的要素，就容易理解动画 API 的使用了。

12.2 三种动画

Android 中提供了三种动画：View（视图）动画、Property（属性）动画和 Drawable 动画。View 动画是 Android 早期就出现的、现在依然可用的传统创建动画的方式。Property 动画是新出现的方式。Android 希望我们尽量使用 Property 动画，但是 View 动画也不会被废弃，因为在某些情况下只能使用 View 动画。Drawable 动画是对多个 Drawable 对象进行切换，跟放电影一样，没有前面两种复杂，一般用不到，可自行研究。

注　意

Layout 动画或转场动画等都是利用 View 动画或 Property 动画为某种过程提供了动画效果，它们与 View 动画和 Property 动画不是一个层次的概念。

12.3 视图动画

在登录页面中，有一个头像，我们让它转起来。首先设置一个有意义的 id。打开文件 res/fragment_login.xml，在界面设计器中设置头像控件的属性，如图 12-2 所示。然后就可以进行设置了，代码如下：

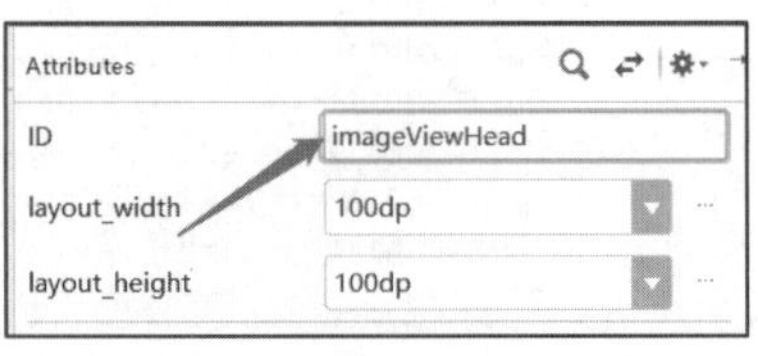

图 12-2

```
//创建一个旋转动画（动哪里?动角度）
val animation = RotateAnimation(0.0f, 360f)
//设置重复模式，REVERSE 的意思是动完一次后接着反向动（如何重复）
animation.repeatMode = Animation.REVERSE
//设置持续时间，1000 毫秒（动多长时间）
animation.duration = 1000
//设置重复次数
animation.repeatCount = 10
//启动动画（动谁?动 imageView）
imageViewHead.startAnimation(animation)
```

这段代码创建了一个旋转动画，然后应用到图像控件上，让图像控件转起来。

把这段代码放到哪里呢？肯定是 LoginFragment 类中，那具体放到哪个方法中呢？放到 onCreateView()中不合适，因为 onCreateView()中只是加载控件，还没有把根控件放到 Activity 容器中（即 FragmentLayout，见 activity_main.xml），所以动画不能起作用。我们临时把它放到响应登录按钮的方法中，就是为了看看动画效果：

```
//响应登录按钮的单击事件，以 Lambda 为参数
this.buttonLogin.setOnClickListener {
    //创建 Snackbar 对象
    val snackbar = Snackbar.make(it,"你点我干啥?", Snackbar.LENGTH_LONG);
    //显示提示
    snackbar.show();

    //创建一个旋转动画（动哪里?动角度）
    val animation = RotateAnimation(0.0f, 360f)
    //设置重复模式，REVERSE 的意思是动完一次后接着反向动（如何重复）
    animation.repeatMode = Animation.REVERSE
    //设置持续时间，1000 毫秒（动多长时间）
    animation.duration = 1000
    //设置重复次数
    animation.repeatCount = 10
    //启动动画（动谁?动 imageView）
    imageViewHead.startAnimation(animation)
}
```

运行程序，单击一下登录按钮，就会发现除了显示一条提示信息外头像也动了起来（见图12-3）。

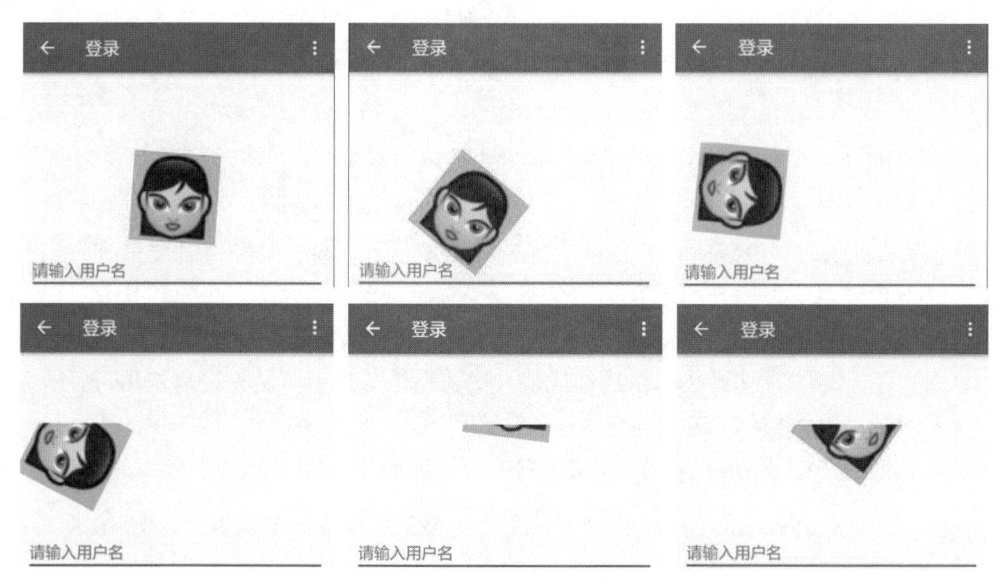

图 12-3

以图像的左上角为轴心进行旋转，转完一圈（360 度）后不再继续转，而是反向转半圈。一般都不会这样转，都是以图像中心点为轴进行旋转。

12.3.1 绕着中心转

我们再改一下动画对象的创建方式，即调用另一个构造方法。当前的构造方法有两个参数，第一个是动画开始角度，第二个是动画结结束角度。我们将其改为下面这样：

```
val animation = RotateAnimation(0.0f, 180f, Animation.RELATIVE_TO_SELF, 0.5f,
Animation.RELATIVE_TO_SELF, 0.5f)
```

这个构造方法增加了四个参数：第四个参数是旋转轴心在 X 坐标上的位置，第三个参数是第四个参数的类型，我们传入的是“relative to self（相对于自己）”，即这个轴心的 X 坐标是相对于图像自己来说的，0 表示最左边，1 表示最右边，0.5 就是中心；后两个参数跟这两个一致，只是表示的是 Y 坐标。

运行 App，是不是正常转了？注意，这次把旋转角度改成了 0 到 180 度。仔细观察的话，就会发现每次旋转都是从慢到快再到慢，而不是匀速。决定这种行为的是插值函数，利用它可以做出各种有意思的行为。

12.3.2 不要反向转

动画设置中的“animation.setRepeatMode(Animation.***REVERSE***);”用于设置重复模式，其中 reverse 是反向的意思，如果不要反向，可以把这句话去掉。怎么改才能变成沿同一方向不停地转呢？简单，把旋转角度改为 0 到 360 度：

```
val animation = RotateAnimation(0.0f, 360f, Animation.RELATIVE_TO_SELF, 0.5f,
Animation.RELATIVE_TO_SELF, 0.5f)
```

此时可以连续沿同一方向转了，但是存在先慢再快再慢的行为，两次动画之间还是有明显的停顿。要解决这个问题，我们只要把旋转速度改为匀速即可。改变方式很简单，增加下面一句调用：

```
animation.setInterpolator(LinearInterpolator())
```

Interpolator 是插值的意思，Linear 是线性的意思。我们创建动画时只指定了开始值和结束值，根据前面讲的原理，每隔一段很短的时间就需要重新画控件，画控件时要得到它当前的旋转角度，这个角度需要根据开始值和结束值以及当前播放时间占总动画时间的比率计算出来，那么如何计算呢？如果是匀速动就比较容易了，只需用当前时间与总时间的比率乘上总旋转角度就计算出来了，这种匀速算法叫作线性插值。默认不是匀速，而是先慢后快再慢，所以需要用一个正弦函数来计算插值。总之，它们叫作插值函数，就是来帮助计算中间值的。

以下是其他类型的插值函数（可以试试它们，可能会出现很有意思的效果）：

- AccelerateDecelerateInterpolator：在动画开始与结束的地方速率改变比较慢，在中间的时候加速。
- AccelerateInterpolator：在动画开始的地方速率改变比较慢，然后开始加速。
- AnticipateInterpolator：开始的时候向后，然后向前甩。
- AnticipateOvershootInterpolator：开始的时候向后，然后向前甩一定值后返回最后的值。
- BounceInterpolator：动画结束的时候弹起。
- CycleInterpolator：动画循环播放特定的次数，速率改变沿着正弦曲线。
- DecelerateInterpolator：在动画开始的地方快，然后慢。
- LinearInterpolator：以常量速率改变。
- OvershootInterpolator：向前甩一定值后再回到原来位置。

12.3.3 举一反三

下面简单列举一下其他类型的动画。

- 移动位置（TranslateAnimation）：
    - 在创建动画对象时应该就指定开始位置和结束位置。
    - 重复模式指定为反向时应该移到结束位置后再反向移回来。
    - 默认动法应是先慢后快再慢。
    - 设置为线性插值后应是匀速移动。
- 缩放（ScaleAnimation）：
    - 在创建动画对象时应该指定开始缩放比例和结束缩放比例。
    - 还可以指定仅在 X 轴上动（宽窄变化）或仅在 Y 轴上动（高矮变化）或 XY 轴同时动。
    - 在重复模式指定为反向时会从大到小，再从小到大来回变。
    - 默认动法应是先慢后快再慢。

  - 设置为线性插值后应是匀速变大变小。
- 改变透明度（AlphaAnimation）：
  - 在创建动画对象时需要指定透明度的开始值和结束值。
  - 重复模式指定为反向时，会在消失和显现之间来回变化。
  - 隐现过程也可以通过插值函数控制其速度变化曲线，但似乎人眼感觉不出差别。

12.3.4 动画组

有时可能需要多个动画同时播放，但又想对这些动画进行统一控制，比如所有动画都用同一个插值函数、所有动画都延迟一段时间执行等，这时就要用到动画组。

动画组是类 AnimationSet 的实例，可以包含多个动画对象，同时它自己又具有一个普通动画对象的所有功能，也就是通过它可以把一堆动画当作一个动画来操作。下面是代码示例：

```
private fun testAnimationSet(){
    //创建一个旋转动画（动哪里?动角度）
    val animation = RotateAnimation(
        0.0f, 360f,
        Animation.RELATIVE_TO_SELF, 0.5f,
        Animation.RELATIVE_TO_SELF, 0.5f
    )
    //设置重复模式，REVERSE 的意思是动完一次后接着反向动（如何重复）
    animation.repeatMode = Animation.RESTART
    //设置持续时间，1000 毫秒（动多长时间）
    animation.duration = 1000
    //设置重复次数
    animation.repeatCount = 10
    //设置为匀速动画，默认是先慢后快再慢（如何动?保持同一速度）
    animation.interpolator = LinearInterpolator()

    //创建一个缩放动画，在 X 和 Y 轴上都是从 0.5 到 1.5
    val scaleAnimation = ScaleAnimation(0.5f, 1.5f, 0.5f, 1.5f)
    scaleAnimation.repeatMode = Animation.REVERSE
    scaleAnimation.duration = 2000
    //设置动画重复次数为永不停止
    scaleAnimation.repeatCount = Animation.INFINITE

    //创建动画对象，参数表示是否所有动画共享同一个插值函数
    val animationSet = AnimationSet(false)
    animationSet.addAnimation(animation)
    animationSet.addAnimation(scaleAnimation)

    //启动动画（动谁?动 imageView）
    imageViewHead.startAnimation(animationSet)
}
```

把这段代码封装到一个方法中，在登录按钮响应方法中调用此方法即可。注意，屏蔽掉原先的代码。

在上面的代码中，除了原来的旋转动画，又创建了一个缩放动画，然后把这两个动画都加到 animationSet 中。注意，最后 imageView 启动动画是通过动画组而不是某个动画，同时缩放动画的重复次数是 INFINITE（无尽的），即永不停息。

12.4 属性动画

属性动画所用到的类与视图动画不同，但实现原理是一样的，在操作动画时要考虑的因素也完全一样。下面就用属性动画的 API 把前面的动画重新实现一遍。

注意，视图动画类叫作 XXXX**Animation**，而属性动画的类叫作 XXXX**Animator**。

12.4.1 旋转动画

新建一个方法“testAnimator()”，把属性动画代码放在其中，并且在响应登录按钮的方法中调用它：

```
private fun testAnimator(){
    //创建一个旋转动画
    val rotateAnimator = ObjectAnimator.ofFloat(imageViewHead, "rotation", 0f,
180f)
    rotateAnimator.duration = 1000
    rotateAnimator.repeatCount = 10
    rotateAnimator.repeatMode = ValueAnimator.REVERSE
    rotateAnimator.interpolator = LinearInterpolator()
    rotateAnimator.start()
}
```

下面对比着视图动画来讲。创建动画时只使用了一个类：ObjectAnimator 。我们使用它的静态工厂方法 ofFloat()来创建一个动画对象，这个方法表示动画的值由 float 类型数据表示。还有很多其他工厂方法，比如 ofArgb()（这个动画的值由 ARGB 型数表示，表示颜色）等。再回到这个旋转动画，我们为 ofFloat()传入了四个参数，其中第一个是要动的控件，第二个是要动的属性。改变旋转属性的值不就是让控件转吗？这个属性的名字是如何得到的呢？怎么知道要动的控件有没有这个属性呢？可自行查看类的源码或 API 文档。

最后一条语句是启动动画，由于前面已指定了要动的控件，因此这里直接调用动画对象的 start()方法即可。运行 App，单击登录按钮后图像以自己的中心点为轴来回转。

属性动画 API 是被推荐使用的，是吸收视图动画经验后改进的，不论要动一个控件的什么地方，动画的创建代码都很一致，而且几乎可以动控件的所有属性。思考一下，能不能让图像以它的左上角为转轴呢？

12.4.2 动画组

属性动画也支持动画组，见下面的代码:

```
private fun testAnimatorSet(){
    //创建一个旋转动画
    val rotateAnimator = ObjectAnimator.ofFloat(imageViewHead, "rotation", 0f,
180f)
    rotateAnimator.duration = 1000
    rotateAnimator.repeatCount = 2
    rotateAnimator.interpolator = LinearInterpolator()
    rotateAnimator.repeatMode = ValueAnimator.REVERSE

    //创建一个缩放动画，X 轴
    val scaleAnimatorX = ObjectAnimator.ofFloat(imageViewHead, "scaleX", 0.5f,
1.5f)
    scaleAnimatorX.duration = 1000
    scaleAnimatorX.repeatCount = 10
    scaleAnimatorX.repeatMode = ValueAnimator.REVERSE

    //创建一个缩放动画，Y 轴
    val scaleAnimatorY = ObjectAnimator.ofFloat(imageViewHead, "scaleY", 0.5f,
1.5f)
    scaleAnimatorY.duration = 1000
    scaleAnimatorY.repeatCount = 10
    scaleAnimatorY.repeatMode = ValueAnimator.REVERSE

    //创建一个动画组
    val animatorSet = AnimatorSet()

animatorSet.play(scaleAnimatorX).with(scaleAnimatorY).after(rotateAnimator)
    animatorSet.start()
}
```

因为要放到动画组中，所以旋转动画的 start()方法不再被调用，并且又创建了两个缩放动画。我们无法在 ImageView 中找到 setScale()属性，只能找到 setScaleX()和 setScaleY()属性，所以我们需要创建两个动画实现横向和纵向上同时缩放。注意，这里创建动画组时所用的类不是 AnimationSet，而是 AnimatorSet。把动画加到动画组中不再是 add()，而是 play()、with()、before()、after()之类的方法，设置几个动画之间的播放顺序时就像写作文，比如这里表达的是"在 rotateAnimator 之后播放 scaleAnimatorX 与 scaleAnimatorY"。所以运行 App 时，头像会先转几下，转完后再忽大忽小不停歇。

当然，创建控件动画的 API 还有其他方式，但是它们都是基于视图动画或属性动画的一些变形而已。互联网就是最好的手册，如果感兴趣，可以自己上网去查。

现在整个 LoginFragment 类的样子是这样的:

```
import android.os.Bundle
import android.support.design.widget.Snackbar
import android.support.v4.app.Fragment
import android.text.Editable
import android.view.LayoutInflater
import android.view.View
import android.view.ViewGroup
import kotlinx.android.synthetic.main.fragment_login.*
import android.view.animation.Animation
import android.view.animation.LinearInterpolator
import android.view.animation.RotateAnimation
import android.view.animation.AnimationSet
import android.view.animation.ScaleAnimation
import android.animation.ValueAnimator
import android.animation.ObjectAnimator
import android.animation.AnimatorSet

class LoginFragment: Fragment() {
    override fun onCreateView(
        inflater: LayoutInflater, container: ViewGroup?,
        savedInstanceState: Bundle?
    ): View? {
        return inflater.inflate(R.layout.fragment_login, container, false)
    }

    override fun onViewCreated(view: View, savedInstanceState: Bundle?) {
        super.onViewCreated(view, savedInstanceState)

        //设置控件的 hint 属性
        editTextName.setHint("请输入用户名");

        //响应登录按钮的单击事件，以 Lambda 为参数
        this.buttonLogin.setOnClickListener {
            //创建 Snackbar 对象
            val snackbar = Snackbar.make(it,"你点我干啥?", Snackbar.LENGTH_LONG);
            //显示提示
            snackbar.show();

            //testAnimation()
            //testAnimationSet()
            //testAnimator()
            testAnimatorSet()
        }

        //响应注册按钮，进入注册页面
        this.buttonRegister.setOnClickListener{
            //启动注册页面
```

```
            val fragment = RegisterFragment()
            //当注册按钮被执行时调用此方法
            val fragmentManager = activity!!.supportFragmentManager
            fragmentManager.beginTransaction()
                .replace(R.id.fragment_container, fragment)//替换 FrameLayout
                .addToBackStack("login")//将这次切换放入后退栈中
                .commit()
        }
    }

    override fun onViewStateRestored(savedInstanceState: Bundle?) {
        super.onViewStateRestored(savedInstanceState)

        //将 userName 和 password 的值赋给相应的变量，如果它们有值的话
        val mainActivity = activity as MainActivity
        if(mainActivity.userName != null) {
            editTextName.text = Editable.Factory.getInstance().
newEditable(mainActivity.userName)
        }
        if(mainActivity.password != null){
            editTextPassword.text = Editable.Factory.getInstance().
newEditable(mainActivity.password)
        }
    }

    private fun testAnimation(){
        //创建一个旋转动画（动哪里?动角度）
        val animation = RotateAnimation(0.0f, 360f,
            Animation.RELATIVE_TO_SELF, 0.5f,
            Animation.RELATIVE_TO_SELF, 0.5f)
        //设置重复模式，REVERSE 的意思是动完一次后接着反向动（如何重复）
        //animation.repeatMode = Animation.RESTART
        //设置持续时间，1000 毫秒（动多长时间）
        animation.duration = 1000
        //设置重复次数
        animation.repeatCount = 10
        //设置插值函数
        animation.setInterpolator(LinearInterpolator())
        //启动动画（动谁?动 imageView）
        imageViewHead.startAnimation(animation)
    }

    private fun testAnimationSet(){
        //创建一个旋转动画（动哪里?动角度）
        val animation = RotateAnimation(
            0.0f, 360f,
            Animation.RELATIVE_TO_SELF, 0.5f,
```

```
            Animation.RELATIVE_TO_SELF, 0.5f
        )
        //设置重复模式，REVERSE 的意思是动完一次后接着反向动（如何重复）
        animation.repeatMode = Animation.RESTART
        //设置持续时间，1000 毫秒（动多长时间）
        animation.duration = 1000
        //设置重复次数
        animation.repeatCount = 10
        //设置为匀速动画，默认是先慢后快再慢（如何动?保持同一速度）
        animation.interpolator = LinearInterpolator()

        //创建一个缩放动画，在 X 和 Y 轴上都是从 0.5 到 1.5.
        val scaleAnimation = ScaleAnimation(0.5f, 1.5f, 0.5f, 1.5f)
        scaleAnimation.repeatMode = Animation.REVERSE
        scaleAnimation.duration = 2000
        //设置动画重复次数为永不停止
        scaleAnimation.repeatCount = Animation.INFINITE

        //创建动画对象，参数表示是否所有动画共享同一个插值函数
        val animationSet = AnimationSet(false)
        animationSet.addAnimation(animation)
        animationSet.addAnimation(scaleAnimation)

        //启动动画（动谁?动 imageView）
        imageViewHead.startAnimation(animationSet)
    }

    private fun testAnimator(){
        //创建一个旋转动画
        val rotateAnimator = ObjectAnimator.ofFloat(
            imageViewHead, "rotation", 0f, 180f)
        rotateAnimator.duration = 1000
        rotateAnimator.repeatCount = 10
        rotateAnimator.repeatMode = ValueAnimator.REVERSE
        rotateAnimator.interpolator = LinearInterpolator()
        rotateAnimator.start()
    }

    private fun testAnimatorSet(){
        //创建一个旋转动画
        val rotateAnimator = ObjectAnimator.ofFloat(imageViewHead, "rotation",
0f, 180f)
        rotateAnimator.duration = 1000
        rotateAnimator.repeatCount = 2
        rotateAnimator.interpolator = LinearInterpolator()
        rotateAnimator.repeatMode = ValueAnimator.REVERSE

        //创建一个缩放动画，X 轴
```

```
            val scaleAnimatorX = ObjectAnimator.ofFloat(imageViewHead, "scaleX",
0.5f, 1.5f)
            scaleAnimatorX.duration = 1000
            scaleAnimatorX.repeatCount = 10
            scaleAnimatorX.repeatMode = ValueAnimator.REVERSE
            //创建一个缩放动画，y 轴
            val scaleAnimatorY = ObjectAnimator.ofFloat(imageViewHead, "scaleY",
0.5f, 1.5f)
            scaleAnimatorY.duration = 1000
            scaleAnimatorY.repeatCount = 10
            scaleAnimatorY.repeatMode = ValueAnimator.REVERSE
            //创建一个动画组
            val animatorSet = AnimatorSet()
            animatorSet.play(scaleAnimatorX).with(scaleAnimatorY).
after(rotateAnimator)
            animatorSet.start()
        }
    }
```

12.5 动画资源

可不可以像设计界面那样，在资源文件中定义好一个动画后把它应用到控件上呢？因为我们想尽可能地做到代码与设计分离。告诉你一个好消息：这当然可以！下面我们就在XML文件中定义上面的动画组，当然首先要添加一个动画资源，见图12-4。

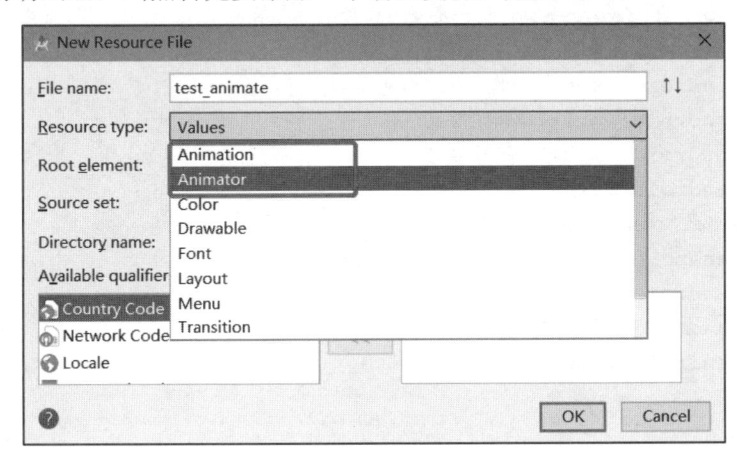

图12-4

将资源文件取名为“test_animate”。在资源类型里，有两个都是动画，即Animation和Animator，正好对应ViewAnimation和ObjectAnimator。我们选择属性动画，视图动画资源与之大同小异。单击“OK”按钮后创建如图12-5所示的文件。

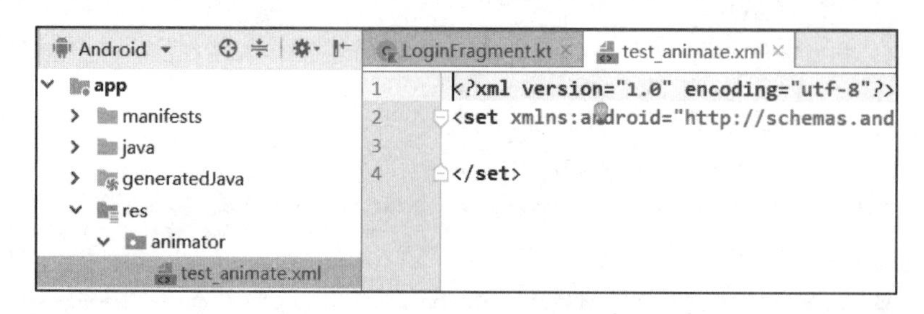

图 12-5

注意，在 res 下多了一个文件夹“animator”，动画资源文件就位于此文件夹下面。我们选择创建视图动画时会创建叫作“anim”的文件夹。xml 文件的内容默认定义了根元素“set”，表示动画组，所以 Android Studio 希望我们使用动画组来定义动画。这其实也没什么问题，因为即使你只想定义一个动画，动画组里放一个动画也没有问题。当然，如果只定义一个动画，完全可以不用动画组。

下面我们向动画组中添加动画，代码如下：

```
<?xml version="1.0" encoding="utf-8"?>
<set xmlns:android="http://schemas.android.com/apk/res/android"
    android:ordering="sequentially"><!--各动画按定义顺序依次播放-->
    <objectAnimator
        android:propertyName="rotation"
        android:duration="1000"
        android:valueFrom="0f"
        android:valueTo="180f"
        android:repeatCount="10"
        android:repeatMode="restart"/>
    <!--横缩放和纵缩放同时进行-->
    <set android:ordering="together">
        <objectAnimator
            android:propertyName="scaleX"
            android:duration="1000"
            android:valueFrom="0.5f"
            android:valueTo="1.5f"/>
        <objectAnimator
            android:propertyName="scaleY"
            android:duration="1000"
            android:valueFrom="0.5f"
            android:valueTo="1.5f"/>
    </set>
</set>
```

在代码中，外层动画组（set）的 android:ordering 指明其所包含的动画是同时执行还是依次执行，当前值是“sequentially”，表示依次执行。最外层动画组元素中包含了两个元素：一个旋转动画和另一个动画组。子动画组中又包含了两个元素，一个横向缩放动画，一个纵向缩放动画，且这两个动画的执行顺序是“together”——同时执行。总的来说就是定义了三个动画，第一个先执行，完成后后两个一起开始执行，跟我们用纯代码定义的一样。对于 XML 代码就不做过多解释了，对比 Java 代码很容易看明白。

注意，不能在这里指定动画要动哪个控件，因为放在资源中的目的就是提供重用性。可以定义复杂的动画，然后在代码中把它应用到不同的控件上。怎样在代码中使用动画资源呢？见下面的代码：

```
private fun testAnimateResource(){
    //利用 AnimatorInflater 从资源加载动画
    val set = AnimatorInflater.loadAnimator(
        context, R.animator.test_animate) as AnimatorSet
    //资源中并没有指定动画要应用到哪个控件上，所以在这里指定
    set.setTarget(imageViewHead)
    set.start()
}
```

看代码一定要“观其大略，不求甚解”，即不要太追求细节，理解其流程和每一步的目的是第一位的，否则就会学得很慢。

12.6 Layout 动画

到现在为止我们还没有动态向 Layout 中添加或删除过控件，因为我们都是在资源文件中定义 Layout 的子控件，要想动态添加或删除，需要使用 Java 代码。

12.6.1 向 Layout 控件添加子控件

我们首先动态向 Layout 控件中添加子控件。现在 ConstraintLayout 里面有图像、用户名、密码等构成登录功能的核心控件，我们再用代码创建一个按钮。

因为要在代码中操作 ConstraintLayout，所以需要指定一个 id，比如“layout”，然后就可以调用 layout.addView()来添加子控件了。但是需要先创建一个子控件，可以创建一个按钮，然后添加到 layout 中，代码如下：

```
//测试 Layout 动画
fun testLayoutAnimate() {
    //创建一个新按钮
    val btn = Button(context)
    //设置它显示的文本
    btn.setText("我是被动态添加的")
    //创建一个排版参数对象
    val layoutParams = ConstraintLayout.LayoutParams(
        ConstraintLayout.LayoutParams.MATCH_CONSTRAINT,//横向由约束拉伸
        ViewGroup.LayoutParams.WRAP_CONTENT
    )
    //把应用这个 LayoutParams（排版参数）的控件放在注册按钮的下面
```

```
    layoutParams.topToBottom = R.id.buttonRegister
    //左边与注册按钮对齐
    layoutParams.leftToLeft = R.id.buttonRegister
    //右边也与注册按钮对齐
    layoutParams.rightToRight = R.id.buttonRegister
    //设置外部空白，参数分别为左、上、右、下，实际效果是设置顶部与相临控件相距
    //24 个像素，注意这里的单位不是 dp
    layoutParams.setMargins(0, 24, 0, 0)
    //将这个排版参数应用到新建的按钮中
    btn.setLayoutParams(layoutParams)
    //将按钮加到 RelativeLayout 中
    layout.addView(btn)
}
```

向一个 Layout 控件中添加子控件并不是那么简单，因为还要考虑怎样摆放，设置一个控件的排版方式需要用到 LayoutParams 内部类。各 Layout 类中都有这个内部类，因为不同的 Layout 类有不同的排版参数要设置。

运行 App，就会发现在单击登录按钮后，最下面出现一个新的按钮，同时引起其他控件位置的变化，如图 12-6 和图 12-7 所示。

图 12-6

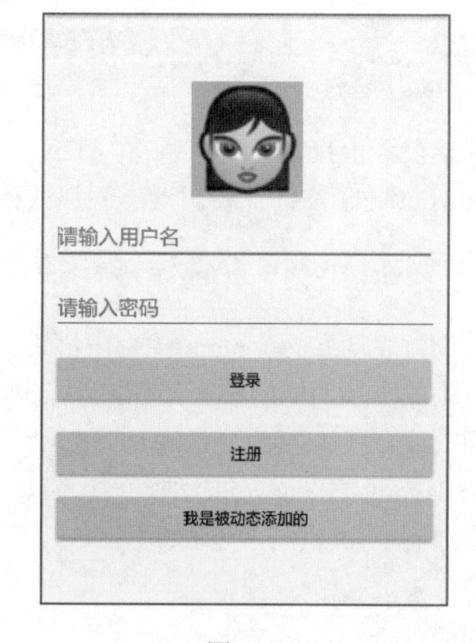

图 12-7

现在还没有动画效果，下面添加动画效果。只需在 Layout 资源文件中为 RelativeLayout 添加一个属性 android:animateLayoutChanges="true"即可。再次运行 App，单击登录按钮时依然会添加新按钮，但是能看到动画了：先是现有的按钮往上移，为新按钮腾出空间，然后新按钮才出现，是一个从无到有的过程。

属性 animateLayoutChanges 的意思是“动画排版改变”，为 true 时就使用默认动画，就是现在我们看到的。但是，我们还不满足，希望尝试一些不同的动画，此时可以自定义排版动画，详见下节分解。

12.6.2 ViewGroup

在自定义排版动画之前，大家要明确一个概念：ViewGroup。它是一个类，虽属于控件类，但这种控件类的特点是可以容纳多个子控件。实际上能包含子控件的控件都是从 ViewGroup 派生的，而 ViewGroup 又是从 View 派生的，所以 ViewGroup 依然是控件。各种 Layout 控件能包含子控件，因为它们就是从 ViewGroup 派生的。ScrollView 也能包含子控件，也是从 ViewGroup 派生的。后面要讲的列表控件 ListView 和 RecyclerView 也是从 ViewGroup 派生的。所有从 ViewGroup 派生的类都支持排版动画。

排版动画是在 ViewGroup 中子控件的排版变化时发生的，比如添加或删除子控件时。因为一下就显示出来让人感觉一惊一乍的，所以要加入动画的过程，做一个有“修养”的 App。

首先要清楚 ViewGroup 排版动画的原理。一个控件在 ViewGroup 中出现或消失时，这个显示或消失的过程要有动画，同时还影响到其他控件的位置，它们的位置变化也要有动画。要告诉 ViewGroup 这些不同的变化所执行的动画，所以最多可以为 ViewGroup 设置五个动画对象，分别对应：

- **CHANGE_APPEARING**：当某个控件出现时，其他控件执行的动画。
- **CHANGE_DISAPPEARING**：当某个控件消失时，其他控件执行的动画。
- **APPEARING**：某个控件出现时执行的动画。
- **DISAPPEARING**：某个控件消失时执行的动画。
- **CHANGING**：控件出现或消失之外的原因引起的排版变化时执行的动画。

不必设置所有变化所对应的动画，不设置就用默认动画。注意，这些动画不一定都能起作用，比如 CHANGE_APPEARING 和 CHANGE_DISAPPEARING 在大部分 ViewGroup 控件中就不起作用。

要想设置这些动画给 ViewGroup，首先需要创建对应的动画对象，然后把动画对象设置给一个 LayoutTransition 对象，再把 LayoutTransition 对象设置给 ViewGroup。注意，给排版用的动画只能是属性动画，而不是视图动画。下一节我们就用代码实现一下。

12.6.3 设置排版动画

修改 testLayoutAnimate()，代码如下：

```
//测试 Layout 动画
fun testLayoutAnimate() {
    //创建一个新按钮
    val btn = Button(context)
    //设置它显示的文本
    btn.setText("我是被动态添加的")
    //创建一个排版参数对象
    val layoutParams = ConstraintLayout.LayoutParams(
        ConstraintLayout.LayoutParams.MATCH_CONSTRAINT,//横向由约束拉伸
        ViewGroup.LayoutParams.WRAP_CONTENT
    )
```

```
    //把应用这个 LayoutParams（排版参数）的控件放在注册按钮的下面
    layoutParams.topToBottom = R.id.buttonRegister
    //左边与注册按钮对齐
    layoutParams.leftToLeft = R.id.buttonRegister
    //右边也与注册按钮对齐
    layoutParams.rightToRight = R.id.buttonRegister
    //设置外部空白，参数分别为左、上、右、下，实际效果是设置顶部与相临控件相距
    //24 个像素，注意这里的单位不是 dp。
    layoutParams.setMargins(0, 24, 0, 0)
    //将这个排版参数应用到新建的按钮中
    btn.setLayoutParams(layoutParams)

    val transition = LayoutTransition()
    //当一个控件出现时，希望它是大小有变化的动画
    //利用 AnimatorInflater 从资源加载动画
    val set = AnimatorInflater.loadAnimator(
        context, R.animator.test_animate) as AnimatorSet
    //设置控件出现时的动画
    transition.setAnimator(LayoutTransition.APPEARING, set)
    //设置一个控件出现时，其他控件位置改变动画的持续时间
    transition.setDuration(LayoutTransition.CHANGE_APPEARING, 4000)
    //将包含动画的 LayoutTransition 对象设置到 ViewGroup 控件中
    layout.layoutTransition = transition

    //将按钮加到 RelativeLayout 中
    layout.addView(btn)
}
```

在方法 testLayoutAnimate()中增加了设置动画的代码（粗体部分）。可以看到这里依然使用了 test_animate.xml 动画资源，把动画应用到了控件出现的过程，如图 12-8 所示。注意，只要在代码中为 ViewGroup 设置了 LayoutTransition，就可以把 XML 中为控件添加的属性 animateLayoutChanges 去掉。

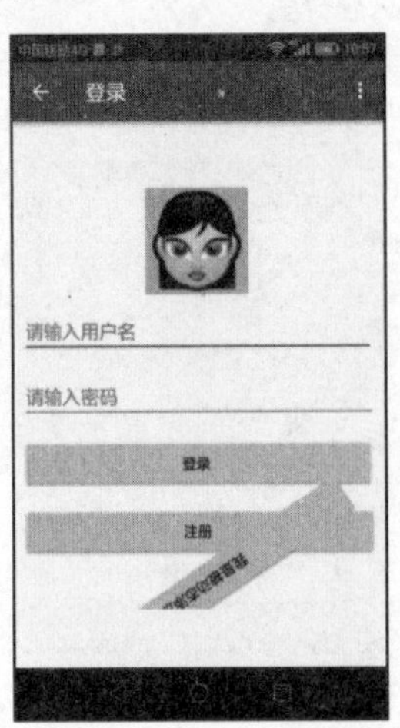

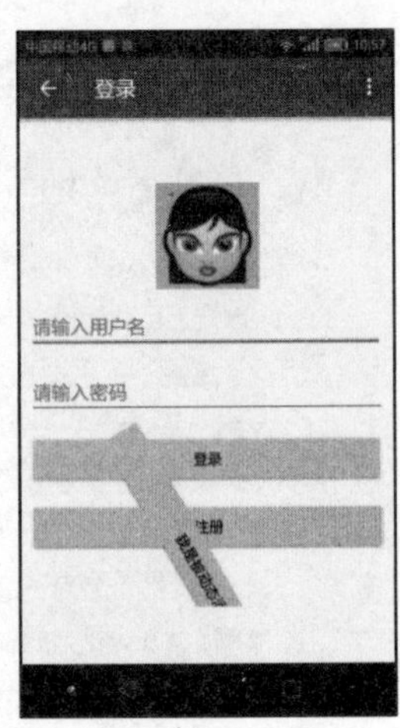

图 12-8

12.7 转场动画

能不能利用所学的动画 API 设计两个 Activity 切换时的动画，或两个 Fragment 切换时的动画？不能！因为 Activity 或 Fragment 都不是控件。它们之间的切换动画创建方式不同于之前，而且这种动画有专门的名字，叫转场动画。

实际上，Activity 的切换默认已经使用了转场动画，凡是用 Android 系统的人都有体会。Fragment 的切换默认是没有动画的，下面我们就为 Fragment 的切换添加转场动画。

12.7.1 使用默认转场动画

启用默认转场动画，需要为控制 Fragment 切换的对象开启一些设置。在 LoginFragment 的注册按钮响应方法中，找到切换 Fragment 的代码。

要启用默认动画，只需一句代码，如下（粗体部分所示）：

```
//响应注册按钮，进入注册页面
this.buttonRegister.setOnClickListener{
    //启动注册页面
    val fragment = RegisterFragment()
    //当注册按钮被执行时调用此方法
    val fragmentManager = activity!!.supportFragmentManager
    fragmentManager.beginTransaction()
        .replace(R.id.fragment_container, fragment)//替换掉 FrameLayout 中现有的
        .addToBackStack("login")//将这次切换放入后退栈中
        .setTransition(FragmentTransaction.TRANSIT_FRAGMENT_OPEN)
        .commit()
}
```

这段代码是 LoginFragment 中 onViewCreated()的。“**.setTransition (FragmentTransaction .TRANSIT_FRAGMENT_OPEN)**”为 Fragment 切换增加了动画功能，不仅仅去时有动画，回来时也有动画。fragmentTransaction 就是负责 Fragment 切换的，所以通过它启用动画，合理！参数是以下四个常量值之一，代表系统内置的转场动画：

- TRANSIT_NONE：没有动画。
- TRANSIT_FRAGMENT_OPEN：打开动画。
- TRANSIT_FRAGMENT_CLOSE：关闭动画。
- TRANSIT_FRAGMENT_FADE：渐入渐出动画。

不论设置了哪种动画，去和回自动反着来，一试便知。

12.7.2 自定义转场动画

可不可以自定义转场动画呢？当然没问题！FragmentTransaction 有两个重载方法：

```
FragmentTransaction setCustomAnimations(
    @AnimatorRes @AnimRes int var1, @AnimatorRes @AnimRes int var2);
FragmentTransaction setCustomAnimations(
    @AnimatorRes @AnimRes int var1, @AnimatorRes @AnimRes int var2,
    @AnimatorRes @AnimRes int var3, @AnimatorRes @AnimRes int var4);
```

看名字就知道，这个方法用于设置自定义动画。假设从 A 切换到 B，参数 var1 是 B 执行的动画，参数 var2 是 A 执行的动画。如果只设置了这两个动画，那么在从 B 返回 A 时就没有动画。如果还设置了参数 var3 和 var4，那么从 B 返回 A 时，A 执行 var3，B 执行 var4。

注意，参数前的注解“@AnimatorRes @AnimRes”并不是参数的一部分，是用于提高 IDE 感知能力的，同时也是给人看的，根据其名字可以判断出它修饰的参数是一个动画资源。这个动画可以是属性动画，也可以是 View 动画（注意 9.0 之前的版本不支持属性动画）。AnimRes 是“Anim Resource”的缩写，View 动画资源放在 anim 组下，所以我们就知道向参数中传入的可以是 View 动画。同理，属性动画资源放在 animator 组下，所以也可以向参数中传递属性动画。由于存在这个注解，因此在代码中向此方法传入的如果不是动画资源，那么 IDE 会提示错误。

因为有去有回，所以需先准备四个动画资源，选择有四个参数的方法。进入的页面旋转着由小变大出现，离开的页面从左向右移走，返回时离开的页面旋转着由大变小消失，进入的页面从右向左移出来，对应的动画资源分别是 in_anim1.xml、in_anim2.xml、out_anim1.xml、out_anim2.xml。

在项目树的根上右击，在弹出的快捷菜单中选择创建资源文件，打开的对话框如图 12-9 所示。

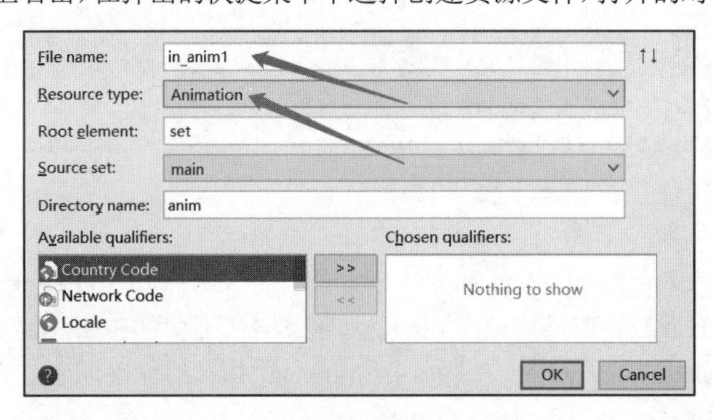

图 12-9

注意，资源类型要选 Animation 而不是 Animator，因为 Animation 是 View 动画。创建四个文件之后，在 res 下出现了 anim 组（见图 12-10）。

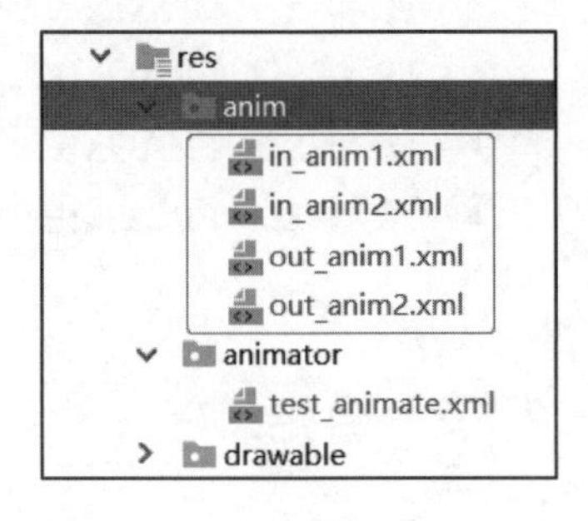

图 12-10

- in_anim1.xml 是从登录页面进入注册页面时注册页面要执行的动画。
- out_anim1.xml 是从登录页面进入注册页面时登录页面执行的动画。

- in_anim2.xml 是从注册页面返回登录页面时登录页面要执行的动画。
- out_anim2.xml 是从注册页面返回登录页面时注册页面要执行的动画。

以下是这四个文件的内容。

- in_anim1.xml

```
<?xml version="1.0" encoding="utf-8"?>
<set xmlns:android="http://schemas.android.com/apk/res/android"
    android:interpolator="@android:anim/decelerate_interpolator">
    <!--转一圈-->
    <rotate
        android:fromDegrees="0"
        android:toDegrees="360"
        android:pivotX="50%"
        android:pivotY="50%"
        android:duration="1000" />
    <!--从小变大-->
    <scale
        android:fromXScale="0.0"
        android:toXScale="1.0"
        android:fromYScale="0.0"
        android:toYScale="1.0"
        android:pivotX="50%"
        android:pivotY="50%"
        android:duration="1000"
        android:fillBefore="false" />
</set>
```

属性 android:interpolator 指定了插值函数，decelerate_interpolator 是先加速再减速的函数。

- out_anim1.xml

```
<?xml version="1.0" encoding="utf-8"?>
<!--位移动画-->
<translate xmlns:android="http://schemas.android.com/apk/res/android"
    android:interpolator="@android:anim/accelerate_interpolator"
    android:fromXDelta="0"
    android:toXDelta="100%p"
    android:duration="1000">
</translate>
```

fromXDelta="0"表示在横向上从 0 位置开始移动，toXDelta="100%p"表示移动 100%宽度的距离，即向右移动。

- in_anim2.xml

```
<?xml version="1.0" encoding="utf-8"?>
<translate xmlns:android="http://schemas.android.com/apk/res/android"
```

```
    android:interpolator="@android:anim/accelerate_interpolator"
    android:fromXDelta="100%p"
    android:toXDelta="0"
    android:duration="1000">
</translate>
```

向左移动。

- out_anim2.xml

```
<?xml version="1.0" encoding="utf-8"?>
<set xmlns:android="http://schemas.android.com/apk/res/android"
    android:interpolator="@android:anim/decelerate_interpolator">
    <!--反向转一圈-->
    <rotate
        android:fromDegrees="0"
        android:toDegrees="-360"
        android:pivotX="50%"
        android:pivotY="50%"
        android:duration="1000" />
    <!--从大变小-->
    <scale
        android:fromXScale="1.0"
        android:toXScale="0.0"
        android:fromYScale="1.0"
        android:toYScale="0.0"
        android:pivotX="50%"
        android:pivotY="50%"
        android:duration="1000"
        android:fillBefore="false" />
</set>
```

下一步修改登录页面切换到注册页面的代码，添加自定义动画：

```
//响应注册按钮，进入注册页面
this.buttonRegister.setOnClickListener{
    //启动注册页面
    val fragment = RegisterFragment()
    //当注册按钮被执行时调用此方法
    val fragmentManager = activity!!.supportFragmentManager
    fragmentManager.beginTransaction()
        .setCustomAnimations(R.anim.in_anim1,R.anim.out_anim1,
            R.anim.in_anim2,R.anim.out_anim2)//设置动画必须在操作之前
        .replace(R.id.fragment_container, fragment)//替换 Fragment
        .addToBackStack("login")//将这次切换放入后退栈中
        .commit()
}
```

也可以为登录页面的初次出现添加动画。登录 Fragment 是第一个被添加的，它是被 add() 方法添加的，但是依然可以在 add 之前设置动画。代码如下（MainActivity 的 onCreate()中）：

```
//将第一个 Fragment（登录 Fragment）加入 Activity 中
//获取 Fragment 事务
supportFragmentManager.beginTransaction()
    //设置 Fragment 间的转场动画
    .setCustomAnimations(R.anim.in_anim1,R.anim.out_anim1)
    .add(R.id.fragment_container, fragment)
    .commit()
```

再次运行 App，欣赏登录页面华丽的登场过程吧。

第 13 章 自定义控件

再为登录界面增加一个效果：圆形头像，如图 13-1 所示。

图 13-1

到现在为止，Android SDK 中自带的 View 还没有一个能显示这种效果，所以只能自己设计，需要创建一个“Custom View”。

实际上 Android 提供了一个帮助显示圆形图像的类，叫作“RoundedBitmapDrawable”，但是它只能显示圆形图像，不能套圈。首先创建 RoundedBitmapDrawable 的实例，调用其构造方法时需要传入一个 Bitmap 实例，然后设置它的圆角半径即可。代码如下：

```
val rbmpDrawable = RoundedBitmapDrawableFactory.create(resources, bitmap)
rbmpDrawable.setCornerRadius(100)
```

我们可以尝试用它把登录页面的头像改成圆的。注意，无法在界面设计器中使用这个类，所以必须通过代码使用它。代码如下：

```
//从 Drawable 资源获取 Bitmap，实际上是把图像文件解码后创建 Bitmap 对象
val src = BitmapFactory.decodeResource(resources, R.drawable.female)
//创建 RoundedBitmapDrawable 对象
val roundedBitmapDrawable = RoundedBitmapDrawableFactory.create(resources,
src)
//设置圆角半径（根据实际需求）
roundedBitmapDrawable.cornerRadius = 100f
//将 Drawable 设置给 ImageView 控件，这会覆盖掉在界面设计器中设置的图像
imageViewHead.setImageDrawable(roundedBitmapDrawable)
```

把这段代码放在页面显示之前比较好，所以放在了 LoginFragment 的 onViewCreated()方法中。运行 App，效果如图 13-2 所示。

可以看到图像被明显地剪切成了圆角。注意，剪切的是图像，而不是控件，所以图像控件的背景看起来依然是方的。

效果不太好，如果找一个有背景的图像（见图 13-3），效果就明显了。

图像太大，把圆角的半径设置为 100，现在这个图像只是圆角而不是一个圆，最终效果如图 13-4 所示；当把圆角半径设置为图像边长的一半时就成了圆，比如把圆角半径设置成 400，效果如图 13-5 所示。

图 13-2

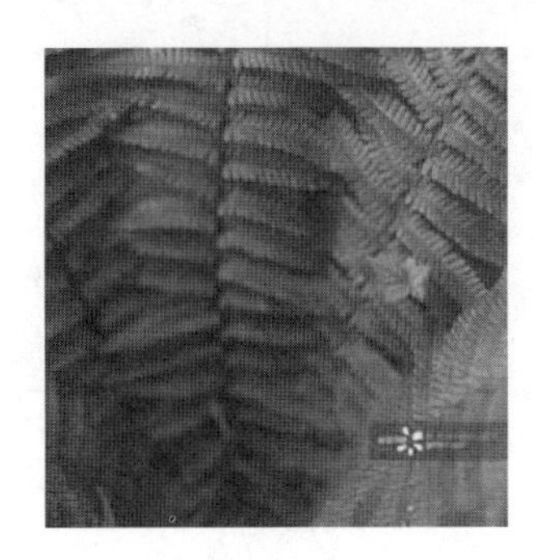

图 13-3

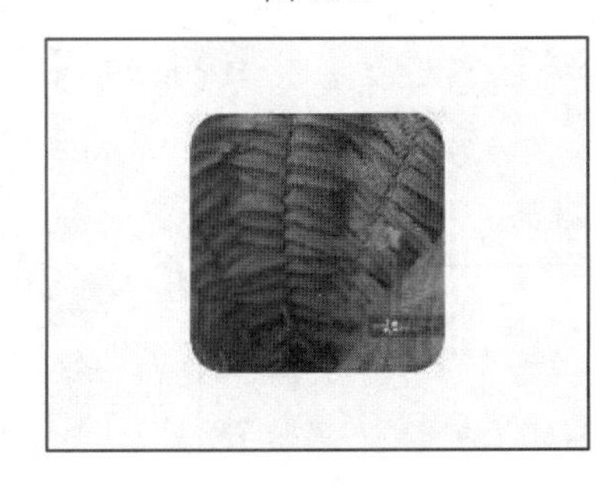

图 13-4

图 13-5

如果不知道一幅图像的大小，也可以通过代码获取这个图像的宽或高，如果图像不是方形，就取最小的边长然后除以 2 作为圆角半径。仔细看圆的边缘，就会发现有锯齿存在。可以加入反锯齿特效，代码如下：

```
//设置圆角半径（根据实际需求）
rbmpDrawable.setCornerRadius(400f);
//设置反锯齿
rbmpDrawable.setAntiAlias(true)
```

我们最终想要的是套一个圈的圆形图像，所以还要研究一下自定义控件。

13.1 创建一个 Custom View

创建一个 Custom View（自定义控件），需要直接或间接从类 View 派生一个子类，然后重写父类中的一些方法，以实现不同的行为或外观。如果仅仅这样做，那么这个类只适合在代码中使用，不能在界面构建器中使用。如果要在界面设计器中使用，就需要实现一个特殊的构造方法。Android Studio 为我们提供了创建自定义控件的向导，使用这个向导，创建出来的控件类就可以在界面设计器中使用。下面创建一个 Custom View。

在项目树的根上右击，在弹出的快捷菜单中选“new→UI Component→Custom View”命令（见图 13-6），出现一个对话框，在其中配置类名、包名等（见图 13-7）。

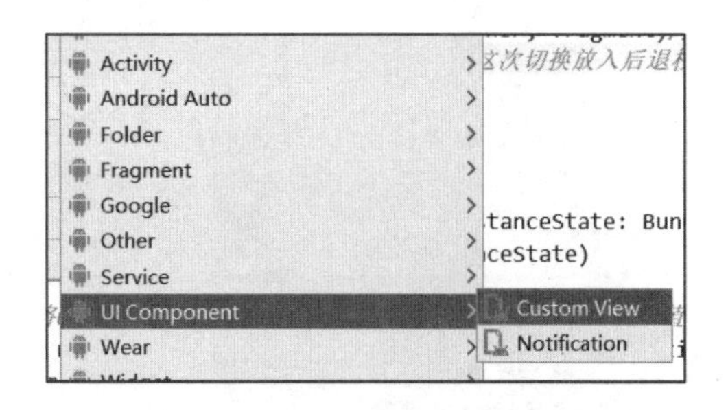

图 13-6

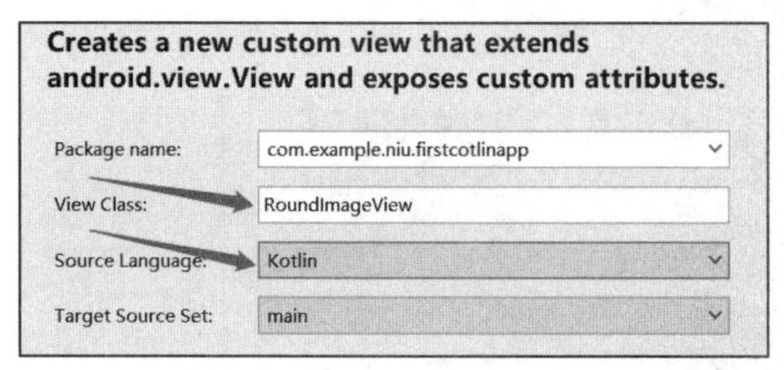

图 13-7

为 Custom View 类取名 RoundImageView，注意“Source Language（源码语言）”一定要保证是 Kotlin。单击“Finish”按钮，此时会创建多个文件，首先是类文件（见图 13-8），其次是 res/layout 下的 sample_round_image_view.xml，还有一个是 res/values 下的 attrs_round_image_view.xml（这两个文件的作用后面再讲）。

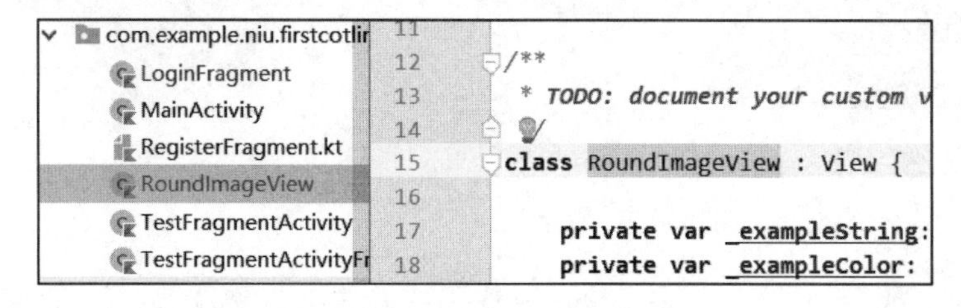

图 13-8

13.2 Custom View 类

下面讲一下 Custom View 类重要的几个点。

13.2.1 构造方法

构造方法的代码如下：

```
class RoundImageView : View {
... ...
    constructor(context: Context) : super(context) {
        init(null, 0)
    }

    constructor(context: Context, attrs: AttributeSet) : super(context, attrs) {
        init(attrs, 0)
    }

    constructor(context: Context, attrs: AttributeSet, defStyle: Int) :
            super(context, attrs, defStyle) {
        init(attrs, defStyle)
    }
```

将焦点集中在构造方法上，这里有三个构造方法。第一个是最基本的，如果不在界面构建器中使用 View，用这一个就够了。第二个是在界面构建器中使用时才被调用的，是一个可以包含多个属性（Attribute）的集合。在界面设计器中我们可以为 View 的很多属性设置值，在运行时最终还是会调用构造方法来创建 View 的实例。问题来了，我们设置的那些属性是怎么传入的呢？通过 Setter 方法吗？不对，因为很多属性并没有对应的 Setter 方法，那么是通过什么呢？就是通过构造方法的参数“AttributeSet attrs”传入。第三个参数 defStyle 是一个 Style 资源的 id，这个 Style 中规定了 View 一些外观属性的默认值。比如下面这个 Style 资源定义了 Button 这种 View 的一些默认属性：

```
    <style name="Base.Widget.AppCompat.Button" parent="android:Widget">
        <item name="android:background">@drawable/
abc_btn_default_mtrl_shape</item>
        <item name="android:textAppearance">?android:attr/
textAppearanceButton</item>
        <item name="android:minHeight">48dip</item>
        <item name="android:minWidth">88dip</item>
        <item name="android:focusable">true</item>
        <item name="android:clickable">true</item>
        <item name="android:gravity">center_vertical|center_horizontal</item>
    </style>
```

构造方法是用于初始化对象的。注意，这三个构造方法都调用了同一个方法：init()。因为它们三个里面要做的工作都差不多，所以提取了这部分代码到一个单独的方法中，以提高可维护性。init()，一看名字就知道是初始化的意思，那么这里面究竟做了什么呢？要明白它做了什么，其实应该先研究另一个方法 onDraw()，因为 init()中做的事情基本都是为 onDraw()的执行做准备。

13.2.2　onDraw()方法

像这种 onXXX()名字的方法都被称为回调方法。所谓回调方法，就是自己不用而被别人调用的方法。比如 onDraw()就是当“画”的时候调用。画什么呢？画控件的外观，控件长什么样就是由这个方法决定的。那么这个方法被谁调用呢？被 Android 系统调用，Android 系统需要重新画这个控件的时候就调用它。那什么时候 Android 系统才需要重新画一个控件呢？比如一个控件被别的控件挡住了，遮挡物离开时；我们按下一个按钮，要显示“按下”的状态时；改变了一个控件中的文本内容时……

在“**fun** onDraw(canvas: Canvas)”中，有一个参数“canvas”，是画布的意思，也就是说要画出控件的外观就在这个画布上画。在此要多说一句，回调函数也能自己调用。在语法上绝对没问题，但是 onDraw()就不能自己调用，主要是参数的问题。参数 canvas 是根据系统信息创建出来的，里面有太多的信息，我们自己构建的话容易出问题。并且，每次调用这个方法都会重新画控件，这个过程比较耗时，所以不应该在不必要的时候随便调用。实际上如果真的要重新画控件，就应该调用方法 invalidate()发出一个请求，而不是直接调用 onDraw()。

控件当前的外观如图 13-9 所示。

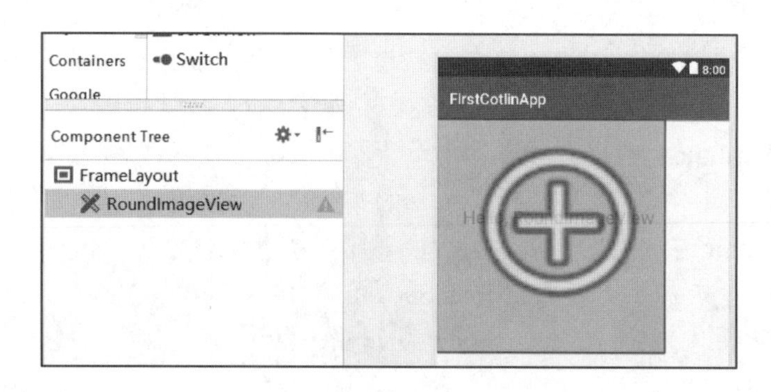

图 13-9

注意，这是在预览中的样子，跟真实运行时没有什么差别（如果看不到，试着编译一下工程）。中间显示文本，也显示了一幅图像，其背景为灰色。下面我们看一下是怎样在 onDraw() 方法里画出这种外观的。代码如下：

```
override fun onDraw(canvas: Canvas) {
    super.onDraw(canvas)

    //获取控件的上下左右padding，用于计算内容所处的区域
    val paddingLeft = paddingLeft
    val paddingTop = paddingTop
    val paddingRight = paddingRight
    val paddingBottom = paddingBottom

    //计算出内容的宽和高
    val contentWidth = width - paddingLeft - paddingRight
    val contentHeight = height - paddingTop - paddingBottom

    //画出文字
    exampleString?.let {
        canvas.drawText(
            it,
            paddingLeft + (contentWidth - textWidth) / 2,
            paddingTop + (contentHeight + textHeight) / 2,
            textPaint
        )
    }

    //画出图像，后面画的会覆盖前面画的东西
    exampleDrawable?.let {
        //设置图像所在的范围
        it.setBounds(
            paddingLeft, paddingTop,
            paddingLeft + contentWidth,
            paddingTop + contentHeight
        )
```

```
        //画它
        it.draw(canvas)
    }
}
```

代码中的 exampleString 和 exampleDrawable 是在属性编辑器中设置的属性值。

在这段代码中，首先是获取控件上、下、左、右的 Padding（空白距离），以计算内容区范围。下面确实用它来计算了内容区的宽和高，那么控件的内容（文本、图像等）在显示时就不能超出这个范围。然后在画布 canvas 上画出了文本。drawText()这个方法有四个参数：第一个是要画的字符串；第二个是画文字开始处的 x 坐标；第三个是开始处的纵坐标；第四个是一个画笔对象。要注意的是，在计算画文本的 x 轴上的开始位置时，使用内容区的宽度减去了文本的宽度(contentWidth - textWidth)，但是在计算 y 轴上的开始位置时，却用了加(contentHeight + textHeight），这是因为在 x 轴上是从左边开始画的，而在 y 轴上是从底部开始画的，这样就使文字居中了。最后，调用 drawable 对象（这里实际上是一幅图像）的 draw()方法，画在画布上。在画之前，使用方法 setBounds()设置自己应处的位置和大小，从传入的参数看，这个图像会填充 View 的整个内容区。也就是说，如果这个图像与内容区的长宽比不一样，那么这个图像会变形。图 13-10 是把 View 设置为 300dp x 500dp 时的样子。

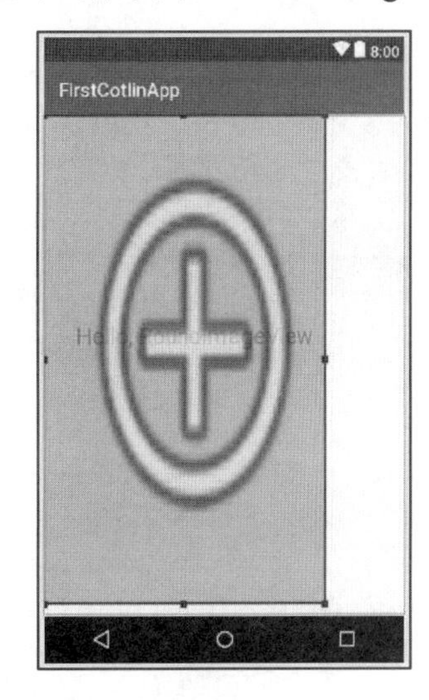

图 13-10

onDraw()里的第一句就是调用父类的 onDraw()，这个很重要，一般情况下必须这样做。

看起来这个方法并不复杂，但是依然有很多疑问。比如，exampleString 和 exampleDrawable 的值是怎样传进来的？文本的宽度 textWidth 和高度 textHeight 是怎么计算出来的？画笔 textPaint 是什么？为什么要用它？在哪里创建的？欲知谜底，请看下节。

13.2.3　init()方法

在自定义控件类中，很多属性的值都来自界面构建器中指定的属性，比如 Padding、宽度、高度、exampleString、exampleDrawable（见图 13-11）。

layout_width	300dp
layout_height	300dp
› Layout_Margin	[?, ?, ?, ?, ?]
› Padding	[?, 20dp, ?, ?, 40dp]
› Theme	
elevation	
background	#ccc
exampleColor	#33b5e5
exampleDimension	24sp
exampleDrawable	@android:drawable/ic_menu_add
exampleString	Hello, RoundImageView

图 13-11

这些属性都通过构造方法的“attrs”参数传给了控件。那些内置的属性（比如 layout_width、padding、background 等）会在父类的代码取出并保存，见下面这行代码：

```
constructor(context: Context, attrs: AttributeSet) : super(context, attrs)
```

就是“super(context,attrs)”这句完成的，所以调用 getPaddingXXX()、getWidth()时会获取到有效的值。非内置属性（以 example 开头的那几个属性，也就是自定义属性，详见下一节）就只能由我们自己处理了。我们先看一下初始化方法做了什么：

```
private fun init(attrs: AttributeSet?, defStyle: Int) {
    //准备获取自定义属性的值
    val a = context.obtainStyledAttributes(
        attrs, R.styleable.RoundImageView, defStyle, 0
    )

    //获取自定义属性的值，获取要显示的文本
    _exampleString = a.getString(R.styleable.RoundImageView_exampleString)
    //获取文本的颜色
    _exampleColor = a.getColor(R.styleable.RoundImageView_exampleColor,
exampleColor)
    //获取文本的字体大小
    _exampleDimension = a.getDimension(
        R.styleable.RoundImageView_exampleDimension, exampleDimension)

    if (a.hasValue(R.styleable.RoundImageView_exampleDrawable)) {
        //获取图像
        exampleDrawable =
a.getDrawable(R.styleable.RoundImageView_exampleDrawable)
        //这个是为了支持 View 的动画
        exampleDrawable?.callback = this
    }

    //释放一些资源
    a.recycle()

    //创建画文本的画笔
    textPaint = TextPaint().apply {
        flags = Paint.ANTI_ALIAS_FLAG //设置平滑效果
        textAlign = Paint.Align.LEFT //设置文字的对齐方式
    }

    //设置文本画笔的其他属性，同时取得文本的宽和高
    invalidateTextPaintAndMeasurements()
}
```

看到以上代码，前面很多疑问应该得到解答了。我们已经知道，exampleString 和 exampleDrawable 的值都是通过参数 attrs 传进来的，这些值被放在一个 TypedArray 里，我们可以通过其资源 id（自定义属性的一个标记）从 TypedArray 里取出来。同时传进来的还有

exampleDimension 和 exampleColor 的值，这两个被用来设置 textPaint，见方法 invalidateTextPaintAndMeasurements():

```
private fun invalidateTextPaintAndMeasurements() {
    textPaint?.let {
        //设置字体大小
        it.textSize = exampleDimension
        //设置文字的颜色
        it.color = exampleColor
        //根据已设置的属性，计算 exampleString 中文本的实际宽度
        textWidth = it.measureText(exampleString)
        //根据已设置的属性，计算 exampleString 中文本的实际高度
        textHeight = it.fontMetrics.bottom
    }
}
```

为什么这个方法要单独拿出来呢？因为这段代码要在其他地方多次用到。比如在设置文本时，因为文本的内容变了，需要重新计算文本的宽和高，所以需要重新调用这段代码。

初始化方法在构造方法中被调用，只执行一次，而 onDraw()可能被执行多次，于是我们在初始化方法中就要准备好在 onDraw()中使用的东西，而不是在 onDraw()中现用现准备，提高 onDraw()的执行效率。

此类除了有“exampleDimension”属性外，还有“_exampleDimension”属性，它俩如此相似，是不是有什么关系？当然有关系了！你看不明白，是因为 RoundImageView 中有部分代码没贴出来，现在到展示的时候了：

```
//对应三个公开属性的后台属性
private var _exampleString: String? = null
private var _exampleColor: Int = Color.RED
private var _exampleDimension: Float = 0f

//保存通过 attr 传入的数据的属性
private var textPaint: TextPaint? = null
private var textWidth: Float = 0f
private var textHeight: Float = 0f

var exampleString: String?
    get() = _exampleString
    set(value) {
        _exampleString = value
        invalidateTextPaintAndMeasurements()
    }

var exampleColor: Int
    get() = _exampleColor
    set(value) {
        _exampleColor = value
```

```
        invalidateTextPaintAndMeasurements()
    }

var exampleDimension: Float
    get() = _exampleDimension
    set(value) {
        _exampleDimension = value
        invalidateTextPaintAndMeasurements()
    }

var exampleDrawable: Drawable? = null
```

这段代码是类的全部属性的定义，前三个是私有属性，用于为对应的公开属性提供后台数据支持。我们一般理所当然地认为用字段为属性提供后台数据支持，但是 Kotlin 不支持字段，所有成员变量都是属性（也就是对应 Java 的 getter 和 setter 方法）。

为什么有的属性不需要后台数据支持而有的需要呢？拿 exampleString 来说，它的 setter 需要一点特殊的处理，除了保存传入的值之外，还要调用一个方法，在这个方法中会更新 textPaint 的设置。如果后面直接给 exampleString 赋值，必然会引起 invalidateTextPaintAndMeasurements()的调用。有时我们就是想单纯地为 exampleString 赋值，而不希望此方法被调用，于是就选择了后台数据支持属性的方式。如果仅赋值，就赋给 _exampleString。

13.2.4 自定义属性

如果只想在代码中创建控件，用不着为控件创建自定义属性，所以创建自定义属性纯粹是为了能在界面构建器中使用。

要创建自定义属性，需要在 res/values 下增加一个 xml 文件，在其中定义自定义属性的名字和值的类型。在利用向导创建自定义控件类时，自动为我们增加了一个文件：attrs_round_image_view.xml。这个文件的内容如下：

```
<resources>
    <declare-styleable name="RoundImageView">
        <attr name="exampleString" format="string" />
        <attr name="exampleDimension" format="dimension" />
        <attr name="exampleColor" format="color" />
        <attr name="exampleDrawable" format="color|reference" />
    </declare-styleable>
</resources>
```

最外层元素是“resources”，固定写法，跟字符串和 style 等资源一样。实际上它们可以放在一起，不过为了让人容易理解，一般就把不同类型的资源放在不同的文件中了。这个文件中的资源类型是“declare-styleable”，为了能在其他地方引用，就必须有名字。这里的名字叫“RoundImageView”，与我们的类名相同，其实这不是必需的，也就是说这个资源与使用它的类没有关联关系，这个资源并不是只能被类 RoundImageView 使用。“declare-styleable”的每一个子元素叫“attr”（attribute 的缩写），让我们联想到 RoundImageView()构造方法的参数。每个 attribute 都有名字，这些名字正是我们在界面设计器中为 RoundImageView 指定的自定义属性的名字（见图 13-12）。

exampleColor	#33b5e5
exampleDimension	24sp
exampleDrawable	@android:drawable/ic_menu_add
exampleString	Hello, RoundImageView

图 13-12

attr 元素值的类型由属性“format”指定：string 是字符串；dimension 是数字（表示距离）；color 是颜色，比如“#ccc”；reference 表示引用，就是一个对象。如果 attr 的值可以在几种类型之间选择，在类型之间加“|”即可。比如，“color|reference”表示值既可以是一个颜色，也可以是一个引用，可以看到 exampleDrawabled 的值类型就是“color|reference”，我们在使用时为自定义控件的这个属性传入了一幅图像的引用“@android:drawable/ ic_menu_add”。

自定义属性已添加，如何使用它呢？首先要在 layout 文件中为控件指定这些属性的值。注意，这些属性并不会自动出现在自定义控件的属性编辑器中，需要在源码中手动添加，具体如下（在 sample_round_image_view.xml 中）：

```
<com.example.niu.firstcotlinapp.RoundImageView
        android:layout_width="300dp"
        android:layout_height="300dp"
        android:background="#ccc"
        android:paddingLeft="20dp"
        android:paddingBottom="40dp"
        app:exampleColor="#33b5e5"
        app:exampleDimension="24sp"
        app:exampleDrawable="@android:drawable/ic_menu_add"
        app:exampleString="Hello, RoundImageView" />
```

手动添加之后，在属性编辑器中也就能看到了，可以在代码中随时把这些属性的值取出来（在我们的代码中，是在 init()方法中取出来的）。我们知道参数是通过 attrs 这个参数传进来的，在 init()中首先要做的就是从 attrs 取得一个 TypedArray 对象：

```
    val a = context.obtainStyledAttributes(attrs, R.styleable.RoundImageView,
defStyle, 0)
```

这个方法有四个参数。第一个参数不用解释了。第二个参数是 styleable 资源的 id，指向了在 attrs_round_image_view.xml 中定义的资源 RoundImageView，这样后面才能通过自定义属性的名字取得其值。如果没有这个参数，只可以取得内置的属性值，无法访问自定义的属性。第三个参数是自定义属性的默认值的资源 ID。第四个参数是包含 View 某些属性默认值的资源 id。后面两个参数一般用不到。有了 TypedArray 对象之后，就可以通过属性名取得属性了，比如：

```
    _exampleString = a.getString(R.styleable.RoundImageView_exampleString)
```

“exampleString”这个属性的值是 String 类型的，所以调用 TypedArray 的 getString()方法。“exampleColor”的值是一个 Color 类型，所以调用方法 getColor()获取。注意，其后还有一个参数（默认值），如果在 TypedArray 中找不到这个属性，就返回默认值。

13.2.5 作画

在计算机中显示出来的样子是用程序画出来的。当然作画的代码是我们写的，由于调用了系统提供的 API，因此减少了很多工作，但也造成了所有的程序界面都差不多，比如 Windows 系统中的窗口程序。

我们总是利用程序在内存中先把画画完，然后把整张图传到显卡的显存中。一旦传到显存中，就会在屏幕上看到。注意，实际显卡在显示之前，还要将图像合并一下，因为同一时刻作画的不止一个程序，比如同时可以看到多个窗口。上面的窗口要盖住下面的窗口，所以显卡就要根据谁在上、谁在下合并这些图像，之后再显示。当然我们感觉不出这个过程，因为显卡一秒钟刷新至少 60 次以上。当我们用鼠标拖着一个窗口游走时，这个作画并显示的过程在不停地快速反复执行。

所有具有图形界面的操作系统都提供了作画用的 API。可以用代码画一条直线、一个矩形、一个椭圆、一个正圆、一个三角形、一个贝塞而曲线，还可以用一种颜色填充一个封闭的形状，比如矩形或圆等。在填充时，还可以用颜色渐变的方式。

因为画图时要先画到内存中，所以需要一块内存，也就是画布（Canvas）。View 类的 onDraw()方法传入了一个参数 canvas，它是与当前 View 所关联的，是供我们作画的一块内存（当然实际上不仅是内存这么简单，暂时先把它理解为一块内存）。如果所作的画超出了 View 的实际范围，就看不到超出的部分了，所以作画时应取得 View 的 Width 和 Height，并考虑 Padding（内部空白）。

再回头看一下 onDraw()里面的代码。注意，画文字和画图像的 API 差别很大，画文字需要准备一支笔（paint），实际上这支画笔不是仅仅用来画文字的，还可以用来画线条（直线或曲线），画各种形状。另外，还可以设置这支笔的参数，比如颜色、线条粗细、是否开启抗锯齿（平滑效果）。由于要画文字，因此还设置了字体大小、文字的对齐方式等。

下面我们用这种笔画一个形状，比如为自定义控件增加边框。很简单，我们只需要画一个比控件小一个像素的矩形即可。在 onDraw()方法的最后增加下面几句：

```
//画外框
textPaint?.let {
    //设置笔的线条粗一点
    it.setStrokeWidth(10.0f)
    //设置笔只画线条不填充
    it.setStyle(Paint.Style.STROKE)
    //画一个比控件只小一个像素的框，作为控件的边界
    canvas.drawRect(Rect(1, 1, width - 2, height - 2), it)
}
```

执行效果如图 13-13。注意，不必运行 App，在界面设计器的预览中就能看到效果。如果改了代码，想看到效果就必须编译一下，如图 13-14 所示。

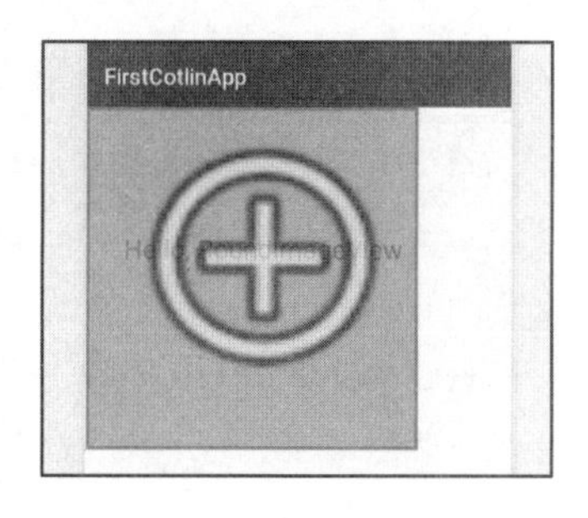

图 13-13

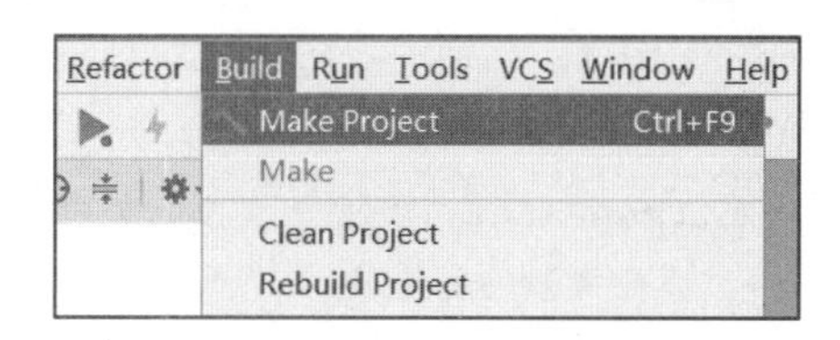

图 13-14

13.3 创建圆形图像控件

很多登录界面上的图像都是圆形的，如图 13-15 所示。控件中的图像显示为圆形，圆之外的图像被剪切掉。注意，系统中的图像控件 ImageView 当前是做不到这个效果的。我们前面创建的自定义控件叫作 RoundImageView，就是为现在做准备的。下面我们就改进一下这个类，让它能显示圆形图像。

图 13-15

RoundImageView 是直接从 View 派生的，而不是从 ImageView 派生的，其实是可以从 ImageView 派生的，但是更麻烦。因为 ImageView 内部已经处理了图像的显示，还支持图像的显示模式、是否居中以及它特有的 Getter 和 Setter。我们如果接管了图像绘制就需要自己实现这些需求，以及那些 Getter 和 Setter，很麻烦！同时，从 View 派生来显示图像也不算难，因为现在就能显示了，而且我们只需要把图像显示在控件中央即可，也不必支持变形，所以还是从 View 派生更好。

先介绍一下实现原理：利用 Paint 对象可以画圆，也可以画图像，但是把图像绘在一个圆的范围内、超出圆的部分被切掉并不是那么简单，这要用到着色器（Shader）。利用图像创建着色器，把着色器设置给 Paint，然后用 Paint 画圆，就画出了圆形图像。过程大致如下：

```
bitmapShader = BitmapShader(bitmap ,...)
bitmapPaint = Paint()
bitmapPaint.setShader(bitmapShader)
...
canvas.drawCircle(x, y, radius, bitmapPaint)
```

注　意

着色器是 OpenGL 中用于图像处理的组件，要想了解着色器，请参看 OpenGL 2.0+的开发手册。

我们创建一个新的 Paint 来画圆形图像，并把它保存在 RoundImageView 的属性 bitmapPaint 中。我们除了画图像外，还要在其外面画一个圆圈，所以需要再准备一个 Paint，命名为

borderPaint。这个 Paint 就不需要设置着色器了，因为它不需要剪切，只要提前准备好这两个 Paint，在 onDraw()中编写如下代码即可：

```
override fun onDraw(canvas: Canvas) {
    super.onDraw(canvas)

    bitmapPaint?.let {
        //画边框
        canvas.drawCircle(getWidth() / 2f,height / 2f, borderRadius,
borderPaint)
        //画图像
        canvas.drawCircle(getWidth() / 2f,height / 2f, drawableRadius,
bitmapPaint)
    }
}
```

上述代码主要是利用两个 Paint 在画布上画了两个圆。drawCircle()（画圆）方法有四个参数：第一个是圆心的 x 坐标；第二个是圆心的 y 坐标；第三个是圆的半径；第四个是要使用的画笔。图像和边框都要在控件中居中，所以圆心都是控件的中心点。在执行 onDraw()之前，我们需要准备好 borderPaint（边框画笔）、borderRadius（边框半径）、bitmapPaint（图像画笔）、drawableRadius（图像半径）。下面对这四个变量做一下解释。

- borderRadius

边框是紧贴着控件的边缘来画的，所以根据控件的大小来计算 mBorderRadius。在控件的宽和高中取一个最小的，然后除以 2：

```
borderRadius = Math.min((height - borderStrokeWidth) / 2f,
    (width - borderStrokeWidth) / 2f)
```

这里使用了数学函数 min()，返回两个参数中最小的一个。

- drawableRadius

图像需要画在边框内，空出边框线的位置，所以其半径要小一点，应是边框线的宽度（borderStrokeWidth），同时还要考虑内部空白（Padding）。计算这个值的代码如下：

```
//计算图像所在的区域
val drawableRect = RectF(
    borderStrokeWidth + paddingLeft,
    borderStrokeWidth + paddingTop,
    width - borderStrokeWidth - paddingRight,
    height - borderStrokeWidth - paddingBottom
)
//计算画圆形位图所用的半径
drawableRadius = Math.min(drawableRect.height() / 2f,
    drawableRect.width() / 2f)
```

首先创建了一个矩形对象 drawableRect。RectF 是用于存储矩形的参数的，具体如下：

```
public class RectF implements Parcelable {
    public float left;
    public float top;
    public float right;
    public float bottom;
    ......
```

其中，Rect 是 Rectangle 的简写，后面带的“F”表示其变量类形都是 float 型的。其构造方法需要四个参数，对应四个属性，分别表示矩形 x 上的左边位置、y 上的顶部位置、x 上的右边位置、y 上的底部位置。我们在计算这四个位置时考虑了 padding 的因素。width 是控件的宽，height 是控件的高。至于 borderStrokeWidth 的值，是从 attrs 中传进来的，是我们自定义的属性。

- borderPaint

这支画笔很简单，在初始化时做了如下处理：

```
//创建画边框的画笔
borderPaint = Paint()
//只画线不填充
borderPaint.setStyle(Paint.Style.STROKE)
//画边框需要平滑效果
borderPaint.setFlags(Paint.ANTI_ALIAS_FLAG)
//设置边框的颜色
borderPaint.setColor(borderColor)
//设置边框的线条粗细
borderPaint.setStrokeWidth(borderStrokeWidth)
```

剩下的就是在 onDraw()中使用它了。

- bitmapPaint

这个画笔的主要特点是需要一个着色器，而这个着色器是由要画的位图创建的：

```
//创建着色器，第二和第三个参数指明了图像的平铺模式，
//可以参考 Windows 背景的平铺模式，这里设置成不平铺
bitmapShader = BitmapShader(bitmap, Shader.TileMode.CLAMP,
Shader.TileMode.CLAMP)
//创建画位图的画笔
bitmapPaint = Paint()
//把着色器设置给画笔
bitmapPaint.setShader(bitmapShader)
```

剩下的也是在 onDraw()中使用它了。

调用着色器的构造方法时，传入的第一个参数 bitmap 是一个位图对象，是通过 attrs 中传进来的。但是 attrs 传进来的是一个 Drawable 对象，我们必须把它转成 Bitmap 对象。由 Drawable 转成 Bitmap 并不是那么简单，下面我们详细解释一下。

13.3.1 将 Drawable 转成 Bitmap

Bitmap 就是位图，也叫栅格图，它里面保存的是图像的所有像素（一个像素由多个字节表示）。像素其实就是颜色。我们都知道自然界有三原色：红、绿、蓝。只要这三原色每个有不同的深度，混合起来就能组成不同的颜色。在计算机中也一样，一个颜色也是由三原色组成的，一般一个原色占一个字节，按 RGB（红绿蓝）顺序排列，三个字节一起组成一个颜色，每个原色在计算机中叫作一个通道，每个通道的值都是 0 到 255，三个通道各取不同的值进行组合（混色）。所有通道的值都是 0 时，这个颜色就是纯黑；如果都是 FF，这个颜色就是纯白；如果 R 通道是 0 而其余两个通道都是 FF，则为纯红；如果三个通道的值都相同，就是某种程度的灰色。仅用 R、G、B 三通道是不能表示透明的，所以一般用四个通道表示一个颜色：A、R、G、B。其中，A（Alpha）是用于表示透明程度的，占一个字节，值越小越透明，为 0 时完全透明，为 255 时完全不透明。我们前面所使用的图像（比如 res/drawable/female.png）就属于位图，虽然这两个 png 文件中的像素并不是如上面所说的方式表示的，但实际上是因为 png 文件是位图压缩后的形式，解码后放在内存中的图像数据就变成了上面所说的那样。所以，我们常见的图像格式如 png、jpg、gif 等都属于位图。

与位图相对的另一种图像是矢量图。矢量图里存的是如何画出一幅图的代码，而不是各像素的颜色，显示矢量图其实就是执行代码把它画出来，这样带来的好处是缩放时不失真，坏处是表现太复杂的图像有难度，而且显示的时候也很慢，一般只显示比较简单的线条、形状或它们的组合。Android 的 Drawable 资源对这两种图像都支持，但是 Drawable 所代表的东西不限于图像，能被绘制的东西都是，比如颜色，所以要区分 Drawable 与图像这两种概念之间的差别。

我们为控件自定义了一个属性“drawable”，用于在界面构建器中设置要显示的内容（在 attrs_round_image_view.xml 中）：

```
<attr name="drawable" format="color|reference" />
```

从 format 的值可以看到，这个属性不但可以传入图像，也可以传入颜色。注意，Bitmap 类与 Drawable 类是不同的，不能以类型转换的方式把 Drawable 对象转成 Bitmap。

如果传入的是一幅图像，那么在内存中就是一个 BitmapDrawable 类型的实例，此时直接调用 BitmapDrawable 的方法 getBitmap()即可得到 Bitmap：

```
if (drawable is BitmapDrawable) {
    //判断对象类型，如果传入的是一个位图 Drawable，就直接获取位图并返回
    bitmap = (drawable as BitmapDrawable).bitmap
}
```

注意，此时 Bitmap 宽和高就是所传入图像的宽和高。

当传入的是一个颜色而不是图像时，在内存中就是一个 ColorDrawable 实例。转换 Bitmap 稍微复杂点。需要先创建一个 Bitmap 的实例，然后创建一个画布（Canvas），再将 ColorDrawable 画到这个画布上，因为画布关联了位图，所以实际上就画到了位图上。注意，此时创建的 Bitmap 的宽和高只需占一个像素即可，因为这个 Bitmap 是用来创建着色器的。着色器被设置到 Paint

中，Paint 在画圆时，会对着色器进行缩放，以适应要画的圆的大小。由于只有一种颜色，因此任它怎么缩放也不会影响显示效果。代码如下：

```
if(drawable is ColorDrawable) {
    //如果是一个颜色，则创建一个宽和高都是一个像素的 Bitmap，
    //指定其颜色空间是 ARGB 四通道，每个通道占 8 个字节
    bitmap = Bitmap.createBitmap(1, 1, Bitmap.Config.ARGB_8888)
    //位图中必须要有 drawable 中的图案，所以用位图创建画布，
    //把 drawable 画到画布上，实际上就画到了位图上
    val canvas = Canvas(bitmap)
    //设置绘画的区域，绘制不会超过这个区域
    (drawable as ColorDrawable).setBounds(0, 0, canvas.width, canvas.height)
    (drawable as ColorDrawable).draw(canvas)
}
```

如果传入的是其他类型的 Drawable，那么处理方式与 ColorDrawable 类似，需要先创建一个 Bitmap 实例，然后把 Drawable 的内容画上去。注意这个 Bitmap 的宽和高必须与 Drawable 实际的宽和高相同，获取 Drawable 的宽和高用其属性 intrinsicWidth 和 intrinsicHeight。代码如下：

```
drawable?.let {
    bitmap = Bitmap.createBitmap(it.intrinsicWidth,
        it.intrinsicHeight, Bitmap.Config.ARGB_8888)
    //位图中必须要有 drawable 中的图案，所以用位图创建画布，
    // 把 drawable 画到画布上，实际上就画到了位图上
    val canvas = Canvas(bitmap)
    //设置绘画的区域，绘制不会超过这个区域
    it.setBounds(0, 0, canvas.width, canvas.height)
    it.draw(canvas)
    //释放一些资源
    a.recycle()
}
```

从 Drawable 转换出来的位图会用来创建着色器，着色器被设置给 mBitmapPaint 画圆形图，但是在画圆形图时，目标区域与 Bitmap 本身的大小和宽高比可能是不同的，所以要进行缩放。这时需要对着色器进行变换，要用到变换矩阵。下面仔细来研究一下如何创建这个矩阵。

13.3.2　变换矩阵

在 OpenGL 中，图像的缩放、变色、移位等都叫变换。这些变换对图像中每个像素进行了一定的运算。比如移位，因为是三维空间，要把图像从 A 坐标(x1,y1,z1)移到 B 坐标(x2,y2,z2)，就是把图像每个顶点（比如三角形有三个顶点，六面体有 8 个顶点）的 x、y、z 上的值加减某个值，因为有三个分量，所以都是以矩阵的形式表示。要进行变换，就要准备一个矩阵。当然我们是二维变换，不是三维的，但是矩阵是一样的，只不过变换时 z 坐标不变。

我们要进行的变换是缩放和位移，还要保持图像的宽高比，并且要居中，所以我们要考虑容纳图像的矩形与图像大小之间的关系以进行图像缩放比例的计算。代码如下：

```
val scale: Float
var dx = 0f//图像在x轴上开始的位置
var dy = 0f//图像在y轴上开始的位置

//三维变换矩阵，用于计算图像的缩放和位移
val mShaderMatrix = Matrix()
mShaderMatrix.set(null)
//计算图像需要缩放的比例，我们要保证图像根据其外围框的大小和长宽比进行按比例缩放
if (bitmapWidth * drawableRect.height() < drawableRect.width() * bitmapHeight) {
    //如果图像的宽大于外围框的宽，则图像缩放后的高度变成跟外围框高度相同，
    //然后按比例计算图像缩放后的宽度
    scale = drawableRect.height() / bitmapHeight as Float
    //因图像比外围框窄，所以计算x轴上图像的开始位置
    dx = (drawableRect.width() - bitmapWidth * scale) * 0.5f
} else {
    //如果图像的宽小于外围框的宽，则图像缩放后的宽度变成跟外围框宽度相同，
    //然后按比例计算图像缩放后的高度
    scale = drawableRect.width() / bitmapWidth as Float
    //因图像比外围框宽，所以计算y轴上图像的开始位置
    dy = (drawableRect.height() - bitmapHeight * scale) * 0.5f
}

//设置位图在x轴和y轴的缩放比例
mShaderMatrix.setScale(scale, scale)
//设置位图在x轴和y轴上的位移，以保证图像居中
mShaderMatrix.postTranslate(
    (dx + 0.5f).toInt() + borderStrokeWidth,
    (dy + 0.5f).toInt() + borderStrokeWidth
)

//将变换矩阵设置给着色器
bitmapShader!!.setLocalMatrix(mShaderMatrix)
```

13.3.3 自定义属性的改动

对原先的自定义属性做了改动，现在的自定义属性如下：

```
<resources>
    <declare-styleable name="RoundImageView">
        <attr name="borderWidth" format="dimension" />
        <attr name="borderColor" format="color" />
        <attr name="drawable" format="color|reference" />
    </declare-styleable>
</resources>
```

borderWidth 是线条宽度，borderColor 是线条颜色，drawable 是要画成圆形的图像。现在我们把登录页面的头像改为使用 imageViewHead 类（见图 13-16）。

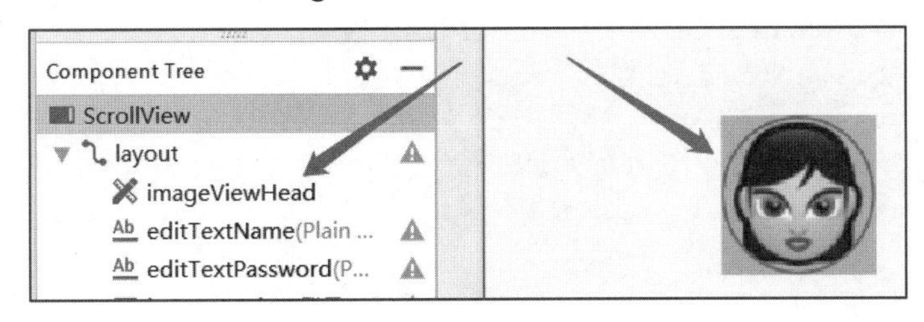

图 13-16

fragment_login.xml 中使用自定义控件的代码如下：

```
<com.example.niu.firstcotlinapp.RoundImageView
    android:id="@+id/imageViewHead"
    android:layout_width="100dp"
    android:layout_height="100dp"
    android:layout_marginStart="8dp"
    android:layout_marginTop="8dp"
    android:layout_marginEnd="8dp"
    android:background="@android:color/holo_blue_bright"
    app:layout_constraintEnd_toEndOf="parent"
    app:layout_constraintStart_toStartOf="parent"
    app:layout_constraintTop_toTopOf="parent"
    app:borderColor="@android:color/holo_green_dark"
    app:borderWidth="2dp"
    app:drawable="@drawable/female" />
```

如果看不到图像效果，可以重新编译工程，但应该会在 LoginFragment 中出现编译错误，那是因为我们改变了 imageViewHead 这个控件的类型（从 View 改为 RoundImageView），把操作 imageViewHead 的代码删掉即可。

13.3.4　类的所有代码

类的所有代码如下：

```
package com.example.niu.firstcotlinapp

import android.content.Context
import android.graphics.*
import android.graphics.drawable.BitmapDrawable
import android.graphics.drawable.ColorDrawable
import android.graphics.drawable.Drawable
import android.util.AttributeSet
import android.view.View

/**
 * 自定义边框的圆形图像控件
```

```
 */
class RoundImageView : View {

    private var borderColor = Color.RED
    //公开属性drawable的后台数据
    private var _drawable: Drawable? = null
    //要显示的图像，我们支持在代码中设置图像，所以此属性为public
    public var drawable: Drawable?
        get() {
            return this._drawable
        }
        set(value) {
            this._drawable = drawable
            //从Drawable对象获取Bitmap对象，用于创建BitmapShader
            getBitmapFromDrawable(_drawable)?.let {
                //保留下图像的宽和高
                bitmapWidth = it.width
                bitmapHeight = it.height

                //重新计算位图着色器的变换矩阵
                updateShaderMatrix()
                //发出通知，强制系统重新绘制控件（图像都变了，当然要重新绘制了）
                invalidate()
            }
        }

    //图像的宽
    private var bitmapWidth: Int = 0
    //图像的高
    private var bitmapHeight: Int = 0
    //画圆形图像时，半径的位置
    private var drawableRadius: Float = 0f
    //画边框时，半径的位置
    private var borderRadius: Float = 0f
    //边框的宽度
    private var borderStrokeWidth = 1f
    //着色器，这是画出圆形图像的关键
    private var bitmapShader: BitmapShader? = null
    //用于画出圆形图像的画笔
    private var bitmapPaint: Paint? = null
    //用于画出图像边界面的画笔
    private var borderPaint: Paint? = null

    constructor(context: Context) : super(context) {
        init(null, 0)
    }

    constructor(context: Context, attrs: AttributeSet) : super(context, attrs) {
        init(attrs, 0)
```

```
}

constructor(context: Context, attrs: AttributeSet, defStyle: Int) :
        super(context, attrs, defStyle) {
    init(attrs, defStyle)
}

private fun init(attrs: AttributeSet?, defStyle: Int) {
    //准备获取自定义属性的值
    val a = context.obtainStyledAttributes(
        attrs, R.styleable.RoundImageView, defStyle, 0)

    //获取文本的颜色
    borderColor = a.getColor(
        R.styleable.RoundImageView_borderColor,
        borderColor)
    //获取边框的宽度（像素）
    borderStrokeWidth = a.getDimension(
        R.styleable.RoundImageView_borderWidth,
        borderStrokeWidth)

    //获取图像
    if (a.hasValue(R.styleable.RoundImageView_drawable)) {
        this._drawable = a.getDrawable(R.styleable.RoundImageView_drawable)
    }

    //不再需要从 attrs 获取属性值了，及时释放一些资源
    a.recycle()

    if (drawable != null) {
        //从 Drawable 对象获取 Bitmap 对象，用于创建 BitmapShader
        //Drawable 只是 Android SDK 对于可绘制对象的封装，
        //底层的图像绘制使用的是 Bitmap（位图或光栅图）
        val bitmap = getBitmapFromDrawable(drawable) ?: return

        //保留下图像的宽和高
        bitmapWidth = bitmap!!.getWidth()
        bitmapHeight = bitmap!!.getHeight()

        //创建着色器，第二和第三个参数指明了图像的平铺模式，
        //可以参考 Windows 背景的平铺模式
        //这里设置成不平铺
        bitmapShader = BitmapShader(
            bitmap!!, Shader.TileMode.CLAMP, Shader.TileMode.CLAMP)

        //创建画位图的画笔
        bitmapPaint = Paint()
        //把着色器设置给画笔
        bitmapPaint!!.setShader(bitmapShader)

        //创建画边框的画笔
        borderPaint = Paint()
```

```
            //只画线不填充
            borderPaint!!.setStyle(Paint.Style.STROKE)
            //画边框需要平滑效果
            borderPaint!!.setFlags(Paint.ANTI_ALIAS_FLAG)
            //设置边框的颜色
            borderPaint!!.setColor(borderColor)
            //设置边框的线条粗细
            borderPaint!!.setStrokeWidth(borderStrokeWidth)
        }
    }

    override fun onDraw(canvas: Canvas) {
        super.onDraw(canvas)

        bitmapPaint?.let {
            //画边框
            canvas.drawCircle(getWidth() / 2f,
                height / 2f, borderRadius, borderPaint);
            //画图像
            canvas.drawCircle(getWidth() / 2f,
                height / 2f, drawableRadius, bitmapPaint);
        }
    }

    private fun getBitmapFromDrawable(drawable: Drawable?): Bitmap? {
        if (drawable == null) {
            return null
        }

        if (drawable is BitmapDrawable) {
            //判断对象类型，如果传入的是一个位图Drawable，直接获取位图并返回
            return drawable.bitmap
        }

        //如果不是位图图像（参考res/drawable下的各种资源），处理就复杂一点
        try {
            val bitmap: Bitmap

            if (drawable is ColorDrawable) {
                //如果是一个颜色，则创建一个宽和高都是一个像素的Bitmap，
                //指定其颜色空间是ARGB四通道，每个通道占8个字节
                bitmap = Bitmap.createBitmap(1, 1, Bitmap.Config.ARGB_8888)
            } else {
                //如果是其他类型的Drawable，则创建一个与它同样大小的位图
                bitmap = Bitmap.createBitmap(
                    drawable.intrinsicWidth,
                    drawable.intrinsicHeight,
                    Bitmap.Config.ARGB_8888)
            }
```

```
            //位图中必须要有drawable 中的图案，所以用位图创建画布，
            //把 drawable 画到画布上，实际上就画到了位图上
            val canvas = Canvas(bitmap)
            //设置绘画的区域，绘制不会超过这个区域
            drawable.setBounds(0, 0, canvas.width, canvas.height)
            drawable.draw(canvas)
            return bitmap
        } catch (e: OutOfMemoryError) {
            //如果内存不够用，返回null
            return null
        }
    }
//计算位图的变换矩阵
private fun updateShaderMatrix() {
    //获取控件的上下左右padding，用于计算内容所处的区域
    val paddingLeft = paddingLeft
    val paddingTop = paddingTop
    val paddingRight = paddingRight
    val paddingBottom = paddingBottom

    //计算边框的半径，边框是按控件的最外围来画的
    borderRadius = Math.min(
        (height - borderStrokeWidth) / 2f,
        (width - borderStrokeWidth) / 2f
    )

    //位图所在的外围框，位图不能超出这个矩形，
    //这个矩形应在控件的边框内，同时还要考虑padding 的大小
    val drawableRect = RectF(
        borderStrokeWidth + paddingLeft,
        borderStrokeWidth + paddingTop,
        width - borderStrokeWidth - paddingRight,
        height - borderStrokeWidth - paddingBottom
    )
    //计算画圆形位图所用的半径
    drawableRadius = Math.min(
        drawableRect.height() / 2f,
        drawableRect.width() / 2f
    )

    val scale: Float
    var dx = 0f//图像在x 轴上开始的位置
    var dy = 0f//图像在y 轴上开始的位置

    //三维变换矩阵，用于计算图像的缩放和位移
    val mShaderMatrix = Matrix()
    mShaderMatrix.set(null)
    //计算图像需要缩放的比例，我们要保证图像根据其外围框的大小和长宽比进行按比例缩放
```

```
        if (bitmapWidth * drawableRect.height() < drawableRect.width() *
bitmapHeight) {
            //如果图像的宽大于外围框的宽，则图像缩放后的高度变成跟外围框高度相同，
            //然后按比例计算图像缩放后的宽度
            scale = drawableRect.height() / bitmapHeight.toFloat()
            //因图像比外围框窄，所以计算 x 轴上图像的开始位置
            dx = (drawableRect.width() - bitmapWidth * scale) * 0.5f
        } else {
            //如果图像的宽小于外围框的宽，则图像缩放后的宽度变成跟外围框宽度相同，
            //然后按比例计算图像缩放后的高度
            scale = drawableRect.width() / bitmapWidth.toFloat()
            //因图像比外围框宽，所以计算 y 轴上图像的开始位置
            dy = (drawableRect.height() - bitmapHeight * scale) * 0.5f
        }

        //设置位图在 x 轴和 y 轴的缩放比例
        mShaderMatrix.setScale(scale, scale)
        //设置位图在 x 轴和 y 轴上的位移，以保证图像居中
        mShaderMatrix.postTranslate(
            (dx + 0.5f).toInt() + borderStrokeWidth,
            (dy + 0.5f).toInt() + borderStrokeWidth
        )

        //将变换矩阵设置给着色器
        bitmapShader!!.setLocalMatrix(mShaderMatrix)
    }

    //当控件大小变化时，重新计算图像缩放矩阵
    override fun onSizeChanged(w: Int, h: Int, oldw: Int, oldh: Int) {
        super.onSizeChanged(w, h, oldw, oldh)
        updateShaderMatrix()
    }
}
```

注意类的属性 drawable 和_drawable 之间的关系，_drawable 为 drawable 提供后台数据支持。

到这里，自定义控件就介绍完了。

第 14 章 RecyclerView

我们这本教程的最终目标是要模仿出一个 QQApp。

参考 QQ，其主页面显示的是三个 Tab 页面，分别是“消息”“联系人”和“动态”。这三个页面中都使用了共同的控件：列表控件。列表控件在各种 App 中随处可见，是 Android 中非常重要的一个控件。

原始的列表控件类是 ListView，新的列表控件类是 RecyclerView。两者的基本用法差别不大，但 RecyclerView 的使用更复杂一点，在功能上 RecyclerView 比 ListView 强大一些，所以我们选择 RecyclerView，之后再学习 ListView 也是毫无障碍的。

14.1 基本用法

在 Android 中，除了各种 Layout 控件，只要是能包含多个子控件的控件，其所显示的子控件的数量和子控件的内容都是通过 Adapter（适配器）提供的。通过引入 Adapter，这些控件具备了显示与数据分离的架构（MVC）。

RecyclerView 中的一个条目就是一个子控件，但对子控件的内容是什么、子控件如何响应用户事件完全不关心。RecyclerView 只负责显示、排列、滚动子控件。也就是说，RecyclerView 只实现管理多个条目，而不管每条显示什么。实际上，每子控件是由 Adapter 创建的，也是由 Adapter 设置的内容。

RecyclerView 与 Adapter 之间的关系是：RecyclerView 在显示一条之前，先调用 Adapter 的某个方法获取总条数；再调用 Adapter 的某个方法创建这个条目的子控件，然后调用 Adapter 的某个方法将这一条目要显示的数据设置到子控件中。这些代码是需要我们实现的，所以最终由我们决定 RecyclerView 中的条目数和条目内容。RecyclerView 最基本的用法就是先从 Adapter 派生一个子类，实现其中的方法；再将 Adapter 的实例设置给 RecyclerView，由 RecyclerView 调用 Adapter 中的方法。

以上基本用法完全适用于 ListView！

14.2 显示多条简单数据

我们先从最简单的开始，显示多条文本。

14.2.1 添加新页面

根据前面所说的基本用法，我们应从 Adapter 派生一个子类。但在这之前，我们需要把显示列表的页面创建出来，所以先添加一个新的 Fragment（见图 14-1）。

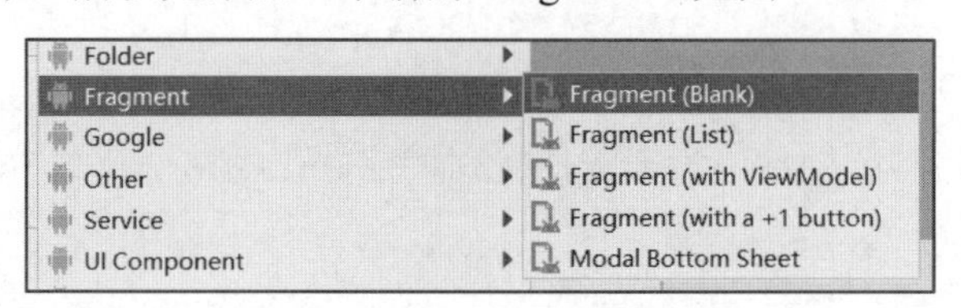

图 14-1

选择 Fragment(Blank)项。我们使用一个空白 Fragment，自行添加控件。这个页面将来要用于显示音乐列表，所以命名为 MusicListFragment（见图 14-2）。

单击“Finish”按钮后增加了两个文件：MusicListFragment.java 和 layout/fragment_music_list.xml 。下面修改 layout 资源文件，添加 RecyclerView 控件（见图 14-3）。

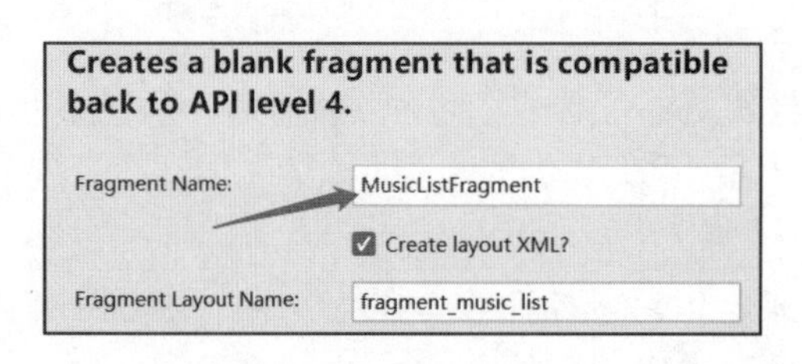

图 14-2

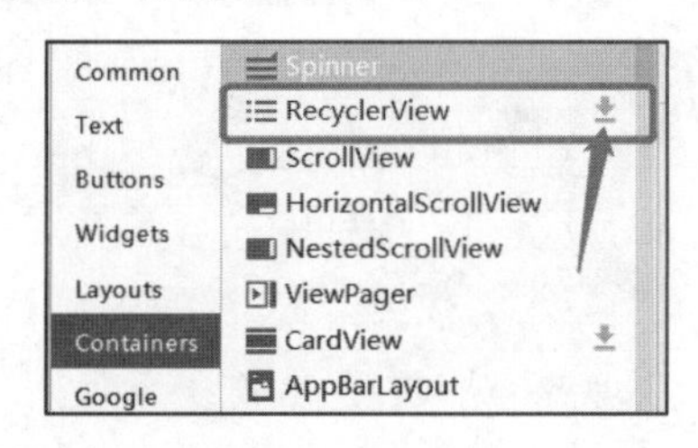

图 14-3

注意，有的控件右边有个下载图标，表示这个控件的 Jar 包还没有被下载到本地，把它拖到预览图的内容区时会出现图 14-4 所示的对话框。

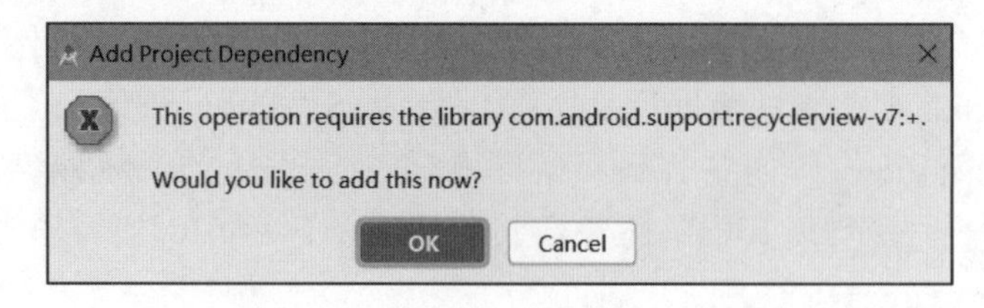

图 14-4

提示是否要添加“recyclerview-v7:+”库，单击 OK 按钮，之后 app/build.gradle 文件中会自动增加这个库的依赖项（版本号可能不同）：

```
implementation 'com.android.support:recyclerview-v7:28.0.0'
```

之后 Gradle 会下载这个库到本地，然后就可以用了。下面我们设置这个控件的 id 和宽高属性，让它充满整个空间（见图 14-5）。

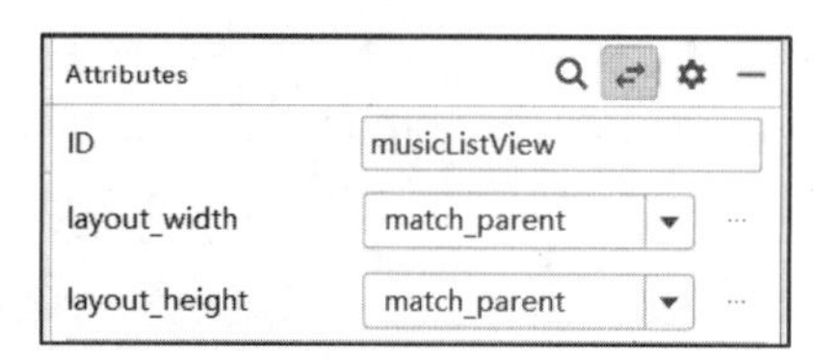

图 14-5

在属性编辑器中可以看到，默认这个控件就是充满整个空间的（match_parent）。把 ID 设置成"musicListView"（因为我们要在代码中操作它）。

如果想在登录成功之后就显示，就要修改登录按钮响应方法，显示音乐列表页面（在 LoginFragment.kt 中）。

运行时会出现类似下面的错误提示：

```
Process: com.example.niu.firstcotlinapp, PID: 25446
    java.lang.RuntimeException: com.example.niu.firstcotlinapp.
MainActivity@e794e14 must implement OnFragmentInteractionListener
```

这是在 Fragment 附加到 Activity 时出现的错误，意思是 MainActivity 必须实现接口 OnFragmentInteractionListener。为什么有这种要求呢？因为在使用向导创建 Fragment 时选中了"包含回调接口"这项（见图 14-6）。所以在 Fragment 的类中就定义了接口：

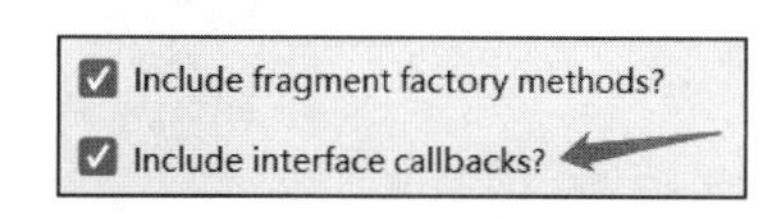

图 14-6

```
private var listener: OnFragmentInteractionListener? = null
... ...
interface OnFragmentInteractionListener {
    // TODO: Update argument type and name
    fun onFragmentInteraction(uri: Uri)
}
```

并且在 onAttach()和 onDetach()中加入了以下代码：

```
override fun onAttach(context: Context) {
    super.onAttach(context)
    if (context is OnFragmentInteractionListener) {
        listener = context
    } else {
        throw RuntimeException(context.toString() + " must implement
OnFragmentInteractionListener")
    }
}

override fun onDetach() {
    super.onDetach()
    listener = null
}
```

onAttach()在 Fragment 加入 Activity 中时调用，在其中检查 context（就是 Activity）是否实现了接口 OnFragmentInteractionListener，如果实现了，就把 context 保存下来，如果没有实

现，就抛出异常，这正是我们在日志中看到的异常。在 onDetach()中不再引用 context。使用接口是为了降低 Activity 与 Fragment 的耦合性，其实我们自己用的代码没必要做到这么完美，所以对这个问题的解决方案就把验证是否实现接口的代码去掉，于是变成了这样：

```
override fun onAttach(context: Context) {
    super.onAttach(context)
    //if (context is OnFragmentInteractionListener) {
    //    listener = context
    //} else {
    //    throw RuntimeException(context.toString() + " must implement
OnFragmentInteractionListener")
    //}
}

override fun onDetach() {
    super.onDetach()
    //listener = null
}
```

14.2.2 创建 Adapter 子类

在类 MusicListFragment 中，创建一个 private 内部类，叫作 MyAdapter。它从 RecyclerView.Adapter派生，可以看到使用的是RecyclerView类内部的Adapter类。注意，Adapter的派生类存在多个，因为能容纳子控件的那些控件（不包含 Layout 控件）显示和管理数据的方式不同，所以都需要有自己的 Adapter 类。

注意，RecyclerView.Adapter 是一个范型类：

```
public abstract static class Adapter<VH extends RecyclerView.ViewHolder>{
... ...
}
```

在使用它的时候，需要传入一个类型作为范型参数（尖括号里规定的类型）。VH extends ViewHolder 表示这个作为参数的类型必须是一个从 ViewHolder 派生出来的类，所以我们实际上在创建 Adapter 的子类之前需要先定义一个 ViewHolder 的子类。

我们创建一个叫作 MyViewHolder 的子类，作为 MusicListFragment 的内部类：

```
//被 MyAdapter 使用
inner class MyViewHolder(itemView: View) :
    RecyclerView.ViewHolder(itemView) {
}
```

派生类很简单，只需要实现一个构造方法即可，而且构造方法内其实也没做什么特殊处理。它的名字叫 ViewHolder，是用来约束 View 的，这里的 View 指的是每行的控件。创建 Adapter 类，并把 MyViewHolder 类传给范型参数，其定义如下：

```
class MyAdapter : RecyclerView.Adapter<MyViewHolder>() {
```

```
        override fun onCreateViewHolder(parent: ViewGroup, viewType: Int): 
MyViewHolder {
            TODO("not implemented")
    }

        override fun getItemCount(): Int {
            TODO("not implemented")
        }

        override fun onBindViewHolder(viewHoler: MyViewHolder, position: Int) {
            TODO("not implemented")
        }
    }
```

从这个类派生，至少要实现三个方法。这三个方法叫回调方法，因为是由我们实现而由别人调用，所以叫回调方法。是被谁调用呢？RecyclerView！前面讲过了。它们的作用分别是：

- onCreateViewHolder()是当 RecyclerView 需要创建某一行的控件时调用，在方法内我们要创建行控件并返回这个控件。
- onBindViewHolder()是当 RecyclerView 需要将一条数据绑定到对应的控件时调用，在方法内我们要为这行控件设置内容。
- getItemCount()是当 RecyclerView 需要知道一共要显示多少行时调用，在方法内我们需要返回行数。

下面分别实现这三个方法：

（1）实现 onCreateViewHolder()

```
    override fun onCreateViewHolder(parent: ViewGroup, viewType: Int): 
MyViewHolder {
        val textView = TextView(context)
        return MyViewHolder(textView)
    }
```

这个方法返回对应行的控件。现在一行很简单，就是显示一串文本，那么一个文本控件就够了，所以在代码中我们首先创建了一个文本控件，然后又创建了 ViewHolder 对象，把文本控件放到了 ViewHolder 中并返回。RecyclerView 实际上感兴趣的是控件，但是必须用一个 ViewHolder 来约束它。

（2）实现 onBindViewHolder()

```
    override fun onBindViewHolder(holder: MyViewHolder, position: Int) {
        val textView = holder.itemView as TextView
        if (position === 0) {
            textView.text = "我是第 1 行"
        } else if (position === 1) {
            textView.text = "我是第 2 行"
        } else if (position === 2) {
```

```
            textView.text = "我是第 3 行"
        }
    }
```

这个方法用于为每行设置不同的数据，所以我们先从传入的 holder 中取出 View，itemView 就是在 onCreateViewHolder()中创建的那个 View，然后根据参数 position 来确定要设置的是第几行，不同的行设置不同的文本。

为什么不在创建某一行的控件时就设置不同的值呢？这是为了复用控件，从而节省内存。行控件复用是这样进行的：如果一页能显示 10 行（取决于每一行的高度），那么这 10 行中每一行都是不同的 View 实例，但是列表控件的内容都是可以滚动的；如果列表共有 30 行，就有 20 行是看不到的，只需要有 10 个行控件就够用了，当滚动时，移出显示区的行控件被回收，移入显示区的行不会再创建新控件，而是利用已回收的控件，重新设置其内容，这就是绑定。

（3）实现 getItemCount()

```
override fun getItemCount(): Int {
    return 3
}
```

很简单，就返回 3，表示共有 3 行。注意，这个数不能随意写，必须与 onBindViewHolder()配合，那里面处理了 0、1、2 三个 position，此处必须对应起来。

Adapter 准备好了，还需要将 Adapter 的实例设置给 RecyclerView 才行。

14.2.3 设置 RecyclerView

在 MusicListFragment::onViewCreated()中设置它，代码如下：

```
override fun onViewCreated(view: View, savedInstanceState: Bundle?) {
    super.onViewCreated(view, savedInstanceState)
    //初始化 RecyclerView
    musicListView.layoutManager = LinearLayoutManager(context)
    musicListView.setAdapter(MyAdapter())
}
```

可以看到为列表控件设置了 LayoutManager 和适配器。此处出现了一个 LayoutManager，它是 layout 管理器，决定子控件的排列方式。实际上把 RecyclerView 仅仅看作列表控件太肤浅，因为它不仅能按行来排列子控件，还可以按栅格的方式排列子控件，而这仅需设置不同的 LayoutManager 即可实现。我们现在设置的是 LinearLayoutManager（线性管理器），使得子控件按行排列，当改为 GridLayoutManager 时，就以栅格形式显示。先运行一下 App，看一下线性管理器的效果（见图 14-7）。再把 LayoutManager 改成栅格管理器，代码如下：

```
musicListView.layoutManager = GridLayoutManager(context, 2)
```

这次创建栅格管理器时参数增多了，增加的这个参数表示列数（设置为 2 列），效果如图 14-8 所示。

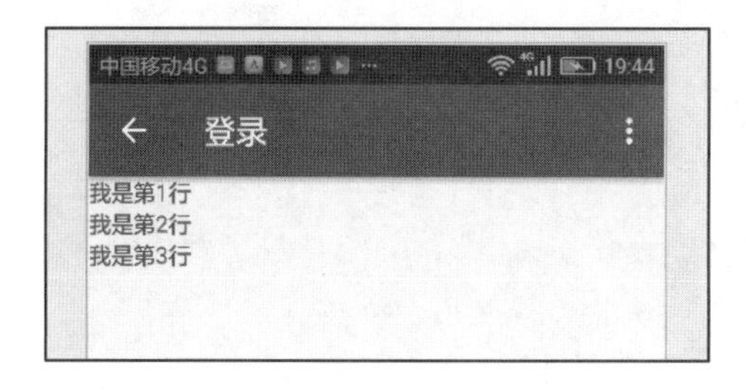

图 14-7

图 14-8

因为后面我们主要演示列表的形式，所以把 LayoutManager 恢复成 LinearLayoutManager。

14.2.4 用集合保存数据

在实际的项目中，我们不可能像 onBindViewHolder()中那样用 if 去判断当前的位置，应该用集合来保存数据。因为有顺序需求，所以最好用 Array（数组）或 List（列表）来保存数据。而大多数情况下数据数量是可变的，所以 List 用得最多。

下面我们就改为用 List 来保存各行的数据，创建一个 List 型的属性：

```
private val data = ArrayList<String>()
```

这个集合变量应放在哪里呢？根据经验，放在 RecyclerView 所在的类最合适，就是 MusicListFragment 类中。

我们向它添加一些字符串作为每行的内容（粗体代码）：

```
override fun onCreate(savedInstanceState: Bundle?) {
super.onCreate(savedInstanceState)
arguments?.let {
    param1 = it.getString(ARG_PARAM1)
    param2 = it.getString(ARG_PARAM2)
}

    data.add("我是第 0 行");
    data.add("我是第 1 行");
    data.add("我是第 2 行");
    data.add("我是第 3 行");
    data.add("我是第 4 行");
    data.add("我是第 5 行");
}
```

应该在为 RecyclerView 设置 Adapter 之前就准备好数据，所以把这段代码放到列表控件初始化之前。下一步，改造 Adapter 的回调方法，把 List 与 RecyclerView 关联起来。改造完了，代码如下：

```
inner class MyAdapter : RecyclerView.Adapter<MyViewHolder>() {
    override fun onCreateViewHolder(parent: ViewGroup, viewType: Int):
MyViewHolder {
        val textView = TextView(context)
        return MyViewHolder(textView)
```

```
    }

    override fun getItemCount(): Int {
        return data.size
    }

    override fun onBindViewHolder(holder: MyViewHolder, position: Int) {
        val textView = holder.itemView as TextView
        val text = data[position]
        textView.text = text
    }
}
```

onBindViewHolder()方法发生了改变，在设置某行的数据时，不再需要用 if 去比较行号，而是直接根据行号从数组 data 中取出对应的字符串。getItemCount()方法也发生了改变，返回的数量不再是一个常量，而是由数组 data 决定。注意，此处 data 这个变量是 MusicListFragment 的属性，但是由于 MyAdapter 是 MusicListFragment 的内部类，因此可以直接使用它所在类的实例属性。

14.3 让子控件复杂起来

前面演示 RecyclerView 中每一条的内容太简单，而我们一般见到的 App 中每一条都很复杂，如图 14-9 所示。

下面我们就让列表中的每一条也复杂起来。要显示复杂的内容，数组中的数据必须也足够复杂。我们想在每行中显示音乐信息，每条音乐信息包括歌手图片、歌手名、歌曲名、播放次数。而且我们希望用户在一行上单击歌手图标时，显示此歌手的信息以及它的歌曲，而在歌手图标之外单击时，进入歌曲播放页面，开始播放歌曲。下面我们就编写一下，完成这个需求吧！

图 14-9

14.3.1 创建行 Layout 资源

每一行都这么复杂，如果用代码创建行控件中的各子控件，再摆放好控件的位置是相当麻烦的，那么能不能在 Layout 资源中设计行的布局呢？当然可以！马上创建一个 Layout 资源，命名为“music_list_item.xml”，设计界面如图 14-10 所示。

注意，这个预览图虽然看起来是一个手机页面，但是里面的资源仅仅是用于显示一行的内容，界面编辑器并不知道我们要用到什么地方，所以就按整个手机屏幕的样式显示预览。

在行 Layout 中，左边是一个图片控件，右边由三行控件组成：上面是 TextView，显示歌手名字；中间是 TextView，显示歌曲名；下面是 ratingBar，显示受追捧程度。我们用 ConstraintLayout 作为根 View。构成此 Layout 的控件树如图 14-11 所示。

图 14-10

图 14-11

layout 文件的源码如下：

```
<?xml version="1.0" encoding="utf-8"?>
<android.support.constraint.ConstraintLayout
xmlns:android="http://schemas.android.com/apk/res/android"
    xmlns:app="http://schemas.android.com/apk/res-auto"
    xmlns:tools="http://schemas.android.com/tools"
    android:layout_width="match_parent"
    android:layout_height="wrap_content">

    <ImageView
        android:id="@+id/imageView"
        android:layout_width="100dp"
        android:layout_height="100dp"
        android:layout_marginStart="8dp"
        android:layout_marginTop="8dp"
        android:layout_marginBottom="8dp"
        app:layout_constraintBottom_toBottomOf="parent"
        app:layout_constraintStart_toStartOf="parent"
        app:layout_constraintTop_toTopOf="parent"
        app:srcCompat="@drawable/music_default" />

    <TextView
        android:id="@+id/textViewSinger"
        android:layout_width="0dp"
        android:layout_height="wrap_content"
        android:layout_marginStart="8dp"
        android:layout_marginTop="8dp"
        android:layout_marginEnd="8dp"
        android:text="牛德华"
        android:textSize="24sp"
        android:textColor="@android:color/holo_purple"
        app:layout_constraintEnd_toEndOf="parent"
        app:layout_constraintStart_toEndOf="@+id/imageView"
        app:layout_constraintTop_toTopOf="parent" />

    <TextView
        android:id="@+id/textViewTitle"
        android:layout_width="0dp"
        android:layout_height="0dp"
        android:layout_marginStart="8dp"
```

```
        android:layout_marginTop="8dp"
        android:layout_marginEnd="8dp"
        android:layout_marginBottom="8dp"
        android:gravity="center_vertical"
        android:text="一个爱上浪嫚的人"
        android:textColor="@android:color/holo_blue_dark"
        app:layout_constraintBottom_toTopOf="@+id/ratingBar"
        app:layout_constraintEnd_toEndOf="parent"
        app:layout_constraintStart_toEndOf="@+id/imageView"
        app:layout_constraintTop_toBottomOf="@+id/textViewSinger" />

    <RatingBar
        android:id="@+id/ratingBar"
        style="@style/Widget.AppCompat.RatingBar.Small"
        android:layout_width="wrap_content"
        android:layout_height="wrap_content"
        android:layout_marginStart="8dp"
        android:layout_marginBottom="8dp"
        android:rating="2"
        app:layout_constraintBottom_toBottomOf="parent"
        app:layout_constraintStart_toEndOf="@+id/imageView" />
</android.support.constraint.ConstraintLayout>
```

我们做了以下工作：

（1）图像控件的宽和高都固定成了 100dp，这样不论实际图像的大小和宽高比，都以按比例拉伸的方式显示，使各行的图像大小看起来比较一致。

（2）最外层 Layout 的宽充满整个父控件，但是高由子控件的高度之和决定，其实是由图像控件决定的，因为它最高。

（3）textViewSinger 位于图像控件的右边，在纵向上我们希望它靠顶部，横向上我们希望它充满图像控件之外的所有空间，而高由内容决定。

（4）ratingBar 位于图像控件的右边，在纵向上我们希望它靠底部，让它的宽由内容决定（注意，它的宽度其实是由一个默认宽度决定的）。有一点要注意，ratingBar 中的星星大小需要通过 Style 来设置。

（5）textViewTitle 位于图像控件的右边，在纵向上位于中间，并且我们希望它占据上下 TextView 之外的所有空间；横向上也是占据图像控件之外的所有空间。

14.3.2 应用条目 Layout 资源

定义好了每一行的 Layout 资源，如何把这个资源利用起来呢？Adapter 类的回调方法 onCreateViewHolder()是用于创建并返回行控件的，我们只要在其中利用 Layout 资源创建出行控件并返回即可。代码如下：

```
    override fun onCreateViewHolder(parent: ViewGroup, viewType: Int):
MyViewHolder {
        val inflater = this@MusicListFragment.layoutInflater
```

```
        val view = inflater.inflate(R.layout.music_list_item, parent, false)
        return MyViewHolder(view)
    }
```

这个方法内加载了行 Layout 资源，创建出控件，然后把控件包在 ViewHolder 中返回。创建控件使用了 LayoutInflater 实例，但是各对象不是新建出来的，而是使用 Fragment 的方法 getLayoutInflater()获取的。LayoutInflater 的方法 inflate()根据 Layout 资源来创建控件，它的第一个参数是 Layout 资源，第二个参数是所创建的控件的父控件，第三个参数是 Boolean 类型，为 true 时表示创建出来的控件会放到父控件中，如果为 false 则不会。此时依然要传第入第二个参数，因为它里面包含了控件的排版参数（LayoutParams）。必须要注意的是，我们第三个参数传入了 false，如果传入 true，那是不可以的，会引起问题。

inflate()方法返回的 View 是行控件树中最外面的那个，也就是 ConstraintLayout。

还要修改一个方法：onBindViewHolder()。原先绑定 TextView 的做法已不适用，清除它的内容即可。至于另一个方法 getItemCount()，只是决定行数，不用修改。整个类的代码如下：

```
    inner class MyAdapter : RecyclerView.Adapter<MyViewHolder>() {
        override fun onCreateViewHolder(parent: ViewGroup, viewType: Int):
MyViewHolder {
            val inflater = this@MusicListFragment.layoutInflater
            val view = inflater.inflate(R.layout.music_list_item, parent, false)
            return MyViewHolder(view)
        }

        override fun getItemCount(): Int {
            return data.size
        }

        override fun onBindViewHolder(holder: MyViewHolder, position: Int) {
        }
    }
```

运行程序，登录后出现如图 14-12 所示的界面。看起来还不错，但是有一处不足：行之间没有分界。

图 14-12

14.3.3　明显区分每一行

要解决上一节的问题，在每行之间显示一条线，其实还可以有更简单的办法：使用 CardView（见图 14-13）。

把 CardView 拖到预览图中，随意放个地方。Android Studio 会提示添加包含 CardView 的库依赖。

实际上我们不能在预览模式下随意放置 CardView 的位置，应把它作为一行最外层的容器。直接修改源码，具体如下：

```
    <?xml version="1.0" encoding="utf-8"?>
    <android.support.v7.widget.CardView
        xmlns:android="http://schemas.android.com/apk/res/android"
```

```
    xmlns:app="http://schemas.android.com/apk/res-auto"
    android:layout_width="match_parent"
    android:layout_height="wrap_content">

    <android.support.constraint.ConstraintLayout
        android:layout_width="match_parent"
        android:layout_height="wrap_content">

          ... ...

     </android.support.constraint.ConstraintLayout>
</android.support.v7.widget.CardView>
```

可以看到原来最外层的元素成了 CardView 的子元素，而且把 xmlns 属性移到了最外层元素上。CardView 只能有一个子控件，所以还需要原来的 ConstraintLayout 包含其他控件。需要注意的是，CardView 的高度也应该由内容决定。还没有完成，还要给 CardView 设置一些属性（见图 14-14）：

- Layout_Margin：使得每行的外部都有空白（上下左右都有），于是行与行之间也有空白。
- cardBackgroundColor：设置 CardView 的背景色。
- cardCornerRadius：设置 CardView 的四角为圆角，指定圆角的半径为 10dp。

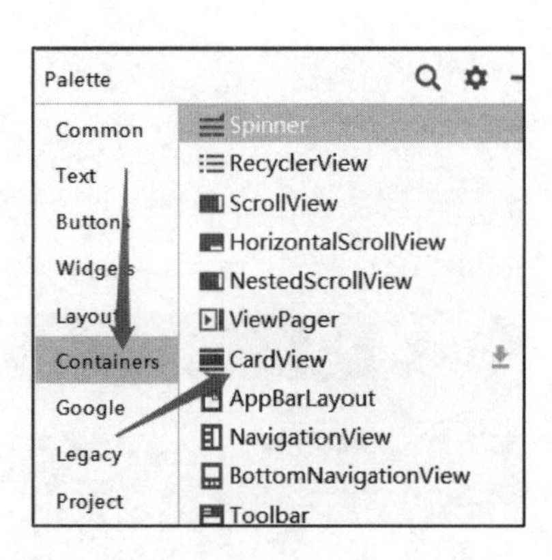

图 14-13

id	
layout_width	match_parent
layout_height	wrap_content
▶ Constraints	
▼ Layout_Margin	[2dp, ?, ?, ?, ?]
all	2dp
bottom	
end	
left	
right	
start	
top	
▶ Padding	[?, ?, ?, ?, ?]
▶ Theme	
elevation	
cardBackgroundColor	@android:color/holo_green_light
cardCornerRadius	10dp

图 14-14

运行看看效果（见图 14-15）。现在的最大问题是每行的内容都一样。要改变这个问题，需要实现 Adapter 的 onBindViewHolder()方法。我们还要先改变一下提供数据的数组，让它的每一项都复杂起来，以适应行控件。需要创建一个类，让数组的每一项都是这个类的实例才能存储复杂数据，并命名为 MusicInfo，放在当前包下。其内容如下：

```
class MusicInfo(var singer: String?= null,//歌手名
             var title: String? = null,//歌曲名
             var like: Int = 0) //几星评价
```

图 14-15

注意，主构造方法中的三个参数实际上对应类中三个同名属性。本来这个类应该有四个属性，但是我们只用了三个，因为暂时不想让每行图像不一样，后面会用专门的库操作列表行控件中的图像，现在就是做个样子而已。

14.3.4 使用音乐信息类

存放列表数据的 List 中每一项都要变成 MusicInfo 的实例，所以 List 变量的定义改为：

```
private val data = ArrayList<MusicInfo>()
```

为这个数组填充数据的代码也要改一下：

```
override fun onCreate(savedInstanceState: Bundle?) {
    super.onCreate(savedInstanceState)
    arguments?.let {
        param1 = it.getString(ARG_PARAM1)
        param2 = it.getString(ARG_PARAM2)
    }

    data.add(MusicInfo("马云云","踩蘑菇的小姑娘",4))
    data.add(MusicInfo("贝克汗脚","我是真的还想再借五百元",2))
    data.add(MusicInfo("杰克孙","一行白鹭上西天",2))
    data.add(MusicInfo("牛德华","一个爱上浪嫚的人",2))
    data.add(MusicInfo("王钢烈","菊花残",5))
    data.add(MusicInfo("罗金凤","一天到晚游泳的驴",4))
}
```

Adapter 类绑定数据的方法也要改一下：

```
override fun onBindViewHolder(holder: MyViewHolder, position: Int) {
    //获取这一行对应的 List 项
    val musicInfo = data[position]
    //将数据设置到对应的控件中
    holder.itemView.textViewSinger.text =
musicInfo.singer
    holder.itemView.textViewTitle.text =
musicInfo.title
    holder.itemView.ratingBar.rating =
musicInfo.like.toFloat()
}
```

holder.itemView 就是在 onCreateViewHolder()中创建的 View，是行的根 View。注意 ratingBar，在资源文件中，并没有设置星星的数量（starNum），其默认显示 5 个，而我们创建的歌曲信息对象时，其 like 属性的值（构造方法的第 3 个参数）也没有超过 5，所以能正确地显示出星级。运行之，效果如图 14-16 所示。

图 14-16

14.4 增删改

只显示没意思，我们还要对列表进行增删改。

14.4.1 增加一条数据

首先回忆一下，列表控件的内容是谁提供的？是 Fragment 类中的 List 变量 data。实际上要增加一条，必须先在 data 中增加一条，然后通知 RecyclerView 刷新内容，于是 RecyclerView 就重新调用 Adapter 的方法，重新创建子控件并显示。

首先我们得有触发这个功能的机制，那就增加一个菜单项吧！当用户选择此菜单项时，在最后增加一条音乐信息。一说到增加菜单项，可能首先想到的是找到 Activity 的菜单资源文件，在其中增加新的菜单项。这当然没有问题，其实 Fragment 也可以有自己的菜单资源，创建自己的菜单。但是，Fragment 的菜单却不会替换 Activity 的菜单，而是当显示这个 Fragment 时，Fragment 的菜单被追加到 Activity 的菜单中。

Fragment 类中也有 onCreateOptionsMenu()和 onOptionsItemSelected()方法，其代码的作用与 Activity 中相同。

我们先添加一个菜单资源（见图 14-17），再向菜单中添加一个 Item，并设置其 id 和标题（见图 14-18）。

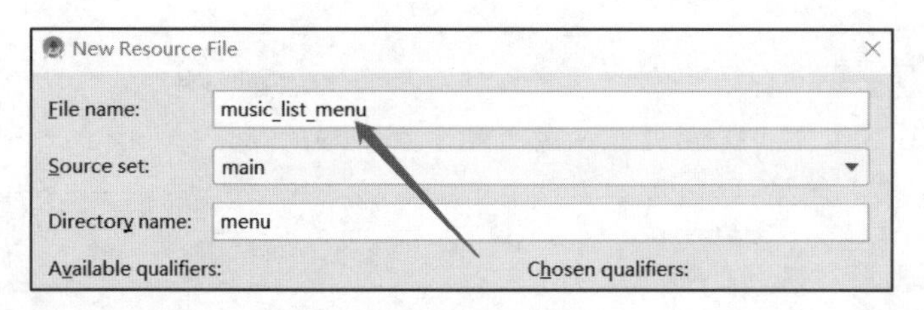

图 14-17

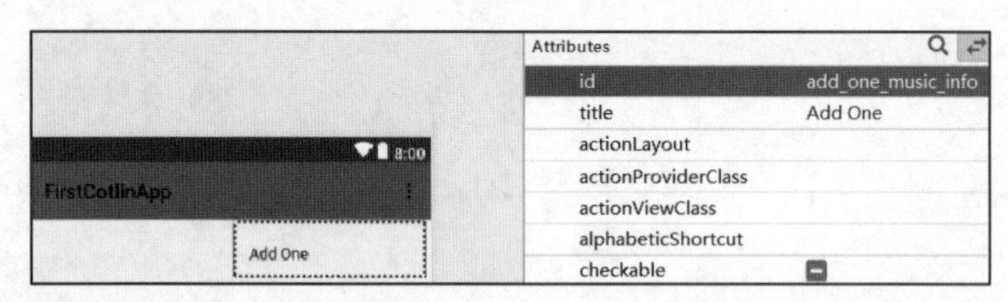

图 14-18

实现 MusicListFragment::onCreateOptionsMenu()，加载此菜单：

```
override fun onCreateOptionsMenu(menu: Menu?, inflater: MenuInflater?) {
    super.onCreateOptionsMenu(menu, inflater)
    //从资源创建菜单
    inflater?.inflate(R.menu.music_list_menu, menu);
}
```

实现 onOptionsItemSelected()，响应此菜单：

```
override fun onOptionsItemSelected(item: MenuItem?): Boolean {
    //响应本 Fragment 中菜单项的选择
    item?.let {
        if (item.itemId == R.id.add_one_music_info) {
            //向列表添加一项
            val musicInfo = MusicInfo("新歌手", "一首新歌", 1)
            data.add(musicInfo)
            //利用 Adapter 通知 RecyclerView，刷新数据
            musicListView.adapter?.notifyDataSetChanged()
            return true//返回 true 表示此菜单项被响应了
        }
    }
    return super.onOptionsItemSelected(item)
}
```

还有一个地方要特别注意，因为我们很容易把它忘掉——调用 **this**.setHasOptionsMenu(**true**); 显示菜单。这一句代码必须放在 onCreateOptionsMenu()之前，所以放在 Fragment 的 onCreate() 方法中：

```
override fun onCreate(savedInstanceState: Bundle?) {
    super.onCreate(savedInstanceState)
    arguments?.let {
        param1 = it.getString(ARG_PARAM1)
        param2 = it.getString(ARG_PARAM2)
    }

    //不调用这一句，Fragment 的菜单显示不出来
    setHasOptionsMenu(true)
    ... ...
}
```

运行 App，单击“登录”进入音乐列表页面，单击“菜单”，效果如图 14-19 所示。选中“Add One”，在最后多了一项，如图 14-20 所示。

图 14-19

图 14-20

14.4.2 其他操作

- 增加多条：与增加一条一样，先在 List 中增加多条数据，然后通知 RecyclerView 刷新。
- 插入：与增加一条一样，先在 List 中插入数据，然后通知 RecyclerView 刷新。
- 删除：与增加一条一样，先在 List 中删除数据，然后通知 RecyclerView 刷新。

14.5 局部刷新

前面对列表的改变看起来非常容易，但是这样做效率不高。因为我们不论改变的是一条还是多条，都让 RecyclerView 刷新了全部数据。注意下面这一句代码：

```
musicListView.getAdapter().notifyDataSetChanged();
```

目的就是通知数据集改变了。数据集指的是所有的数据。Adapter 还提供了更多的通知方法，能适应各种情况，如图 14-21 所示。

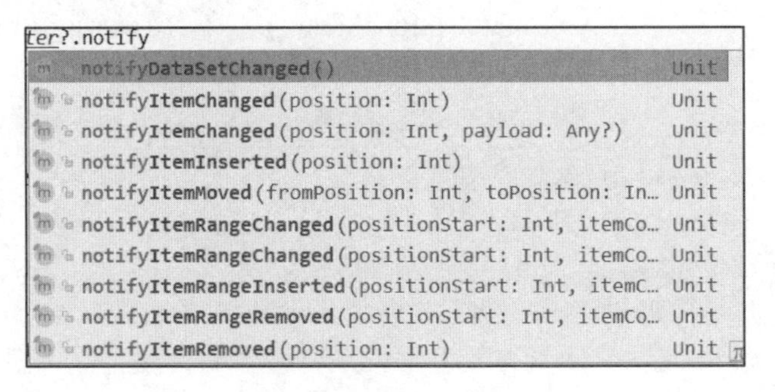

图 14-21

这么多通知方式！通过名字基本能猜出其作用，如通知条目改变（Changed）、条目插入（Inserted）、条目移动位置（Moved）。方法名中包含“Item”的只影响一条，包含“ItemRanged”的影响多条，但这些条目必须是相邻的。

我们把前面增加一个条目的代码做一下修改，改为在 data 第 1 条的后面插入新的音乐信息。首先还是操作 data，然后通知 RecyclerView。代码如下：

```
if (item.itemId == R.id.add_one_music_info) {
    //向列表添加一项
    val musicInfo = MusicInfo("新歌手", "一首新歌", 1)
    data.add(musicInfo)
    //利用 Adapter 通知 RecyclerView，刷新刚插入的一条数据
    musicListView.adapter?.notifyItemInserted(1);
    return true//返回 true 表示此菜单项被响应了
}
```

注意，上面代码中向 data 中添加数据的语句和通知 RecyclerView 的语句，向其传入的参数中表示条目序号的值都是 1，这里必须一致。

其余操作的通知请自行实验。

14.6 响应条目选择

我们在使用各种 App 时经常会有这种操作：单击选择一条，进入新的页面，显示这条的详细信息。要实现这样的功能，必须响应一条的单击事件。一说到响应事件，首先应该想到侦听器。RecyclerView 中有没有类似“setOnItemClickListener()”的方法呢？很不幸，没有，不过我们可以为一条条目的根控件设置事件侦听。但是，在哪里写设置代码呢？必须在能取得条目控件的地方，而且最好是在它刚被创建出来时，这样在单击它时才能随时响应。最合适的位置就是 Adapter 的回调方法 onCreateViewHolder()。以下是代码实现：

```
    override fun onCreateViewHolder(parent: ViewGroup, viewType: Int):
MyViewHolder {
        val inflater = this@MusicListFragment.layoutInflater
        val view = inflater.inflate(R.layout.music_list_item, parent, false)
        //让条目的根 View 响应单击事件以实现选择一行的效果
        view.setOnClickListener {
                v -> Snackbar.make(v,"你选择了一行",Snackbar.LENGTH_LONG).show()
        }
        return MyViewHolder(view)
    }
```

现在运行的话，单击一条，出现提示，如图 14-22 所示。我们还应该取出所选条目的信息。取得所选条目的信息就是根据 RecyclerView 中的条目找到对应 data 中的条目。我们需要先取得 RecyclerView 中条目的序号。要取得序号，就必须借助 ViewHolder。我们应该把设置侦听器的代码移到 ViewHolder 类中，这样就容易使用 ViewHolder 的实例方法了。将这段代码放到 ViewHolder 的初始化代码块中即可，代码如下：

```
    inner class MyViewHolder(itemView: View) : RecyclerView.ViewHolder(itemView) {
        init{
            //让条目的根 View 响应单击事件以实现选择一行的效果
            itemView.setOnClickListener {
                //取出当前行的信息，显示出来
                val musicInfo = data[adapterPosition]
                Snackbar.make(
                    it,
                    "你选了第" + adapterPosition+ "行,歌名是：" + musicInfo.title,
                    Snackbar.LENGTH_LONG
                ).show()
            }
        }
    }
```

在这段代码中，我们通过 ViewHolder 的属性 adapterPosition 获取到当前条目对应的适配器中数据的位置，也就是 data 中条目的位置，这里是关键。运行效果如图 14-23 所示。

图 14-22

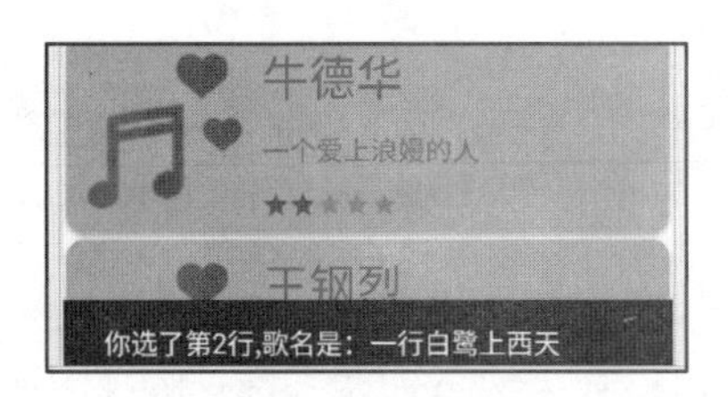

图 14-23

14.7 显示不同类型的行

我们经常会在一些 App 中看到列表形式显示的内容，但是各行之间的 Layout 并不相同，比如图 14-24。

图 14-24

要实现这样的效果，肯定需要准备多个条目 Layout 资源，而且后台存储数据的 List 的各条目也不是同一个类的实例，因为不同行显示的可能不是同一种类型的数据。我们需要根据 List 的条目类型显示不同的 Layout，同时绑定不同的控件。下面让我们一步步实现这个效果。

14.7.1 添加新条目数据类

首先我们添加一个类，保存条目的数据。区别于 MusicInfo，这个类叫 Advertising（广告）。它是我们在音乐列表中插入的广告，只有两个字段：一是广告商，二是广告内容。源码如下：

```
//在列表控件中显示广告
class Advertising(var advertiser:String /*广告主*/, var content:String /*广告内容*/)
```

我们创建一个广告类实例，插入到后台数据“data”中，但在此之前，需要把 data 的类型改一下，因为它里面存的数据不仅是 MusicInfo 一种，还要有 Advertising，需要将其范型参数改为两个类共同的父类，只能是 Any（相当于 Java 中的 Object）：

```
class MusicListFragment : Fragment() {
    ... ...
    private val data = ArrayList<Any>()
    ... ...
```

下面再添加 Advertising 对象就没问题了：

```
data.add(MusicInfo("马云云","踩蘑菇的小姑娘",4))
data.add(MusicInfo("贝克汗脚","我是真的还想再借五百元",2))
```

```
data.add(MusicInfo("杰克孙","一行白鹭上西天",2))
//插入一条广告
data.add(Advertising("蓝翔", "中国航天人才的摇篮指定生产厂家"))
data.add(MusicInfo("牛德华","一个爱上浪嫚的人",2))
data.add(MusicInfo("王钢烈","菊花残",5))
data.add(MusicInfo("罗金凤","一天到晚游泳的驴",4))
```

数据准备好了，下一步添加广告条目对应的 Layout 资源。

14.7.2　添加条目 Layout

添加 Layout 资源的过程不再叨叨了，如图 14-25 所示。

```
New Resource File
File name:       music_list_advertising_item
Root element:    LinearLayout
Source set:      main
Directory name:  layout
```

图 14-25

Layout 很简单，就是两个 TextView，预览如图 14-26 所示，其源码如下：

图 14-26

```
<?xml version="1.0" encoding="utf-8"?>
<LinearLayout xmlns:android="http:
//schemas.android.com/apk/res/android"
    android:layout_width="match_parent"
    android:layout_height="wrap_content"
    android:gravity="center_vertical">

    <TextView
        android:id="@+id/textViewAdvertiser"
        android:layout_width="wrap_content"
        android:layout_height="wrap_content"
        android:layout_marginRight="10dp"
        android:text="广告主"
        android:textSize="24sp" />

    <TextView
        android:id="@+id/textViewContent"
        android:layout_width="match_parent"
        android:layout_height="wrap_content"
        android:text="内容"
        android:textSize="18sp" />
</LinearLayout>
```

下一步还不能修改 Adapter 的代码，而是需要创建新的 ViewHolder 类。

14.7.3 创建新的 ViewHolder 类

不同的条目 Layout，其包含的子控件也不相同，所以每一个条目 Layout 都要对应一个 ViewHolder 类，而且为了容易扩展，一般会创建一个作为基类的抽象 ViewHolder 类，其余 ViewHolder 类都从它派生。我们先创建基类，依然作为 MusicListFragment 的内部类：

```
inner open class BaseViewHolder(itemView: View) : RecyclerView.ViewHolder
(itemView)
```

可以看到，现在没有什么实质性的内容。下面修改原先的 ViewHolder 类 MyViewHolder（注意加粗的地方）：

```
inner class MyViewHolder(itemView: View) : BaseViewHolder(itemView) {
```

再创建 Advertising Item 对应的 ViewHolder 类 AdvertisingViewHolder：

```
inner class AdvertisingViewHolder(itemView: View) : BaseViewHolder(itemView)
```

最后，MyAdapter 类中用到 MyViewHolder 的地方都要改为 BaseViewHolder，比如 MyAdapter 定义时所传入的范型参数，改为这样：

```
inner class MyAdapter : RecyclerView.Adapter<BaseViewHolder>()
```

onCreateViewHolder()的定义改为：

```
override fun onCreateViewHolder(parent: ViewGroup, viewType: Int):
BaseViewHolder { ... ...
```

onBindViewHolder()的定义改为：

```
override fun onBindViewHolder(holder: BaseViewHolder, position: Int)
```

下一步改写 Adapter 的代码，根据 data 中条目的类型，显示不同的 Layout 以及绑定不同的控件。

14.7.4 区分不同的 View Type

RecyclerView 中使用 View Type 区分不同的条目的 Layout，前面的例子中只有一种条目 Layout，所以不需要区分。

onCreateViewHolder()的第二个参数就是要创建的条目的 View Type，我们需要在 onCreateViewHolder()中判断它的值，根据不同的值使用对应的条目 Layout 资源创建条目 View。它的值是由我们自己决定的，我们需要重写另一个方法，在其中决定各条目对应的 View Type 的值。这个方法是 getItemViewType()，它的实现如下：

```
override fun getItemViewType(position: Int): Int {
    //根据参数position返回每行对应的ViewType的值，为了方便
    //我们直接将行layout的ID作为ViewType的值
    return if (data[position] is MusicInfo) {
        //这条对应的数据是MusicInfo
```

```
            R.layout.music_list_item
        } else {
            //这条对应的信息是 Advertising
            R.layout.music_list_advertising_item
        }
    }
```

在 onCreateViewHolder()中根据不同的 View Type 加载不同的 Layout：

```
    override fun onCreateViewHolder(parent: ViewGroup, viewType: Int):
BaseViewHolder {
        val inflater = this@MusicListFragment.layoutInflater
        //viewType 就是 Layout 的 id
        val view = inflater.inflate(viewType, parent, false)
        return if (viewType === R.layout.music_list_item) {
            MyViewHolder(view)
        } else {
            AdvertisingViewHolder(view)
        }
    }
```

在上面的代码中，通过判断 viewType 的值创建不同的 ViewHolder 类。下一步修改 onBindViewHolder()，判断每条数据的类型，进行不同的绑定。代码如下：

```
    override fun onBindViewHolder(holder: BaseViewHolder, position: Int) {
        //获取这一行对应的 List 项
        val item = data[position]
        if(item is MusicInfo){
            //item 是音乐信息类的实例
            //将数据设置到对应的控件中
            holder.itemView.textViewSinger?.text = item.singer
            holder.itemView.textViewTitle?.text = item.title
            holder.itemView.ratingBar?.rating = item.like.toFloat()
        }else if(item is Advertising){
            //item 是广告类的实例
            holder.itemView.textViewAdvertiser.text = item.advertiser
            holder.itemView.textViewContent.text = item.content
        }
    }
```

运行 App，进入主页面，效果如图 14-27 所示。

到此为止，RecyclerView 的主要用法介绍完了。后面会大量使用它，也会解锁更多的“姿势”。

图 14-27

第 15 章

◀ 模仿QQ App界面 ▶

我们的 App 最终要实现聊天功能。现在我们已掌握构建复杂界面的技术，先把 QQ 界面模仿出来，再增加实质的聊天功能。

整体来说，QQ App 的大多数页面在顶部都具有 ActionBar。实际上那并不是一个真的 ActionBar，而是用 View 模拟出来的，所以我们需要把 Activity 的 ActionBar 去掉。

15.1 创建新的 Android 项目

新建一个 Android 工程“QQAppCotlin”，在选择 Activity 时，选择“Empty Activity”，支持的最低版本随便选，这里选的是 6.0，别忘了选中“Use AndroidX Artifacts”（代替了原来的“support 库”），保留 Activity 的名字为 MainActivity（这是 App 中添加的第一个 Activity）。

把 Activity 的 ActionBar 去掉（见图 15-1）。

```
styles.xml ×
1  <resources>
2
3      <!-- Base application theme. -->
4      <style name="AppTheme" parent="Theme.AppCompat.Light.NoActionBar">
5          <!-- Customize your theme here. -->
6          <item name="colorPrimary">@color/colorPrimary</item>
7          <item name="colorPrimaryDark">@color/colorPrimaryDark</item>
8          <item name="colorAccent">@color/colorAccent</item>
9      </style>
10
11 </resources>
```

图 15-1

15.2 设计登录页面

注意，各页面都是 Fragment！下面先创建登录 Fragment。

15.2.1　创建登录 Fragment

创建一个空的 Fragment，取名 LoginFragment，同时要创建 layout 文件，如图 15-2 所示。（注意，不要选中红框中的项。）

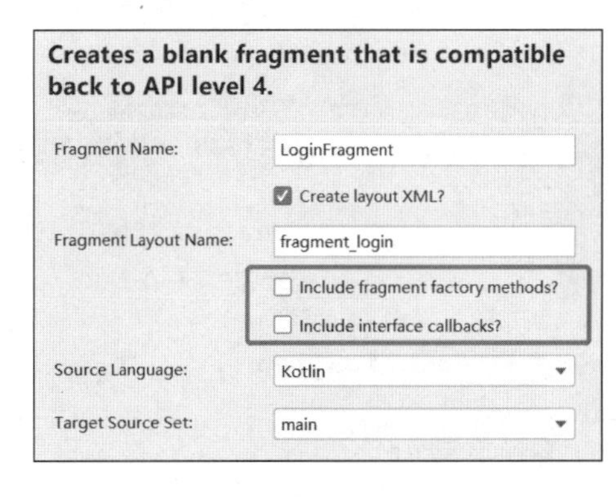

图 15-2

下面把 LoginFragment 显示在 MainActivity 中。由于 MainActivity 的 layout 文件中根 View 默认是 ConstraintLayout，而作为 Fragment 容器的 Layout 用 FragmentLayout 比较好，所以将 ConstraintLayout 改为 FragmentLayout。activity_main.xml 内容如下：

```
<?xml version="1.0" encoding="utf-8"?>
<FrameLayout
        xmlns:android="http://schemas.android.com/apk/res/android"
        xmlns:tools="http://schemas.android.com/tools"
        xmlns:app="http://schemas.android.com/apk/res-auto"
        android:layout_width="match_parent"
        android:layout_height="match_parent"
        tools:context=".MainActivity"
        android:id="@+id/fragment_container">

</FrameLayout>
```

在 Activity 启动时就将 Fragment 加入到 Activity 中（MainActivity 类中）：

```
override fun onCreate(savedInstanceState: Bundle?) {
    super.onCreate(savedInstanceState)
    setContentView(R.layout.activity_main)

    //将 LoginFragment 加入，作为首页
    val fragmentTransaction = supportFragmentManager.beginTransaction()
    val fragment = LoginFragment()
    fragmentTransaction.add(R.id.fragment_container, fragment)
    fragmentTransaction.commit()
}
```

还要将 Activity 的 ActionBar 去掉，方法是修改 Activity 的 theme。在 Manifest 中文件内容如下：

```
<manifest xmlns:android="http://schemas.android.com/apk/res/android"
          package="com.example.niu.qqapp">

    <application
            android:allowBackup="true"
            android:icon="@mipmap/ic_launcher"
            android:label="@string/app_name"
```

```
            android:roundIcon="@mipmap/ic_launcher_round"
            android:supportsRtl="true"
            android:theme="@style/AppTheme">
        <activity android:name=".MainActivity">
            <intent-filter>
                <action android:name="android.intent.action.MAIN"/>

                <category android:name="android.intent.category.LAUNCHER"/>
            </intent-filter>
        </activity>
    </application>

</manifest>
```

可以看到 Activity 并没有设置 theme 属性，此时它会使用 Application 的 theme：android:theme="@style/AppTheme"。在 res/values/styles.xml 文件中定义了 AppTheme 这个 Style，内容是这样的：

```
<!-- Base application theme. -->
<style name="AppTheme" parent="Theme.AppCompat.Light.DarkActionBar">
    <!-- Customize your theme here. -->
    <item name="colorPrimary">@color/colorPrimary</item>
    <item name="colorPrimaryDark">@color/colorPrimaryDark</item>
    <item name="colorAccent">@color/colorAccent</item>
</style>
```

我们将 style 元素的 parent 属性值改为"Theme.AppCompat.Light.NoActionBar"，Activity 就没有 ActionBar 了。

15.2.2 设计登录界面

QQ App 的登录页面（LoginFragment），如图 15-3 所示（界面可能会变样，这里模仿当前的样子）。我们先来整理一下实现思路。

图 15-3

实现要点概述：

- 页面是一个 Fragment。
- 使用 ConstraintLayout 摆放子控件。
- 背景是一张图片。
- 所有控件都是半透明的。

详细制作步骤：

（1）找一张背景图片（最好是 PNG），放在 res/drawable 下。

（2）制作左上角的企鹅图片（最好是 PNG），也可以从网上搜索并下载。

（3）拖入 QQ 号输入框，加 Layout 约束。

（4）在 QQ 号输入框的右边放置一个 TextView，设置其内容为特殊字符“∨”，并设置 Layout 约束。

（5）拖入密码输入框，设置其约束。

（6）拖入按钮，设置其 text 为“登录”、背景色为淡蓝，并设置其约束。

（7）拖入两个 TextView，设置其 text 为忘记密码和新用户登录，并设置其约束。

（8）在最下面拖入一个横向的 LinearLayout，加入两个 TextView，分别设置 text 为“登录即代表阅读并同意”和“服务条款”，设置其 Layout，并设置第二个 TextView 的颜色为淡蓝色。

（9）除了最上面的 QQ 图标和文字，下面所有的控件都要设置为半透明（alpha 属性为 0.7）。

难点：

QQ 号输入框看起来比较花哨，因其右边有个下拉箭头，当点这个箭头时，会弹出以前登录过的 QQ 号和头像。看起来似乎箭头是这个输入框的一部分，其实不是，是另外一个控件，只是把它放到了输入框里面。我们需要响应这个箭头的单击事件，在其中弹出类似于菜单的控件，在菜单中列出登录过的 QQ 号和头像。

15.2.3 UI 代码

下面是 LoginFragment 的界面设计源码，其 Layout 资源是 fragment_layout.xml，内容为：

```
<?xml version="1.0" encoding="utf-8"?>
<androidx.constraintlayout.widget.ConstraintLayout
      xmlns:android="http://schemas.android.com/apk/res/android"
      xmlns:app="http://schemas.android.com/apk/res-auto"
      xmlns:tools="http://schemas.android.com/tools"
      android:layout_width="match_parent"
      android:layout_height="match_parent"
      android:background="@drawable/bg1"
      tools:context=".LoginFragment">

   <ImageView
         android:id="@+id/imageView"
         android:layout_width="wrap_content"
         android:layout_height="wrap_content"
         android:layout_marginStart="20dp"
         android:layout_marginTop="40dp"
         app:layout_constraintLeft_toLeftOf="parent"
         app:layout_constraintTop_toTopOf="parent"
         app:srcCompat="@drawable/qq"
         android:contentDescription="Head"/>
   <TextView
         android:id="@+id/textView"
         android:layout_width="wrap_content"
         android:layout_height="wrap_content"
```

```
        android:layout_marginStart="8dp"
        android:fontFamily="casual"
        android:text="QQ"
        android:textColor="@android:color/white"
        android:textSize="36sp"
        android:textStyle="bold"
        app:layout_constraintBottom_toBottomOf="@+id/imageView"
        app:layout_constraintLeft_toRightOf="@+id/imageView"
        app:layout_constraintTop_toTopOf="@+id/imageView"/>
    <EditText
        android:id="@+id/editTextQQNum"
        android:layout_width="0dp"
        android:layout_height="wrap_content"
        android:layout_marginStart="32dp"
        android:layout_marginEnd="32dp"
        android:layout_marginTop="40dp"
        android:alpha="0.8"
        android:ems="10"
        android:hint="QQ号/手机号/邮箱"
        android:inputType="textPersonName"
        app:layout_constraintLeft_toLeftOf="parent"
        app:layout_constraintRight_toRightOf="parent"
        app:layout_constraintTop_toBottomOf="@+id/imageView"
        app:layout_constraintHorizontal_bias="0.0"/>
    <EditText
        android:id="@+id/editTextPassword"
        android:layout_width="0dp"
        android:layout_height="wrap_content"
        android:layout_marginTop="11dp"
        android:alpha="0.8"
        android:ems="10"
        android:hint="密码"
        android:inputType="textPassword"
        app:layout_constraintHorizontal_bias="1.0"
        app:layout_constraintLeft_toLeftOf="@+id/editTextQQNum"
        app:layout_constraintRight_toRightOf="@+id/editTextQQNum"
        app:layout_constraintTop_toBottomOf="@+id/editTextQQNum"/>
    <Button
        android:id="@+id/buttonLogin"
        android:layout_width="0dp"
        android:layout_height="wrap_content"
        android:layout_marginTop="15dp"
        android:alpha="0.7"
        android:background="@android:color/holo_blue_light"
        android:text="登录"
        app:layout_constraintHorizontal_bias="0.0"
        app:layout_constraintLeft_toLeftOf="@+id/editTextQQNum"
```

```
        app:layout_constraintRight_toRightOf="@+id/editTextQQNum"
        app:layout_constraintTop_toBottomOf="@+id/editTextPassword" />
<TextView
        android:id="@+id/textViewHistory"
        android:layout_width="wrap_content"
        android:layout_height="wrap_content"
        android:layout_marginBottom="8dp"
        android:layout_marginEnd="8dp"
        android:text="∨"
        app:layout_constraintBottom_toBottomOf="@+id/editTextQQNum"
        app:layout_constraintRight_toRightOf="@+id/editTextQQNum"
        app:layout_constraintTop_toTopOf="@+id/editTextQQNum"/>
<TextView
        android:id="@+id/textViewForget"
        android:layout_width="wrap_content"
        android:layout_height="wrap_content"
        android:layout_marginTop="16dp"
        android:text="忘记密码?"
        android:textColor="@android:color/holo_blue_dark"
        app:layout_constraintLeft_toLeftOf="@+id/buttonLogin"
        app:layout_constraintTop_toBottomOf="@+id/buttonLogin" />
<TextView
        android:id="@+id/textViewRegister"
        android:layout_width="wrap_content"
        android:layout_height="wrap_content"
        android:layout_marginTop="16dp"
        android:text="新用户注册"
        android:textColor="@android:color/holo_blue_dark"
        app:layout_constraintRight_toRightOf="@+id/buttonLogin"
        app:layout_constraintTop_toBottomOf="@+id/buttonLogin" />
<LinearLayout
        android:layout_width="wrap_content"
        android:layout_height="wrap_content"
        app:layout_constraintBottom_toBottomOf="parent"
        android:layout_marginBottom="24dp"
        android:layout_marginEnd="8dp"
        app:layout_constraintRight_toRightOf="parent"
        android:layout_marginStart="8dp"
        app:layout_constraintLeft_toLeftOf="parent"
        android:orientation="horizontal">
    <TextView
            android:id="@+id/textView4"
            android:layout_width="match_parent"
            android:layout_height="wrap_content"
            android:text="登录即代表阅读并同意" />
    <TextView
```

```
                    android:id="@+id/textView5"
                    android:layout_width= "match_parent"
                    android:layout_height= "wrap_content"
                    android:text="服务条款"
                    android:textColor= "@android:color/
holo_blue_light"/>
        </LinearLayout>
    </androidx.constraintlayout.widget.ConstraintLayout>
```

运行 App，如图 15-4 所示。

图 15-4

15.2.4 显示登录历史

要完成这个功能，需要使用本地存储，记录下每次登录成功的 QQ 号，然后在需要显示时根据历史记录创建菜单项。本地存储这部分知识现在还没讲，所以我们就显示固定的几条历史。

要完全模仿 QQ App 这里的效果不是那么简单，因为在弹出历史记录菜单时这个菜单盖住了从它开始的位置一直到屏幕最底部的所有空间。也就是说，从密码输入框开始下面所有的控件都看不到了，而同时这个菜单还是半透明的，效果如图 15-5（菜单弹出前）和图 15-6（菜单弹出后）所示。

图 15-5

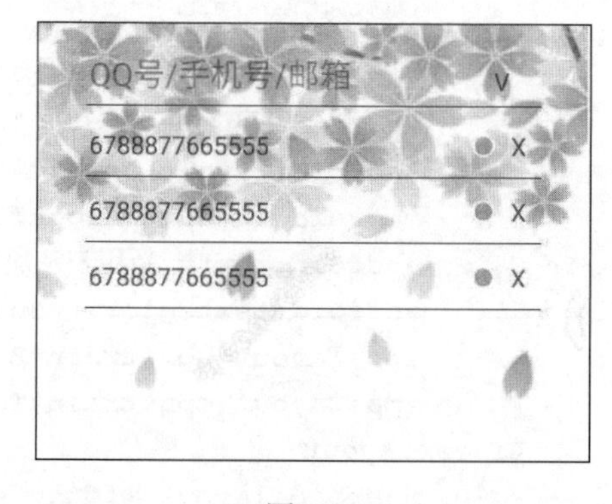

图 15-6

要实现此效果，需要把 QQ 号输入框下的部分内容单独拿出来，即两图中红框标出的部分。要为这块区域准备两个子页面，这两个子页面互相替换，即显示一个时另一个隐藏。根据两个子页面中控件的排版特点，第一个子页面的根 View 应为 ConstraintLayout，第二个子页面的根 View 为纵向的 LinearLayout。默认显示第一个子页面。这两个子页面还得有一个容器，这个容器当然应占据整个子页面的区域，并容纳子页面，最适合做这个容器的控件是 FrameLayout，所以我们需要改进 fragment_layout.xml 的内容：

```
<?xml version="1.0" encoding="utf-8"?>
<androidx.constraintlayout.widget.ConstraintLayout
        xmlns:android="http://schemas.android.com/apk/res/android"
        xmlns:app="http://schemas.android.com/apk/res-auto"
        xmlns:tools="http://schemas.android.com/tools"
        android:layout_width="match_parent"
```

```
    android:layout_height="match_parent"
    android:background="@drawable/bg1"
    tools:context=".LoginFragment">

    <ImageView
        android:id="@+id/imageView"
        android:layout_width="wrap_content"
        android:layout_height="wrap_content"
        android:layout_marginStart="20dp"
        android:layout_marginTop="40dp"
        app:layout_constraintLeft_toLeftOf="parent"
        app:layout_constraintTop_toTopOf="parent"
        app:srcCompat="@drawable/qq"/>
    <TextView
        android:id="@+id/textView"
        android:layout_width="wrap_content"
        android:layout_height="wrap_content"
        android:layout_marginStart="8dp"
        android:fontFamily="casual"
        android:text="QQ"
        android:textColor="@android:color/white"
        android:textSize="36sp"
        android:textStyle="bold"
        app:layout_constraintBottom_toBottomOf="@+id/imageView"
        app:layout_constraintLeft_toRightOf="@+id/imageView"
        app:layout_constraintTop_toTopOf="@+id/imageView"/>
    <EditText
        android:id="@+id/editTextQQNum"
        android:layout_width="0dp"
        android:layout_height="wrap_content"
        android:layout_marginTop="40dp"
        android:alpha="0.8"
        android:ems="10"
        android:hint="QQ 号/手机号/邮箱"
        android:inputType="textPersonName"
        app:layout_constraintHorizontal_bias="0.0"
        app:layout_constraintLeft_toLeftOf="parent"
        app:layout_constraintRight_toRightOf="parent"
        app:layout_constraintTop_toBottomOf="@+id/imageView"
android:layout_marginLeft="32dp"
        android:layout_marginRight="32dp"/>
    <TextView
        android:id="@+id/textViewHistory"
        android:layout_width="wrap_content"
        android:layout_height="wrap_content"
        android:layout_marginEnd="16dp"
        android:layout_marginTop="12dp"
```

```
            android:padding="5dp"
            android:text="V"
            app:layout_constraintRight_toRightOf="@+id/editTextQQNum"
            app:layout_constraintTop_toTopOf="@+id/editTextQQNum" />

    <FrameLayout
            android:layout_width="0dp"
            android:layout_height="0dp"
            app:layout_constraintBottom_toBottomOf="parent"
            app:layout_constraintHorizontal_bias="0.0"
            app:layout_constraintLeft_toLeftOf="@+id/editTextQQNum"
            app:layout_constraintRight_toRightOf="@+id/editTextQQNum"
            app:layout_constraintTop_toBottomOf="@+id/editTextQQNum"
            app:layout_constraintVertical_bias="0.0">
        <LinearLayout
                android:id="@+id/layoutHistory"
                android:layout_width="match_parent"
                android:layout_height="match_parent"
                android:orientation="vertical"
                android:visibility="invisible">
        </LinearLayout>

        <androidx.constraintlayout.widget.ConstraintLayout
                android:id="@+id/layoutContext"
                android:layout_width="match_parent"
                android:layout_height="match_parent">
            <EditText
                    android:id="@+id/editTextPassword"
                    android:layout_width="0dp"
                    android:layout_height="wrap_content"
                    android:alpha="0.8"
                    android:ems="10"
                    android:hint="密码"
                    android:inputType="textPassword"
                    app:layout_constraintHorizontal_bias="0.0"
                    app:layout_constraintLeft_toLeftOf="parent"
                    app:layout_constraintRight_toRightOf="parent"
                    app:layout_constraintTop_toTopOf="parent" />
            <Button
                    android:id="@+id/buttonLogin"
                    android:layout_width="0dp"
                    android:layout_height="wrap_content"
                    android:layout_marginTop="13dp"
                    android:alpha="0.7"
                    android:background="@android:color/holo_blue_light"
                    android:text="登录"
                    app:layout_constraintLeft_toLeftOf="parent"
```

```
                app:layout_constraintRight_toRightOf="parent"
                app:layout_constraintTop_toBottomOf="@+id/
editTextPassword" />
            <TextView
                android:id="@+id/textViewForget"
                android:layout_width="wrap_content"
                android:layout_height="wrap_content"
                android:layout_marginTop="16dp"
                android:text="忘记密码?"
                android:textColor="@android:color/holo_blue_dark"
                app:layout_constraintLeft_toLeftOf="@+id/buttonLogin"
                app:layout_constraintTop_toBottomOf="@+id/buttonLogin" />
            <TextView
                android:id="@+id/textViewRegister"
                android:layout_width="wrap_content"
                android:layout_height="wrap_content"
                android:layout_marginTop="16dp"
                android:text="新用户注册"
                android:textColor="@android:color/holo_blue_dark"
                app:layout_constraintRight_toRightOf="@+id/buttonLogin"
                app:layout_constraintTop_toBottomOf="@+id/buttonLogin" />
            <LinearLayout
                android:layout_width="wrap_content"
                android:layout_height="wrap_content"
                android:layout_marginBottom="24dp"
                android:layout_marginEnd="8dp"
                android:layout_marginStart="8dp"
                app:layout_constraintBottom_toBottomOf="parent"
                app:layout_constraintLeft_toLeftOf="parent"
                app:layout_constraintRight_toRightOf="parent"
                android:orientation="horizontal">
                        <TextView
                            android:id="@+id/textView4"
                            android:layout_width="match_parent"
                            android:layout_height="wrap_content"
                            android:text="登录即代表阅读并同意" />
                        <TextView
                            android:id="@+id/textView5"
                            android:layout_width="match_parent"
                            android:layout_height="wrap_content"
                            android:text="服务条款"
                            android:textColor="@android:
color/holo_blue_light" />
                    </LinearLayout>
                </androidx.constraintlayout.widget.ConstraintLayout>
            </FrameLayout>
        </androidx.constraintlayout.widget.ConstraintLayout>
```

注意，现在在QQ号输入框下面是FrameLayout，它有两个子控件：一个是id为layoutHistory的 LinearLayout，另一个是 id 为 layoutContext 的 ConstraintLayout，它们就是两个子页面。layoutHistory 的 visibility 是 invisible，即不可见，这样就造成初始时只显示 layoutContext 的内容。当用户单击登录框右边的下拉箭头（textViewHistory）时，隐藏 layoutContext，显示 layoutHistory。我们用 layoutHistory 作为历史菜单项的容器，菜单项应该是动态创建的，我们应该为每个菜单项搞一个单独的layout资源文件，从它创建出菜单项控件，加入到layoutHistory中。那为什么不使用真正的菜单（Menu）呢？原因很简单，因为用 Menu 做不出图 15-6 所示的效果。下节就设计历史菜单项。

15.2.5 设计历史菜单项

增加一个 Layout 资源，文件名叫“login_history_item.xml”。其根 View 是一个横向的LinearLayout，左边是一个 TextView 显示 QQ 号，右边是一个删除图标，其左边紧靠它的是一个 QQ 头像图片，代码如下：

```
<?xml version="1.0" encoding="utf-8"?>
<LinearLayout xmlns:android="http://schemas.android.com/apk/res/android"
              xmlns:app="http://schemas.android.com/apk/res-auto"
              xmlns:tools="http://schemas.android.com/tools"
              android:orientation="horizontal"
              android:layout_width="match_parent"
              android:layout_height="41dp"
              android:gravity="center_vertical">
    <TextView
            android:id="@+id/textView2"
            android:layout_width="0dp"
            android:layout_height="wrap_content"
            android:layout_weight="1"
            android:text="6788877665555" />
    <ImageView
            android:id="@+id/imageView2"
            android:layout_width="wrap_content"
            android:layout_height="wrap_content"
            app:srcCompat="@android:drawable/presence_online"/>
    <TextView
            android:id="@+id/textViewDelete"
            android:layout_width="wrap_content"
            android:layout_height="wrap_content"
            android:layout_marginStart="10dp"
            android:layout_marginEnd="8dp"
            android:text="X" />
</LinearLayout>
```

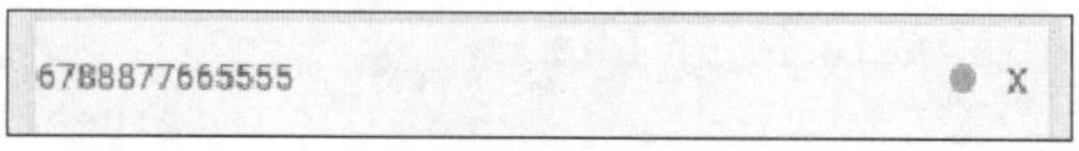

其预览如图 15-7 所示。

图 15-7

15.2.6　实现显示历史的代码

响应 QQ 号输入框右边的下拉箭头的单击事件，在 LoginFragment 中重写 onViewCreated() 方法，为控件 textViewHistory 设置侦听器：

```
override fun onViewCreated(view: View, savedInstanceState: Bundle?) {
    super.onViewCreated(view, savedInstanceState)

    this.textViewHistory.setOnClickListener {

    }
}
```

在侦听器的回调方法中，我们要创建菜单项，加入到 layoutHistory 控件中，然后显示 layoutHistory 控件并且隐藏 layoutContext 控件：

```
this.textViewHistory.setOnClickListener {
    layoutContext.visibility = View.INVISIBLE
    layoutHistory.visibility = View.VISIBLE
    //创建 3 条历史记录菜单项，添加到 layoutHistory 中
    var layoutItem =
activity!!.layoutInflater.inflate(R.layout.login_history_item, null)
    layoutHistory.addView(layoutItem)
    layoutItem =
activity!!.layoutInflater.inflate(R.layout.login_history_item, null)
    layoutHistory.addView(layoutItem)
    layoutItem =
activity!!.layoutInflater.inflate(R.layout.login_history_item, null)
    layoutHistory.addView(layoutItem)
}
```

运行一下，单击下拉图标，效果如图 15-8 所示。

图 15-8

效果不对，继续改进。除了为菜单画出分割线，还要保证菜单项的高度与 QQ 号输入框的高度一样。我们还需要保证 QQ 号输入框的下边界线与菜单项的分割线完全一致。这么多要求如何满足呢？最简单的办法是定制菜单项根控件的背景。

在定制背景之前，我们需要先学习一种新的 Drawable 资源 selector，它是专门用于设置控件背景的。

15.2.7　selector 资源

selector 是一种 Drawable，其中带有选择的意味。Android 的控件可以有多种状态，比如 enable、disable、focus 等，如何在视觉上体现出这些状态呢？使用不同的背景是个好办法。为控件设置背景必须用 drawable 对象，可以是图片，也可以是颜色。用图片作背景可以搞出各

种效果，这肯定没有问题，但是制作这些状态图片很费劲，而且控件是可大可小的，图片跟着缩放后可能出现失真。于是 Android 为我们提供了叫作 selector 的 drawable，专门做背景，用来解决上述问题。

我们创建一个 Drawable 资源，作为 QQ 号输入框背景的 selector 定义文件（见图 15-9）。

New Resource File
File name: edit_bk_selector
Source set: main
Directory name: drawable

图 15-9

经修改后的，最终文件内容如下：

```
<?xml version="1.0" encoding="utf-8"?>
<selector xmlns:android="http://schemas.android.com/apk/res/android">
    <item android:state_focused="true" android:drawable=
"@drawable/edit_bk_normal" />
    <item android:state_focused="false" android:drawable=
"@drawable/edit_bk_normal" />
</selector>
```

它包含了两个 item，每个 item 都有两个属性（“state_focused”和“drawable”）：第一个属性表示对应的状态；第二个属性表示此状态下使用的 Drawable。这两个 item 指定了控件在有焦点和无焦点时使用的 Drawable。由于我们的控件在有焦点和无焦点时没有差别，因此都引用了同一个 Drawable "edit_bk_normal"。这个 Drawable 并不是一个图片文件，而是一个叫作“layer_list”的 Drawable 资源。

15.2.8 layer_list 资源

我们先创建 layer_list 资源（见图 15-10）。

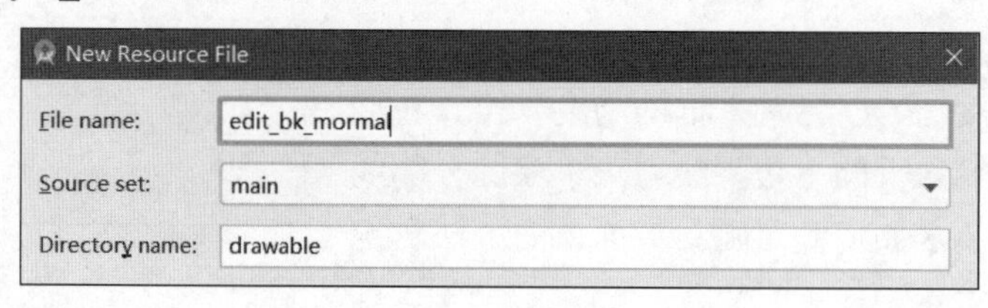

图 15-10

然后把源码改成如下形式：

```
<?xml version="1.0" encoding="utf-8"?>
<layer-list xmlns:android="http://schemas.android.com/apk/res/android" >
    <item android:top="40dp">
        <shape android:shape="line" >
            <stroke android:width="1px"
                    android:color="#FF000000" />
```

```
            <padding android:bottom="10dp"
                     android:left="2dp"
                     android:right="2dp"
                     android:top="10dp" />
        </shape>
    </item>
</layer-list>
```

layer_list 也是一种 Drawable。从字面上来理解，layer_list 是层列表的意思，其可以包含多个<item>，一个 item 就是一层。每一层是一幅图像，各层图像按顺序上下摆放，上面覆盖下面，重叠组合出最终效果。我们看到<item>中并没有引用图像，而是定义了<shape>。shape 是一个形状，实际上它定义了一幅图，但这种图叫矢量图。与图像文件中的图不一样（图像文件中这样的图叫栅格图），矢量图里存的是如何画出一幅图的代码，而不是图中每个像素的颜色，显示矢量图其实就是执行代码把图画出来。我们的输入框只需要在底部显示一条直线，很适合用矢量图。

这个<shape>中包含了两个元素<stroke>和<padding>，stroke 定义了一条线，说明了其宽和颜色，而 padding 决定了这个线条的位置。默认情况下，线画出来后位于控件纵向的中央，通过在 padding 中设置 top 和 bottom 的值把它移到控件的底部。

15.2.9 定制控件背景

Drawable 定义好了，把它们用作控件的背景。首先设置成 QQ 号输入框的背景（见图 15-11），再设置成密码输入框的背景。

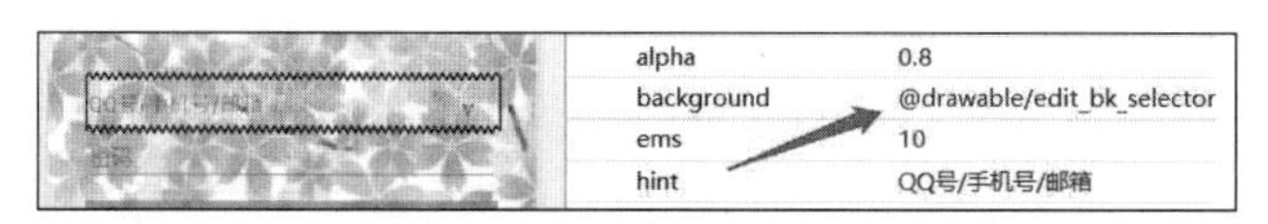

图 15-11

历史菜单项也应该使用这个背景，使用了这个背景之后可以保证这些菜单项变得与 QQ 号输入框高度一致并且有相同的分割线（见图 15-12）。

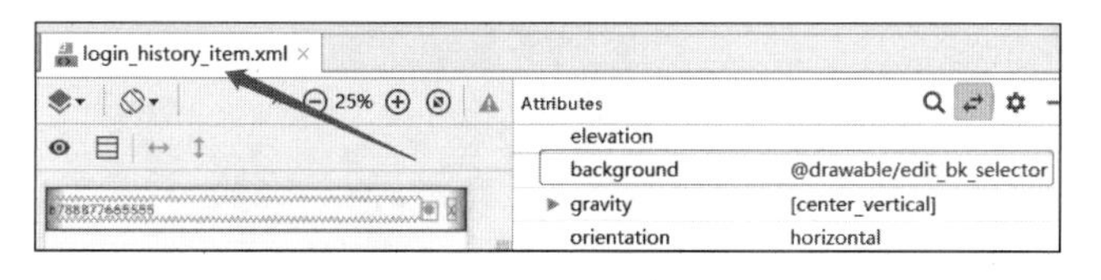

图 15-12

运行 App，效果如图 15-13 所示。

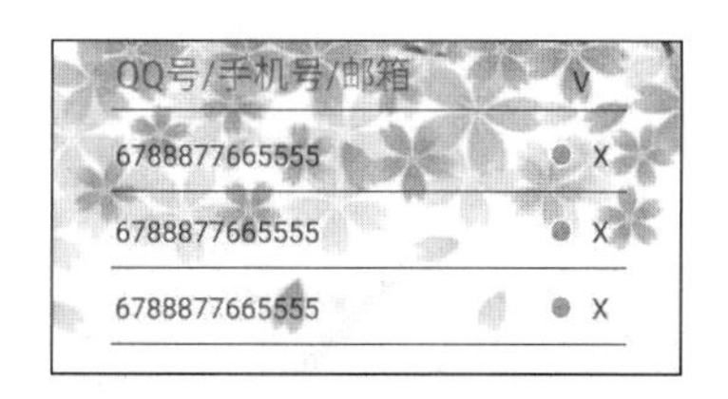

图 15-13

15.2.10 动画显示菜单

QQ App 中显示历史菜单时是有动画的，我们也不能少。虽然 Android 推荐使用属性动画，但是属性动画满足不了我们的需求，所以创建一个 View 动画资源（见图 15-14）。

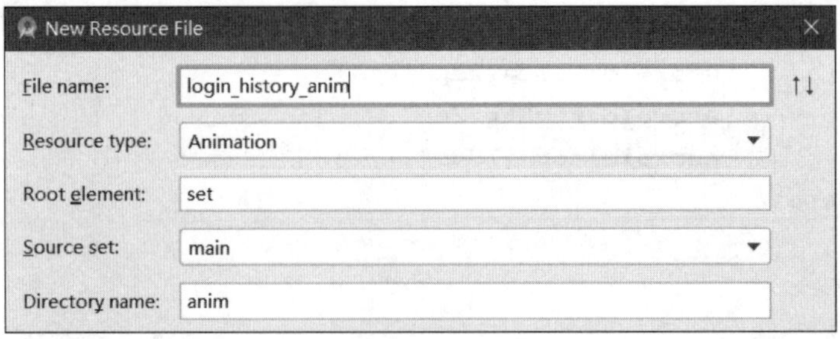

New Resource File

File name: login_history_anim

Resource type: Animation

Root element: set

Source set: main

Directory name: anim

图 15-14

源码如下：

```
<?xml version="1.0" encoding="utf-8"?>
<set xmlns:android="http://schemas.android.com/apk/res/android">
    <alpha android:fromAlpha="0.0"
          android:toAlpha="1.0"
          android:duration="100" />
    <scale android:fromXScale="0.5"
          android:toXScale="1.0"
          android:fromYScale="0.5"
          android:toYScale="1.0"
          android:pivotX="50%"
          android:pivotY="0%"
          android:duration="100"
          android:fillBefore="false" />
</set>
```

注意，android:pivotX="50%" 表示在横向上的缩放是从中心位置开始的，android:pivotY="0%" 表示在纵向上的缩放是从顶部开始的。

下面使用这个动画资源。在响应下拉箭头的单击事件中，向 layoutHistory 中添加历史菜单项之后，为 layoutHistory 显示过程设置动画：

```
    this.textViewHistory.setOnClickListener {
        layoutContext.visibility = View.INVISIBLE
        layoutHistory.visibility = View.VISIBLE
        //创建 3 条历史记录菜单项，添加到 layoutHistory 中
        var layoutItem = activity!!.layoutInflater.inflate
(R.layout.login_history_item, null)
        layoutHistory.addView(layoutItem)
        layoutItem = activity!!.layoutInflater.inflate
(R.layout.login_history_item, null)
        layoutHistory.addView(layoutItem)
        layoutItem = activity!!.layoutInflater.inflate
(R.layout.login_history_item, null)
        layoutHistory.addView(layoutItem)

        //使用动画显示历史记录
```

```
        val set= AnimationUtils.loadAnimation(context,R.anim.login_history_anim)
as AnimationSet
        layoutHistory.startAnimation(set)
    }
```

运行 App，登录历史的显示时有动画了。

15.2.11　让菜单消失

当单击菜单项之外的区域时，应该让菜单消失，即隐藏 layoutHistory，显示 layoutContext。这如何实现呢？可以为所有可能单击的控件设置单击响应侦听器，在其中切换两个控件。实际上不用这么麻烦也可以做到，只要为最外层的控件设置侦听器即可。最外层的控件就是 Fragment 的根 View，也是 onViewCreate()方法的第一个参数。下面我们为它设置侦听器：

```
override fun onViewCreated(view: View, savedInstanceState: Bundle?) {
    super.onViewCreated(view, savedInstanceState)

    this.textViewHistory.setOnClickListener {
        layoutContext.visibility = View.INVISIBLE
        layoutHistory.visibility = View.VISIBLE
        //创建 3 条历史记录菜单项，添加到 layoutHistory 中
        for (i in 0..2) {
            val layoutItem = activity!!.layoutInflater.inflate(
                R.layout.login_history_item, null)
            layoutHistory.addView(layoutItem)
        }

        //使用动画显示历史记录
        val set= AnimationUtils.loadAnimation(context,
            R.anim.login_history_anim) as AnimationSet
        layoutHistory.startAnimation(set)
    }

    //响应最外层 View 的单击事件，隐藏历史菜单
    view.setOnClickListener {
        if(layoutHistory.visibility === View.VISIBLE){
            layoutContext.visibility = View.VISIBLE;
            layoutHistory.visibility = View.INVISIBLE;
        }
    }
}
```

在其中先判断当前是否显示了历史菜单，如果是，就切换两个页面。还需要注意的是创建菜单项的地方，我们改成用 for 循环来创建三个菜单项。

还有问题，现在在菜单项上单击时也会隐藏历史菜单。我们应该把菜单项中的 QQ 号取出来设置到输入框中，如何处理呢？下节分解。

15.2.12　响应选中菜单项

我们需响应菜单项的单击，在响应方法中把 QQ 号取出并设置到输入框中。把侦听器设置到菜单项的根 View 中，代码如下：

```
this.textViewHistory.setOnClickListener {
    layoutContext.visibility = View.INVISIBLE
    layoutHistory.visibility = View.VISIBLE
    //创建 3 条历史记录菜单项，添加到 layoutHistory 中
    for (i in 0..2) {
        val layoutItem = activity!!.layoutInflater.inflate(
            R.layout.login_history_item, null)
        //响应菜单项的单击，把它里面的信息填到输入框中
        layoutItem.setOnClickListener {
            editTextQQNum.setText("12338432894389489З")
            layoutContext.visibility = View.VISIBLE
            layoutHistory.visibility = View.INVISIBLE
        }
        layoutHistory.addView(layoutItem)
    }

    //使用动画显示历史记录
    val set= AnimationUtils.loadAnimation(context,
        R.anim.login_history_anim) as AnimationSet
    layoutHistory.startAnimation(set)
}
```

注意，本应把菜单项中的 QQ 号取出来再设置到输入框中（editTextQQNum 是 QQ 号输入框），我们只是随便设置了一堆数字，因为目前只是做原型，实际的功能后面再做。

下面是 onViewCreated()的全部代码：

```
override fun onViewCreated(view: View, savedInstanceState: Bundle?) {
    super.onViewCreated(view, savedInstanceState)

    this.textViewHistory.setOnClickListener {
        layoutContext.visibility = View.INVISIBLE
        layoutHistory.visibility = View.VISIBLE
        //创建 3 条历史记录菜单项，添加到 layoutHistory 中
        for (i in 0..2) {
            val layoutItem = activity!!.layoutInflater.inflate(
                R.layout.login_history_item, null)
            //响应菜单项的单击，把它里面的信息填到输入框中
            layoutItem.setOnClickListener {
                editTextQQNum.setText("123384328943894893")
                layoutContext.visibility = View.VISIBLE
                layoutHistory.visibility = View.INVISIBLE
            }
            layoutHistory.addView(layoutItem)
```

```
        }
        //使用动画显示历史记录
        val set= AnimationUtils.loadAnimation(context,
            R.anim.login_history_anim) as AnimationSet
        layoutHistory.startAnimation(set)
    }
    //响应最外层 View 的单击事件，隐藏历史菜单
    view.setOnClickListener {
        if(layoutHistory.visibility === View.VISIBLE){
            layoutContext.visibility = View.VISIBLE;
            layoutHistory.visibility = View.INVISIBLE;
        }
    }
}
```

运行 App，可以发现历史菜单的显示与隐藏以及选中后的行为都没问题了。但是只设置 Fragment 根 View 的 Click（单击）侦听器时，单击某个菜单项执行的是根 View 的响应代码。此事件是菜单项先收到的，但菜单项把事件最终传给了对此事件有侦听器的某个祖先；当为菜单项设置了 Click 侦听器时，单击菜单项，执行的就是菜单项的侦听器，并且根 View 的侦听器不再被执行，这说明了什么？说明只要设置了侦听器，所侦听的事件就不再被往父辈传递。所以，一个控件的某个事件发生后，事件是可以被传递的，传递是有路由算法的。最基本的规则就是：如果一个控件未处理收到的事件，则向祖先传递，直到找到一个能处理此事件的祖先，一旦事件被某个控件处理，就不再传递；如果直到最后也没有找到控件处理，则此事件被扔掉。

登录完成，下面研究主页面。

15.3 QQ 主页面设计

我们的 App 最终效果如图 15-15 所示。

图 15-15

首先上面的导航栏（蓝色部分），不是真正的 ActionBar。最下面是一个 Tab 栏，中间是一个分页控件（ViewPager）。当我们选择不同的 Tab 项时，中间区域的页面发生切换，同时导航栏中间的标题和右边的图标会跟着变，但看起来导航栏本身并没有变。所以我们对这个页面的设计方案是：

- 上面一个横向 LinearLayout 作为导航栏。
- 下面一个 TabLayout 作为 Tab 栏。
- 中间一个 ViewPager 容纳各子页面。

ViewPager 是一种可以容纳多个 View 的控件，但是与 Layout 控件不同，它某个时刻只能显示其中一个 View，另一个 View 显示时，

当前的 View 就隐藏。每个 View 相当于一个页面，这就是它名字的由来。它是非常适合作为主内容区容器的，并且经常与 TabLayout 相互配合实现 Tab 翻页效果。

我们首先要把这个页面对应的 Fragment 创建出来，所以创建一个新的 Fragment，命名为 MainFragment（见图 15-16）。

下面先把 MainFragment 的 UI 搭起来。因为整个页面是上下结构的，所以最外层放一个纵向的 LinearLayout，上面放一个横向的 LinearLayout，设置它的高度为 50dp，中间放一个 ViewPager，下面放一个 TabLayout，把 TabLayout 的高度也设为 54dp。为了让 ViewPager 占据中间所有空间并正确显示 TabLayout，需把 ViewPager 的 layout_height 置为 0dp，然后把 layout_weight 置为 1。预览界面看起来如图 15-17 所示。

Creates a blank fragment that is compatible back to API level 4.

Fragment Name: MainFragment

☑ Create layout XML?

Fragment Layout Name: fragment_main

☐ Include fragment factory methods?

☐ Include interface callbacks?

Source Language: Kotlin

Target Source Set: main

图 15-16

图 15-17

Fragment_main.xml 源码如下：

```
<?xml version="1.0" encoding="utf-8"?>
<LinearLayout xmlns:android= "http://schemas.android.com/apk/res/android"
            xmlns:tools= "http://schemas.android.com/tools"
            android:layout_width="match_parent"
            android:layout_height="match_parent"
            android:orientation="vertical"
            tools:context=".MainFragment">
    <!--导航栏-->
    <LinearLayout
          android:layout_width="match_parent"
          android:layout_height="50dp"
          android:orientation="horizontal">
    </LinearLayout>
    <!--主内容区-->
    <androidx.viewpager.widget.ViewPager
          android:id="@+id/viewPager"
          android:layout_width="match_parent"
          android:layout_height="0dp"
```

```
            android:layout_weight="1" />
    <!--Tab 控件-->
    <com.google.android.material.tabs.TabLayout
            android:layout_width="match_parent"
            android:layout_height="54dp">
        <com.google.android.material.tabs.TabItem
                android:layout_width="wrap_content"
                android:layout_height="wrap_content"
                android:text="Left" />
        <com.google.android.material.tabs.TabItem
                android:layout_width="wrap_content"
                android:layout_height="wrap_content"
                android:text="Center" />
        <com.google.android.material.tabs.TabItem
                android:layout_width="wrap_content"
                android:layout_height="wrap_content"
                android:text="Right" />
    </com.google.android.material.tabs.TabLayout>
</LinearLayout>
```

登录成功后才能进入此页面。我们先把页面跳转代码完成才能看到这个页面。在 LoginFragment 的 onViewCreated()中，为登录按钮设置 Click 侦听器，代码如下：

```
//响应登录按钮的单击事件
buttonLogin.setOnClickListener {
    val fragmentManager = activity!!.supportFragmentManager
    val fragmentTransaction = fragmentManager.beginTransaction()
    val fragment = MainFragment()
    //替换掉 FrameLayout 中现有的 Fragment
    fragmentTransaction.replace(R.id.fragment_container, fragment)
    //将这次切换放入后退栈中，这样可以在单击后退键时自动返回上一个页面
    fragmentTransaction.addToBackStack("login")
    fragmentTransaction.commit()
}
```

从预览界面可以看到，虽然主要控件可以看到，但是配色不对，内容也不全。下面我们一一修正。

15.3.1　设置导航栏

导航栏左边是 QQ 头像，中间是标题，右边是一个“+”。只需要把这三样加到代表导航栏的 Layout 中即可。左边的控件是 ImageView，中间的是 TextView，右边用一个 TextView。然后设置左边的靠左，右边的靠右，中间的充满剩余空间，但其内容居中。最后设置整个 Layout 的内容纵向居中。其余细节见源码：

```
<!--导航栏-->
<LinearLayout
```

```
        android:layout_width="match_parent"
        android:layout_height="50dp"
        android:gravity="center_vertical"
        android:orientation="horizontal"
        android:paddingLeft="16dp"
        android:paddingRight="16dp">
    <ImageView
            android:id="@+id/imageView3"
            android:layout_width="wrap_content"
            android:layout_height="wrap_content"
            app:srcCompat="?android:attr/textSelectHandle" />
    <TextView
            android:id="@+id/textView3"
            android:layout_width="0dp"
            android:layout_height="wrap_content"
            android:layout_weight="1"
            android:gravity="center_horizontal"
            android:text="标题"
            android:textSize="18sp" />
    <TextView
            android:id="@+id/textView6"
            android:layout_width="wrap_content"
            android:layout_height="wrap_content"
            android:text="+"
            android:textSize="36sp" />
</LinearLayout>
```

然而，导航栏的背景还是不对，QQ App 中的背景是一个蓝色的渐变，左边深，右边浅。如何实现这样的背景呢？用 selector，从理论上讲，只要是 Drawable 都可以作为背景，我们并不想让导航栏在不同状态下有不同的背景，也可以不用 selector。打开文件 edit_bk_normal.xml，可以看到<layer-list>的<item>中包含了<shape>（shape 是形状的意思）。实际上<shape>也可以作为一个 Drawable 资源文件的根元素。我们为导航栏创建作为背景的 Drawable 资源 nav_bar_bk.xml，内容如下：

```
<?xml version="1.0" encoding="utf-8"?>
<shape xmlns:android="http://schemas.android.com/apk/res/android"
     android:shape="rectangle">
    <gradient android:startColor="#FF00A0FF"
            android:endColor="#FFB0BFFF"
            android:angle="0" />
</shape>
```

这个资源文件定义了一个 gradient（渐变）。下面我们把它作为导航栏的 LinearLayout 的背景：

```
<!--导航栏-->
<LinearLayout
```

```
        android:layout_width="match_parent"
        android:layout_height="50dp"
        android:gravity="center_vertical"
        android:orientation="horizontal"
        android:paddingLeft="16dp"
        android:paddingRight="16dp"
        android:background= "@drawable/nav_bar_bk">
```

现在的效果如图 15-18 所示。

图 15-18

15.3.2　设置 Tab 栏

首先我们为 TabLayout 设置 id（命名为 tabLayout），因为马上要在代码中操作它：

```
<!--Tab 控件-->
<com.google.android.material.tabs.TabLayout
        android:layout_width="match_parent"
        android:layout_height="54dp"
        app:tabBackground="@drawable/tab_bar_bk"
        app:tabIndicatorColor="@android:color/transparent"
        app:tabSelectedTextColor="@android:color/holo_blue_light"
        android:id="@+id/tabLayout">
```

Tab 栏背景是白色的，可以认为没有背景，但是它却有上边缘。为了做出这个效果，还是要设置背景的，并且背景必须用矢量图 Drawable。Tab 的每个 Item 都有图像，我们需要找到这三张图加到项目中。可以在网上找三个差不多的图标。

消息图标的文件名与图像如图 15-19 所示。

图 15-19

联系人图标的文件名与图像如图 15-20 所示。

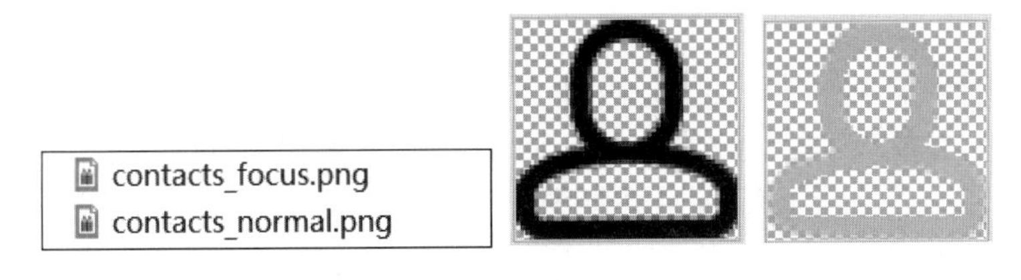

图 15-20

动态（QQ 空间）图标的文件名与图像如图 15-21 所示。

图 15-21

把这几个图标设置到对应的 TabItem（见图 15-22），效果如图 15-23 所示。接近了，下面把上边缘线设计出来。

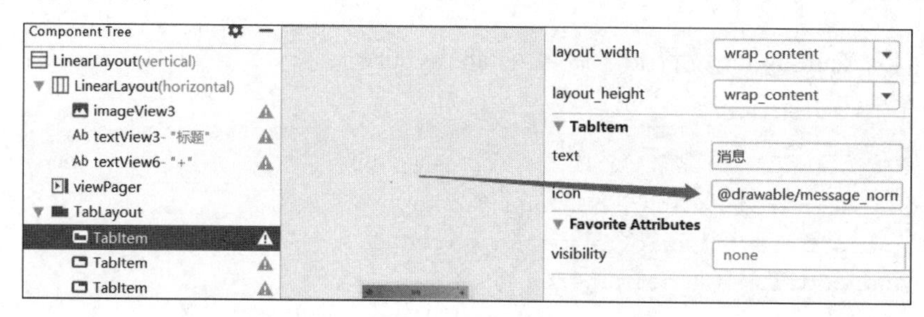

图 15-22

像导航栏一样，创建一个 Shape Drawable 可以吗？不可以！直接以 shape 矢量图作资源，其位置很难调整正确，所以必须用 layer-list，因为它里面的<shape>位置可调。创建一个 layer-list drawable 文件，命名为 tab_bar_bk.xml，其内容为：

```
<?xml version="1.0" encoding="utf-8"?>
<layer-list xmlns:android="http://schemas.android.com/apk/res/android" >
    <item android:top="-54dp">
        <shape android:shape="line" >
            <stroke
                android:width="1px"
                android:color="#FF808080" />
            <padding
                android:bottom="0dp"
                android:left="2dp"
                android:right="2dp"
                android:top="0dp" />
        </shape>
    </item>
</layer-list>
```

把 tab_bar_bk 设置为 TabLayout 控件的 background，上边界就出现了（见图 15-24）。

图 15-23

图 15-24

此时一个 Item 被选中时，图标和文字没有变成蓝色，而是下面出现红线。这个问题怎么解决呢？为 TabLayout 设置几个属性（见图 15-25）。

属性	值
tabIndicatorColor	@android:color/transparent
tabIndicatorHeight	
tabContentStart	
tabBackground	@drawable/tab_bar_bk
tabIndicator	
tabIndicatorGravity	none
tabIndicatorAnimationDuration	
tabIndicatorFullWidth	
tabMode	none
tabGravity	none
tabInlineLabel	
tabMinWidth	
tabMaxWidth	
tabTextAppearance	Design.Tab
tabTextColor	
tabSelectedTextColor	@android:color/holo_blue_light

图 15-25

我们把 tabIndicatorColor 的值改为“@android:color/transparent”，使得选中时的红线消失。transparent 是透明的意思，透明之后就看不到了。同时还设置了 tabSelectedTextColor 属性，它决定了 Item 被选中时文本的颜色。现在就剩下图片的颜色在选中时没有变化，要实现这个功能，请看下节。

15.3.3　改变 Tab Item 图标

我们可以在属性编辑器中为 Tab Item 设置图标，但是无法为它设置选中时的图标。可以响应 Tab Item 选择的 change 事件，在 Item 被选中时设置一个图标，在它变为非选中状态时设置另一个图标。首先像下面这样设置 TabItem 选择事件侦听器：

```
override fun onViewCreated(view: View, savedInstanceState: Bundle?) {
    super.onViewCreated(view, savedInstanceState)

    tabLayout.addOnTabSelectedListener(object :
TabLayout.OnTabSelectedListener {
        override fun onTabSelected(tab: TabLayout.Tab) {}
        override fun onTabUnselected(tab: TabLayout.Tab) {}
        override fun onTabReselected(tab: TabLayout.Tab) {}
    })
}
```

这个侦听器接口声明了三个需要我们实现的方法，从方法名就能判断出其作用。其中，onTabSelected()在一个 item 被选中后调用，onTabUnselected()在 item 从选中状态变为非选中状态后被调用，onTabReselected()在一个 item 被重新选中时被调用。这三个方法都有一个相同类型的参数 tab，它是一个 TabItem 对象，通过它可以获取发生事件的 Item，最终实现代码如下:

```
tabLayout.addOnTabSelectedListener(object : TabLayout.OnTabSelectedListener {
    override fun onTabSelected(tab: TabLayout.Tab) {
        when {
            tab.position === 0 -> tab.setIcon(R.drawable.contacts_focus)
            tab.position === 1 -> tab.setIcon(R.drawable.message_focus)
            else -> tab.setIcon(R.drawable.spacs_focus)
        }
    }
    override fun onTabUnselected(tab: TabLayout.Tab) {
        when {
            tab.position === 0 -> tab.setIcon(R.drawable.contacts_normal)
            tab.position === 1 -> tab.setIcon(R.drawable.message_normal)
            else -> tab.setIcon(R.drawable.space_normal)
        }
    }
    override fun onTabReselected(tab: TabLayout.Tab) {
        when {
            tab.position === 0 -> tab.setIcon(R.drawable.contacts_focus)
            tab.position === 1 -> tab.setIcon(R.drawable.message_focus)
            else -> tab.setIcon(R.drawable.spacs_focus)
        }
    }
})
```

现在运行的话，点 TabItem，会看到文字与图标都有变化，但是还是有点问题，就是初始时显示的是消息页面，但是对应的TabItem并没有处于选中状态，这需要我们在 onViewCreated()中将消息 Item 置为选中状态：

```
//将消息 TabItem 置为选中状态
tabLayout.getTabAt(0)?.setIcon(R.drawable.message_focus)
```

15.3.4 为 ViewPager 添加内容

中间内容区是一个 ViewPager，从名字可以猜出它是提供翻页效果的控件。它可以包含多个子 View，一个子 View 就是一页，同一时刻只能显示一页，可以在页之间切换。它是从 ViewGroup 派生的。除 Layout 之外的 ViewGroup，都需要用 Adapter 为它们提供子控件。ViewPager 也是这样一种控件。

QQ 主页面中三个 TabItem 对应页的内容都是列表的形式，所以这三个页都可以使用 RecyclerView 作为主要控件。但是不能直接在界面设计器中将这三个 RecyclerView 拖到 ViewPager 中，想想 Adapter 的使用思路，是不是应该在 Adapter 的某个回调方法中创建页面的 View？下面是 Adapter 类的代码（作为 MainFragment 内部类）：

```
//为ViewPager派生一个适配器类
internal inner class ViewPageAdapter : PagerAdapter() {
    override fun getCount(): Int {
        return listViews.length
    }

    override fun isViewFromObject(view: View, obj: Any): Boolean {
        return view == obj
    }

    //实例化一个子View，container是子View容器，就是ViewPager，
    //position是当前的页数，从0开始计
    override fun instantiateItem(container: ViewGroup, position: Int): Any {
        val v = listViews[position]
        //必须加入容器中
        container.addView(v)
        return v!!
    }

    override fun destroyItem(container: ViewGroup, position: Int, obj: Any) {
        container.removeView(obj as View)
    }
}
```

解释一下各方法。

- instantiateItem()

ViewPager 在创建页 View 时调用的方法是 instantiateItem()，返回页 View 对象，但实际上我们并不是在此方法中创建的页 View，而是在 Adapter 类的外部类 MainFragment 的构造方法中就创建了，在 instantiateItem()中只是返回对应的页 View 就行了，这样做是为了避免多次创建页 View。注意其中 container.addView()这一句，必须在 instantiateItem()中把子 View 加入到容器 View 中。

listViews 是一个 ArrayList 型变量，包含了三个页 View 的实例，是 MainFragment 的属性：

```
class MainFragment : Fragment() {
    //创建一个数组，有三个元素，三个元素都初始化为空
    private val listViews = arrayOfNulls<RecyclerView>(3)
```

我们在 MainFragment 的 onCreate()方法中创建三个页 View 的实例：

```
override fun onCreate(savedInstanceState: Bundle?) {
    super.onCreate(savedInstanceState)
    //创建三个RecyclerView，分别对应QQ消息页、QQ联系人页、QQ空间页
    listViews[0]=RecyclerView(context!!);
    listViews[1]=RecyclerView(context!!);
    listViews[2]=RecyclerView(context!!);
    //仅用于测试，为了看到效果，不同的页设为不同背景色
```

```
        listViews[0]!!.setBackgroundColor(Color.RED);
        listViews[1]!!.setBackgroundColor(Color.GREEN);
        listViews[2]!!.setBackgroundColor(Color.BLUE);
    }
```

- getCount()

返回 ViewPager 中的页数。

- destroyItem()

此方法必须实现，用于在销毁页 View 时调用，但我们不想销毁，所以只是把页 View 从容器中删除。

- isViewFromObject()

此方法用于告诉 ViewPager 在创建页 View 时有没有在外面包装了什么东西。例如，在 RecyclerView 的 Adapter 中，创建一项对应的 View 时，不是直接返回 View，而是包在了一个 ViewHolder 中。我们也可以在此处这样做，另创建一个类，把真正的子 View 包在其中，那么此时在 instantiateItem()中返回的就是包装类的实例，于是在 isViewFromObject()中就需要返回 false 了。对传入的参数进行比较，如果相同就返回 true，否则返回 false，这是一般的通用做法。

以下三句代码为三个页面设置了不同的背景，仅仅用于测试：

```
listViews[0]!!.setBackgroundColor(Color.RED);
listViews[1]!!.setBackgroundColor(Color.GREEN);
listViews[2]!!.setBackgroundColor(Color.BLUE);
```

创建了 Adapter 类后，还要将 Adapter 设置给 ViewPager，我们把这堆代码放到 MainFragment 的 onViewCreated()中：

```
//将 Adapter 设置给 ViewPager 实例
viewPager.adapter = ViewPageAdapter()
```

运行 App，登录，应看到如图 15-26 所示的效果，左右滑动可翻页（见图 15-27）。

图 15-26

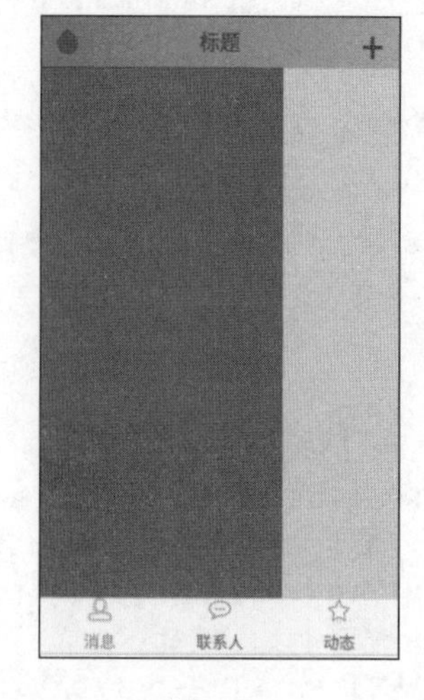

图 15-27

15.3.5　ViewPager 与 TabLayout 联动

ViewPager 与 TabLayout 还没有关联起来，所以现在单击 TabItem 时，ViewPager 没有翻页；同时 ViewPager 翻页时，TabItem 也没有切换。如何能让它们联动呢？从理论上讲，就是响应各自的事件，在其中调用对方相应的方法。比如响应 ViewPager 的页面切换事件，在其中选中对应的 TabItem；同时响应 Tab Item 的 Item 选择事件，在其中切换 ViewPager 中对应的页面。Android 已经为 ViewPager 与 LayoutTab 的联动提供了部分内置逻辑，我们可以做少量工作就使它们在一起，下面就是实现代码：

```
tabLayout.setupWithViewPager(viewPager);
```

我们也要把它放在 MainFragment 的 onViewCreated()中。运行 App，看看效果（图 15-28 是消息页面，图 15-29 是联系人页面）。

图 15-28

图 15-29

有些 Tab Item 不见了，但是用手在相应位置单击一下，发现还有效果，能引起翻页。这说明 Tab Item 还在，而且 TabLayout 与 ViewPager 已经正确关联。但是，TabItem 上的内容不见了，原因是当它们两个合体时，TabLayout 希望由 ViewPager 来决定 Tab Item 上显示的内容，所以直接设置到 TabItem 上的内容被忽略了。由 ViewPager 决定的话，实际上是 TabLayout 调用 ViewPager 的某个方法，经研究，最终是调用了 ViewPager 的 Adapter 的方法 getPageTitle()，所以我们要重写 Adapter 类的此方法，代码如下（ViewPageAdapter 中）：

```
override fun getPageTitle(position: Int): CharSequence? {
    if (position == 0) {
        return "消息"
    } else if (position == 1) {
        return "联系人"
    } else if (position == 2) {
        return "动态"
    }
```

```
        return null
    }
```

再次运行 App，效果如图 15-30 所示。

图 15-30

TabItem 的文字终于出来了！但是，有的又没有图像了。单击一下，它的图像又出来了。其实解决起来很简单：在将 TabLayout 与 ViewPager 关联起来之前就为 ViewPager 设置适配器。下面是整个 onViewCreated()的代码：

```
    override fun onViewCreated(view: View, savedInstanceState: Bundle?) {
        super.onViewCreated(view, savedInstanceState)

        //将 Adapter 设置给 ViewPager 实例，注意这两句的先后顺序
        viewPager.adapter = ViewPageAdapter()
        tabLayout.setupWithViewPager(viewPager);

        //将消息 TabItem 置为选中状态
        tabLayout.getTabAt(0)?.setIcon(R.drawable.message_focus)
        tabLayout.getTabAt(1)?.setIcon(R.drawable.contacts_normal)
        tabLayout.getTabAt(2)?.setIcon(R.drawable.space_normal)
        tabLayout.addOnTabSelectedListener(object :
TabLayout.OnTabSelectedListener {
            override fun onTabSelected(tab: TabLayout.Tab) {
                when {
                    tab.position === 0 -> tab.setIcon(R.drawable.contacts_focus)
                    tab.position === 1 -> tab.setIcon(R.drawable.message_focus)
                    else -> tab.setIcon(R.drawable.spacs_focus)
                }
            }
            override fun onTabUnselected(tab: TabLayout.Tab) {
                when {
                    tab.position === 0 -> tab.setIcon(R.drawable.contacts_normal)
                    tab.position === 1 -> tab.setIcon(R.drawable.message_normal)
                    else -> tab.setIcon(R.drawable.space_normal)
                }
            }
            override fun onTabReselected(tab: TabLayout.Tab) {
                when {
                    tab.position === 0 -> tab.setIcon(R.drawable.contacts_focus)
                    tab.position === 1 -> tab.setIcon(R.drawable.message_focus)
                    else -> tab.setIcon(R.drawable.spacs_focus)
                }
            }
        })
    }
```

效果如图 15-31 所示。

图 15-31

15.3.6　使用 SpannableString 显示图像

在 TabItem 中既有图像也有文字，我们除了按前面的常规方式显示它们之外，还有一种看起来很牛的方式。这种方式可以混合文字与图像，还可以混合各种字体与颜色，并能把它们作为控件的 Text 型属性的值（见图 15-32）。

#102楼 2016-09-07 17:00 蓝色三叶草

图 15-32

如何显示出图 15-32 这种效果呢？可能会想到使用一个横向的 LinearLayout，然后加入多个 TextView，为它们设置不同的字体、颜色，最后用 ImageView 显示小图标。这样做没问题，但是能把这一堆控件的组合赋给一个 TextView 的 text 属性吗？当然不能！利用 SpannableString 就可以了！

SpannableString 也是一个字符串类，所以可以把它设置到控件的“text”属性中。与普通 String 类的区别是，它可以包含文本、图片，可以为文本中一段文字的多个小片段设置不同的颜色、字体等，每一个片段叫作一个 span。

SpannableString 的主要使用方式是：先为 SpannableString 设置一段文本，再创建某种类型的 Span，再把 Span 设置给 SpannableString，设置时要指定这个 Span 从第几个字符作用到第几个字符，还要指定对前后字符的影响。以下为示例：

```
    //创建一个 SpannableString 对象
    val msp = SpannableString("当我显示出来后，你会发现我是一段有个性的文字")
    //设置字体,第 0、1 两个字符使用 monospace
    msp.setSpan(TypefaceSpan("monospace"), 0, 2,
Spanned.SPAN_EXCLUSIVE_EXCLUSIVE)
    //设置字体,第 2、3 两个字符使用
    msp.setSpan(TypefaceSpan("serif"), 2, 4, Spanned.SPAN_EXCLUSIVE_EXCLUSIVE)
    //设置字体大小（绝对值,单位：像素），第 4、5 两个字符为 20 像素
    msp.setSpan(AbsoluteSizeSpan(20), 4, 6, Spanned.SPAN_EXCLUSIVE_EXCLUSIVE)
    //设置给某个控件的文本型属性
    ... ...
```

我们下面就为 TabItem 创建文本与图像混合的标题字符串。先封装一个方法，代码如下：

```
//为参数 title 中的字符串前面加上 iconResId 所引用的图像
fun makeTabItemTitle(title: String, iconResId: Int): CharSequence {
    val image = resources.getDrawable(iconResId,null)
    image.setBounds(0, 0, 40, 40)
    //Replace blank spaces with image icon
    val sb = SpannableString(" \n$title")
    val imageSpan = ImageSpan(image, ImageSpan.ALIGN_BASELINE)
    sb.setSpan(imageSpan, 0, 1, Spanned.SPAN_EXCLUSIVE_EXCLUSIVE)
    return sb
}
```

这个方法有两个参数：一个是文本；另一个是文本上面的图像。方法中首先从资源创建了图像 image，然后调用 setBounds()方法设置了图像绘制到的区域范围。

注　　意

图像画到哪里呢？画到画布（Canvas）上。画布多大呢？就是 Span 的大小。Span 多大呢？是由图像的 Bounds 决定的。这并不矛盾，只要记住 Span 的左上角是画布的(0,0)坐标即可，所以我们要限制图像宽高不超过 40 像素，就设置 Bounds，图像会按比例缩放之后画上去。

再看这段代码，在创建 SpannableString 的实例 sb 时，在字符串前面增加了一个空格和一个换行符。空格是图像 span 的占位符，后面在设置 Span 时会用图像替换它。我们又创建了一幅图像 span imageSpan，创建时传入了前面的 image 并指定了它与左右的文本如何在纵向上对齐。由于最终图像和文本处于不同的行，实际此参数并不起作用。最后将图像 Span 设置给 sb，注意指定作用到的位置是从第 0 位开始的 1 个字符，正好指向最前面的空格，所以才能替换空格，最后一个参数 Spanned.***SPAN_EXCLUSIVE_EXCLUSIVE***（独占）表示效果不影响前后字符。

因为要在 ViewPageAdapter 的方法 getPageTitle()中使用，所以我们就把这个方法放到 ViewPageAdapter 中。再把 getPageTitle() 稍做修改，具体如下：

```
//返回每一页的标题，参数是页号，从 0 开始
override fun getPageTitle(position: Int): CharSequence? {
    when (position) {
        0 -> return makeTabItemTitle("消息",R.drawable.message_normal)
        1 -> return makeTabItemTitle("联系人",R.drawable.contacts_normal)
        2 -> return makeTabItemTitle("动态",R.drawable.space_normal)
        else -> return null
    }
}
```

最后还要做一点工作，设置 TabLayout 的一个属性。不设置的话，图像显示不出来。属性名叫 tabTextAppearance，是 TabItem 标题的 Style，所以我们要先创建一个 style。在 res/values/styles.xml 中增加一个 style:

```
<style name="TabTitleAppearance" parent="TextAppearance.Design.Tab">
    <item name="textAllCaps">false</item>
    <item name="android:textAllCaps">false</item>
    <!-- 注意这两个属性一定要写，缺一不可，否则显示不出图片！ -->
</style>
```

然后设置给 TabLayout 的 tabTextAppearance 属性（见图 15-33）。

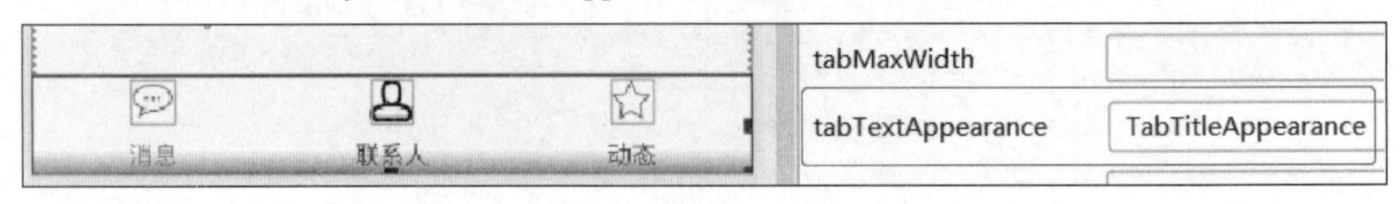

图 15-33

现在可以运行 App 看看效果了（见图 15-34）。注意，要将所有设置 TabItem 图标的代码屏蔽掉！

效果不错，但是选中一个 Tab 时，图标没有变化，这就需要响应 Tab 选择事件，设置图像 Span，我们就不做了，因为这里的主要目的是演示 SpannableString 的用法。下面是 MainFragment 类的全部代码：

图 15-34

```
private const val ARG_PARAM1 = "param1"
private const val ARG_PARAM2 = "param2"

class MainFragment : Fragment() {
    //创建一个数组，有三个元素，三个元素都初始化为空
    private val listViews = arrayOfNulls<RecyclerView?>(3)

    override fun onCreate(savedInstanceState: Bundle?) {
        super.onCreate(savedInstanceState)
        //创建三个 RecyclerView，分别对应 QQ 消息页、QQ 联系人页、QQ 空间页
        listViews[0]=RecyclerView(context!!);
        listViews[1]=RecyclerView(context!!);
        listViews[2]=RecyclerView(context!!);
        //仅用于测试，为了看到效果，不同的页设为不同背景色
        listViews[0]!!.setBackgroundColor(Color.RED);
        listViews[1]!!.setBackgroundColor(Color.GREEN);
        listViews[2]!!.setBackgroundColor(Color.BLUE);
    }

    override fun onCreateView(
        inflater: LayoutInflater, container: ViewGroup?,
        savedInstanceState: Bundle?
    ): View? {
        // Inflate the layout for this fragment
        return inflater.inflate(R.layout.fragment_main, container, false)
    }

    override fun onViewCreated(view: View, savedInstanceState: Bundle?) {
        super.onViewCreated(view, savedInstanceState)

        //将 Adapter 设置给 ViewPager 实例
        viewPager.adapter = ViewPageAdapter()
        tabLayout.setupWithViewPager(viewPager);

        //将消息 TabItem 置为选中状态
//        tabLayout.getTabAt(0)?.setIcon(R.drawable.message_focus)
//        tabLayout.getTabAt(1)?.setIcon(R.drawable.contacts_normal)
//        tabLayout.getTabAt(2)?.setIcon(R.drawable.space_normal)
//        tabLayout.addOnTabSelectedListener(object :
TabLayout.OnTabSelectedListener {
//            override fun onTabSelected(tab: TabLayout.Tab) {
```

```
//                when {
//                    tab.position === 0 -> tab.setIcon(R.drawable.contacts_focus)
//                    tab.position === 1 -> tab.setIcon(R.drawable.message_focus)
//                    else -> tab.setIcon(R.drawable.spacs_focus)
//                }
//            }
//            override fun onTabUnselected(tab: TabLayout.Tab) {
//                when {
//                    tab.position === 0 -> tab.setIcon(R.drawable.contacts_normal)
//                    tab.position === 1 -> tab.setIcon(R.drawable.message_normal)
//                    else -> tab.setIcon(R.drawable.space_normal)
//                }
//            }
//            override fun onTabReselected(tab: TabLayout.Tab) {
//                when {
//                    tab.position === 0 -> tab.setIcon(R.drawable.contacts_focus)
//                    tab.position === 1 -> tab.setIcon(R.drawable.message_focus)
//                    else -> tab.setIcon(R.drawable.spacs_focus)
//                }
//            }
//        })
    }

    //为 ViewPager 派生一个适配器类
    internal inner class ViewPageAdapter : PagerAdapter() {
        override fun getCount(): Int {
            return listViews.size
        }

        //返回每一页的标题，参数是页号，从 0 开始
        override fun getPageTitle(position: Int): CharSequence? {
            when (position) {
                0 -> return makeTabItemTitle("消息",R.drawable.message_normal)
                1 -> return makeTabItemTitle("联系人", R.drawable.contacts_normal)
                2 -> return makeTabItemTitle("动态",R.drawable.space_normal)
                else -> return null
            }
        }

        override fun isViewFromObject(view: View, obj: Any): Boolean {
            return view == obj
        }

        //实例化一个子 View，container 是子 View 容器，就是 ViewPager，
        //position 是当前的页数，从 0 开始计
        override fun instantiateItem(container: ViewGroup, position: Int): Any {
            val v = listViews[position]
```

```
            //必须加入容器中
            container.addView(v)
            return v!!
        }

        override fun destroyItem(container: ViewGroup, position: Int, obj: Any) {
            container.removeView(obj as View)
        }

        //为参数 title 中的字符串前面加上 iconResId 所引用的图像
        fun makeTabItemTitle(title: String, iconResId: Int): CharSequence {
            val image = resources.getDrawable(iconResId,null)
            image.setBounds(0, 0, 40, 40)
            //Replace blank spaces with image icon
            val sb = SpannableString(" \n$title")
            val imageSpan = ImageSpan(image, ImageSpan.ALIGN_BASELINE)
            sb.setSpan(imageSpan, 0, 1, Spanned.SPAN_EXCLUSIVE_EXCLUSIVE)
            return sb
        }
    }
}
```

在 QQ App 中，只能通过 TabItem 来翻页，不能通过滑动翻页，所以我们应该禁用 ViewPager 的这项能力。

15.3.7　禁止 ViewPager 滑动翻页

ViewPager 中并没有一个属性或方法可以很容易地把滑动翻页功能去掉。大家公认的唯一方法是派生一个类，重写两个方法，那我们也这样做吧。

新建一个类 QQViewPager，代码如下：

```
//必须实现带一个参数的构造方法
class QQViewPager : ViewPager {
    constructor(ctx: Context) : super(ctx) {

    }

    //必须实现此构造方法，否则在界面设计器中不能正常显示
    constructor(context: Context, attrs: AttributeSet) :
            super(context, attrs) {

    }

    override fun onTouchEvent(event: MotionEvent): Boolean {
        return false
    }
```

```
    override fun onInterceptTouchEvent(event: MotionEvent): Boolean {
        return false
    }
}
```

主要重写了方法 onTouchEvent()和 onInterceptTouchEvent()。其实现更简单，直接返回 false，表示此事件没有被当前控件处理，继续往父控件传。

别忘了修改 layout 文件，将 ViewPager 改为 QQViewPager（fragment_main.xml 中）：

```
<!--主内容区-->
<com.example.niu.qqapp.QQViewPager
        android:id="@+id/viewPager"
        android:layout_width="match_parent"
        android:layout_height="0dp"
        android:layout_weight="1" />
```

再运行，是不是左右滑动不能翻页了？

15.3.8 创建“消息”页

QQ App 的消息页面如图 15-35 所示。

先分析一下 Layout 结构。在主内容区，最上面是一个搜索框，下面是列表的各行。实际上，这个搜索行也是列表的一行。这个 RecyclerView 大部分行的 Layout 都是一样的：左边一幅图像，右边分两行，上面是标题与时间，下面是详细信息。唯独顶端这一行的 Layout 不一样，只有一个搜索框。回忆一下 RecyclerView 的用法，应利用 Adapter 为它提供 Item 的数据和显示 Item 数据的控件。我们需要准备存放数据的类并创建行控件的 Layout 资源。先为这两种不同的行创建两个 Layout 资源文件。

图 15-35

1. 创建搜索行 Layout

首先创建顶端行的 Layout。顶端行只有一个搜索控件，但是不能使用 Android 提供的搜索控件 SearchView，因为 SearchView 的搜索图标显示在左边，而 QQ 这个搜索控件的图标显示在中间，并且旁边还伴有文字，如图 15-36 所示。

图 15-36

当在 QQ App 中单击这个图标时，会打开一个新的页面。在新页面中用户才可以真正地进行搜索，所以此处的搜索控件就是摆设，我们可以用多个控件模拟出来。

为这一行创建 Layout 资源，文件名为 res/layout/message_list_item_search.xml 。其内容是这样的：

```
<?xml version="1.0" encoding="utf-8"?>
<androidx.cardview.widget.CardView
        xmlns:android="http://schemas.android.com/apk/res/android"
        xmlns:app="http://schemas.android.com/apk/res-auto"
        android:id="@+id/searchViewStub"
        android:layout_width="match_parent"
        android:layout_height="wrap_content"
        android:layout_marginBottom="4dp"
        android:layout_marginEnd="8dp"
        android:layout_marginStart="8dp"
        android:layout_marginTop="4dp"
        app:cardBackgroundColor="?attr/colorControlHighlight"
        app:cardCornerRadius="2dp">

    <LinearLayout
            android:layout_width="wrap_content"
            android:layout_height="match_parent"
            android:layout_gravity="center_horizontal"
            android:gravity="center_vertical"
            android:orientation="horizontal">

        <ImageView
                android:layout_width="30dp"
                android:layout_height="30dp"
                android:layout_weight="1"
                app:srcCompat="@android:drawable/ic_menu_search"/>

        <TextView
                android:layout_width="wrap_content"
                android:layout_height="wrap_content"
                android:layout_weight="1"
                android:text="搜索"
                android:textSize="18sp" />
    </LinearLayout>
</androidx.cardview.widget.CardView>
```

最外面是一个 CardView，使用它的主要原因是方便产生圆角效果。它里面要显示一幅图像和一个文本，所以使用了一个横向的 LinearLayout 来包含这两个控件。LinearLayout 的宽由内容决定，并且它的 layout_gravity 属性为横向居中，这样 LinearLayout 中的控件才能看起来居中。要让文本在纵向上居中，还需要设置 LinearLayout 的 gravity 值为纵向居中。

可以看到 layout_gravity 与 gravity 的区别，前者是设置控件本身在其父控件中的对齐方式，后者设置子控件的对齐方式。

2. 创建其余行的 Layout

非搜索行的 Layout 资源文件为 res/layout/message_list_item.xml，内容是这样的：

```
<?xml version="1.0" encoding="utf-8"?>
<LinearLayout
        xmlns:android="http://schemas.android.com/apk/res/android"
        xmlns:app="http://schemas.android.com/apk/res-auto"
        android:layout_width="match_parent"
        android:layout_height="wrap_content"
        android:background="@drawable/list_item_bk_selector"
        android:paddingBottom="4dp"
        android:paddingEnd="8dp"
        android:paddingStart="8dp"
        android:paddingTop="4dp">

    <androidx.cardview.widget.CardView
            android:layout_width="48dp"
            android:layout_height="48dp"
            app:cardCornerRadius="25dp"
            app:cardElevation="2dp">

        <ImageView
                android:id="@+id/imageView"
                android:layout_width="match_parent"
                android:layout_height="match_parent"
                app:srcCompat="@drawable/message_normal"/>
    </androidx.cardview.widget.CardView>

    <androidx.constraintlayout.widget.ConstraintLayout
            android:layout_width="match_parent"
            android:layout_height="wrap_content"
            android:layout_weight="1">

        <TextView
                android:id="@+id/textViewTitle"
                android:layout_height="wrap_content"
                android:text="标题"
                android:textSize="18sp"
                android:textStyle="bold"
                app:layout_constraintTop_toTopOf="parent"
                android:layout_width="0dp"
                android:layout_marginStart="8dp"
                app:layout_constraintStart_toStartOf="parent"
                android:layout_marginEnd="8dp"
                app:layout_constraintEnd_toStartOf="@+id/textViewTime"/>

        <TextView
                android:id="@+id/textViewTime"
                android:layout_width="wrap_content"
                android:layout_height="wrap_content"
                android:layout_marginRight="8dp"
                android:layout_marginTop="4dp"
```

```
            android:text="时间"
            android:textColor="?attr/colorControlNormal"
            android:textSize="12sp"
            app:layout_constraintRight_toRightOf="parent"
            app:layout_constraintTop_toTopOf="parent"/>

        <TextView
            android:id="@+id/textViewDetial"
            android:layout_width="0dp"
            android:layout_height="wrap_content"
            android:layout_marginBottom="8dp"
            android:text="详细描述"
            app:layout_constraintBottom_toBottomOf="parent"
            app:layout_constraintEnd_toStartOf="@+id/cardViewBadge"
            android:layout_marginEnd="8dp"
            app:layout_constraintStart_toStartOf="parent"
            android:layout_marginStart="8dp"
            app:layout_constraintTop_toBottomOf="@+id/textViewTitle"
            android:layout_marginTop="4dp"/>

        <androidx.cardview.widget.CardView
            android:id="@+id/cardViewBadge"
            android:layout_width="wrap_content"
            android:layout_height="wrap_content"
            android:layout_marginBottom="8dp"
            android:layout_marginRight="8dp"
            app:cardBackgroundColor="@color/colorAccent"
            app:cardCornerRadius="8dp"
            app:layout_constraintBottom_toBottomOf="parent"
            app:layout_constraintRight_toRightOf="parent">

            <TextView
                android:id="@+id/textViewBadge"
                android:layout_width="wrap_content"
                android:layout_height="wrap_content"
                android:layout_marginEnd="4dp"
                android:layout_marginStart="4dp"
                android:text="0"
                android:textColor="@android:color/white"
                android:textStyle="bold"/>
        </androidx.cardview.widget.CardView>
    </androidx.constraintlayout.widget.ConstraintLayout>
</LinearLayout>
```

注意各控件的 ID。其预览图如图 15-37 所示。

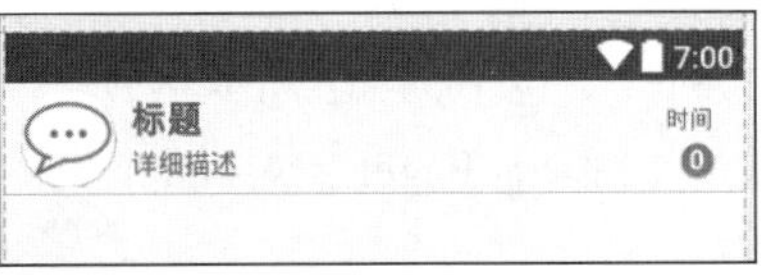

图 15-37

整个行是一个横向的 LinearLayout，其左边是一个 CardView，内含一个 ImageView；右边是一个 ConstraintLayout。之所以在 ImageView 外包一个 CardView，

主要是利用了 CardView 的圆角效果，设计出圆形 ImageView。标题、时间、详细描述、小徽章都在 ConstraintLayout 中。小徽章是由 CardView 和 TextView 共同组成的，TextView 包在 CardView 中，使用 CardView 的原因也是利用它变圆的功能。行底的线是利用 selector 作为背景设计出来的，这个 selector 是在 list_item_bk_selector.xml 文件中定义的，其内容为：

```
<?xml version="1.0" encoding="utf-8"?>
<selector xmlns:android="http://schemas.android.com/apk/res/android">
    <item android:state_activated="false" android:drawable="@drawable/
list_item_bk" />
</selector>
```

list_item_bk.xml 的内容为：

```
<?xml version="1.0" encoding="utf-8"?>
<layer-list xmlns:android="http://schemas.android.com/apk/res/android" >
    <item android:top="54dp">
        <shape android:shape="line" >
            <stroke
                android:width="1px"
                android:color="#FFa0a0a0" />
            <!--<solid android:color="#FFFFFFFF" />-->
            <padding
                android:bottom="0dp"
                android:left="2dp"
                android:right="2dp"
                android:top="0dp" />
        </shape>
    </item>
</layer-list>
```

3. 显示消息列表

消息列表 RecyclerView 对应的是 listViews[0]，让它显示内容只需三步：

（1）为它创建 Adapter 类。

（2）创建 Adapter 对象并设置给它。

（3）为它设置 Layout 管理器。

首先为它创建 Adapter 类，类名为 MessagePageListAdapter。注意，我们之前创建的 Adapter 类一般会作为内部类，但是这次由于三个 RecyclerView 需要三个 Adapter 类，都成为一个类的内部类会使代码太乱，所以把三个 Adapter 类全创建成外部类，并且放到同一个包下，如图 15-38 所示。

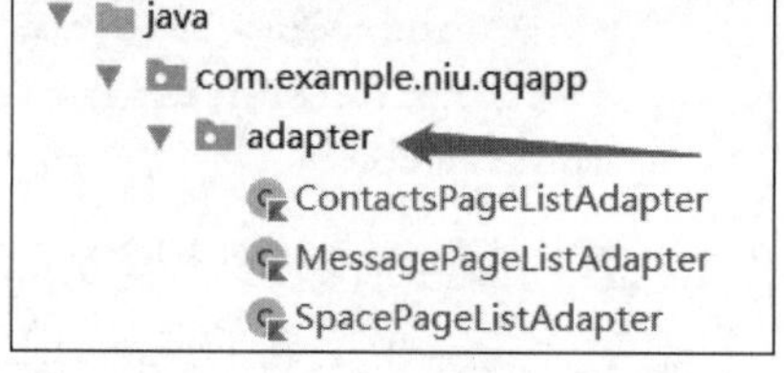

图 15-38

MessagePageListAdapter 类的源码如下：

```
class MessagePageListAdapter():
    RecyclerView.Adapter<MessagePageListAdapter.MyViewHolder>() {

    override fun onCreateViewHolder(parent: ViewGroup, viewType: Int):
MyViewHolder {
        val activity = parent.context as Activity
        val inflater = activity.layoutInflater
        var view: View? = null
        if (viewType === R.layout.message_list_item_search) {
            view = inflater.inflate(R.layout.message_list_item_search, parent,
false)
        } else {
            view = inflater.inflate(R.layout.message_list_item, parent, false)
        }

        return MyViewHolder(view!!)
    }

    override fun getItemCount(): Int {
        return 10
    }

    override fun onBindViewHolder(holder: MyViewHolder, position: Int) {
    }

    override fun getItemViewType(position: Int): Int {
        if(0==position){
            //只有最顶端这行是搜索
            return R.layout.message_list_item_search;
        }
        //其余各行都是一样的控件
        return R.layout.message_list_item;
    }

    //将ViewHolder声明为Adapter的内部类，反正外面也用不到
    inner class MyViewHolder(itemView: View) :
RecyclerView.ViewHolder(itemView)
}
```

相比前面的例子，这个 Adapter 多了一个方法 getItemViewType()。RecyclerView 调用它获取每一行对应的类型，类型实际上就是行的 Layout 资源，其参数是行的序号，除了第 0 行，其余各行的 Layout 都一样。直接返回了 Layout 资源的 id。此方法告诉 RecyclerView 有不同的行 Layout，于是在创建行 View 的时候，就需要用不同的 Layout 来创建。此时，在 onCreateViewHolder()中可以利用第二个参数 viewType，根据 viewType 加载不同的 Layout 资源，因为 viewType 就是 Layout 资源 id。

接着为 RecyclerView 设置 Adapter 和 LayoutManager：

```
    override fun onCreate(savedInstanceState: Bundle?) {
        super.onCreate(savedInstanceState)
        //创建三个RecyclerView，分别对应QQ消息页、QQ联系人页，QQ空间页
        listViews[0]=RecyclerView(context!!);
        listViews[1]=RecyclerView(context!!);
        listViews[2]=RecyclerView(context!!);

        //为第一个RecyclerView设置
        listViews[0]!!.adapter = MessagePageListAdapter()
        listViews[0]!!.layoutManager = LinearLayoutManager(context)
    }
```

由于方法 onBindViewHolder()没有实现，因此除了最顶行，其余每一行显示的内容都一样。运行效果如图 15-39 所示。

图 15-39

15.3.9 显示气泡菜单

在消息页中，单击“+”图标时，显示出菜单（见图 15-40）。在显示这个气泡菜单时，整个页面变暗了，这叫蒙板效果。

1. 蒙板效果

蒙板一般是在界面上盖了一个半透明的 View，当然也可以用 Activity 或 Dialog 来作为蒙板。我们选择使用 View，主要还是因为使用 View 简单一些。不同于 Activity 和 Dialog，让 View 作为蒙板是有条件的，即必须保证这个 View 在最上层。最后添加的 View 肯定在最上层，当然也可以设置 View 的 z 属性强制使一个 View 位于上层（x,y,z 表示三维空间中的坐标，一般我们只关注二维空间，所以只使用 x 和 y，而 z 则用于表示位于上层还是下层）。

图 15-40

要蒙住整个屏幕，就要保证作为蒙板的 View 的大小是充满整个屏幕的，所以必须把这个 View 放到一个充满了屏幕的容器控件中。“消息”“联系人”“动态”这三个 Tab 页面都是 RecyclerView，并没有充满整个屏幕，也无法把蒙板 View 加进去。将蒙板 View 作为 MainFragment 的根 View 的子控件最合适。

MainFragment 的根 View 肯定是充满整个屏幕的，但是它现在是一个 LinearLayout。LinearLayout 是帮助我们维持导航栏和内容的上下结构的，所以我们需在它外面再包一个 FrameLayout。FrameLayout 是充满整个屏幕的，里面的所有子控件都可以设置为充满屏幕。

我们将作为蒙板的控件设置为 FrameLayout 的子控件，与 LinearLayout 同级，就可以盖住 LinearLayout 所代表的内容了。于是，fragment_main.xml 的内容变成这样：

```
<FrameLayout xmlns:android="http://schemas.android.com/apk/res/android"
        xmlns:tools="http://schemas.android.com/tools"
```

```
        xmlns:app="http://schemas.android.com/apk/res-auto"
        tools:context=".MainFragment"
        android:layout_width="match_parent"
        android:layout_height="match_parent">

    <LinearLayout android:layout_width="match_parent"
                  android:layout_height="match_parent"
                  android:orientation="vertical">
        <!--导航栏-->
        <LinearLayout
         ... ...

    </LinearLayout>
</FrameLayout>
```

图 15-41

实际上就是在原 LinearLayout 外面又套了一个 FrameLayout。下面我们响应图 15-41 所示的“+”号显示蒙板。

首先为它设置一个有意义的 id（“textViewPopMenu”），再设置 Click 事件的侦听器（在 Fragment::onViewCreated()中）：

```
textViewPopMenu.setOnClickListener {
    //向 Fragment 容器(FrameLayout)中加入一个 View 作为上层容器和蒙板
    val maskView = View(context)
    maskView.setBackgroundColor(Color.DKGRAY)
    maskView.alpha = 0.5f

    val rootView = view as FrameLayout
    rootView.addView(
        maskView,
        FrameLayout.LayoutParams.MATCH_PARENT,
        FrameLayout.LayoutParams.MATCH_PARENT
    )
    maskView.setOnClickListener { rootView.removeView(maskView) }
}
```

在响应代码中，首先创建蒙板 View，保存在变量 maskView 中，设置蒙板的颜色为深灰色，设置蒙板为半透明，将蒙板 View 加入根 View（FrameLayout）中。注意 addView()这个方法，它有很多重载的方法，我们使用的这个传了三个参数，第一个是要添加的 View，第二个和第三个是在父 View 中的排版参数。

我们还响应了蒙板 View 的单击事件，在其中把蒙板 View 删除。现在运行 App，在消息页面单击导航栏上的“+”，是不是蒙上了？在界面上单击一下，蒙板是不是消失了？

2. 弹出式窗口

蒙板有了，下一步显示气泡式菜单。这个气泡菜单肯定不是真的 Menu，而是用其他控件模拟出来的。用什么控件呢？菜单项可以用纵向的 LinearLayout 或 ListView 模拟，但是这个气泡怎么办？还有，我们希望能根据所单击的控件位置摆放菜单的位置。如果使用 View 去模拟弹出菜单，过程会相当麻烦，最好能找到接近我们要求的现成控件。PopupWindow（翻译为弹出式窗口）即可！注意，它不是 View，而是一个 Window。

实际上真正能承载各 View，把它们显示出来，并让它们能响应事件的是 Window，而不是 Activity。没有 Window，Activity 什么都不是，Activity 只是管理属于一个页面的控件，并不能承载控件。不是特殊情况，我们不应该动用 Window。

PopupWindow 具有像菜单一样的行为，因为可以在显示 PopupWindow 时指定一个 View 作为锚。PopupWindow 可以以这个锚的位置为参考来摆放自己的位置。

下面，我们首先实现在单击“+”时显示出 PopupWindow，再一步步改进。

修改“+”的单击事件响应方法，具体如下：

```
textViewPopMenu.setOnClickListener {
    //向 Fragment 容器(FrameLayout)中加入一个 View 作为上层容器和蒙板
    val maskView = View(context)
    maskView.setBackgroundColor(Color.DKGRAY)
    maskView.alpha = 0.5f

    val rootView = view as FrameLayout
    rootView.addView(
        maskView,
        FrameLayout.LayoutParams.MATCH_PARENT,
        FrameLayout.LayoutParams.MATCH_PARENT
    )
    maskView.setOnClickListener { rootView.removeView(maskView) }

    //创建 PopupWindow，用于承载气泡菜单
    val pop = PopupWindow(activity)
    //为窗口添加一个控件
    pop.contentView = View(activity)
    //设置窗口的大小
    pop.width = 400
    pop.height = 600
    //显示窗口
    pop.showAsDropDown(it)
}
```

首先创建PopupWindow对象，然后为它设置内容View。这个不设置是不行的，如果一个窗口没有内容，那么它是不会显示出来的。后面又设置了这个窗口的宽和高，如果不设置，它也不能显示。最后，在显示窗口时，传入了作为锚的View，就是系统在调用 onClick()时为我们传入的参数（it），它就是发出 Click（单击）事件的控件，即“+”控件。这样一来，窗口就显示在“+”图标的下方了（见图 15-42）。

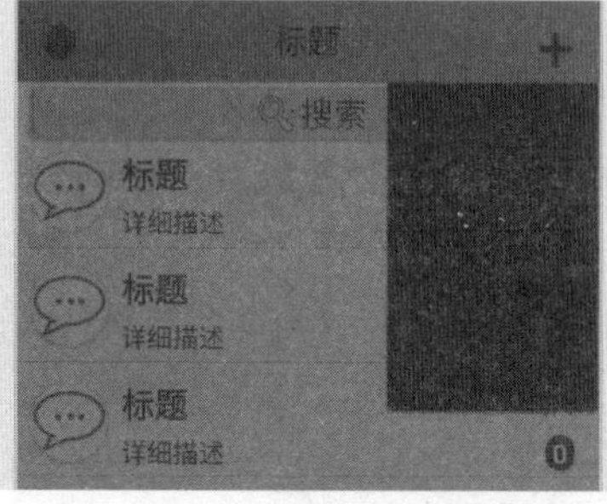

图 15-42

还有很多问题，我们一个个解决。

首先是当单击蒙板时窗口也应该跟着消失才对。这个问题简单，在响应蒙板单击的方法中增加代码。但是在此之前，我们需要先把弹出窗口变量变成类的字段，因为它要在不止一个方法里使用。但是，应作为哪个类的字段呢？当然可以直接放在 MainFragment 中，但是根据够用就行的原则（不要过度设计），这个变量其实只在响应“+”的侦听器类的范围内使用，所以作为这类的成员变量比较好。修改后的代码如下：

```
textViewPopMenu.setOnClickListener {
    //创建 PopupWindow，用于承载气泡菜单
    val pop = PopupWindow(activity)

    //向 Fragment 容器(FrameLayout)中加入一个 View 作为上层容器和蒙板
    val maskView = View(context)
    maskView.setBackgroundColor(Color.DKGRAY)
    maskView.alpha = 0.5f

    val rootView = view as FrameLayout
    rootView.addView(
        maskView,
        FrameLayout.LayoutParams.MATCH_PARENT,
        FrameLayout.LayoutParams.MATCH_PARENT
    )
    maskView.setOnClickListener {
        //去掉蒙板
        rootView.removeView(maskView)
        //隐藏弹出窗口
        pop.dismiss();
    }

    //为窗口添加一个控件
    pop.contentView = View(activity)
    //设置窗口的大小
    pop.width = 400
    pop.height = 600
    //显示窗口
    pop.showAsDropDown(it)
}
```

在新代码中，变量 pop 的定义被移动到最顶部，在蒙板 View 的 Click 响应方法中隐藏了 pop，于是在蒙板消失时，弹出窗口也会消失。为什么要把变量 pop 的定义移动到顶部呢？因为在原来的位置时，蒙板 View 的 Click 响应方法中找不到 pop 变量。

下一步，我们把 pop 设计成气泡状。

3. 9-patch 图像

要把一个窗口设成不规则形状，在 Android 里还是比较简单的。其实我们把一个气泡状的

图片作为 PopupWindow 的背景就行了。但是，对这个图片有一定的要求，所以我们要稍微多加点处理，因为我们希望这个图片能适应控件不同尺寸的拉伸而且不失真。可以利用“9-patch”图像。

9-patch 简称为“9P 图”。9P 图就是一张普通的图像（是栅格图，不是矢量图），但是可以做到拉伸不失真。比如我们要为一个按钮设一个有质感的背景，小的话如图 15-43 所示，看起来不错，没有失真，但是变大（见图 15-44）就不行了，看起来失真了。我们希望无论按钮很大还是很小都不失真，如图 15-45 所示。

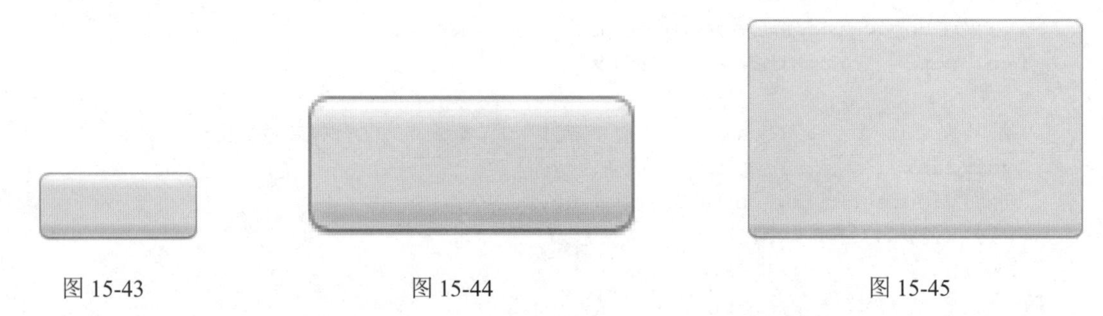

图 15-43　　图 15-44　　图 15-45

虽然图 15-45 的凸起看没有图 15-44 那么高，但是也保留了质感，同时边界没有变模糊（要求太高了也很难做到，达到这种效果就很不错了）。要达到这种效果，原理也很简单，只拉伸不会模糊的部分即可。上面 3 个图中不会变模糊的部分很明显，就是中间那块都是同一种颜色的部分。拉伸时其实使用了插值算法，如果一个插值点跟左右的点是同一种颜色，那么横向拉伸时，计算出的这个插值点的颜色肯定与左右相同，在纵向上也一样。也就是说，有的部分可以横向拉伸而不失真，有的部分纵向拉伸不失真，如果一个插值点的上、下、左、右都是同一颜色，那么怎么拉伸都不失真。

9P 图能告诉 Android 系统这个图片中哪些部分可以拉伸、哪些部分不可以拉伸。9P 图的原理如图 15-46 所示。

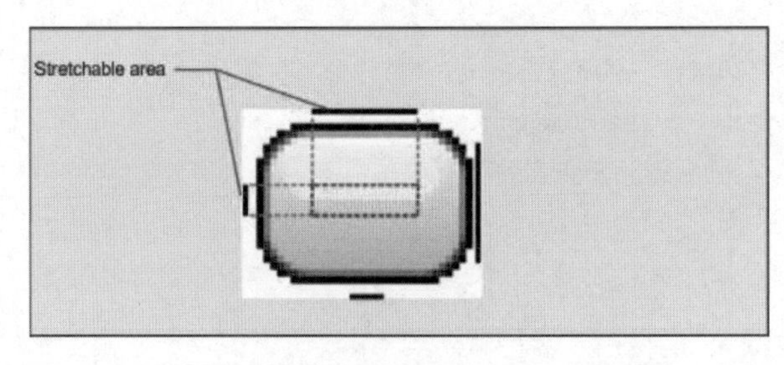

图 15-46

注意，中间白色部分才是真正的图片，在绘图时，至少要在上、下、左、右留出一个像素的空白，然后用纯黑色在左边和顶部划出两条直线（分别标出纵向可拉伸区和横向可拉伸区），最终的可拉伸区就是两个区域的交集，即中间的虚线框。同时，这个区域也是内容所在区，不可拉伸的区域就是 Padding，即内部空白。这一切都是 Android 系统自己处理的，只要把一个 9P 图设置给一个控件，那么这个控件就会把内容放在可拉伸区，非拉伸区自动成为 Padding。

如果想让内容区不由拉伸区来决定，而是自定义一个区域，就会用到右边和下边两条黑线（见图 15-47）。

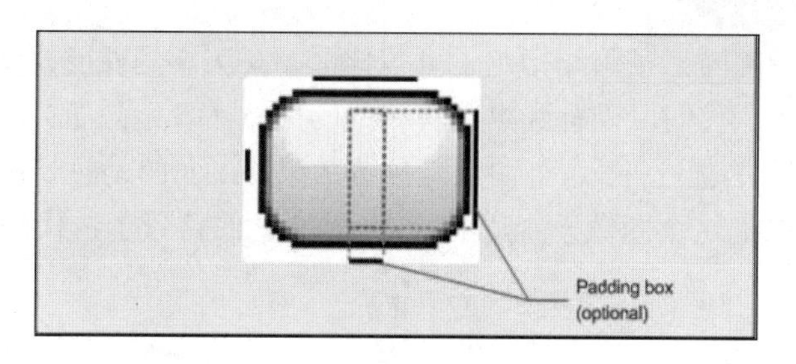

图 15-47

做 9P 图的一个重点是至少在四周留出 1 个像素的空白，即使右边和下边不想画黑线，也要留空白。

最后，如何在工程中保存 9P 图呢？在文件名后、扩展名前加上 9p，比如“abc.9p.jpg”“hhh.9p.png”。

4. 创建气泡 9P 图

由于是非规则图像，所以要用 PNG 格式，因为 PNG 支持像素透明。不论什么图像，实际上都是方的，比如要显示圆角，就要把不显示的那些像素置成透明，也就是说像素是存在的，但设置成了透明。

注意，透明与白色不是一回事。我们知道用 RGB 三原色可以混合出所有颜色，于是在计算机中每个像素都是由 RGB 三部分组成，每个部分占一个字节，这三部分使用不同的值就会混合出不同的颜色。但是，无论它们是什么值，都混不出透明色。有人可能问，这三部分都是 0 不行吗？不行，都是 0 的话是纯黑色。为了能表示透明，要为像素增加新的部分，即 Alpha，也就是表示透明度的部分（术语叫通道，即 channel）。于是，一个像素就由 ARGB 四部分组成，A 的值越小越透明，越大越不透明，为 0 时全透明，为最大时（255）完全不透明。

图 15-48 是笔者仅发挥了千分之一的艺术细胞所创作出来的气泡图。

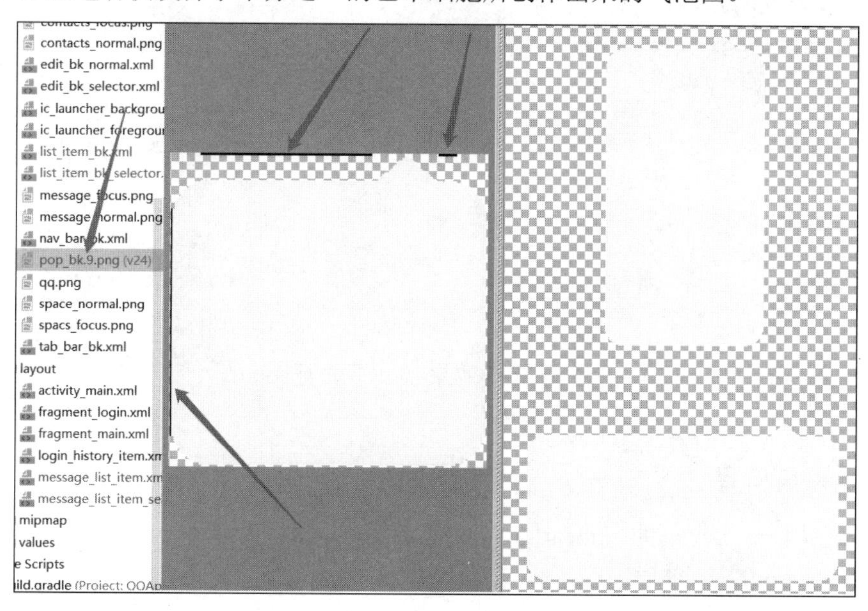

图 15-48

注意，红箭头所指向的三条黑线指定了可拉伸区（其实不是仅能拉伸，还可以缩小，所以准确地说应是缩放区）。我们可以看到黑白块相间的图案（表示画布）。能看到这些图案，说明这部分是透明的。最右边上、下两个图像是预览效果，上面的是拉长后的样子，下面的是变宽后的样子。现在可以把这个图像设置成 PopupWindow 的背景了，代码如下：

```
textViewPopMenu.setOnClickListener {
    //创建 PopupWindow，用于承载气泡菜单
    val pop = PopupWindow(activity)

    //向 Fragment 容器(FrameLayout)中加入一个 View 作为上层容器和蒙板
    val maskView = View(context)
    maskView.setBackgroundColor(Color.DKGRAY)
    maskView.alpha = 0.5f

    val rootView = view as FrameLayout
    rootView.addView(
        maskView,
        FrameLayout.LayoutParams.MATCH_PARENT,
        FrameLayout.LayoutParams.MATCH_PARENT
    )
    maskView.setOnClickListener {
        //去掉蒙板
        rootView.removeView(maskView)
        //隐藏弹出窗口
        pop.dismiss();
    }
    //加载气泡图像，以作为 window 的背景
    val drawable = resources.getDrawable(R.drawable.pop_bk,null)
    //设置气泡图像为 window 的背景
    pop.setBackgroundDrawable(drawable)
    //为窗口添加一个控件
    pop.contentView = View(activity)
    //设置窗口的大小
    pop.width = 400
    pop.height = 600
    //显示窗口
    pop.showAsDropDown(it)
}
```

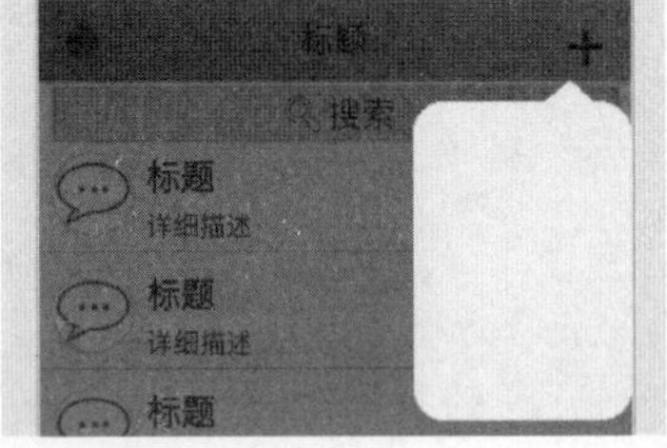

图 15-49

运行 App，效果如图 15-49 所示。有点效果了，下面把菜单内容显示出来。

5. 显示菜单内容

菜单内容用一个纵向的 LinearLayout 来承载。我们为菜单创建一个 Layout 资源 pop_menu_layout.xml，内容如下：

```
<?xml version="1.0" encoding="utf-8"?>
<LinearLayout xmlns:android="http://schemas.android.com/apk/res/android"
              xmlns:app="http://schemas.android.com/apk/res-auto"
              android:orientation="vertical"
              android:layout_width="wrap_content"
              android:layout_height="wrap_content">
    <LinearLayout
            android:layout_width="wrap_content"
            android:layout_height="wrap_content"
            android:gravity="center_vertical"
            android:layout_marginBottom="4dp">
        <ImageView
                android:layout_width="40dp"
                android:layout_height="40dp"
                android:layout_marginEnd="10dp"
                app:srcCompat="@mipmap/ic_launcher_round"/>
        <TextView
                android:layout_width="wrap_content"
                android:layout_height="wrap_content"
                android:text="创建群聊"
                android:singleLine="true"/>
    </LinearLayout>
    <LinearLayout
            android:layout_width="wrap_content"
            android:layout_height="wrap_content"
            android:gravity="center_vertical"
            android:layout_marginBottom="4dp">
        <ImageView
                android:layout_width="40dp"
                android:layout_height="40dp"
                android:layout_marginEnd="10dp"
                app:srcCompat="@mipmap/ic_launcher_round"/>
        <TextView
                android:layout_width="wrap_content"
                android:layout_height="wrap_content"
                android:text="加好友/群"
                android:singleLine="true"/>
    </LinearLayout>
    <LinearLayout
            android:layout_width="wrap_content"
            android:layout_height="wrap_content"
            android:gravity="center_vertical"
            android:layout_marginBottom="4dp">

        <ImageView
                android:layout_width="40dp"
                android:layout_height="40dp"
```

```
            android:layout_marginEnd="10dp"
            app:srcCompat="@mipmap/ic_launcher_round"/>
        <TextView
            android:layout_width="wrap_content"
            android:layout_height="wrap_content"
            android:text="扫一扫"
            android:singleLine="true"/>
    </LinearLayout>
    <LinearLayout
        android:layout_width="wrap_content"
        android:layout_height="wrap_content"
        android:gravity="center_vertical"
        android:layout_marginBottom="4dp">
        <ImageView
            android:layout_width="40dp"
            android:layout_height="40dp"
            android:layout_marginEnd="10dp"
            app:srcCompat="@mipmap/ic_launcher_round"/>
        <TextView
            android:id="@+id/textView6"
            android:layout_width="wrap_content"
            android:layout_height="wrap_content"
            android:text="面对面快传"
            android:singleLine="true"/>
    </LinearLayout>
    <LinearLayout
        android:layout_width="wrap_content"
        android:layout_height="wrap_content"
        android:gravity="center_vertical">
        <ImageView
            android:layout_width="40dp"
            android:layout_height="40dp"
            android:layout_marginEnd="10dp"
            app:srcCompat="@mipmap/ ic_launcher_round"/>
        <TextView
            android:layout_width="wrap_content"
            android:layout_height="wrap_content"
            android:text="付款"
            android:singleLine="true"/>
    </LinearLayout>
</LinearLayout>
```

其预览效果如图 15-50 所示。

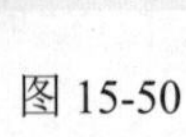

图 15-50

下面修改创建 PopupWindow 的代码，把它的内容设为这个 Layout：

```
//加载气泡图像，以作为window的背景
val drawable = resources.getDrawable(R.drawable.pop_bk,null)
```

```
    //设置气泡图像为window的背景
    pop.setBackgroundDrawable(drawable)
    //加载菜单项资源，是用LinearLayout模拟的菜单
    val menuView = LayoutInflater.from(activity). inflate(R.layout.
pop_menu_layout, null)
    //设置window中要显示的View
    pop.contentView = menuView
    //显示窗口
    pop.showAsDropDown(it)
```

执行 App，效果如图 15-51 所示。

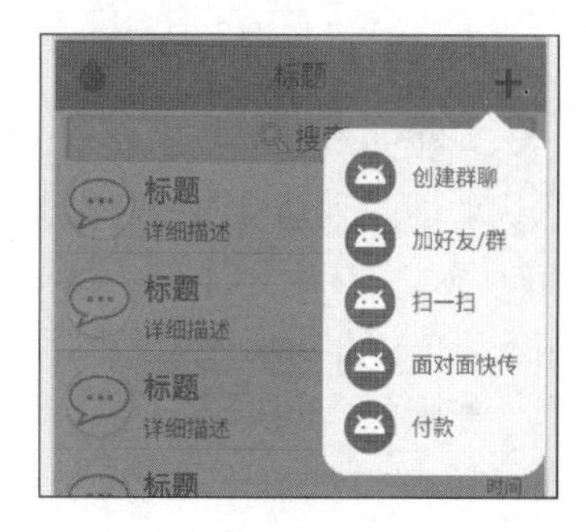

图 15-51

菜单内容出现了，但是还有一个问题：弹出窗口太靠右了，应该离开一点距离。这个容易，显示弹出窗口时使用另外一个重载方法即可：

```
void showAsDropDown(View anchor, int xoff, int yoff)
```

此方法的第一个参数与原来相同，指的是作为锚点的 View，第二个参数是横坐标上的偏移，第三个参数是纵坐标上的偏移。如果想让它向左或向上偏移，需要对 xoff 和 yoff 传入负值。问题来了，对 xoff 给个什么值合适呢？当前我们并没有给予这个值，但它也是有值的。为了让 Pop 窗口的右边紧靠屏幕的右边，xoff 的值必须为“0-Pop 窗口的宽度”，这是默认的值。为了让 Pop 窗口再向左移一点，我们需要把 xoff 设置为“0-Pop 窗口的宽度-n”，n 是我们估计的数，比如 10。这里难以确定的是“Pop 窗口的宽度”，因为在显示出 Pop 窗口之前我们无法得到 Pop 窗口正确的 width 值。Pop 窗口的大小是由内容决定的，如果我们可以计算出其内容 View，也就是 menuView 的宽度，就可以确定 Pop 窗口的宽度了。那么如何在 View 未显示之前计算其大小呢？这就要用到 View 的 measure()方法了。把用于 Pop 窗口内容 View 的设置和显示的代码改动如下：

```
//加载气泡图像，以作为window的背景
val drawable = resources.getDrawable(R.drawable.pop_bk,null)
//设置气泡图像为window的背景
pop.setBackgroundDrawable(drawable)
//加载菜单项资源，是用LinearLayout模拟的菜单
val menuView = LayoutInflater.from(activity)
    .inflate(R.layout.pop_menu_layout, null) as LinearLayout
//设置window中要显示的View
pop.contentView = menuView
//计算一下菜单layout的实际大小，然后获取之
menuView.measure(0, 0)
//显示窗口
pop.showAsDropDown(it,-pop.contentView.measuredWidth-10,-10);
```

注意加粗的语句，第一行是计算内容 View 的大小，使得其属性 measuredWidth 具有有效值，于是在第二句中就可以使用它了。现在的运行效果如图 15-52 所示。

为了让这个菜单中的内容保持正常的排版，最好把文字的字体和大小固定下来，否则有人调整系统字体后，这里可能就不那么“帅”了。

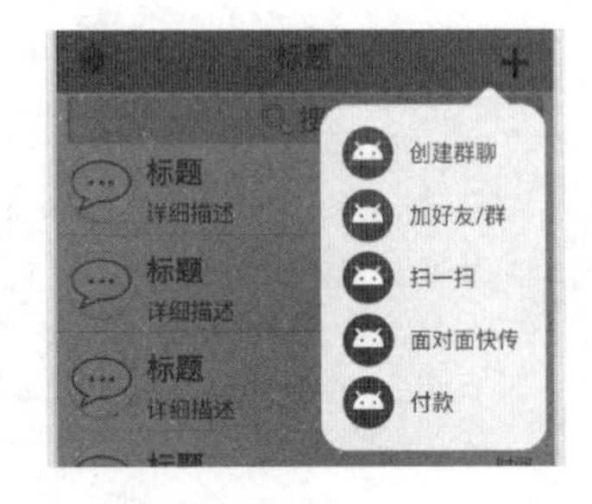

图 15-52

6. 自定义窗口动画

现在的气泡菜单出现与离去动作是有动画的，是系统给定的默认动画，且动画时间比较短。而 QQ App 的气泡菜单出现时没有动画，关闭时用了缩小动画，且动画时间比较长。我们可以定制一下 PopupWindow 的动画，使其与 QQ App 相同。

新版的 Android 系统中为 PopWindow 增加了 setEnterTransition()和 setExitTransition()方法来设置窗口的显示和隐藏动画，但是为了照顾旧版的系统，我们需要使用另一个方法：setAnimationStyle()。这个方法需要一个 Style 型资源的 id，动画就包含在这个 Style 中，所以首先要添加一个 Style。在 res/values/styles.xml 文件中增加新的 style：

```
<style name="popoMenuAnim" parent="android:Animation">
    <!--<item name="android:windowEnterAnimation">
@anim/popo_menu_show</item>-->
    <item name="android:windowExitAnimation">@anim/popo_menu_hide</item>
</style>
```

我们可以指定窗口显示时的动画（windowEnterAnimation）、窗口消失时的动画（windowExitAnimation）。实际上只指定了消失时的动画，这样在显示窗口时就没有动画了。现在还需要创建一个动画资源 popo_menu_hide.xml，放在 res/anim 下：

```
<?xml version="1.0" encoding="utf-8"?>
<set xmlns:android="http://schemas.android.com/apk/res/android"
    android:shareInterpolator="@android:anim/accelerate_interpolator"
    android:duration="500">
    <!--缩小到右上角，直到消失-->
    <scale
        android:fromXScale="1.0"
        android:toXScale="0.0"
        android:fromYScale="1.0"
        android:toYScale="0.0"
        android:pivotX="100%"
        android:pivotY="0%">
    </scale>

    <alpha android:fromAlpha="0.6"
        android:toAlpha="0" />
</set>
```

这个动画资源中包含了两个动画，同时执行，同时结束，执行时间是 500 毫秒（半秒）。第一个动画是缩放动画，在横坐标和纵坐标上都是从 100%缩小到 0，缩小的中心点我们在 X

轴上设在最右边（android:pivotX="100%"），在 Y 轴上设在了最上边（android:pivotY="0%"），所以缩小时就往右上角缩。

为 PopWindow 设置动画 Style：

```
textViewPopMenu.setOnClickListener {
    //创建 PopupWindow，用于承载气泡菜单
    val pop = PopupWindow(activity)
    pop.animationStyle = R.style.popoMenuAnim
```

运行 App，气泡菜单的出现和消失是不是跟 QQ App 一样了？

7. 按下返回键时消失

还有一个问题没解决，出现气泡菜单后，按下返回键菜单不消失。这个问题很容易解决，只需要为 PopupWindow 对象调用方法 setFocusable(true)即可。当窗口创建后设置一次即可。下面是响应单击“+”图标的所有代码：

```
textViewPopMenu.setOnClickListener {
    //创建 PopupWindow，用于承载气泡菜单
    val pop = PopupWindow(activity)
    pop.animationStyle = R.style.popoMenuAnim
    //设置窗口出现时获取焦点，这样在按下返回键时窗口才会消失
    pop.isFocusable = true

    //向 Fragment 容器(FrameLayout)中加入一个 View 作为上层容器和蒙板
    val maskView = View(context)
    maskView.setBackgroundColor(Color.DKGRAY)
    maskView.alpha = 0.5f

    val rootView = view as FrameLayout
    rootView.addView(
        maskView,
        FrameLayout.LayoutParams.MATCH_PARENT,
        FrameLayout.LayoutParams.MATCH_PARENT
    )
    maskView.setOnClickListener {
        //去掉蒙板
        rootView.removeView(maskView)
        //隐藏弹出窗口
        pop.dismiss();
    }

    //加载气泡图像，以作为 window 的背景
    val drawable = resources.getDrawable(R.drawable.pop_bk,null)
    //设置气泡图像为 window 的背景
    pop.setBackgroundDrawable(drawable)
    //加载菜单项资源，是用 LinearLayout 模拟的菜单
    val menuView = LayoutInflater.from(activity)
        .inflate(R.layout.pop_menu_layout, null) as LinearLayout
```

```
        //设置 window 中要显示的 View
        pop.contentView = menuView
        //计算一下菜单 layout 的实际大小，然后获取之
        menuView.measure(0, 0)
        //显示窗口
        pop.showAsDropDown(it,-pop.contentView.measuredWidth-10,-10);
    }
```

现在看起来不错了，但是还存在一个问题：当气泡窗口消失时，蒙板并未跟着消失。下面我们解决这个问题。

8. 让蒙板随窗口消失

当窗口消失时，蒙板也应该消失，比如按下返回键时，窗口消失，但蒙板不会跟着消失。如何改正这个问题呢？非常容易，窗口有一个方法 setOnDismissListener()，通过它可以响应窗口的消失事件，在其中让蒙板也消失即可，代码如下：

```
pop.setOnDismissListener {
    //去掉蒙板
    rootView.removeView(maskView)
}
```

现在，响应“+”图标（textViewPopMenu）的代码如下：

```
textViewPopMenu.setOnClickListener {
    //创建 PopupWindow，用于承载气泡菜单
    val pop = PopupWindow(activity)
    pop.animationStyle = R.style.popoMenuAnim
    //设置窗口出现时获取焦点，这样在按下返回键时窗口才会消失
    pop.isFocusable = true

    //向 Fragment 容器(FrameLayout)中加入一个 View 作为上层容器和蒙板
    val maskView = View(context)
    maskView.setBackgroundColor(Color.DKGRAY)
    maskView.alpha = 0.5f

    val rootView = view as FrameLayout
    rootView.addView(
        maskView,
        FrameLayout.LayoutParams.MATCH_PARENT,
        FrameLayout.LayoutParams.MATCH_PARENT
    )
    maskView.setOnClickListener {
        //隐藏弹出窗口
        pop.dismiss();
    }

    pop.setOnDismissListener {
        //去掉蒙板
        rootView.removeView(maskView)
```

```
        }
        //加载气泡图像，以作为 window 的背景
        val drawable = resources.getDrawable(R.drawable.pop_bk,null)
        //设置气泡图像为 window 的背景
        pop.setBackgroundDrawable(drawable)
        //加载菜单项资源，是用 LinearLayout 模拟的菜单
        val menuView = LayoutInflater.from(activity)
            .inflate(R.layout.pop_menu_layout, null) as LinearLayout
        //设置 window 中要显示的 View
        pop.contentView = menuView
        //计算一下菜单 layout 的实际大小，然后获取之
        menuView.measure(0, 0)
        //显示窗口
        pop.showAsDropDown(it,-pop.contentView.measuredWidth-10,-10);
    }
```

15.3.10　抽屉效果

在 QQ App 的“消息”页面中，单击左上角的 QQ 头像图标，会从左边滑出一个页面，但这个页面不会占据整个界面，而是在右边留下一部分，这部分正好显示“消息”页面的图标，如图 15-53 和图 15-54 所示。

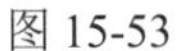
图 15-53

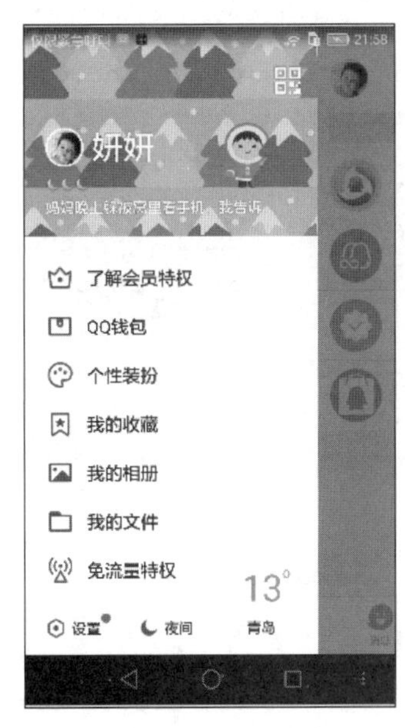

图 15-54

这个动作是有动画的，新页面往右移的同时消息页面也往右移，看起来好像是新页面把旧页面向右推，这种从侧边滑出的效果叫作“抽屉”。Android SDK 在其 AndroidX 库中提供了一个抽屉控件 DrawerLayout，使用它可以很容易地做出一种抽屉效果。但与这里的效果有些不同，DrawerLayout 会覆盖在原页面的上面，而不会把原页面推走，所以我们不能利用 DrawerLayout 控件，而需要自己实现 QQ App 的抽屉效果。

如何实现呢？思路是这样的：我们只要让抽屉页面与原页面属于同一个 Layout 控件，为新页面和原页面分别设置位移动画，让它们同时向右移即可。但要注意，不要在 Layout 中创建抽屉页面，只有当单击 QQ 头像图标时，我们才动态创建出新页面，把它加入父控件中，并开始动画。

因为一切发生在 MainFragment 中，所以我们先研究一下 MainFragment 的控件树结构，当前 MainFragment 中的控件树如图 15-55 所示。

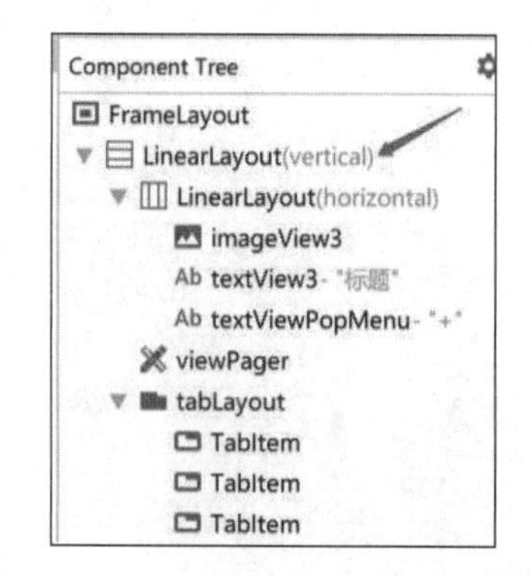

图 15-55

根 FrameLayout 只是一个容器，页面的主要内容包在红箭头指向的 LinearLayout 中。为什么不直接把 LinearLayout 作为根呢？还记得前面实现气泡菜单的过程吗？使用 FrameLayout 的原因主要是它内部的控件可以任意摆放位置，且后添加的子控件能覆盖已存在的子控件。我们让抽屉效果依然发生在 FrameLayout 中。我们动态创建抽屉页面并添加到 FrameLayout 中，利用动画移动它，同时也利用动画移动箭头所指的 LinearLayout。因为用代码操作这个 LinearLayout，所以将 ID 设置为“contentLayout”。

下面就创建抽屉 Layout 资源，模仿出 QQ 的样子。

1. 创建抽屉页面

添加一个 layout 资源文件 drawer_layout.xml，在其中创建抽屉页面，其内容如下：

```
<?xml version="1.0" encoding="utf-8"?>
<LinearLayout xmlns:android="http://schemas.android.com/apk/res/android"
        xmlns:app="http://schemas.android.com/apk/res-auto"
        android:orientation="vertical"
        android:background="@android:color/white"
        android:layout_width="match_parent"
        android:layout_height="match_parent">
    <LinearLayout
            android:layout_width="match_parent"
            android:layout_height="wrap_content"
            android:background="@android:color/holo_blue_light"
            android:orientation="vertical">
        <ImageView
                android:id="@+id/imageView3"
                android:layout_width="wrap_content"
                android:layout_height="40dp"
                android:layout_gravity="end"
                android:layout_marginTop="10dp"
                android:paddingTop="1dp"
                app:srcCompat="@drawable/barcode" />
        <LinearLayout
                android:layout_width="match_parent"
                android:layout_height="wrap_content"
                android:background="@android:color/holo_blue_bright"
```

```
            android:gravity="center_vertical"
            android:orientation="horizontal"
            android:paddingBottom="10dp"
            android:paddingEnd="20dp"
            android:paddingStart="20dp"
            android:paddingTop="10dp">

        <androidx.cardview.widget.CardView
                android:layout_width="40dp"
                android:layout_height="40dp"
                android:clipChildren="true"
                app:cardCornerRadius="20dp">
            <ImageView
                    android:id="@+id/imageView4"
                    android:layout_width="wrap_content"
                    android:layout_height="wrap_content"
                    app:srcCompat="@drawable/contacts_normal" />
        </androidx.cardview.widget.CardView>
        <TextView
                android:id="@+id/textView8"
                android:layout_width="wrap_content"
                android:layout_height="wrap_content"
                android:layout_marginStart="10dp"
                android:text="田中龟孙"
                android:textColor="@android:color/white"
                android:textSize="24sp" />
    </LinearLayout>
    <TextView
            android:id="@+id/textView9"
            android:layout_width="wrap_content"
            android:layout_height="wrap_content"
            android:layout_marginStart="20dp"
            android:paddingBottom="10dp"
            android:paddingTop="10dp"
            android:text="昨晚上吃多了，今天不上班"
            android:textColor="@android:color/white" />
</LinearLayout>
<TableLayout
        android:layout_width="match_parent"
        android:layout_height="0dp"
        android:layout_weight="1"
        android:padding="6dp">
    <TableRow
            android:layout_width="match_parent"
            android:layout_height="match_parent"
            android:gravity="center_vertical">
        <ImageView
```

```
            android:id="@+id/imageView5"
            android:layout_width="40dp"
            android:layout_height="40dp"
            app:srcCompat="@mipmap/ic_launcher_round" />
    <TextView
            android:id="@+id/textView10"
            android:layout_width="wrap_content"
            android:layout_height="wrap_content"
            android:layout_marginLeft="10dp"
            android:text="了解会员特权" />
</TableRow>
<TableRow
        android:layout_width="match_parent"
        android:layout_height="match_parent"
        android:gravity="center_vertical">
    <ImageView
            android:id="@+id/imageView6"
            android:layout_width="40dp"
            android:layout_height="40dp"
            app:srcCompat="@mipmap/ic_launcher_round" />
    <TextView
            android:id="@+id/textView11"
            android:layout_width="wrap_content"
            android:layout_height="wrap_content"
            android:layout_marginLeft="10dp"
            android:text="QQ 钱包" />
</TableRow>
<TableRow
        android:layout_width="match_parent"
        android:layout_height="match_parent"
        android:gravity="center_vertical">
    <ImageView
            android:layout_width="40dp"
            android:layout_height="40dp"
            app:srcCompat="@mipmap/ic_launcher_round" />
    <TextView
            android:layout_width="wrap_content"
            android:layout_height="wrap_content"
            android:layout_marginLeft="10dp"
            android:text="个性装扮" />
</TableRow>
<TableRow
        android:layout_width="match_parent"
        android:layout_height="match_parent"
        android:gravity="center_vertical">
    <ImageView
            android:layout_width="40dp"
```

```
            android:layout_height="40dp"
            app:srcCompat="@mipmap/ic_launcher_round" />
        <TextView
            android:layout_width="wrap_content"
            android:layout_height="wrap_content"
            android:layout_marginLeft="10dp"
            android:text="我的收藏" />
    </TableRow>
    <TableRow
        android:layout_width="match_parent"
        android:layout_height="match_parent"
        android:gravity="center_vertical">
        <ImageView
            android:layout_width="40dp"
            android:layout_height="40dp"
            app:srcCompat="@mipmap/ic_launcher_round" />
        <TextView
            android:layout_width="wrap_content"
            android:layout_height="wrap_content"
            android:layout_marginLeft="10dp"
            android:text="我的相册" />
    </TableRow>
    <TableRow
        android:layout_width="match_parent"
        android:layout_height="match_parent"
        android:gravity="center_vertical">
        <ImageView
            android:layout_width="40dp"
            android:layout_height="40dp"
            app:srcCompat="@mipmap/ic_launcher_round" />
        <TextView
            android:layout_width="wrap_content"
            android:layout_height="wrap_content"
            android:layout_marginLeft="10dp"
            android:text="我的文件" />
    </TableRow>
    <TableRow
        android:layout_width="match_parent"
        android:layout_height="match_parent"
        android:gravity="center_vertical">
        <ImageView
            android:layout_width="40dp"
            android:layout_height="40dp"
            app:srcCompat="@mipmap/ic_launcher_round" />
        <TextView
            android:layout_width="wrap_content"
            android:layout_height="wrap_content"
```

```
                android:layout_marginLeft="10dp"
                android:text="免流量特权" />
        </TableRow>
    </TableLayout>

    <LinearLayout
        android:layout_width="match_parent"
        android:layout_height="wrap_content"
        android:gravity="center_vertical"
        android:orientation="horizontal"
        android:padding="6dp">
        <ImageView
            android:layout_width="30dp"
            android:layout_height="30dp"
            app:srcCompat="@mipmap/ic_launcher_round" />
        <TextView
            android:layout_width="wrap_content"
            android:layout_height="wrap_content"
            android:layout_marginRight="30dp"
            android:text="设置" />
        <ImageView
            android:layout_width="30dp"
            android:layout_height="30dp"
            app:srcCompat="@mipmap/ ic_launcher_round" />
        <TextView
            android:layout_width= "wrap_content"
            android:layout_height= "wrap_content"
            android:layout_weight="1"
            android:text="夜间" />
    </LinearLayout>
</LinearLayout>
```

其中，“@drawable/barcode”是一张条形码图片。

注意，抽屉页面的背景色被置为白色（android:background="@android:color/white"），如果不设置颜色的话，默认是透明的。

其整体预览图如图 15-56 所示。

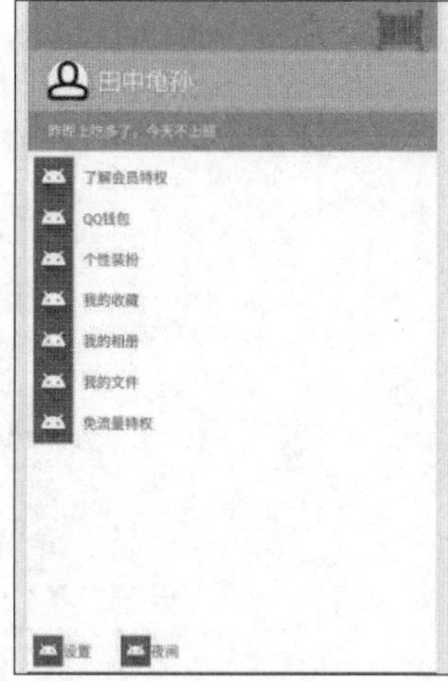

图 15-56

2. 响应头像单击事件

我们要响应的是图 15-57 中所指的控件的单击事件。

设置一个 id，并命名为 headImage。在 MainFragment 类的 onViewCreated()方法中，添加对此控件的单击侦听器：

```
//响应左上角的图标单击事件，显示抽屉页面
headImage.setOnClickListener{

}
```

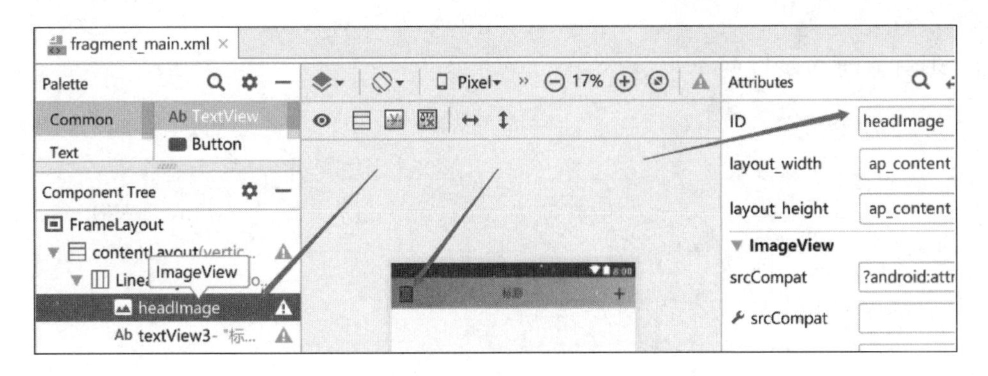

图 15-57

实现思路是：首先从 drawer_layout.xml 创建出抽屉页面，然后将抽屉页面加入根 View（FrameLayout）中，接着创建动画，使抽屉页面从左边移出来，同时还要创建动画，使原内容向右移，直到只剩下最左边那一列图像为止。

因为原内容并不是全部消失，而是剩余左边的那一列图像，此时其移过的区域全部被抽屉页面所填充，所以我们要先计算出这列图像的宽度（见图 15-58 中 A 处），用 FrameLayout 的宽度减去这个宽度就是抽屉页面的宽度（见图 15-58 中 B 处）。

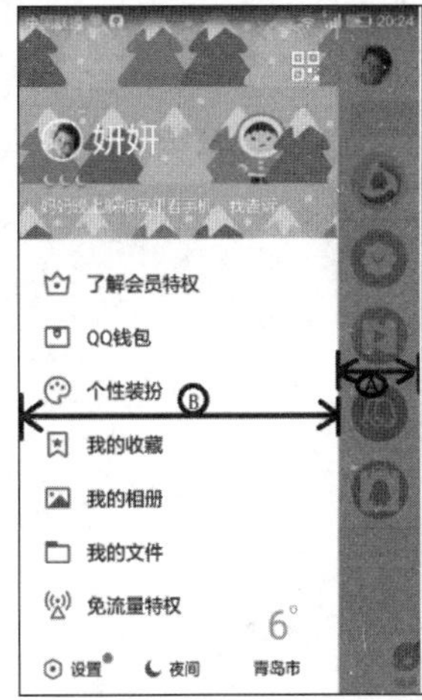

图 15-58

图像的宽度是固定的，我们在设计消息列表的 Item Layout 时，指定了图像为 50dp×50dp 的大小，这里再加上一些 Margin 的大小，定为 60dp。注意，在代码中，宽度单位都是像素，我们要用这个宽度来计算抽屉页面的宽度时必须把 dp 转成像素（px）。这个转换很简单，根据屏幕的 DPI 来计算即可。创建一个 Kotlin 文件，命名为 utils.kt，其中专门提供两个方法，用于从 dp 转 px、从 px 转 dp，具体代码如下：

```
fun dip2px(context: Context, dpValue: Float): Int {
    val scale = context.getResources().getDisplayMetrics().density
    return (dpValue * scale + 0.5f).toInt()
}

fun px2dip(context: Context, pxValue: Float): Int {
    val scale = context.resources.displayMetrics.density
    return (pxValue / scale + 0.5f).toInt()
}
```

使用这些方法，先计算原页面中左边那列图像的宽度：

```
val messageImageWidth = dip2px(activity!!,60.0f);
```

再计算抽屉页面的宽度：

```
val drawerWidth = view.width-messageImageWidth;
```

有了这个宽度，我们就可以创建位移动画来移动抽屉页面和原页面了。

3. 动画移动抽屉页面

我们创建一个属性动画来移动它。抽屉页面从左边移出，主要动的是 X 轴上的属性，首选“translationX”。它代表了控件左边界（left）在 X 轴上的位置，初始值应为负数，这样才能位于屏幕的左边界之外，但其初始值并非“-drawerWidth”，而是“-drawerWidth/2”，因为 QQ 中的抽屉页面并不是从无到有的，而是在开始移动时就能看到一半。具体代码如下：

```
//响应左上角的图标单击事件，显示抽屉页面
headImage.setOnClickListener{
    //创建抽屉页面
    val drawerLayout = activity!!.layoutInflater.inflate(
        R.layout.drawer_layout, view as ViewGroup , false
    )

    //先计算一下消息页面中左边一排图像的大小，在界面构建器中设置的是 dp
    //在代码中只能用像素，所以这里要换算一下，因为不同的屏幕分辨率，dp 对应
    //的像素数是不同的
    val messageImageWidth = dip2px(activity!!,60.0f)
    //计算抽屉页面的宽度，rootView 是 FrameLayout，
    //利用 getWidth()即可获得它当前的宽度
    val drawerWidth = view.width-messageImageWidth
    //设置抽屉页面的宽度
    drawerLayout.layoutParams.width = drawerWidth
    //将抽屉页面加入 FrameLayout 中
    view.addView(drawerLayout)

    //动画持续的时间
    val duration = 500L;
    //创建一个动画，让抽屉页面向右移，注意它是从左边移出来的，
    //所以其初始位置设置为-drawerWidth/2，即有一半位于屏幕之外
    val animatorDrawer = ObjectAnimator.ofFloat(drawerLayout,
        "translationX",-drawerWidth/2f,0f)
    animatorDrawer.duration = duration
    animatorDrawer.start()
}
```

这段代码放在 onViewCreated()中比较好。运行 App，登录进入主页面（见图 15-59），单击箭头所指的头像图标，出现动画，动画完成后效果如图 15-60 所示。

原内容并没有移动，所以那列图像并没有移到右边去。下面让原内容也动起来。

4. 动画移动原内容

我们应该为原内容设置不透明的背景色，否则在移动过程中会有“不可描述”的现象发生。打开文件 fragment_main.xml，为内容的根控件设置白色背景（见图 15-61）。

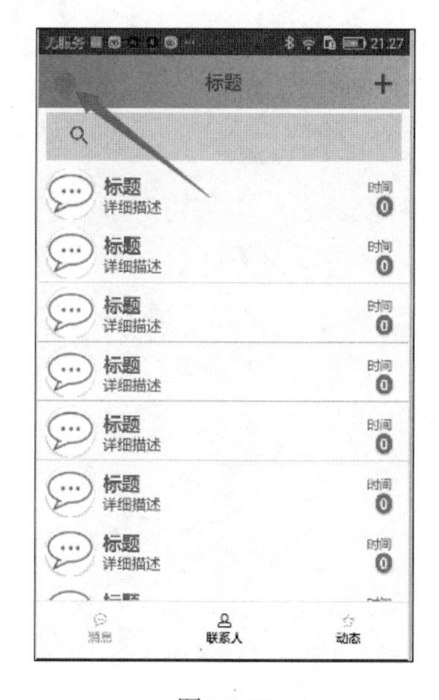

图 15-59

图 15-60

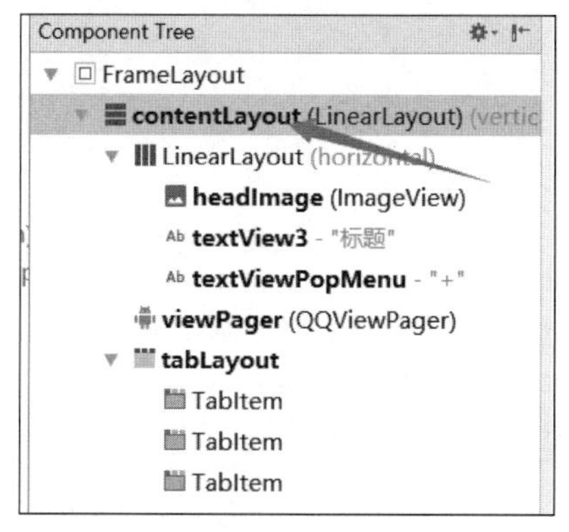

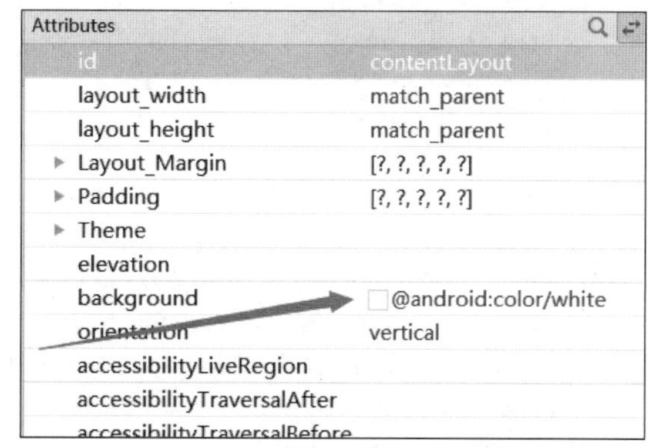

图 15-61

要在代码中操作这个控件，所以要为它设置 id，可以在图 15-1 中看到我们把它的 id 设置为“contentLayout”。

在代码中，我们首先要获取这个控件对象，然后为它创建一个属性动画，将它从当前位置（就是 0，因其 left 位于 X 轴上的 0 位置——这都是相对于其父控件来说的）移到 drawerWidth 的位置。注意，由于抽屉页面是后添加的，因此位于原内容的上层，这样在移动中抽屉页面会盖住原内容的一部分，但 QQ 中的效果却不是这样，而是原内容始终可见。这就需要将原内容移到上层来，只需调用原内容根控件的方法 bringToFront()即可。具体代码如下（见最后加粗部分）：

```
//响应左上角的图标单击事件，显示抽屉页面
headImage.setOnClickListener{
    //创建抽屉页面
    val drawerLayout = activity!!.layoutInflater.inflate(
        R.layout.drawer_layout, view as ViewGroup , false
    )
```

```
    //先计算一下消息页面中，左边一排图像的大小，在界面构建器中设置的是 dp
    //在代码中只能用像素，所以这里要换算一下，因为不同的屏幕分辨率，dp 对应
    //的像素数是不同的
    val messageImageWidth = dip2px(activity!!,60.0f)
    //计算抽屉页面的宽度，rootView 是 FrameLayout，
    //利用 getWidth()即可获得它当前的宽度
    val drawerWidth = view.width-messageImageWidth
    //设置抽屉页面的宽度
    drawerLayout.layoutParams.width = drawerWidth
    //将抽屉页面加入 FrameLayout 中
    view.addView(drawerLayout)

    //动画持续的时间
    val duration = 500L;
    //创建一个动画，让抽屉页面向右移，注意它是从左边移出来的，
    //所以其初始位置设置为-drawerWidth/2，即有一半位于屏幕之外
    val animatorDrawer = ObjectAnimator.ofFloat(drawerLayout,
        "translationX",-drawerWidth/2f,0f)
    animatorDrawer.duration = duration
    animatorDrawer.start()

    //把原内容的根控件放到最上层，这样在移动时能一直看到它（QQ 就是这个效果）
    this.contentLayout.bringToFront();
    //创建动画，移动原内容，从 0 位置移动抽屉页面宽度的距离（注意其宽度不变）
    val animatorContent = ObjectAnimator.ofFloat(contentLayout,
        "translationX",0f, drawerWidth.toFloat())
    animatorContent.duration = duration
    animatorContent.start();
}
```

现在可以把原内容移到合适的位置了，但是还有一个问题，原内容需要在移动中逐渐变暗，这个就需要蒙板效果了。当然蒙板效果不是现成的，我们需要自己做。

5. 移动中逐渐变暗

实现起来稍微复杂一点，可以为 FrameLayout 创建一个子控件，专门做蒙板，因为在 FrameLayout 中，所以很容易把它盖到原内容控件的上层。在动画执行过程中，蒙板控件还要变得越来越不透明，所以我们再创建一个动画对象，用于移动蒙板控件。同时还要让蒙板逐渐变得不透明，所以还要创建一个动画。总之，要为蒙板创建两个动画。

创建蒙板及其动画的代码，见下面源码中的加粗部分：

```
//响应左上角的图标单击事件，显示抽屉页面
headImage.setOnClickListener{
    //创建抽屉页面
    val drawerLayout = activity!!.layoutInflater.inflate(
        R.layout.drawer_layout, view as ViewGroup , false
```

```
    )

    //先计算一下消息页面中左边一排图像的大小，在界面构建器中设置的是 dp
    //在代码中只能用像素，所以这里要换算一下，因为不同的屏幕分辨率，dp 对应
    //的像素数是不同的
    val messageImageWidth = dip2px(activity!!,60.0f)
    //计算抽屉页面的宽度，view 是 FrameLayout,
    //利用 getWidth()即可获得它当前的宽度
    val drawerWidth = view.width-messageImageWidth
    //设置抽屉页面的宽度
    drawerLayout.layoutParams.width = drawerWidth
    //将抽屉页面加入 FrameLayout 中
    view.addView(drawerLayout)

    //动画持续的时间
    val duration = 500L;

    //创建一个动画，让抽屉页面向右移，注意它是从左边移出来的，
    //所以其初始位置设置为-drawerWidth/2，即有一半位于屏幕之外
    val animatorDrawer = ObjectAnimator.ofFloat(drawerLayout,
        "translationX",-drawerWidth/2f,0f)

    //把原内容的根控件放到最上层，这样在移动时能一直看到它（QQ 就是这个效果）
    this.contentLayout.bringToFront();
    //创建动画，移动原内容，从 0 位置移动抽屉页面宽度的距离（注意其宽度不变）
    val animatorContent = ObjectAnimator.ofFloat(contentLayout,
        "translationX",0f, drawerWidth.toFloat())

    //创建蒙板 View
    val maskViewDrawer = View(context)
    maskViewDrawer.setBackgroundColor(Color.GRAY)
    //必须将其初始透明度设为完全透明
    maskViewDrawer.alpha = 0f
    //添加到 FragmentLayout 中
    view.addView(maskViewDrawer)
    //将蒙板 View 放到最上层
    maskViewDrawer.bringToFront()

    //创建移动蒙板的动画
    val animatorMask = ObjectAnimator.ofFloat(maskViewDrawer,
        "translationX",0f,drawerWidth.toFloat());
    //创建蒙板逐渐变暗的动画
    val animatorMaskAlpha = ObjectAnimator.ofFloat (maskViewDrawer,"alpha",
0f,0.6f);

    //创建动画集合，同时播放四个动画
    val animatorSet = AnimatorSet()
```

```
        animatorSet.playTogether(animatorContent, animatorMask,animatorMaskAlpha,
animatorDrawer);
        animatorSet.duration = duration
        animatorSet.start()
    }
```

需要注意的是，我们把 4 个动画放到一个 set 中一起播放了，所以不再单独为每个动画调用 start()方法。

运行 App，抽屉的出现过程已基本达到要求，动画完成后的效果如图 15-62 所示。

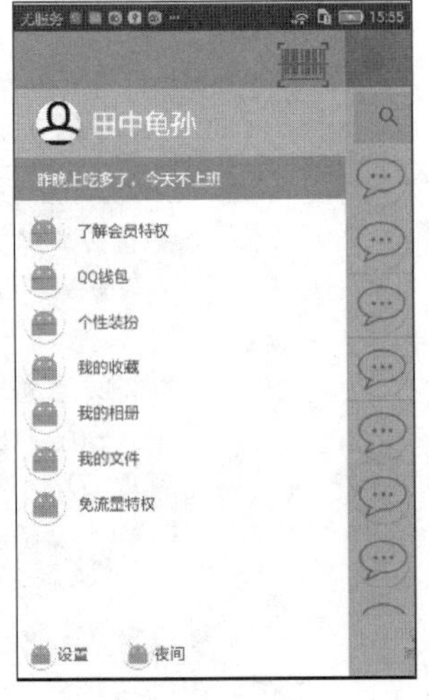

图 15-62

6. 隐藏抽屉页面

现在能显示抽屉页面了，但是还不能隐藏它。同时，当手指在原内容的那列图像上上下滑动时，图像竟然能跟着上下滚动！这可不是我们期望的。按常理，原内容上面盖了个蒙板控件，触摸应被蒙板控件挡住才对，怎么能传递到下一层 View 上呢？这就是 Android 聪明的地方：上层 View 如果是半透明的且没有设置的触摸响应侦听器，就会把触摸事件传递到下一层 View。要改变这个问题很容易，只需要为蒙板 View 设置侦听器即可。同时我们要在单击蒙板 View 时让抽屉消失，所以也应该为蒙板 View 设置侦听器。在响应方法中，我们创建与前面相反的动画即可，前面是从左向右移，这里就从右向左移，做法不再赘述，具体代码如下：

```
    //当单击蒙板 View 时，隐藏抽屉页面
    maskViewDrawer.setOnClickListener{
        //动画反着来，让抽屉消失
        //创建动画，移动原内容，从 0 位置移动抽屉页面宽度的距离（注意其宽度不变）
        val animatorContent = ObjectAnimator.ofFloat(contentLayout,
            "translationX", drawerWidth.toFloat(),0f)
        //移动蒙板的动画
        val animatorMask = ObjectAnimator.ofFloat(maskViewDrawer,
            "translationX", drawerWidth.toFloat(),0f)
        //创建蒙板逐渐变亮的动画
        val animatorMaskAlpha = ObjectAnimator.ofFloat(maskViewDrawer, "alpha",
0.6f,0f);
        //创建动画，让抽屉页面向右移，注意它是从左边移出来的，
        //所以其初始位置设置为-drawerWidth/2，即有一半位于屏幕之外
        val animatorDrawer = ObjectAnimator.ofFloat(drawerLayout,
            "translationX", 0f,-drawerWidth/2f)

        //创建动画集合，同时播放 4 个动画
        val animatorSet =  AnimatorSet()
        animatorSet.playTogether(animatorContent,animatorMask,animatorMaskAlpha,
animatorDrawer)
        animatorSet.duration = duration
        //设置侦听器，主要侦听动画关闭事件
```

```
    animatorSet.addListener(object : Animator.AnimatorListener{
        override fun onAnimationRepeat(p0: Animator?) {}
        override fun onAnimationEnd(p0: Animator?) {
            //动画结束，将蒙板和抽屉页面删除
            view.removeView(maskViewDrawer);
            view.removeView(drawerLayout);
        }
        override fun onAnimationCancel(p0: Animator?) {}
        override fun onAnimationStart(p0: Animator?) {}
    })
    animatorSet.start();
}
```

注意加粗的代码，它响应动画结束事件。由于在侦听器类内使用了外部类的一些变量，所以这些变量都在定义时使用了“val”修饰符。

到此，抽屉效果宣告完成！现在 MainFragment::onViewCreated()方法的全部代码如下：

```
override fun onViewCreated(view: View, savedInstanceState: Bundle?) {
    super.onViewCreated(view, savedInstanceState)

    //将 Adapter 设置给 ViewPager 实例
    viewPager.adapter = ViewPageAdapter()
    tabLayout.setupWithViewPager(viewPager);

    //响应左上角的图标单击事件，显示抽屉页面
    headImage.setOnClickListener{
        //创建抽屉页面
        val drawerLayout = activity!!.layoutInflater.inflate(
            R.layout.drawer_layout, view as ViewGroup , false
        )

        //先计算一下消息页面中左边一排图像的大小，在界面构建器中设置的是 dp
        //在代码中只能用像素，所以这里要换算一下，因为不同的屏幕分辨率，dp 对应
        //的像素数是不同的
        val messageImageWidth = dip2px(activity!!,60.0f)
        //计算抽屉页面的宽度，view 是 FrameLayout，
        //利用 getWidth()即可获得它当前的宽度
        val drawerWidth = view.width-messageImageWidth
        //设置抽屉页面的宽度
        drawerLayout.layoutParams.width = drawerWidth
        //将抽屉页面加入 FrameLayout 中
        view.addView(drawerLayout)

        //动画持续的时间
        val duration = 500L;

        //创建一个动画，让抽屉页面向右移，注意它是从左边移出来的，
        //所以其初始位置设置为-drawerWidth/2，即有一半位于屏幕之外
        val animatorDrawer = ObjectAnimator.ofFloat(drawerLayout,
            "translationX",-drawerWidth/2f,0f)
```

```
        //把原内容的根控件放到最上层，这样在移动时能一直看到它（QQ 就是这个效果）
        this.contentLayout.bringToFront();
        //创建动画，移动原内容，从 0 位置移动抽屉页面宽度的距离（注意其宽度不变）
        val animatorContent = ObjectAnimator.ofFloat(contentLayout,
            "translationX",0f, drawerWidth.toFloat())

        //创建蒙板 View
        val maskViewDrawer = View(context)
        maskViewDrawer.setBackgroundColor(Color.GRAY)
        //必须将其初始透明度设为完全透明
        maskViewDrawer.alpha = 0f
        //添加到 FragmentLayout 中
        view.addView(maskViewDrawer)
        //将蒙板 View 放到最上层
        maskViewDrawer.bringToFront()
        //当单击蒙板 View 时，隐藏抽屉页面
        maskViewDrawer.setOnClickListener{
            //动画反着来，让抽屉消失
            //创建动画，移动原内容，从 0 位置移动抽屉页面宽度的距离（注意其宽度不变）
            val animatorContent = ObjectAnimator.ofFloat(contentLayout,
                "translationX", drawerWidth.toFloat(),0f)
            //移动蒙板的动画
            val animatorMask = ObjectAnimator.ofFloat(maskViewDrawer,
                "translationX", drawerWidth.toFloat(),0f)
            //创建蒙板逐渐变亮的动画
            val animatorMaskAlpha = ObjectAnimator.ofFloat(maskViewDrawer,
"alpha",0.6f,0f);
            //创建动画，让抽屉页面向右移，注意它是从左边移出来的，
            //所以其初始位置设置为-drawerWidth/2，即有一半位于屏幕之外
            val animatorDrawer = ObjectAnimator.ofFloat(drawerLayout,
                "translationX", 0f,-drawerWidth/2f)

            //创建动画集合，同时播放四个动画
            val animatorSet =  AnimatorSet()
            animatorSet.playTogether(animatorContent,animatorMask,
animatorMaskAlpha,animatorDrawer)
            animatorSet.duration = duration
            //设置侦听器，主要侦听动画关闭事件
            animatorSet.addListener(object : Animator.AnimatorListener{
                override fun onAnimationRepeat(p0: Animator?) {}
                override fun onAnimationEnd(p0: Animator?) {
                    //动画结束，将蒙板和抽屉页面删除
                    view.removeView(maskViewDrawer);
                    view.removeView(drawerLayout);
                }
                override fun onAnimationCancel(p0: Animator?) {}
                override fun onAnimationStart(p0: Animator?) {}
```

```
            })
            animatorSet.start();
        }
        //创建移动蒙板的动画
        val animatorMask = ObjectAnimator.ofFloat(maskViewDrawer,
            "translationX",0f,drawerWidth.toFloat());
        //创建蒙板逐渐变暗的动画
        val animatorMaskAlpha = ObjectAnimator.ofFloat(maskViewDrawer,"alpha",
0f,0.6f);

        //创建动画集合，同时播放三个动画
        val animatorSet = AnimatorSet()
        animatorSet.playTogether(animatorContent,animatorMask,
animatorMaskAlpha,animatorDrawer);
        animatorSet.duration = duration
        animatorSet.start()
    }

    textViewPopMenu.setOnClickListener {
        //创建 PopupWindow，用于承载气泡菜单
        val pop = PopupWindow(activity)
        pop.animationStyle = R.style.popoMenuAnim
        //设置窗口出现时获取焦点，这样在按下返回键时窗口才会消失
        pop.isFocusable = true

        //向 Fragment 容器(FrameLayout)中加入一个 View 作为上层容器和蒙板
        val maskView = View(context)
        maskView.setBackgroundColor(Color.DKGRAY)
        maskView.alpha = 0.5f

        val rootView = view as FrameLayout
        rootView.addView(
            maskView,
            FrameLayout.LayoutParams.MATCH_PARENT,
            FrameLayout.LayoutParams.MATCH_PARENT
        )
        maskView.setOnClickListener {
            //隐藏弹出窗口
            pop.dismiss();
        }

        pop.setOnDismissListener {
            //去掉蒙板
            rootView.removeView(maskView)
        }
        //加载气泡图像，以作为 window 的背景
        val drawable = resources.getDrawable(R.drawable.pop_bk,null)
```

```
        //设置气泡图像为 window 的背景
        pop.setBackgroundDrawable(drawable)
        //加载菜单项资源，是用 LinearLayout 模拟的菜单
        val menuView = LayoutInflater.from(activity)
            .inflate(R.layout.pop_menu_layout, null) as LinearLayout
        //设置 window 中要显示的 View
        pop.contentView = menuView
        //计算一下菜单 layout 的实际大小，然后获取之
        menuView.measure(0, 0)
        //显示窗口
        pop.showAsDropDown(it,-pop.contentView.measuredWidth-10,-10);
    }
}
```

15.3.11 创建“联系人”页

QQ App 中联系人页面如图 15-63 所示。

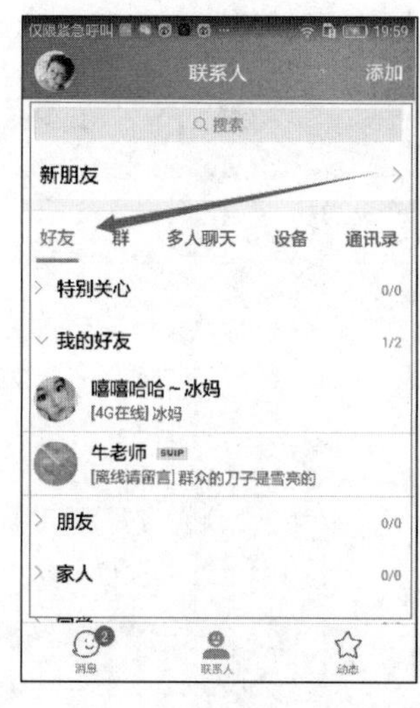

图 15-63

整个页面（红框内所示）是可以滚动的，比较牛的是它并不是按照一般的方式滚动，向上滚动时，当箭头所指的那一行到顶部时，这一行不再向上滚动，而只是其下的内容会向上滚，也就是说箭头所指的这一行会一直显示。

这种效果是怎么做出来的呢？首先我们能想到的是用两个能提供内容滚动的 View（比如 ScrollView 或 RecyclerView 等），一个位于另一个内部，当外部 View 的内容滚到一定位置时内部 View 开始滚动。但是这个效果不是随意放两个滚动 View 就可以实现的，需要解决以下两个问题：

首先是触摸的问题。触摸到的一般是内部 View，而不是外部的，也就是说内部 View 先收到事件，当它处理完滚动事件后，事件就没了，于是外部滚动 View 不会收到滚动事件。所以在内部滚动 View 中摸来摸去时，只看到内部滚动 View 的内容动，外部 View 的内容是不会动的。

其次是如何让处于滚动 View 中某个位置的 View（和它下面的 View）永远显示，即它滚动到顶就不再滚动了。默认的滚动实现都不支持这样的功能。

如何才能解决这两个问题呢？其实还真不难，只需要使用几个现成的 View 即可。

要解决第一个问题，需要用到支持“Nested Scroll（嵌套滚动）”的 View。两个都支持 Nested Scroll 的控件才能配合起来滚动，因为处于内部的滚动 View 会处理完事件后把事件再传递给外部的滚动 View。早期出现的 ScrollView 和 ListView 都不支持嵌套滚动，而处于 AndroidX 库（以前的版本中叫 support 库）中很多支持内容滚动的控件都能支持 Nested Scroll，比如 RecyclerView、NestedScrollView 等，我们这里正好要用到这两个控件，外部使用 NestedScrollView，内部使用 RecyclerView。

要解决第二个问题，需要用到一个特殊的控件：AppBarLayout。看名字这个控件似乎是专用于设计 AppBar 的，其实用于内容中也没有问题。它是不支持滚动的，但如果把它和一个支

持嵌套滚动的 View 一起放在另一个支持嵌套滚动的 View 中，再进行一些设置，就能最终设计出我们需要的效果。

1. 添加联系人 Layout 资源

当前的联系人页面是一个 RecyclerView，与消息页面和动态页面共同位于一个 ViewPager 中，实现了 Tab 翻页功能。我们下面改一下联系人这个页面，现在它不能仅用一个 RecyclerView 了，而且需要复杂的 Layout，其结构主要分成三部分：最外面是一个 NestedScrollView，其内包含一个 AppBarLayout 和一个 RecyclerView，AppBarLayout 在 RecyclerView 的上面。效果如图 15-64 所示。

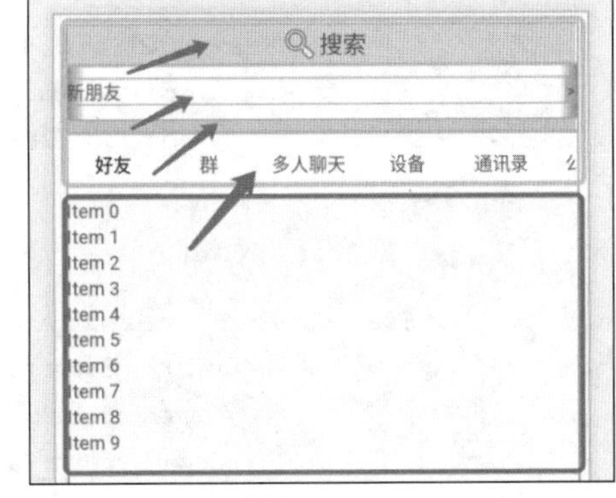

图 15-64

上面框区是 RecyclerView，下面框区是 AppBarLayout。AppBarLayout 中有四行（四个箭头所指），顶端行利用了我们前面创建的搜索行 Layout（其文件是 message_list_item_search.xml），它的下一行是一个横向的 LinearLayout，里面包含了两个 TextView，再往下一行仅用作分割，所以只是一个简单的 FrameLayout，最下面是一个 TabLayout。为这个 Layout 资源创建 contacts_page_layout.xml 文件，内容如下：

```
<?xml version="1.0" encoding="utf-8"?>
<androidx.coordinatorlayout.widget.CoordinatorLayout
      xmlns:android="http://schemas.android.com/apk/res/android"
      xmlns:app="http://schemas.android.com/apk/res-auto"
      android:layout_width="match_parent"
      android:layout_height="match_parent"
      android:paddingLeft="10dp"
      android:paddingRight="10dp"
      android:paddingTop="8dp">
   <com.google.android.material.appbar.AppBarLayout
         android:layout_width="match_parent"
         android:layout_height="wrap_content"
         android:background="@android:color/background_light"
         android:fitsSystemWindows="false">

      <include layout="@layout/message_list_item_search"
             android:layout_width="match_parent"
             android:layout_height="wrap_content"
             app:layout_scrollFlags="scroll"/>

      <LinearLayout android:layout_width="match_parent"
                 android:layout_height="40dp"
                 app:layout_scrollFlags="scroll">

         <TextView android:layout_width="match_parent"
                 android:layout_height="wrap_content"
                 android:layout_gravity="center_vertical"
```

```
                android:layout_weight="1"
                android:text="新朋友"/>

        <TextView android:layout_width="wrap_content"
                android:layout_height="wrap_content"
                android:layout_gravity="center_vertical"
                android:text=">"/>

    </LinearLayout>

    <FrameLayout android:layout_width="match_parent"
              android:layout_height="10dp"
              android:background="?attr/colorButtonNormal"
              app:layout_scrollFlags="scroll">

    </FrameLayout>

    <com.google.android.material.tabs.TabLayout
          android:layout_width="match_parent"
          android:layout_height="wrap_content"
          app:tabMode="scrollable">

        <android.support.design.widget.TabItem
              android:layout_width="wrap_content"
              android:layout_height="wrap_content"
              android:text="好友"/>

        <com.google.android.material.tabs.TabItem
              android:layout_width="wrap_content"
              android:layout_height="wrap_content"
              android:text="群"/>

        <com.google.android.material.tabs.TabItem
              android:layout_width="wrap_content"
              android:layout_height="wrap_content"
              android:text="多人聊天"/>

        <com.google.android.material.tabs.TabItem
              android:layout_width="wrap_content"
              android:layout_height="wrap_content"
              android:text="设备"/>

        <com.google.android.material.tabs.TabItem
              android:layout_width="wrap_content"
              android:layout_height="wrap_content"
              android:text="通讯录"/>

        <com.google.android.material.tabs.TabItem
              android:layout_width="wrap_content"
              android:layout_height="wrap_content"
              android:text="公众号"/>
    </com.google.android.material.tabs.TabLayout>
```

```
    </com.google.android.material.appbar.AppBarLayout>

    <androidx.recyclerview.widget.RecyclerView
            android:id="@+id/contactListView"
            app:layout_behavior="@string/appbar_scrolling_view_behavior"
            android:layout_width="match_parent"
            android:layout_height="match_parent"/>

</androidx.coordinatorlayout.widget.CoordinatorLayout>
```

注意，AppBarLayout 中的各 View 除了 TabLayout 之外，都有一个属性：**app:layout_scrollFlags="scroll"**。设成 scroll 表示这个控件可以滚出显示区，不设的话，这个控件就滚不出显示区。TabLayout 就没有设置，因为它要保持在顶部。

最外层控件是 CoordinatorLayout，AppBarLayout 只有在它里面才能与某些滚动 View 配合，完成一些特殊效果，但是滚动 View 必须设置属性 app:layout_behavior 的值为 "@string/appbar_scrolling_view_behavior"，因为需要让 RecyclerView 与 AppBarLayout 配合，所以我们为 RecyclerView 设置了这个属性。

最后注意，RecyclerView 的 id 被设置成了 contactListView，因为后面要在代码中操作它。

2. 修改 MainFragment 的代码

我们原先为“消息”“联系人”“动态”三个页面创建的都是 RecyclerView，现在“联系人”页面需要改为从 Layout 资源文件创建，所以相关代码要进行改动。

需要改一下包含三个页面的数组变量（在 MainFragment 类中）：

```
//创建一个数组，有三个元素，三个元素都初始化为空
private val listViews = arrayOfNulls<RecyclerView?>(3)
```

变为：

```
//创建一个数组，有三个元素，三个元素都初始化为空
private val listViews = arrayOfNulls<ViewGroup?>(3)
```

创建三个页面的代码：

```
//创建三个 RecyclerView，分别对应 QQ 消息页、QQ 联系人页、QQ 空间页
listViews[0]=RecyclerView(context!!);
listViews[1]=RecyclerView(context!!);
listViews[2]=RecyclerView(context!!);
```

变为：

```
//创建三个 RecyclerView，分别对应 QQ 消息页、QQ 联系人页、QQ 空间页
val v1 = RecyclerView(context!!)
val v2 = layoutInflater.inflate(R.layout.contacts_page_layout,null) as
ViewGroup
val v3 =  RecyclerView(context!!);
listViews[0] = v1
listViews[1] = v2
listViews[2] = v3
```

单独创建三个 View 的原因是三个页面的类型不再统一为 RecyclerView，后面处理时调用方法也不同了。

设置 LayoutManager 和适配器的语句：

```
//为第一个 RecyclerView 设置
listViews[0]!!.adapter = MessagePageListAdapter()
listViews[0]!!.layoutManager = LinearLayoutManager(context)
```

变为：

```
//为 RecyclerView 设置适配器与 LayoutManager
//消息页面
(listViews[0] as RecyclerView).let{
    it.adapter = MessagePageListAdapter()
    it.layoutManager = LinearLayoutManager(context)
}
//联系人页面
val contactListView = listViews[1]!!.findViewById<RecyclerView>
(R.id.contactListView)
contactListView.adapter = ContactsPageListAdapter()
contactListView.layoutManager = LinearLayoutManager(context)
```

注意，把为了测试而设置背景色的代码去掉了。

为联系人 RecyclerView 提供数据的类叫作 ContactsPageListAdapter。我们需要创建这个类，把它放在与 MessagePageListAdapter 相同的包下。ContactsPageListAdapter 现在还是一个空壳，内容如下：

```
class ContactsPageListAdapter :
RecyclerView.Adapter<ContactsPageListAdapter.MyViewHolder>(){

    override fun onCreateViewHolder(parent: ViewGroup, viewType: Int):
MyViewHolder {
        TODO("not implemented")
    }

    override fun getItemCount(): Int {
        TODO("not implemented")
    }

    override fun onBindViewHolder(holder: MyViewHolder, position: Int) {
        TODO("not implemented")
    }

    class MyViewHolder(itemView: View) : RecyclerView.ViewHolder(itemView) {

    }
}
```

运行 App，效果如图 15-65 所示。

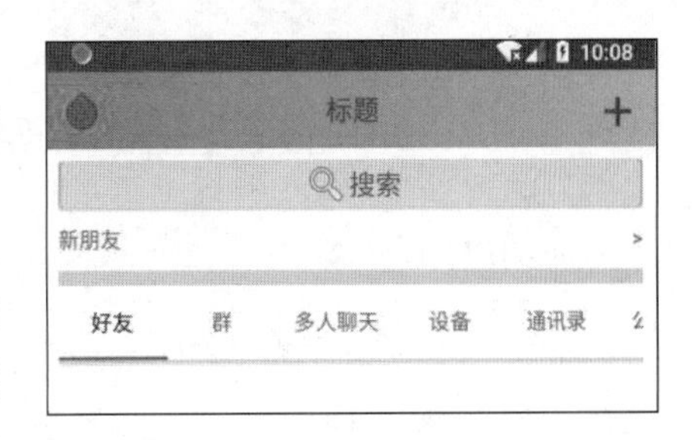

图 15-65

现在 RecyclerView 中什么也没有。可以试一下，在上下滚动时，TabLayout 行滚到最上端后不再往上滚动，它会一保持在显示区。

下面还需要实现的是点 TabLayout 行上的 Item 时切换页面。这个功能其实与最下面的 TabLayout（消息、联系人这一行）相似，实现的话需要改一下文件 contacts_page_layout.xml，把 RecyclerView 变为 ViewPager，为这个 ViewPager 创建 Adapter，通过 Adapter 向 ViewPager 返回每个页的 RecyclerView。这里只提一下，可以自己去试一下。下面我们实现的是另一个功能——“展开-收起”。

3. 列表行的“展开-收起”功能

QQ App 中好多页面的列表控件都有“展开-收起”的功能，比如“联系人”页面中的“好友”页面（见图 15-66）。

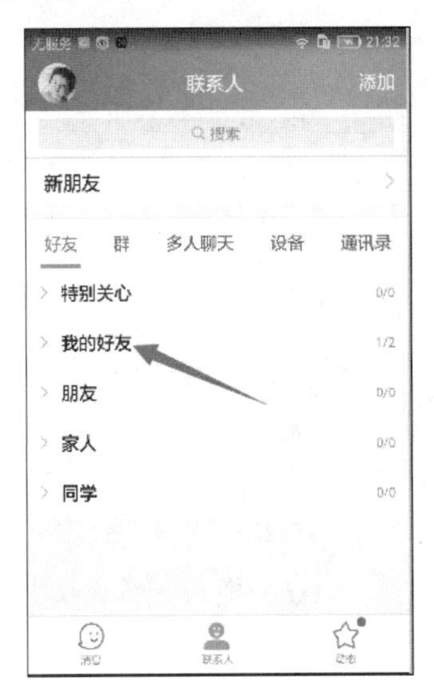

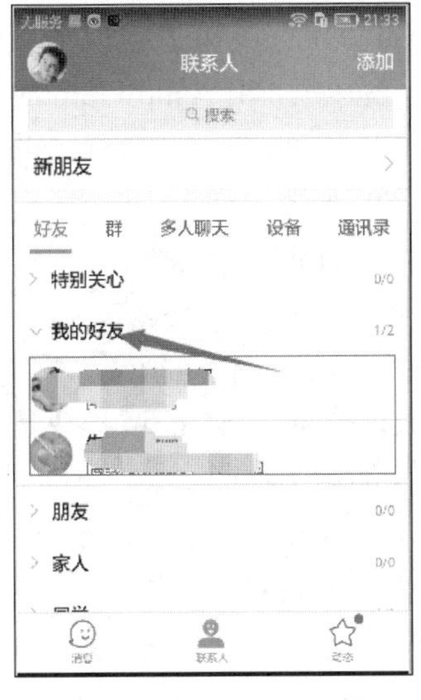

图 15-66

这种列表控件看起来像树控件，有的行拥有子行。比如“我的好友”这一行，单击一下左边的箭头，就变成展开状态，下面出现了两行。

Android 中有没有能实现这种效果的控件呢？有！ExpandableListView。但是，它是从陈旧的 ListView 派生的，不支持新的滚动特性。为了以后容易升级，还是支持新特性比较好。其实，我们可以从 RecyclerView 自己派生出一个树控件。当然这是很麻烦的，最好的选择还是使用网上已经存在的第三方控件。因为网上充满了活雷锋，为大家提供了数不清的功能多样的控件。笔者已经准备了一个树控件库 RecyclerListTreeView，源码托管在 GitHub 上（GitHub 是国外的一个网站，供大家免费存放代码，也为公司提供有偿项目托管），项目网址是 https://github.com/niugao/RecyclerListTreeView。

虽然名字叫 RecyclerListTreeView，但是它并不是一个 View 类，而是实现了树控件功能的几个类的集合，也就是一个 Library（库）。可以把这个项目从 GitHub 上下载下来试一下。下载方法很简单，进入项目主页，单击“Clone or download（克隆或下载）”按钮（见图 15-67）。就会显示出如图 15-68 所示的页面。

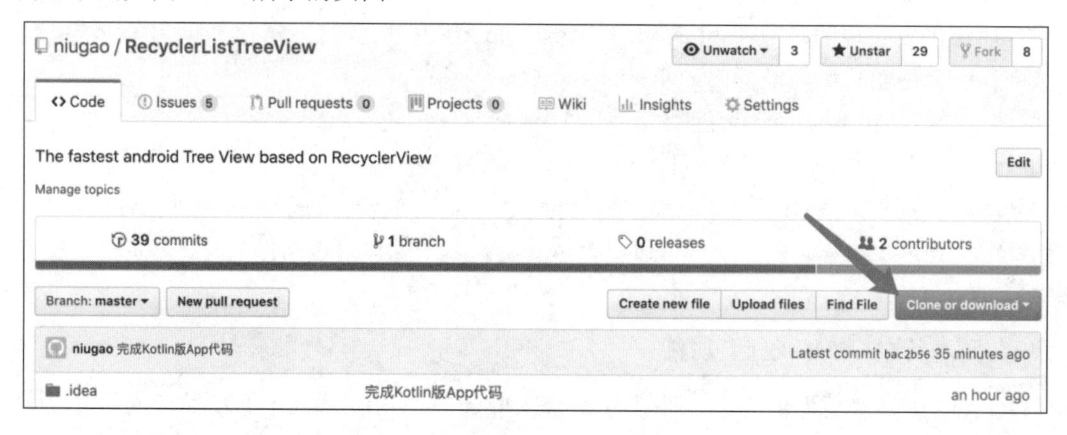

图 15-67

单击“Download ZIP”按钮下载这个项目的 ZIP 包到本地，解压缩，用 AndroidStudio 打开它就行了。这个项目包含了 3 个 Module（模块），如图 15-69 所示。

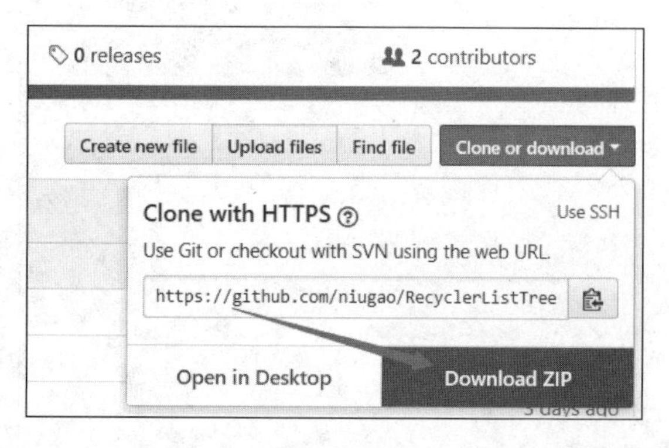

图 15-68

app 模块是一个 Android App 程序。我们创建的 Android 工程默认只有一个模块，就是这种模块。app4cotlin 是手动添加的模块，是 app 模块的 Kotlin 版。app 和 app4cotlin 模块是 recyclerlisttreeview 库的示例程序。

recyclerlisttreeview 模块是一个 Android 库，就是我们的树控件库。其下包含了多种资源，与一个 App 模块无异，但是它是不能独立运行的，只能被其他 App 所调用（见图 15-70）。

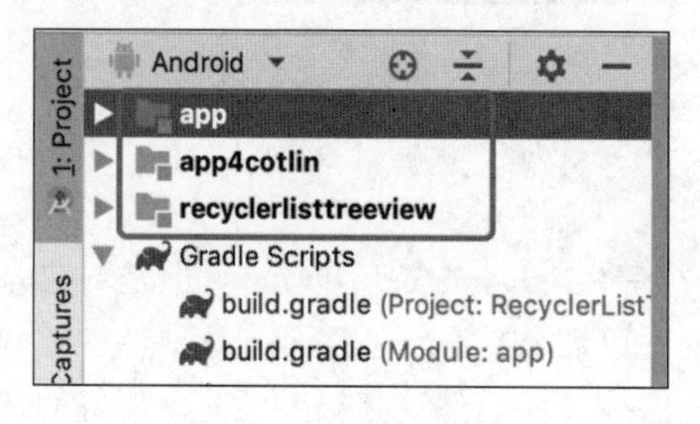

图 15-69

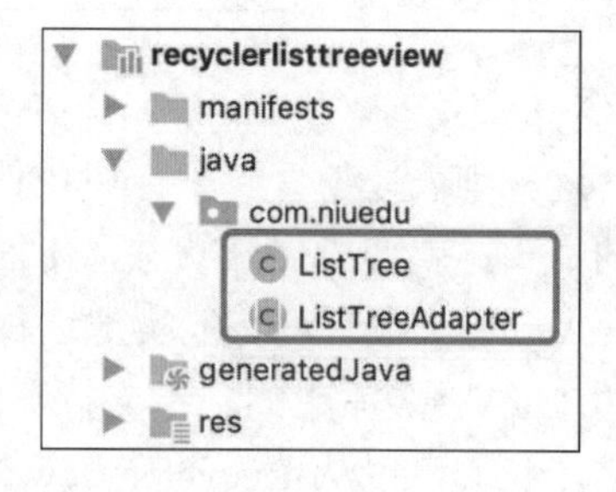

图 15-70

这个库中有两个 Java 类，并且没有从 View 派生的类，主要实现了一个基于 List 的树型集合类 ListTree 以及一个连接 ListTree 与 RecyclerView 的适配器类 ListTreeAdapter。利用这个库显示树控件时依然需要使用 RecyclerView。回忆一下使用 RecyclerView 的基本思路：需要有存放数据的集合（比如 ArrayList），需要派生一个 Adapter 类来关联 RecyclerView 和数据集合。这里的 ListTree 就是存放数据的集合，只不过它是按树的方式管理其所包含的项；ListTreeAdapter 是从 RecyclerView.Adapter 派生的一个类，用于将 ListTree 与 RecyclerView 进行关联。ListTreeAdapter 内部有一个 ListTreeViewHolder 类，与 RecyclerView.ViewHoler 的作用没有什么两样。

这个库号称是最快的 Android 树控件库，虽有些夸张，但也是有一定根据的。因为这个库的特点是以 List 实现 Tree，ListTree 中保存各节点数据的是 List 类，由于 RecyclerView 要求其后台数据集合必须能根据序号来提供数据（数据必须是有序的），因此底层的 List 保证了 ListTree 与 RecyclerView 的无缝结合，同时也避免了树结构处理中另人讨厌的递归算法问题。这个库还有一个特点，就是保留了使用 RecyclerView 时的原汁原味，熟悉 RecyclerView 用法的话，使用这个库是很轻松的。

这是一个真正的树，它能显示的层级不仅是两级，只要屏幕够宽，显示多少级都行。这个库的使用方法在 app 和 app4cotlin 模块中有示例。

下面就利用它把 QQ 的联系人界面实现出来。

4. 创建不同行的 layout 资源

联系人列表中显示的行有两种：一种是组；另一种是联系人。它们的 Layout 不同，所以我们要先创建两个 Layout 资源文件。

添加两个 Layout 资源：一个叫 contacts_contact_item.xml，对应联系人；一个叫 contacts_group_item.xml，对应组。

contacts_contact_item.xml 的源码是：

```
<?xml version="1.0" encoding="utf-8"?>
<LinearLayout xmlns:android="http://schemas.android.com/apk/res/android"
            android:layout_width="match_parent"
            android:layout_height="wrap_content"
            android:gravity="center_vertical"
            android:paddingBottom="4dp"
            android:paddingTop="4dp">
    <ImageView
          android:id="@+id/imageViewHead"
          android:layout_width="40dp"
          android:layout_height="40dp"
          android:layout_marginRight="10dp" />

    <LinearLayout
          android:layout_width="match_parent"
          android:layout_height="wrap_content"
          android:orientation="vertical">

        <TextView
              android:id="@+id/textViewTitle"
              android:layout_width="match_parent"
```

```
                    android:layout_height="wrap_content"
                    android:text="Title"
                    android:textSize="18sp" />

                <TextView
                    android:id="@+id/textViewDetail"
                    android:layout_width="match_parent"
                    android:layout_height="wrap_content"
                    android:text="Detail"
                    android:textSize="14sp" />
        </LinearLayout>
</LinearLayout>
```

contacts_group_item.xml 的源码是：

```
<?xml version="1.0" encoding="utf-8"?>
<LinearLayout xmlns:android="http://schemas.android.com/apk/res/android"
        android:layout_width="match_parent"
        android:layout_height="40dp"
        android:gravity="center_vertical">
    <TextView
        android:id="@+id/textViewTitle"
        android:layout_width="match_parent"
        android:layout_height="wrap_content"
        android:layout_weight="1"
        android:text="TextView"
        android:textSize="18sp" />

    <TextView
        android:id="@+id/textViewCount"
        android:layout_width="wrap_content"
        android:layout_height="wrap_content"
        android:layout_marginLeft="10dp"
        android:text="0"
        android:textSize="18sp" />
</LinearLayout>
```

5. 添加保存行数据的类

如果一行中显示的数据比较复杂，我们应该定义一个类来保存其数据。对应“组”的行显示如图 15-71 所示。

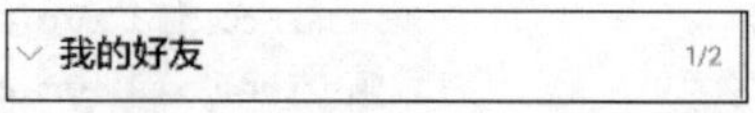

我的好友 1/2

图 15-71

看起挺复杂，其实真正需要我们提供的数据就是一个标题（“我的好友”），其余的数据从 ListTree 中就可以获取到。最左边的“收起/展开”图标是内置的，虽然可以定制，但是一般不需要动它。最右边的“1/2”表示“在线好友数/总好友数”，总好友数实际上就是这个行的子行数，这个可以从 TreeList 中取出来。对于组，我们的类只需包含两个字段即可。这个类放在哪里呢？放在 Adapter 类中是比较合适的。

在 ContactsPageListAdapter 中添加 GroupInfo 类，代码如下：

```
//存放组数据
class GroupInfo(
    val title: String , //组标题
    val onlineCount: Int//此组内在线的人数
)
```

“组”的子行如图 15-72 所示。

图 15-72

子行中的数据要更多一点，有三项：头像、名字和状态。

创建子行（联系人）数据类作为 Adapter 的内部类：

```
//存放联系人数据
class ContactInfo(
    val avatar: Bitmap,//头像
    val name: String,  //名字
    val status: String //状态
)
```

这两个类作为 Adapter 类的内部类，所以放在 ContactsPageListAdapter 中，但是我们需要对 ContactsPageListAdapter 进行一下改造。

6. 使用 RecyclerListTreeView 库

现在我们就利用 RecyclerListView 来实现“联系人”页面的双层树结构。首先要添加对 RecyclerListView 库的依赖，打开 App 模块的 Gradle 配置文件（见图 15-73）。

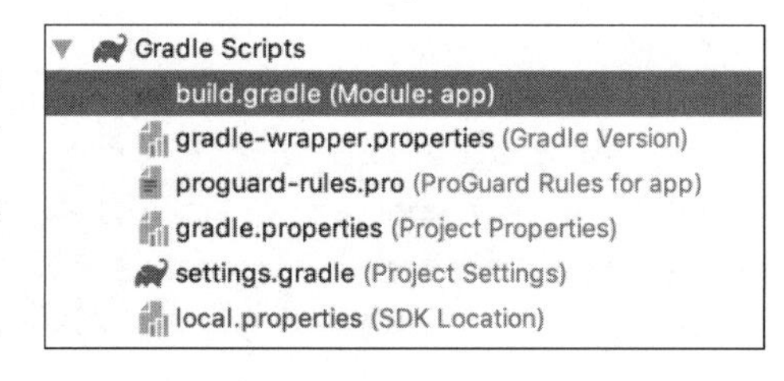

图 15-73

在文件中找到“dependencies”代码块，在其中添加依赖项：

```
implementation 'com.edu:recyclerlisttreeview:0.1.5'
```

再同步一下 Gradle 或构建一下工程，就可以使用这个库了。

改造 ContactsPageListAdapter，主要是要把其父类改成 ListTreeAdapter，再把一些代码删除：

```
class ContactsPageListAdapter(tree: ListTree?) :
    ListTreeAdapter<ListTreeAdapter.ListTreeViewHolder>(tree) {

    //存放组数据
    class GroupInfo(
        val title: String , //组标题
        val onlineCount: Int//此组内在线的人数
    )

    //存放联系人数据
```

```
        class ContactInfo(
            val avatar: Bitmap,//头像
            val name: String,  //名字
            val status: String //状态
        )
    }
```

然后实现 ListTreeAdapter 中的两个抽象方法，并创建两个 ViewHolder，分别对应组行和联系人行，代码如下：

```
    class ContactsPageListAdapter(tree: ListTree?) :
        ListTreeAdapter<ContactsPageListAdapter.BaseViewHolder>(tree) {

        override fun onCreateNodeView(parent: ViewGroup?, viewType: Int):
BaseViewHolder {
        }

        override fun onBindNodeViewHolder(viewHoler: BaseViewHolder?, position:
Int) {
        }

        //存放组数据
        class GroupInfo(
            val title: String , //组标题
            val onlineCount: Int//此组内在线的人数
        )

        //存放联系人数据
        class ContactInfo(
            val avatar: Bitmap,//头像
            val name: String,  //名字
            val status: String //状态
        )

        open inner class BaseViewHolder(itemView: View) :
ListTreeViewHolder(itemView)
        //组 ViewHolder
        internal inner class GroupViewHolder(itemView: View) : BaseViewHolder(itemView)
        //好友 ViewHolder
        internal inner class ContactViewHolder(itemView: View) :
BaseViewHolder(itemView)
    }
```

注意，要显示树型数据，它必须从RecyclerListTreeView库中提供的ListTreeAdapter类派生。还要注意 ViewHolder 类也必须从 ListTreeViewHolder 派生，我们派生了两个 ViewHolder 类。另外，范型参数“ContactsPageListAdapter.BaseViewHolder”是自己派生的 ViewHolder 的基类。因为有两种 ViewHolder，用谁做范型参数都不合适，所以我们创建了这个共同的基类。

父类 ListTreeAdapter 提供了两个构造方法:

```
//Java 代码
public ListTreeAdapter(ListTree tree){
    this.tree=tree;

}
public ListTreeAdapter(ListTree tree,Bitmap expandIcon,Bitmap collapseIcon){
    this.tree=tree;

    this.expandIcon=expandIcon;
    this.collapseIcon=collapseIcon;
}
```

第一个只有一个参数“ListTree tree”，通过它可以传入外部创建的数据集合，这个集合最终保存到了 ListTreeAdapter 内部；另一个有三个参数，除了传入数据集合外，还可以传入两个位图，用于定制“展开/收起”图标。

比 RecyclerView.Adapter 还要简单，ListTreeAdapter 的子类只需要实现两种方法就能让 RecyclerView 显示数据。一种是“onCreateNodeView()”，它对应 RecyclerView.Adapter 的 onCreateViewHolder()方法，在创建一行的控件时被调用，在其中做的事情也一样；另一种是“onBindNodeViewHolder()”，它对应 RecyclerView.Adapter 的 onCreateViewHolder()方法，其所做的事情也没什么不同。至于另一个需要实现的方法 getItemCount()，已经不允许动了。

所以，这个库还是极易上手的。

7. 在 ViewHolder 类中保存控件

我们再为两个 ViewHolder 类添加变量，以保存行中要操作的控件，代码如下：

```
//组 ViewHolder
internal inner class GroupViewHolder(itemView: View) : BaseViewHolder(itemView) {
    //显示标题的控件
    var textViewTitle: TextView = itemView.findViewById(R.id.textViewTitle)
    //显示好友数/在线数的控件
    var textViewCount: TextView = itemView.findViewById(R.id.textViewCount)
}

//好友 ViewHolder
internal inner class ContactViewHolder(itemView: View) :
BaseViewHolder(itemView) {
    //显示好友头像的控件
    var imageViewHead: ImageView = itemView.findViewById(R.id.imageViewHead)
    //显示好友名字的控件
    var textViewTitle: TextView = itemView.findViewById(R.id.textViewTitle)
    //显示好友状态的控件
    var textViewDetail: TextView = itemView.findViewById(R.id.textViewDetail)
}
```

注意，这两个类仅做了一点工作：在构造时，找到后面要绑定值的 View，把它们保存下来，以避免后面每次需要时都搜索一下（findViewById 会在树中搜索节点，很费时）。

在第 14 章介绍 RecyclerView 的使用时，我们在 ViewHolder 中并没有这样做，原因是当时利用了“kotlin-android-extensions”插件提供的功能（这个插件默认会启动），它会自动为资源中的 View 创建字段，比如上面代码块中的“R.id.imageViewHead”指向的 View 会在 itemView 中创建与 id 同名的字段 imageViewHead。也就是说，可以用 itemView.imageViewHead 的形式访问这个 View，其实就相当于调用了“itemView.findViewById(R.id.imageViewHead)”。当然 kotlin-android-extensions 还有缓存机制，所以不会每次访问 imageViewHead 都引起 findViewById 操作。

8. 为树添加节点

RecyclerView 中要显示的树形数据必须放在 ListTree 中。

ListTree 绝对是树，只不过它的内部使用 List 保存树的节点，但是兄弟节点之间是有序的，是按照添加的顺序排列的，而且子控件必然放在父控件的后面，其实就是与“联系人”界面中组展开后看到的样子一模一样。也可以想象成一个节点既在树中也在 List 中，所以 ListTree 提供了节点在树中位置与 List 中位置的映射方法。

（1）知道节点在 List 中的位置，从 List 获取这个节点（注意 TreeNode 表示一个节点）：

```
TreeNode getNodeByPlaneIndex(int index)
```

（2）知道一个节点，获取节点在 List 中的位置：

```
int getNodePlaneIndex(TreeNode node)
```

（3）根据一个节点在其父节点中的位置获取其在 List 中的位置：

```
int getNodePlaneIndexByIndex(TreeNode parent, int index)
```

“plane index”表示 List 中的位置，因为 RecyclerView 易与列表或数组结合，所以有了“plane index”就很容易把一个节点对应到某一行上。当然，这是内部实现，使用者可以不管它如何实现。

下面我们创建一棵树并添加节点数据，构建出 QQ“联系人”页面的数据集合。我们在 MainFragment 中添加一个私有方法，专门用于创建联系人页面并初始化它的内容：

```
//创建并初始化联系人页面，返回这个页面
private fun createContactsPage() : View{
    //创建联系人页面View
    val v = getLayoutInflater().inflate(R.layout.contacts_page_layout,null);
    //创建集合（一棵树）
    val tree =  ListTree()
    //向树中添加节点
    //创建组，组是树的根节点，它们的父节点为null
    val group1= ContactsPageListAdapter.GroupInfo("特别关心",0)
    val group2= ContactsPageListAdapter.GroupInfo("我的好友",1)
    val group3= ContactsPageListAdapter.GroupInfo("朋友",0)
    val group4= ContactsPageListAdapter.GroupInfo("家人",0)
    val group5= ContactsPageListAdapter.GroupInfo("同学",0)
```

```
        //添加节点数据会创建节点并返回
        val groupNode1=tree.addNode(null,group1, R.layout.contacts_group_item)
        val groupNode2=tree.addNode(null,group2, R.layout.contacts_group_item)
        val groupNode3=tree.addNode(null,group3, R.layout.contacts_group_item)
        val groupNode4=tree.addNode(null,group4, R.layout.contacts_group_item)
        val groupNode5=tree.addNode(null,group5, R.layout.contacts_group_item)

        //第二层，联系人信息
        //头像
        var bitmap= BitmapFactory.decodeResource(getResources(),
R.drawable.contacts_normal)
        //联系人 1
        val contact1 = ContactsPageListAdapter.ContactInfo(bitmap,"王二","[在线]
我是王二")
        //头像
        bitmap = BitmapFactory.decodeResource(getResources(),
R.drawable.contacts_normal)
        //联系人 2
        val contact2= ContactsPageListAdapter.ContactInfo(bitmap,"王三","[离线]我
没有状态")
        //添加两个联系人
        tree.addNode(groupNode2,contact1,R.layout.contacts_contact_item)
        tree.addNode(groupNode2,contact2,R.layout.contacts_contact_item)

        //获取页面里的 RecyclerView，为它创建 Adapter
        val recyclerView :RecyclerView = v.findViewById(R.id.contactListView)
        recyclerView.setLayoutManager(LinearLayoutManager(getContext()))
        recyclerView.setAdapter(ContactsPageListAdapter(tree))
        return v;
    }
```

注意，TreeNode 对象不能通过构造方法创建，只能通过 ListTree.addNode()方法创建。addNode()的第一个参数是父节点，没有的话就传入 null；第二个参数是节点的数据，即每一行要显示的数据；第三个参数是这一行的 Layout 资源 id。

如此一来，原来在 MainFragment 的 onCreate()中创建联系人页面和设置它里面的 RecyclerView 的代码就要改一下了，由（注意粗体部分）：

```
    override fun onCreate(savedInstanceState: Bundle?) {
        super.onCreate(savedInstanceState)
        //创建三个 RecyclerView，分别对应 QQ 消息页、QQ 联系人页、QQ 空间页
        val v1 = RecyclerView(context!!)
        val v2 = layoutInflater.inflate(R.layout.contacts_page_layout,null) as
ViewGroup
        val v3 =  RecyclerView(context!!);
        listViews[0] = v1
        listViews[1] = v2
```

```
        listViews[2] = v3

        //为RecyclerView 设置适配器与 LayoutManager
        //消息页面
        (listViews[0] as RecyclerView).let{
                it.adapter = MessagePageListAdapter()
                it.layoutManager = LinearLayoutManager(context)
        }
        //联系人页面
        val contactListView = listViews[1]!!.findViewById<RecyclerView>
(R.id.contactListView)
        contactListView.adapter = ContactsPageListAdapter()
        contactListView.layoutManager = LinearLayoutManager(context)
    }
```

改为（注意粗体部分）：

```
    override fun onCreate(savedInstanceState: Bundle?) {
            super.onCreate(savedInstanceState)
            //创建三个RecyclerView，分别对应QQ 消息页、QQ 联系人页、QQ 空间页
            val v1 = RecyclerView(context!!)
            val v2 = createContactsPage()
            val v3 =  RecyclerView(context!!);
            listViews[0] = v1
            listViews[1] = v2 as ViewGroup
            listViews[2] = v3

            //为RecyclerView 设置适配器与 LayoutManager
            //消息页面
            (listViews[0] as RecyclerView).let{
                it.adapter = MessagePageListAdapter()
                it.layoutManager = LinearLayoutManager(context)
            }
    }
```

9. 实现 Adapter 中的方法

数据准备好了，下面实现 Adapter 中的方法，把数据与 RecyclerView 关联起来。先实现 Adapter 的 onCreateNodeView()方法，很显然这个方法在 RecyclerView 要创建一行的 View 时被调用：

```
    override fun onCreateNodeView(parent: ViewGroup?, viewType: Int):
BaseViewHolder? {
        //获取从 Layout 创建 View 的对象
        val inflater = LayoutInflater.from(parent!!.context)
        //创建不同的行 View
        when (viewType) {
            R.layout.contacts_group_item -> {
```

```
            //最后一个参数必须传 true
            val view:View = inflater.inflate(viewType,parent,true)
            return GroupViewHolder(view);
        }
        R.layout.contacts_contact_item -> {
            val view:View = inflater.inflate(viewType,parent,true)
            return ContactViewHolder(view)
        }
        else -> return null
    }
}
```

跟 RecyclerView 原生用法没有什么区别。

然后就是 onBindNodeViewHolder()，代码如下：

```
override fun onBindNodeViewHolder(viewHolder: BaseViewHolder?, position: Int) {
    //获取行控件
    val view = viewHolder!!.itemView
    //获取这一行在树对象中对应的节点
    val node = tree.getNodeByPlaneIndex(position)

    when {
        node.getLayoutResId() == R.layout.contacts_group_item -> {
            //group node
            val info= node.getData() as GroupInfo
            val gvh = viewHolder as GroupViewHolder
            gvh.textViewTitle.setText(info.title)
            gvh.textViewCount.setText(info.onlineCount.toString()+"/"+ node.
getChildrenCount())
        }
        node.getLayoutResId() == R.layout.contacts_contact_item -> {
            //child node
            val info = node.getData() as ContactInfo
            val cvh = viewHolder as ContactViewHolder
            cvh.imageViewHead.setImageBitmap
(info.avatar)
            cvh.textViewTitle.setText(info.name)
            cvh.textViewDetail.setText(info.status)
        }
    }
}
```

根据行的序号获取节点用方法 getNodeByPlaneIndex()，这个前面解释过了。应该注意的就是获取行要显示的数据，调用 TreeNode 的方法 getData()，还需要把返回的对象转成真正的类型。

运行 App，效果如图 15-74 所示。

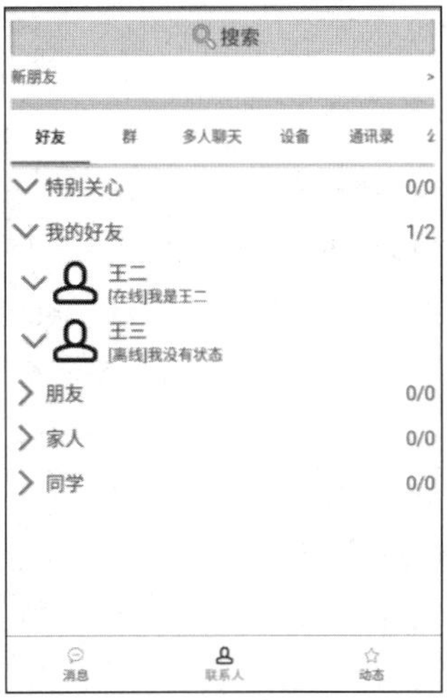

图 15-74

10. 下拉刷新效果

下拉刷新效果如图 15-75 到图 15-77 所示。

图 15-75

图 15-76

图 15-77

网上有很多实现了下拉刷新的 Android 控件，去 GitHub 上搜索“pullrefresh”，然后选择 Java（见图 15-78）。

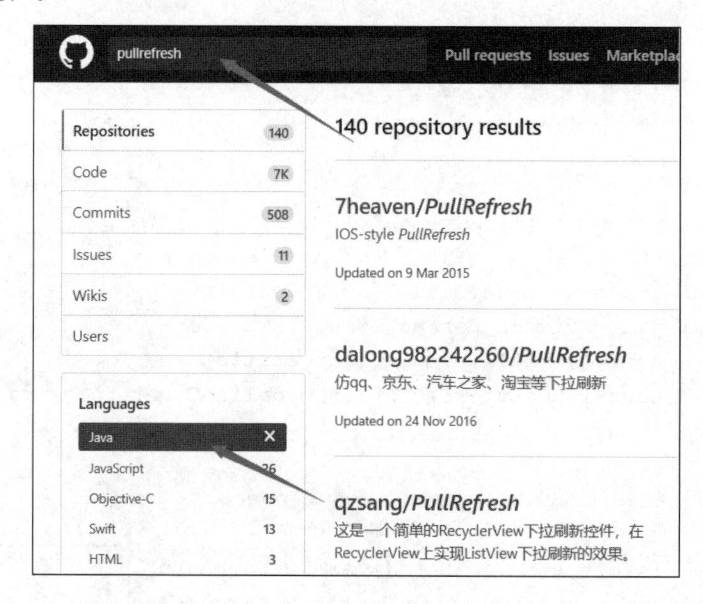

图 15-78

很多都是中国人提供的，使用指南也是中文的，所以我们不再演示如何使用其中的某个，这里要演示的是 Android 官方提供的控件 SwipeRefreshLayout。它在 AndroidX 库中，其全名为“androidx.swiperefreshlayout.widget.SwipeRefreshLayout”。

它的效果与 QQ App 中的效果不一样。下面简要讲一下如何使用它。

原理很简单，它是一个 Layout，但是只能有一个子控件，想让谁有下拉刷新效果，就让谁给它当子控件。我们现在需要为 MainFragment 中的三个子页面都提供下拉刷新效果，所以我们应该直接把这三个子页面的容器 viewPager 放在 SwipeRefreshLayout 中。修改 fragment_main.xml 中的代码：

```
<!--主内容区-->
<com.example.niu.qqapp.QQViewPager
        android:id="@+id/viewPager"
        android:layout_width="match_parent"
        android:layout_height="0dp"
        android:layout_weight="1"/>
```

改成：

```
<!--主内容区-->
<androidx.swiperefreshlayout.widget.SwipeRefreshLayout
        android:layout_width="match_parent"
        android:layout_height="0dp"
        android:layout_weight="1">
    <com.example.niu.qqapp.QQViewPager
            android:id="@+id/viewPager"
            android:layout_width="match_parent"
            android:layout_height="0dp"
            android:layout_weight="1"/>
</androidx.swiperefreshlayout.widget.SwipeRefreshLayout>
```

运行效果如图 15-79 所示。

下拉时，出现一个有旋转动画的球形 UFO。但是，这个 UFO 不会自动消失，什么时候消失必须由我们来决定。如果这个 UFO 消失了，就表示刷新完成了（或成功，或失败）。所以我们要在 UFO 显示出来之后开始数据刷新操作，在刷新完成后调用 SwipeRefreshLayout 的某个方法，隐藏 UFO。

图 15-79

要操作 SwipeRefreshLayout 控件，就必须有 id（设置为 refreshLayout）。必须响应刷新事件，开始执行刷新数据的操作，代码（在 MainFragment 中）如下：

```
//响应它发出的事件
refreshLayout.setOnRefreshListener{
    //执行刷新数据的代码写在这里，不过一般都是耗时的操作或访问网络，所以需要
    //开启另外的线程
    //... ...
    //刷新完成，隐藏 UFO
    refreshLayout.isRefreshing = false
}
```

此时再运行 App，下拉，显示 UFO，但很快就消失了。这是因为我们直接在 onRefresh() 中调用了 setRefreshing(false)。这在大多数情况下是不对的，应该在刷新数据的线程中异步调用此方法。多线程与异步调用，在后面讲网络通信时再讲，这里主要演示刷新控件的用法。

15.3.12　创建“动态”页

“动态”页如图 15-80 所示。

限于篇幅，只讲一下设计思想，大家可自行实现。这个页面看起来也是一个列表，但实际上由于其内容是静态的，用列表反而麻烦，最简单的办法是用 ScrollView（或 NestedScrollView），每一行都用 CardView 作为最外层控件，这样可以随意定制行间的间隔效果。

图 15-80

15.3.13 实现搜索功能

搜索功能在 App 中是一个常见功能。QQ App 实现了实时搜索功能，运行方式是在搜索控件上单击即可开启搜索界面（见图 15-81）。还记得前面讲过的吗？这个搜索控件是假的，仅用于接收单击事件）。

进入搜索页面后如图 15-82 所示。这个页面的搜索控件才是真正的搜索控件（SearchView），用鼠标单击之，出现软键盘，输入要搜索的字符串。在输入的过程中，会实时显示出当前字符串的搜索结果（见图 15-83）。

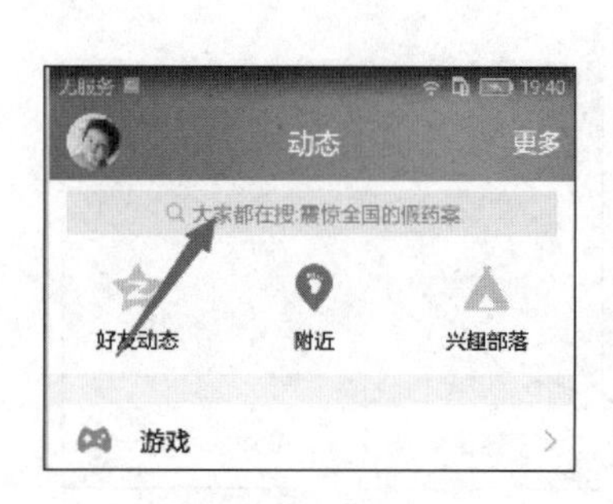

图 15-81

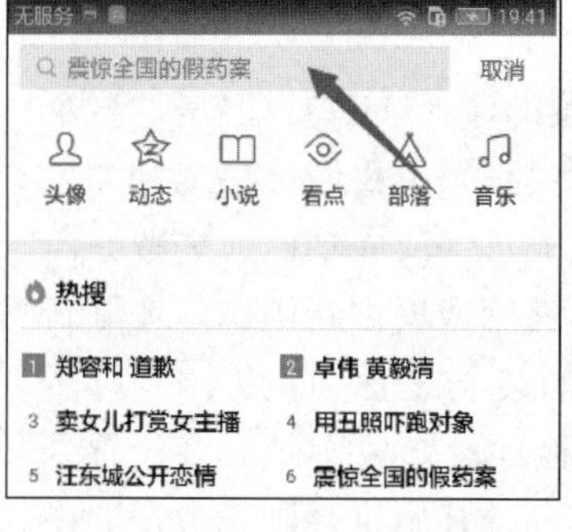

图 15-82

图 15-83

下面我们就讲一下搜索功能的实现过程。

1. 创建搜索页面

先理一下思路：我们需要响应假搜索控件的单击事件，显示一个新的 Activity。这个 Activity 就是执行搜索的界面，里面有一个 SearchView 控件，它的下面需被一个列表控件占据。这样当在 SearchView 中进行搜索时，可在列表控件中显示结果。

我们首先创建一个搜索页面。这个页面既可以是一个 Fragment，也可以是一个 Activity，但最好使用 Activity，因为根据 QQ App 的效果，新页面是全面覆盖旧页面的。这种效果用 Activity 更方便一些，当然用 Fragment 也完全没问题。

使用向导创建一个 Activity，设置类名为 SearchActivity，需选择的项如图 15-84 所示。

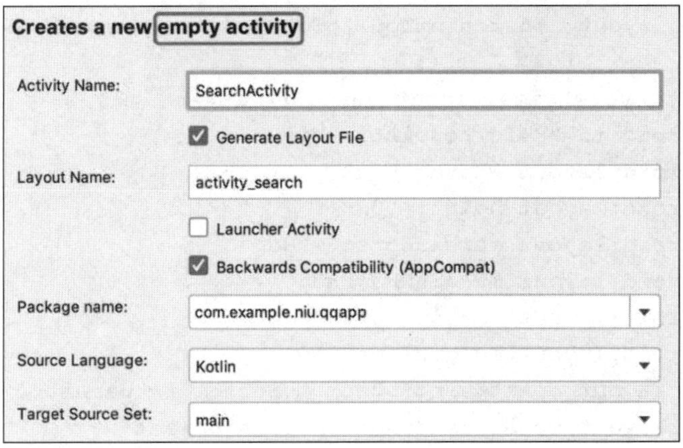

图 15-84

修改它的 Layout 资源文件 activity_search.xml 以设计界面，最终代码如下：

```
<?xml version="1.0" encoding="utf-8"?>
<androidx.constraintlayout.widget.ConstraintLayout
       xmlns:android="http://schemas.android.com/apk/res/android"
       xmlns:app="http://schemas.android.com/apk/res-auto"
       xmlns:tools="http://schemas.android.com/tools"
       android:layout_width="match_parent"
       android:layout_height="match_parent"
       tools:context=".SearchActivity">
    <SearchView
           android:id="@+id/searchView"
           android:layout_width="0dp"
           android:layout_height="wrap_content"
           android:layout_marginEnd="8dp"
           android:layout_marginStart="8dp"
           android:layout_marginTop="8dp"
           app:layout_constraintEnd_toStartOf="@+id/tvCancel"
           app:layout_constraintStart_toStartOf="parent"
           app:layout_constraintTop_toTopOf="parent" />

    <TextView
           android:id="@+id/tvCancel"
           android:layout_width="wrap_content"
           android:layout_height="0dp"
           android:layout_marginBottom="8dp"
           android:layout_marginEnd="8dp"
           android:padding="10dp"
           android:text="取消"
           android:textColor="@android:color/holo_blue_dark"
           android:textSize="14sp"
           app:layout_constraintBottom_toBottomOf="@+id/searchView"
           app:layout_constraintEnd_toEndOf="parent"
```

```
            app:layout_constraintTop_toTopOf="@+id/searchView" />

    <androidx.recyclerview.widget.RecyclerView
            android:id="@+id/resultListView"
            android:layout_width="0dp"
            android:layout_height="0dp"
            android:layout_marginBottom="8dp"
            android:layout_marginEnd="8dp"
            android:layout_marginStart="8dp"
            android:layout_marginTop="8dp"
            app:layout_constraintBottom_toBottomOf="parent"
            app:layout_constraintEnd_toEndOf="parent"
            app:layout_constraintStart_toStartOf="parent"
            app:layout_constraintTop_toBottomOf="@+id/searchView" />
</androidx.constraintlayout.widget.ConstraintLayout>
```

其预览图如图 15-85 所示。

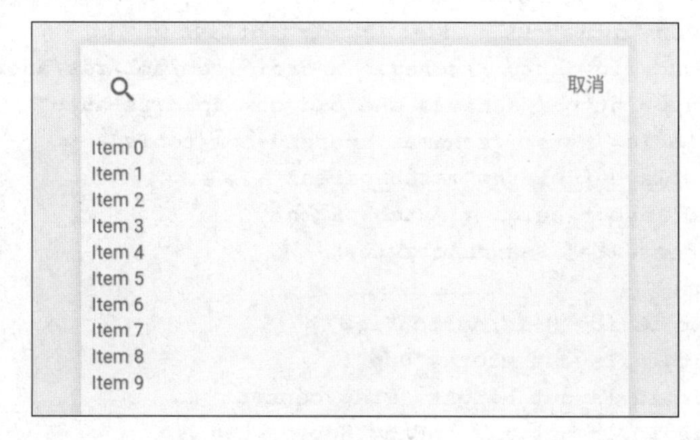

图 15-85

搜索控件的 id 为“searchView”，取消按钮(其实是一个 TextView)的 id 为“tvCancel”，列表控件的 id 为“resultListView”。

还要为列表的每一行创建 Layout 资源，文件名为 search_result_item.xml，内容如下：

```
<?xml version="1.0" encoding="utf-8"?>
<LinearLayout xmlns:android="http://schemas.android.com/apk/res/android"
            xmlns:app="http://schemas.android.com/apk/res-auto"
            xmlns:tools="http://schemas.android.com/tools"
            android:orientation="horizontal"
            android:layout_width="match_parent"
            android:layout_height="wrap_content"
            android:paddingBottom="2dp"
            android:paddingEnd="10dp"
            android:paddingStart="10dp"
            android:paddingTop="2dp">
```

```
    <ImageView
            android:layout_width="50dp"
            android:layout_height="50dp"
            tools:srcCompat="@tools:sample/avatars[8]"
            android:id="@+id/imageViewHead"/>

    <LinearLayout
            android:layout_width="match_parent"
            android:layout_height="match_parent"
            android:layout_marginStart="10dp"
            android:orientation="vertical">

        <TextView
                android:id="@+id/textViewName"
                android:layout_width="match_parent"
                android:layout_height="match_parent"
                android:layout_weight="1"
                android:gravity="center_vertical"
                android:text="TextView"/>

        <TextView
                android:id="@+id/textViewDetail"
                android:layout_width="match_parent"
                android:layout_height="match_parent"
                android:layout_weight="1"
                android:gravity="center_vertical"
                android:text="TextView"/>
    </LinearLayout>
</LinearLayout>
```

其预览效果如图 15-86 所示。

TextView
TextView

图 15-86

2. Activity 间共享数据

在实现 SearchActivity 的时候，遇到了一个问题：如何在 Activity 或 Fragment 之间共享数据。联系人集合保存在 ListTree 对象中（见 MainFragment 的方法 createContactsPage()，其中 ListTree 对象被直接传给了 Adapter），而我们在 SearchActivity 中搜索联系人时，必然要操作 ListTree 对象，而 ListTree 对象是在 MainFragment 中创建并保管的。那么如何将 ListTree 对象传给 SearchActivity 呢？

将 ListTree 对象保存成 MainFragment 的成员变量，然后在 SearchActivity 中获得 MainFragment 对象，不就可以访问 ListTree 对象了吗？完全错误！因为在运行时，MainFragment 属于 MainActivity，所以不能在 SearchActivity 中获得另一个 Activity 中的 Fragment！也不是做不到，而是不应该，因为 Activity 是生命期独立的，可能 SearchActivity 出现后 MainActivity 被系统杀死了，MainActivity 死后 MainFragment 也会很快跟着死掉，此时访问它可能会引起异常。我们不应该有这种非分之想，没把握的事不要去做。

可不可以将 ListTree 对象设置成 MainFragment 的静态成员，即使 MainFragment 对象死了，ListTree 对象依然存在？可以，但这不是 Android 希望的。Android 希望数据与逻辑分离，Android 希望把整个 App 组件化，即由生命期独立的组件互相配合完成整个 App 的功能。需要在 Activity 间共享的数据也应该被组件化，这种组件叫作“ContentProvider”！我们把共享数据封装到 ContentProvider 中，哪个 Activity 想用它，就向 ContentProvider 发出请求。

在 Android 四大组件中，Activity 和 ContentProvider 的共同特点是生命期独立，甚至可以把一个组件看作是一个独立的 App，只是功能少点。但是我不是很看好这种做法。

最后还有一种做法，就是持久化，即把数据存到硬盘上（手机没有硬盘，对应的就是内部存储或外部存储）进行共享，既可以保存成文件，也可以保存到数据库中（SQLite），我们的数据不多，不用这么麻烦。

最终选择第二种做法，即使用静态成员的方式在 Activity 间共享数据。虽然 Android 不乐意采用这种方式，但是它无法阻止我们，同时这样做也有很多好处。

把 MainFragment 的 createContactsPage()中的“ListTree tree = **new** ListTree();”移到 MainFragment 类中，同时增加一个 public 方法 getContacts()来返回 ListTree 对象：

```
class MainFragment : Fragment() {

    companion object{
        //创建集合（一棵树）
        private val tree = ListTree()
        fun getContacts() : ListTree {return tree}
    }
... ...
```

tree 由临时变量变成了类的静态属性，成为一个单例，所以最好改一下 createContactsPage()方法，在为 tree 添加节点前先判断一下是不是空的，比如：

```
if(tree.size() == 0) { //添加节点 }
```

3. 使用 SearchView

我们需要响应 SearchView 的某些事件来完成搜索功能。QQ App 中可以做到实时搜索，就是用户在搜索框中一旦输入新的字符，就立即使用当前的字符串进行搜索。我们利用 SearchView 可以很容易实现这一点：为它设置侦听器 OnQueryTextListener 即可。代码如下：

```
//设置搜索相关的东西
private fun initSearching() {
    //设置搜索控件不以图标的形式显示
    searchView.setIconifiedByDefault(false)
    //searchView.setSubmitButtonEnabled(true)

    //搜索结果列表
    resultListView.setLayoutManager(LinearLayoutManager(this))
    resultListView.setAdapter(ResultListAdapter());
```

```
        //响应 SearchView 的文本输入事件，以实现实时搜索
        searchView.setOnQueryTextListener(object : SearchView.
OnQueryTextListener {
            override fun onQueryTextSubmit(query: String): Boolean {
                //当单击了“搜索”键时执行，因使用了实时搜索，此处
                //没有实现的必要了，所以返回 false，表示我们并没有处理，
                //交由系统处理，但其实系统也没做什么处理
                return false;
            }

            override fun onQueryTextChange(newText: String): Boolean {
                //根据 newText 中的字符串进行搜索，搜索其中包含关键字的节点
                val tree = MainFragment.getContacts()
                //必须每次都清空保存结果的集合对象
                searchResultList.clear()

                //只有当要搜索的字符串非空时，才遍历列表
                if (!newText.equals("")) {
                    //遍历整棵树
                    var pos = tree.startEnumNode()
                    while (pos != null) {
                        //如果这个节点中存的是联系人信息
                        val node = tree.getNodeByEnumPos(pos);
                        if (node.data is ContactsPageListAdapter.ContactInfo) {
                            //获取联系人信息对象
                            val contactInfo = node.getData() as
ContactsPageListAdapter.ContactInfo
                            //获取此联系人的组名
                            val groupNode = node.parent
                            val groupInfo = groupNode.getData() as
ContactsPageListAdapter.GroupInfo
                            val groupName = groupInfo.title
                            //查看联系人的名字或状态中是否包含了要搜索的字符串
                            if (contactInfo.name.contains(newText) ||
contactInfo.status.contains(newText)) {
                                //搜到了！列出这个联系人的信息
                                searchResultList.add(MyContactInfo(contactInfo,
groupName));
                            }
                        }
                        //System.out.println(node.getData().toString());
                        pos = tree.enumNext(pos);
                    }
                }

                //通知 RecyclerView，刷新数据
                resultListView.adapter?.notifyDataSetChanged();
```

```
            return true;
        }
    })
}
```

这个方法要放在 SearchActivity 类中，我们把设置搜索的相关代码都放在其中了。

注意，searchView.setIconifiedByDefault(**false**)把 SearchView 设置成一个非图标模式，显示成带有放大镜图标的输入框，如果是图标模式，就会缩成一个放大镜图标。我们在此方法中先取得各相关控件对象，保存到变量中，然后为保存结果的 resultListView 设置了 Adapter 和布局管理器。又为搜索控件设置了侦听器，此侦听器有两个方法：第一个方法在用户发出开始搜索的指令时执行；第二个方法在搜索文本发生改变时执行。我们要进行实时搜索，显然需要实现第二个方法。在这个方法中，取得了保存数据的集合对象 ListTree，然后取得它内部的列表。节点信息其实是保存在列表中的，取得列表就是为了方便地遍历所有的节点。有了这个列表，就可以遍历每个节点，看谁保存的数据中包含了要搜索的字符串，如果包含了，就记下来。如何记下来呢？就是保存到列表 searchResultList 中。当把找到的联系人都保存到 searchResultList 后，调用 Adapter 的 notifyDataSetChanged()方法通知重新加载数据。searchResultList 是 SearchActivity 的私有属性：

```
class SearchActivity : AppCompatActivity() {
    private val searchResultList = ArrayList<MyContactInfo>()
    ... ...
```

注意，searchResultList 中的每一项都是类 MyContactInfo 的一个实例。为了保存联系人信息，我们创建了类 MyContactInfo 作为 SearchActivity 的内部类。为什么不直接用类 ContactInfo 呢？因为它里面没有组信息。MyContactInfo 中除了保存 ContactInfo 外，还增加了保存组名的字段，见代码：

```
//为了能保存所在组的组名，创建此类，增加一个信息：所在组的组名
class MyContactInfo(val info: ContactsPageListAdapter.ContactInfo ,
val groupName: String)
```

把这个类作为 SearchActivity 的内部类。

我们为显示结果的 RecyclerView 设置了适配器 ResultListAdapter，那么 ResultListAdapter 是如何实现呢？ResultListAdapter 也没有什么特殊的，无非就是根据 searchResultList 的内容显示各行，可以把它作为 SearchActivity 的内部类，代码如下：

```
    inner class ResultListAdapter(): RecyclerView.Adapter<ResultListAdapter.
MyViewHolder>(){
        override fun onCreateViewHolder(parent:ViewGroup, viewType:Int):
MyViewHolder {
            val v= this@SearchActivity.layoutInflater.inflate(R.layout.
search_result_item,parent,false);
            return MyViewHolder(v);
        }

        override fun onBindViewHolder(holder:MyViewHolder, position:Int) {
```

```
            //获取联系人信息，设置到对应的控件中
            val info = searchResultList.get(position) as MyContactInfo
            holder.imageViewHead.setImageBitmap(info.info.avatar)
            holder.textViewName.setText(info.info.name)
            holder.textViewDetail.setText("来自分组 "+info.groupName)
        }

        override fun getItemCount():Int {
            return searchResultList.size
        }

        inner class MyViewHolder(itemView: View) : RecyclerView.ViewHolder
(itemView) {
            val imageViewHead = itemView.findViewById(R.id.imageViewHead) as
ImageView
            val textViewName = itemView.findViewById(R.id.textViewName) as TextView
            val textViewDetail = itemView.findViewById(R.id.textViewDetail) as
TextView
        }
    }
```

方法 initSearching()需要在 SearchActivity 的 onCreate()中调用：

```
override fun onCreate(savedInstanceState: Bundle?) {
    super.onCreate(savedInstanceState)
    setContentView(R.layout.activity_search)

    //设置搜索
    initSearching()
}
```

最后，还要响应假搜索控件的单击事件，启动搜索 Activity。假搜索控件是在文件 message_list_item_search.xml 中定义的。最外层 View 的 id 叫作 searchViewStub，在“消息”和“联系人”页面都出现了。我们只演示一个：响应“联系人”页面的搜索。在 MainFragment 类的 createContactsPage()中添加这一堆代码即可：

```
private fun createContactsPage() : View{
    ... ...

    //响应假搜索控件的单击事件，显示搜索页面
    val searchViewStub = v.findViewById<View>(R.id.searchViewStub)
    searchViewStub.setOnClickListener{
        val intent = Intent(context, SearchActivity::class.java)
        startActivity(intent)
    }

    return v;
}
```

到此为止，实时搜索已经完成。运行 App，在“联系人”页面单击靠顶部的搜索控件，进

入搜索页面，在搜索控件中输入文本，如果有联系人包含此文本，则出现如图 15-87 所示的效果。

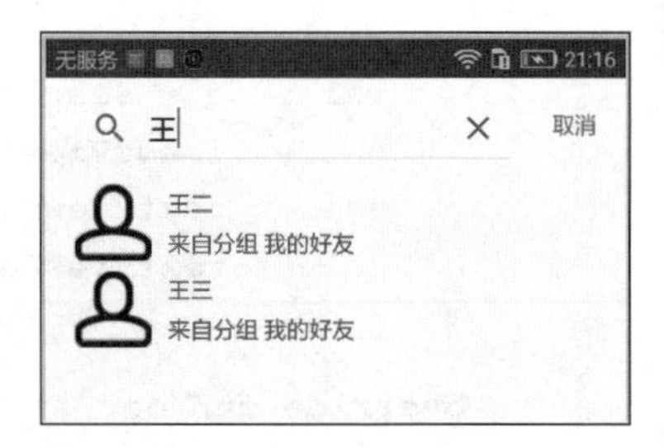

图 15-87

4. 如何触发非实时搜索

上一节完成了实时搜索功能，为什么又要讲如何触发“非实时”搜索呢？因为很多时候搜索并不是实时的，而是普通方式，即用户先输入要搜索的文本，输入完成后通过某种方式使 App 开始执行搜索，搜索完成后显示结果。这里面有一个问题：如何触发搜索动作的执行呢？

实际上一般是通过软键盘上的一个键触发的。当我们在 SearchView 中输入时，软键盘上一般会出现一个“搜索”键（见图 15-88）。万一没有出现这个键怎么办呢？可以调用 SearchView 的实例方法 setSubmitButtonEnabled()，如果传入参数为 true，那么这个方法会在 SearchView 的右边显示一个图标（见图 15-89），单击它也触发搜索。

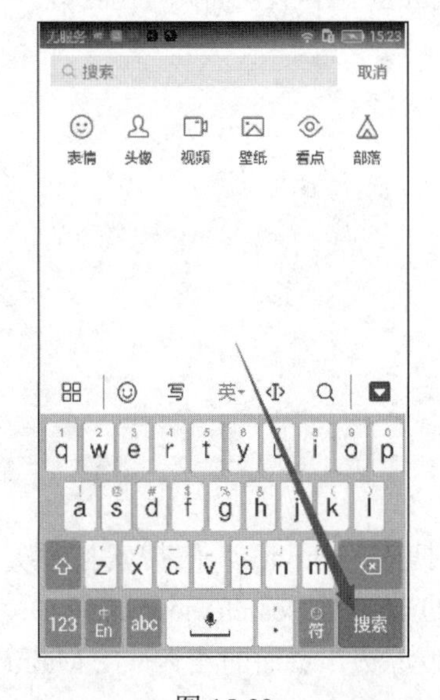

图 15-88

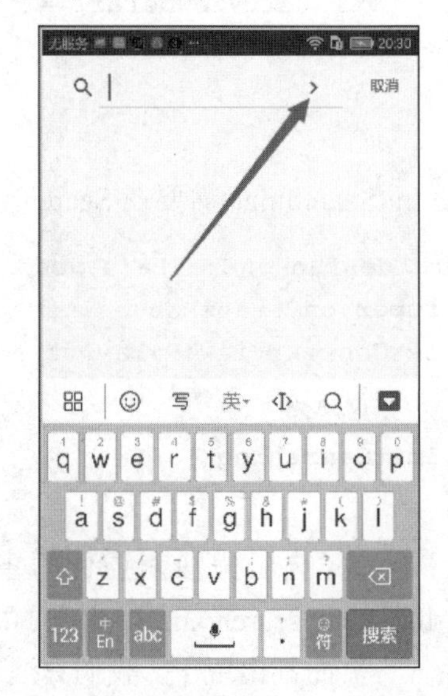

图 15-89

到此为止，搜索的主要功能就实现了。剩下的问题就是单击“取消”按钮退出（调用 Activity 的 finish()方法），以及单击结果中的一条后进入新的页面，均可自行实现。

第 16 章 实现聊天界面

16.1 原理分析

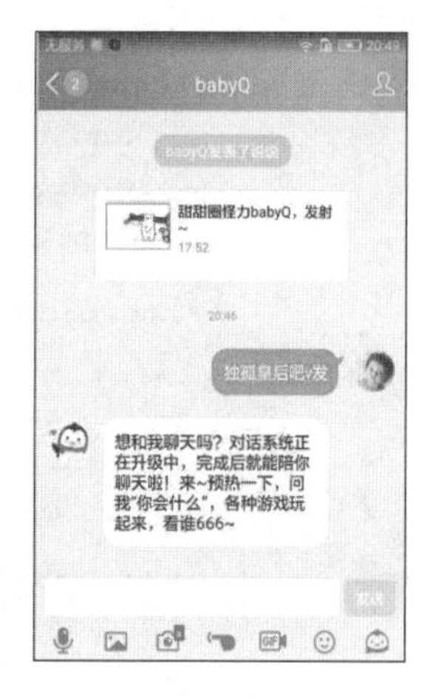

图 16-1

聊天页面如图 16-1 所示。

我们对聊天 App 都很熟悉，其实更感兴趣的是它的实现原理。我们知道聊天 App 界面的中间部分（即显示聊天信息的部分）是可以滚动的，可能是某种 ScrollView 或 ListView（包括 RecyclerView）。实际上这两种 View 都可以实现这个效果，只是用列表控件实现起来更容易，因为聊天记录这种数据保存在 List 集合中比较便于管理。另外一个有意思的地方就是用气泡显示消息，我们需要实现气泡效果，还要计算消息文字所占的高度，这样才能按正确的大小显示气泡。

16.2 创建聊天 Activity

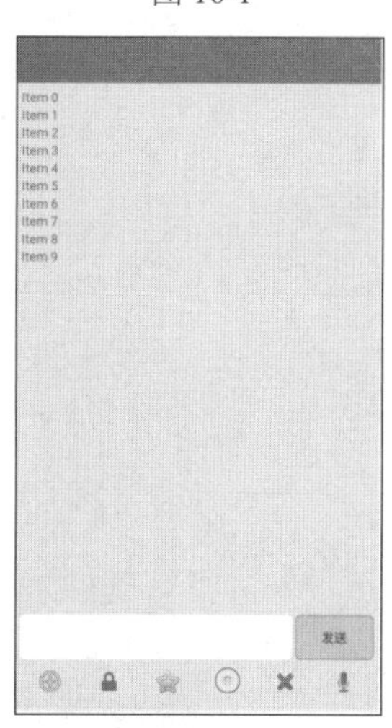

图 16-2

创建的过程就不细说了，类名叫 ChatActivity，对应的 Layout 资源叫 activity_chat.xml。

16.2.1 activity_chat.xml

预览效果如图 16-2 所示。源码如下：

```
<?xml version="1.0" encoding="utf-8"?>
<androidx.coordinatorlayout.widget.CoordinatorLayout
        xmlns:android="http://schemas.android.com/apk/
es/android"
        xmlns:app="http://schemas.android.com/apk/
res-auto"
        xmlns:tools="http://schemas.android.com/tools"
        android:layout_width="match_parent"
```

```
    android:layout_height="match_parent"
    android:background="@color/chat_background"
    tools:context=".MainActivity">

<com.google.android.material.appbar.AppBarLayout
        android:layout_height="wrap_content"
        android:layout_width="match_parent"
        android:theme="@style/AppTheme.AppBarOverlay">

    <androidx.appcompat.widget.Toolbar
            android:id="@+id/toolbar"
            android:layout_width="match_parent"
            android:layout_height="?attr/actionBarSize"
            android:background="?attr/colorPrimary"
            app:popupTheme="@style/AppTheme.PopupOverlay"/>

</com.google.android.material.appbar.AppBarLayout>

<LinearLayout
        android:layout_width="match_parent"
        android:layout_height="match_parent"
        android:layout_margin="6dp"
        android:orientation="vertical"
        app:layout_behavior="@string/appbar_scrolling_view_behavior">

    <androidx.recyclerview.widget.RecyclerView
            android:id="@+id/chatMessageListView"
            android:layout_width="match_parent"
            android:layout_height="0dp"
            android:layout_weight="1"
            app:layout_constraintEnd_toEndOf="parent"
            app:layout_constraintStart_toStartOf="parent"
            app:layout_constraintTop_toTopOf="parent" />

    <LinearLayout
            android:layout_width="match_parent"
            android:layout_height="wrap_content"
            android:gravity="center_vertical"
            android:orientation="horizontal">

        <EditText android:id="@+id/editMessage"
                android:layout_width="0dp"
                android:layout_height="match_parent"
                android:layout_marginRight="4dp"
                android:layout_weight="1"
                android:background="@drawable/unborder_round_bkground"
                android:ems="10"
                android:inputType="textPersonName" />

        <Button android:id="@+id/buttonSend"
                android:layout_width="wrap_content"
```

```
            android:layout_height="wrap_content"
            android:background="@drawable/border_round_bkground"
            android:text="发送" />
</LinearLayout>

<LinearLayout
        android:layout_width="match_parent"
        android:layout_height="wrap_content"
        android:gravity="center_vertical"
        android:orientation="horizontal">

    <ImageView
            android:id="@+id/imageView7"
            android:layout_width="0dp"
            android:layout_height="wrap_content"
            android:layout_weight="1"
            app:srcCompat="@android:drawable/ic_menu_add" />

    <ImageView
            android:id="@+id/imageView12"
            android:layout_width="0dp"
            android:layout_height="wrap_content"
            android:layout_weight="1"
            app:srcCompat="@android:drawable/ic_lock_lock" />

    <ImageView
            android:id="@+id/imageView8"
            android:layout_width="0dp"
            android:layout_height="wrap_content"
            android:layout_weight="1"
            app:srcCompat="@android:drawable/btn_star_big_on" />

    <ImageView
            android:id="@+id/imageView10"
            android:layout_width="0dp"
            android:layout_height="wrap_content"
            android:layout_weight="1"
            app:srcCompat="@android:drawable/btn_radio" />

    <ImageView
            android:id="@+id/imageView9"
            android:layout_width="0dp"
            android:layout_height="wrap_content"
            android:layout_weight="1"
            app:srcCompat="@android:drawable/ic_delete" />

    <ImageView
            android:id="@+id/imageView11"
            android:layout_width="0dp"
            android:layout_height="wrap_content"
```

```
                android:layout_weight="1"
                app:srcCompat="@android:drawable/ic_btn_speak_now" />
        </LinearLayout>
    </LinearLayout>
</androidx.coordinatorlayout.widget.CoordinatorLayout>
```

其中，有一个 RecyclerView，id 为 chatMessageListView，用来显示聊天消息。

"@color/chat_background"是 res/values/colors.xml 中的一个资源：

```
<color name="chat_background">#e1e5e9</color>
```

"@style/AppTheme.AppBarOverlay" 和 "@style/AppTheme.PopupOverlay" 是 res/values/tyles.xml 中的资源：

```
<style name="AppTheme.AppBarOverlay" parent="ThemeOverlay.AppCompat.Dark.
ActionBar"/>
<style name="AppTheme.PopupOverlay" parent="ThemeOverlay.AppCompat.Light"/>
```

"@drawable/unborder_round_bkground"与"@drawable/border_round_bkground"是 drawable 资源，分别对应 border_round_bkground.xml 文件和 unborder_round_bkground.xml 文件。border_round_bkground.xml 的内容为：

```
<?xml version="1.0" encoding="utf-8"?>
<shape xmlns:android="http://schemas.android.com/apk/res/android">
    <!-- 填充的颜色 -->
    <solid android:color="#CCCCCC" />
    <!-- 设置按钮的四个角为弧形 -->
    <!-- android:radius 弧形的半径 -->
    <corners android:radius="5dip" />
    <stroke
        android:width="1dip"
        android:color="#728ea3" />
</shape>
```

unborder_round_bkground.xml 的内容为：

```
<?xml version="1.0" encoding="utf-8"?>
<shape xmlns:android="http://schemas.android.com/apk/res/android">
    <!-- 填充的颜色 -->
    <solid android:color="#FFFFFF" />
    <!-- 设置按钮的四个角为弧形 -->
    <!-- android:radius 弧形的半径 -->
    <corners android:radius="5dip" />
</shape>
```

16.2.2 类 ChatActivity

下面实现 ChatActivity 类。需要做的事项有：为 RecyclerView 创建 Adapter、创建保存消息数据的类、创建保存消息的 ArrayList 等。代码如下：

```
class ChatActivity : AppCompatActivity() {

    //存放一条消息数据的类
    class ChatMessage(val contactName:String, //联系人的名字
                      val time: Date,//日期
                      val content:String,//消息的内容
                      val isMe:Boolean)//这个消息是不是我发出的?

    //存放所有的聊天消息
    private val chatMessages = ArrayList<ChatMessage>()

    override fun onCreate(savedInstanceState: Bundle?) {
        super.onCreate(savedInstanceState)
        setContentView(R.layout.activity_chat)

        //获取启动此 Activity 时传过来的数据
        //在启动聊天界面时，通过此方式把对方的名字传过来
        val contactName= intent.getStringExtra("contact_name");
        //设置动作栏标题
        toolbar.title = contactName

        setSupportActionBar(toolbar);
        //设置显示动作栏上的返回图标
        supportActionBar?.setDisplayHomeAsUpEnabled(true);

        //为 RecyclerView 设置适配器
        chatMessageListView.layoutManager = LinearLayoutManager(this);
        chatMessageListView.adapter = ChatMessagesAdapter();
    }

    public override fun onOptionsItemSelected(item : MenuItem) : Boolean {
        if (item.itemId == android.R.id.home) {
            //当单击动作栏上的返回图标时执行
            //关闭自己，返回来时的页面
            finish();
        }
        return super.onOptionsItemSelected(item);
    }

    //为 RecyclerView 提供数据的适配器
    inner class ChatMessagesAdapter(): RecyclerView.Adapter
<ChatMessagesAdapter.MyViewHolder>() {
        override fun onCreateViewHolder(parent:ViewGroup, viewType:Int):
MyViewHolder {
            //参数 viewType 即为行的 Layout 资源 Id，由 getItemViewType()的返回值决定
            val itemView =  layoutInflater.inflate(viewType,parent,false);
            return MyViewHolder(itemView);
        }

        override fun onBindViewHolder(holder:MyViewHolder, position:Int) {
            val message = chatMessages[position];
```

```
            holder.textView.setText(message.content);
        }

        override fun getItemCount():Int{
            return chatMessages.size;
        }

        //有两种行 Layout，所以重写此方法
        override fun getItemViewType(position:Int):Int{
            val message = chatMessages[position];
            if(message.isMe) {
                //如果是我的，靠右显示
                return R.layout.chat_message_right_item;
            }else{
                //对方的，靠左显示
                return R.layout.chat_message_left_item;
            }
        }

        inner class MyViewHolder(itemView:View):
RecyclerView.ViewHolder(itemView){
            val textView = itemView.findViewById(R.id.textView) as TextView
            val ImageView = itemView.findViewById(R.id.imageView) as ImageView
        }
    }
}
```

注意，其包含了两个内部类：ChatMessage 和 ChatMessageAdapter。其中，ChatMessage 用于保存一条消息的信息，ChatMessageAdapter 为 RecyclerView 提供数据。有意思的是方法 getItemViewType()，在其中根据一条消息是自己发出的还是对方发出的返回不同的 Layout 资源 id 作为行 View Type。所以，还需要准备两个 Layout 资源，用于显示一条消息。

16.2.3 显示消息的 Layout

创建两个 Layout 资源，分别命名为 chat_message_left_item.xml 和 chat_message_right_item.xml，用于在 RecyclerView 中显示一条消息。chat_message_left_item.xml 的预览效果如图 16-3 所示，源码如下：

图 16-3

```
<?xml version="1.0" encoding="utf-8"?>
<LinearLayout xmlns:android="http://schemas.android.com/apk/res/android"
        xmlns:app="http://schemas.android.com/apk/res-auto"
        android:layout_width="match_parent"
        android:layout_height="wrap_content"
        android:layout_margin="8dp">

    <ImageView
```

```
        android:id="@+id/imageView"
        android:layout_width="wrap_content"
        android:layout_height="wrap_content"
        app:srcCompat="@drawable/contacts_normal" />

    <TextView
        android:id="@+id/textView"
        android:layout_width="wrap_content"
        android:layout_height="wrap_content"
        android:background="@drawable/bubble_left"
        android:gravity="center"
        android:paddingBottom="10dp"
        android:paddingRight="10dp"
        android:paddingStart="40dp"
        android:paddingTop="10dp"
        android:text="Message" />
</LinearLayout>
```

chat_message_right_item.xml 的预览效果如图 16-4 所示，源码为：

```
<?xml version="1.0" encoding="utf-8"?>
<LinearLayout xmlns:android="http://schemas.android.com/apk/res/android"
        xmlns:app="http://schemas.android.com/apk/res-auto"
        android:layout_width="match_parent"
        android:layout_height="wrap_content"
        android:layout_margin="8dp"
        android:gravity="right">

    <FrameLayout
        android:layout_width="0dp"
        android:layout_height="wrap_content"
        android:layout_weight="1">

        <TextView
            android:id="@+id/textView"
            android:layout_width="wrap_content"
            android:layout_height="wrap_content"
            android:layout_gravity="end"
            android:background="@drawable/bubble_right"
            android:gravity="center"
            android:paddingBottom="10dp"
            android:paddingEnd="40dp"
            android:paddingStart="10dp"
            android:paddingTop="10dp"
            android:text="Message" />
    </FrameLayout>

    <ImageView
        android:id="@+id/imageView"
        android:layout_width="wrap_content"
```

```
            android:layout_height="wrap_content"
            app:srcCompat="@drawable/contacts_focus" />
    </LinearLayout>
```

显示气泡消息的是一个 TextView。它之所以能显示成气泡形状，是因为将一个气泡状图像设置成了它的背景。为了能让气泡在放大和缩小时不失真，气泡图像应设成 9Pitch 图。需要两个气泡图像：一个是 bubble_left.9.png（见图 16-5）；另一个是 bubble_right.9.png（见图 16-6）。注意其中所指定的能伸缩的部分，若指定对了，则在缩放时图像就不会失真了。

图 16-4

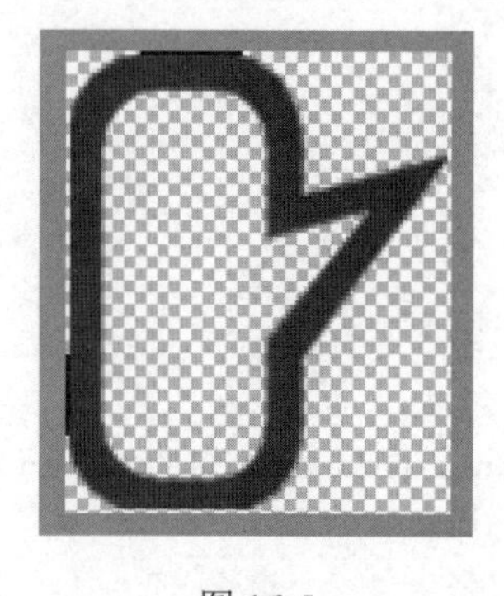

图 16-5

图 16-6

16.3 启动 ChatActivity

当单击一个联系人时，进入聊天界面，所以我们应该响应联系人的单击事件，启动 ChatActivity。

响应联系人的单击事件应该在联系人界面的 Adapter 类中。打开类 ContactsPageListAdapter，找到内部类 ContactViewHolder，修改它的构造方法，添加对行控件的单击事件侦听，代码如下（注意 init 代码块）：

```
    //好友 ViewHolder
    internal inner class ContactViewHolder(itemView: View) :
BaseViewHolder(itemView) {
        //显示好友头像的控件
        var imageViewHead: ImageView = itemView.findViewById(R.id.imageViewHead)
        //显示好友名字的控件
        var textViewTitle: TextView = itemView.findViewById(R.id.textViewTitle)
        //显示好友状态的控件
        var textViewDetail: TextView = itemView.findViewById(R.id.textViewDetail)
```

```
        init{
            //当单击这一行时，开始聊天
            itemView.setOnClickListener{
                //进入聊天页面
                val intent = Intent(itemView.context, ChatActivity::class.java)
                //将对方的名字作为参数传过去
                val node = tree.getNodeByPlaneIndex(adapterPosition)
                val info = node.data as ContactInfo
                intent.putExtra("contact_name", info.name)
                itemView.context.startActivity(intent)
            }
        }
    }
```

16.4 模拟聊天

现在还没有实现网络连接，不能真正地聊天，但是我们可以模拟一下聊天，即发出一条信息后，让计算机自动回复一条。

首先要响应ChatActivity中的“发送”按钮，在其中“发出”一条消息。之所以在“发出”上加引号，是因为我们不是真的发出去，而是显示在聊天界面的RecyclerView中。

在 ChatActivity 的 onCreate()方法中，添加“发出”按钮单击事件的响应，并把这部分代码放在最下面：

```
//响应按钮的单击，发出消息
buttonSend.setOnClickListener {
    //现在还不能真正发出消息，把消息放在 chatMessages 中，显示出来即可
    //从 EditText 控件取得消息
    val msg = editMessage.getText().toString()
    //添加到集合中，从而能在 RecyclerView 中显示
    var chatMessage = ChatMessage("我",Date(),msg,true)
    chatMessages.add(chatMessage);
    //同时也把对方的话加上。对方永远只有一句回答
    chatMessage = ChatMessage("对方",Date(),"你是谁?你妈贵姓?",false)
    chatMessages.add(chatMessage)
    //通知 RecyclerView，更新一行
    chatMessageListView.adapter?.notifyItemRangeInserted (chatMessages.size-2,2)
    //让 RecyclerView 向下滚动，以显示最新的消息
    chatMessageListView.scrollToPosition(chatMessages.size-1)
}
```

运行 App，进入“联系人”页面，单击“我的好友”，选一个联系人（见图 16-7），进入聊天页面，输入消息并发出，出现图 16-8 中的效果。

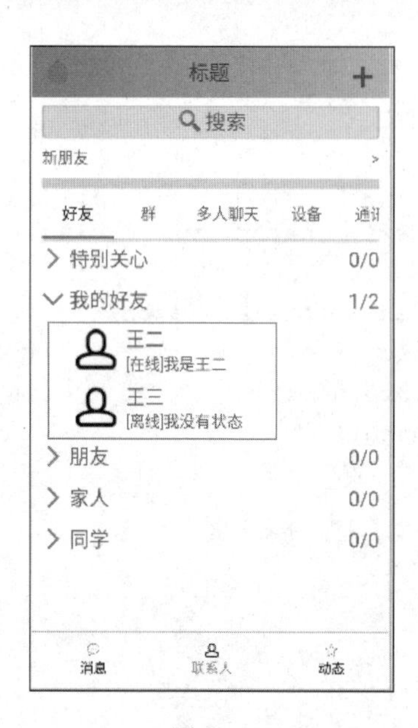

图 16-7

图 16-8

到此为止，聊天界面已经实现，但是离真正网络聊天还差得远。我们下面应该讲网络通信了，但是网络通信离不开多线程，因为网络通信的执行过程必须在主线程之外的线程中执行，所以下面先讲多线程再讲网络通信。

第 17 章 多线程

多线程是令初学者非常头大的一个概念，尤其是将多线程与同步、异步这些调用方式混在一起讲时，但它们有时真的分不开。

作为一名程序设计从业人员，必须知道多线程是怎么回事。

先声明一点，这里不会讲太细，只讲原理和概念，理解以后读者自己可以去查找资料学习细节。

17.1 线程与进程的概念

程序在硬盘中是一个可执行文件。执行这个文件时，它会被加载到内存中，此时就有了一个进程。

一个可执行文件可以被运行多次，所以一个程序是可以对应多个进程的。虽然这些进程都是由同一个程序产生的，但是它们之间却没有什么关系。这个没有关系指的是内存空间（不是真的内存，是一个逻辑概念）。每个进程都有自己的内存空间，一个进程不可能访问另一个进程中的变量，更不可能调用另一个进程中的函数。进程就像关在全面封闭无门无窗的牢房里，根本不允许互相之间直接对话。

如何做到让每个进程都有独立的内存空间呢？不论计算机的物理内存是多少，32 位的进程总是感觉自己有 4G（2 的 32 次方）的内存可以使用。这其实是操作系统虚拟出来的内存空间，是操作系统欺骗了进程。

程序要运行，仅有进程不行，还必须有线程！如果没有线程，程序只是被加载到内存中，不能运行！也就是说，程序里的代码不能被 CPU 执行！

为了能执行程序，操作系统在创建完进程后会默认创建出一个线程并开始执行，这个线程叫主线程。线程必须从某个函数开始执行，也就是它的入口函数。很显然，主线程的入口函数是“main()”！所以，要创建一个线程，必须为它指定一个入口函数（在 Java 中也叫方法）。注意，除了主线程外，其余线程都是主线程直接或间接创建出来的。“间接”指的是由主线程创建的线程再创建线程的方式。实际上除了创建者不同，线程之间没有任何区别，也就是主线程特殊一点：主线程结束时，程序就会结束，未执行完的其他线程会被强制杀死。

线程的入口函数返回时，线程就会正常结束。有时线程非正常结束，往往会造成内存泄漏。

进程之间不能互相直接访问，进程内应该可以互相直接访问了吧？完全正确！大家都在一间屋里，当然可以看到彼此。进程内的线程可以访问同一进程内其他线程中创建的变量，虽然有时语法上不允许（比如不能访问别人的私有变量），但是可以绕过语法限制。

线程到底是什么呢？可以把一个线程认为是一个虚拟的 CPU。如果把两个函数都分配给同一个 CPU 执行，那么这两个函数会根据其调用顺序依次执行，一个执行完了，才执行下一个，这就叫“同步执行（或同步调用）”。我们编写的大多数代码都是同步执行的。如果把两个函数分配给两个 CPU 执行，那么这两个函数就可以同时执行，不必等待一个执行完了再执行下一个，这叫异步执行（或异步调用）。同步执行并不是同时执行，反而异步执行才有同时执行的可能性。把两个函数分配给两个 CPU 执行，就需要通过创建线程的方式来实现。

我们很容易想到：单线程必然对应同步执行，因为在单线程中函数必然根据其调用顺序依次执行；同理，多线程对应的必然是异步执行，因为多个线程之间无法做到同步执行。错了！单线程也可以做到异步执行，多线程也可以做到同步执行。我们后面会详细讲解其中的原理。下面我们先创建一个线程。

17.2 创建线程

我们创建一个新项目，专门用于测试线程，命名为 ThreadDemo。在项目创建向导中，选择“Empty Activity”、Kotlin 语言，并选中“AndroidX Support”。

完成后，我们在 Activity 的界面中添加两个按钮（见图 17-1），id 分别为“buttonShowTip（显示提示）”和“buttonStartThread（创建线程）”。在 onCreate()中响应“显示提示”按钮的单击事件，显示提示：

```
//响应显示提示的按钮
buttonShowTip.setOnClickListener {
        v -> Snackbar.make(v, "我显示了表示界面没死掉", Snackbar.LENGTH_LONG).show()
}
```

当单击“显示提示”按钮时，出现如图 17-2 所示的现象。

再响应“创建线程”按钮的单击事件：

图 17-1

图 17-2

```
buttonStartThread.setOnClickListener {
    //模拟耗时的操作，一般是直接让线程睡一段时间
    try {
        Thread.sleep(20000)
    } catch (e: InterruptedException) {
        e.printStackTrace()
    }
}
```

注意，现在并没有开启线程，而是让当前线程（界面线程）睡了 20 秒（20000 毫秒）。因为界面的操作（包括事件响应）都是在界面线程中执行的，所以这里让界面线程 sleep 时，

界面就成为假死状态，再点哪个按钮都没有反应。在 Android 7.0 上测试，停止反应一段时间后，系统会直接把这个 App 干掉，因为 Android 系统能检测到界面长时间无反应的 App。

因为对界面的处理都是在界面线程中发生，所以当某一步进行大量运算或直接长时间 sleep 时，后序的代码就不能执行，所以界面就变得没反应（假死）。这一切在使用多线程后将迎刃而解。下面把“创建线程”按钮的响应代码改为创建新线程：

```
buttonStartThread.setOnClickListener {
    //创建一个线程对象并启动它
    MyThread().start()
}
```

现在改成创建一个线程类（MyThread）的实例，然后调用这个线程的 start()方法以启动线程。注意，若不调用线程的 start()方法，则线程不会执行。onClick()是在界面线程中调用的，所以是在界面线程中启动了新线程，但是新线程启动后其代码就不在界面线程中执行了。

MyThread 类是什么呢？下面是其定义（把它作为 Activity 的内部类）：

```
internal inner class MyThread : Thread() {
    override fun run() {
        //这就是线程的入口方法
        try {
            Thread.sleep(20000)
        } catch (e: InterruptedException) {
            e.printStackTrace()
        }
    }
}
```

它从 Thread 派生，重写了 Thread 类的 run()方法。run()就是线程的入口方法，在线程启动后执行。我们依然睡了 20 秒，但是这次还会向上次那样无反应吗？试一下，界面不假死了。为什么？因为不是界面线程睡了，所以界面就不会无响应。

Android 规定，耗时的操作必须在界面线程之外的线程中执行，尤其是网络操作！因为网络操作动不动就会像 sleep 一样让线程阻塞 10 秒、20 秒的。

在 Android 中，**界面线程**就是**主线程**！

17.3 创建线程的另一种方式

直接上代码：

```
buttonStartThread.setOnClickListener {
    //创建一个线程对象并启动它
    val thread = Thread(Runnable {
        //这就是线程的入口方法
        try {
```

```
            Log.i("me", "sleep")
            Thread.sleep(20000)
        } catch (e: InterruptedException) {
            e.printStackTrace()
        }
    })
    thread.start()
}
```

与第一种方式大同小异，就是把入口方法封装在一个 Runnable 对象中。“Runnable”代表一个可以执行的对象，就是用于封装一段代码的。它只定义了一个方法 run()，所以是一个函数接口：

```
@FunctionalInterface
public interface Runnable {
    void run();
}
```

很显然，代码就放在 run()中。用 Runnable 的好处是代码写起来省事很多。

这里要弄清几个概念，也就是大家的一些习惯叫法。界面所在的线程一般都是主线程（在 Android 中肯定是主线程），所以我们喜欢把“主线程”和“界面线程”混着叫，有时也叫“UI 线程”，因为界面就是“User Interface（UI）”的缩写。主线程中创建的新线程是“子线程”。又由于界面是能被看到的，所以“界面线程”又叫“前台线程”，子线程又叫“后台线程”或“工作线程”。所以**主线程**、**界面线程**、**UI 线程**、**前台线程**都是指**主线程**，而**后台线程**、**子线程**、**工作线程**都是指主线程之外的线程。

17.4 多个线程操作同一个对象

假设我们编写一个游戏，用一个类 Player 来保存玩家信息，包括玩家名字、性别、等级、生命值、魔法值、攻击、防御、服装、发型、图像等。伪代码如下：

```
class Player{
    private String name;
    private boolean sex;//性别
    private Object image;//图像
    private int level; //等级
    private int clothes; //服饰
    private int attack;//攻击
    private int defence;//防御
    private int hairdo;//发型
    private int health;//生命值
    private int magic;//魔法
    //等等。。。
}
```

再假设游戏中提供了一个功能：玩家可以随时去某个地点花钱改变性别。在改变性别的过程中，不是仅设置一个 sex 就行了，而是需要设置 Player 的多个属性，因为随着性别的改变，可能服装、发型、人物图像等都要跟着变，但这些属性在代码中只能一个接一个去改变。游戏一般都会开多个线程。如果一个线程 A 正在改变玩家的性别，代码大致如下：

```
val player = Player()
//游戏逻辑代码
//...
//请求变性
if (requestChangeSex() === true) {
    //变性
    player.sex = !player.sex
    if (player.sex === true) {
        //变成女的
        player.clothes = 10
        player.image = Any()
        player.hairdo = 1100
        //...
    } else {
        //变成男的
        //...
    }
} else {
    //...
}
```

此时另一个线程 B 在读取这个玩家的信息并把它显示出来，代码大致如下：

```
//游戏逻辑
//...
//获取这个玩家
Player player = getPlayer(playerId);
if(player!=null){
    //显示玩家信息
    ...
}
```

巧的是，A 线程对相关的属性才改变了一半就被这个线程 B 把 Player（玩家）对象读了出来，那么此时显示出来的玩家可能是一个长着一寸多长护胸毛的女的，也可能是一个留着白娘子头饰的男的，这就很尴尬了。

如何避免这种情况出现呢？只要能保证玩家信息在操作完成后才能被读取即可。也就是说，在一个线程中设置玩家信息时，要阻止其他线程访问这个玩家的信息，即保证操作的“原子性”。如何保证一堆操作的原子性能呢？上锁！这种锁不是一般的锁，无色无味，锁代码于无形中。上此锁之后，一块数据在一个线程中被操作时，其余线程不能操作这块数据，如果要操作，只能等待那个线程完成操作，形成同步执行的效果。所以，这种锁叫“同步锁”！

如果把一个线程想象成一条公路，那么两个线程就是两条公路，每条公路上的车依次行驶（单行道），两条公路之间不存在行车干扰的问题。同步锁就像两条公路汇合且变窄的地方，过了这个汇合区依然是两条公路，但这个汇合区只有一辆车的宽度，所以两条路上的车得一辆跟着一辆通过（不能并排通行）。注意，通过之后每辆车还是走自己的路，不会串到另一条路上去。

下面我们就为上面的两段代码加锁。但是，要加锁得先创建锁。因为可能要在多个类中使用这把锁，所以在某个类中用一个公开静态常量保存：

```
val lock = ReentrantLock()
```

加锁后的代码如下。

线程 A:

```
//游戏逻辑代码
//...
//请求变性
if (requestChangeSex() === true) {
    //变性
    lock.lock()
    player.sex = !player.sex
    if (player.sex === true) {
        //变成女的
        player.clothes = 10
        player.image = Any()
        player.hairdo = 1100
        //...
    } else {
        //变成男的
        //...
    }
    lock.unlock()
} else {
    //...
}
```

线程 B:

```
//游戏逻辑
//...
lock.lock();
Player player = getPlayer(playerId);
lock.unlock();
if(player!=null) {
    //显示玩家信息
    ...
}
```

lock()是上锁，unlock()是开锁。注意，只有 A 线程上锁、B 不上锁的话，锁不起作用。要想让锁起作用，两个线程都要上锁，当然它们还必须使用同一把锁。

执行过程是这样的，假设线程 A 先执行 lock()，因为此时没有其他线程调用 lock()，所以不用等待，继续执行，假设在 A 执行到 unlock()之前，线程 B 执行到了 lock()，由于此时已经有 A 执行了 lock()，那么 B 就停在 lock()这句进行等待，直到 A 中执行了 unlock()，B 才能继续执行。反过来 B 先进入锁也一样。这是不是保证了变性过程的原子性？

还要注意的就是要锁住的代码范围如何界定。虽然锁的是代码，但是实际上要保护的是数据，所以锁住的代码越少越好，仅能保护该保护的数据就可以。按照这个原则，仔细体会一下上述代码的加锁位置。

一种更简单的锁是 synchronized，用起来更方便一些，但它与 Lock 的作用原理没什么区别，实际上它就是基于 Lock 的。还有其他很多与多线程同步相关的对象和概念，我们就不讨论了，这里主要是理解多线程同步的概念。

总之，这种锁叫同步锁，通过它可以对多个线程共同访问的某个块数据进行同步保护。

17.5 单线程中异步执行

多线程之间是异步执行，而在单线程中永远不可能出现两个函数同时执行的可能性，那么单线程中就只有同步执行而没有异步执行了吧？错！这个世界是如此复杂，不合理的事情很多，比如在同一个线程中完全可以写出异步执行的代码！

虽然单线程中不可能做到同时调用两个函数（方法），但是可以做到调用完第一个后以不明显的方式调用第二个，或不确定在之后的什么时间调用第二个。一个很有代表性的例子就是事件侦听器。事件侦听器是一个类，其实它的真正目的是封装事件的响应方法。在设置事件侦听器后，并不是紧接着就执行侦听器中的方法，而是在事件发生时才会调用。可以确定的是设置侦听器的方法和事件响应方法的调用绝对都是在主线程中，但是它们却是异步执行的。比如下面这段代码：

```
buttonShowTip.setOnClickListener {
        v -> Snackbar.make(v, "我显示了表示界面没死掉", Snackbar.LENGTH_LONG).show()
}
```

setOnClickListener()完成之后并不会紧接着调用 Snackbar.make()，而是只有在产生单击事件发生后才执行，怎么产生单击事件呢？单击 buttonLogin 按钮。

至于这是怎么做到的，大体说一下：界面线程都会由一个循环构成，我们就把它叫作大循环，线程还带有一个事件列表（其实是队列，想象成列表更容易理解），系统产生的事件首先放到事件列表中进行排队，这个大循环每循环一次就从列表中取出一个事件进行处理，在处理过程中可能会添加新的事件侦听器。处理事件的方式就是调用事件对应的侦听器中的方法，处理完后把事件从列表中删掉。因为在某一时刻添加的侦听器，只有等到对应的事件产生了，才会在某次循环中被调用，所以侦听器中方法的调用时刻是未知的。

既然单线程中可以做到异步执行，那多线程之间可不可以做到同步执行呢？详见下节。

17.6 多线程间同步执行

同步执行其实就是依次执行，一个方法返回后再执行下一个。使用多个线程，完全可以设计出同步执行的效果。比如有两个方法 fA()和 fB()，我们希望在 fA()后面调用 fB()，这在一个线程中易如反掌，只需这样编写：

```
fA();
fB();
```

假设 fA()执行 2 秒、fB()执行 3 秒，那么此时这两个的执行时间是 2+3=5 秒。使用多线程时，我们可以这样做：创建新线程，在其中执行 fA()，启动这个线程，然后执行 fB()。代码如下：

```
val thread = Thread(Runnable { fA() })
thread.start()
fB()
```

假设创建并启动线程需要 1 秒，那么在 1 秒之后 fA()和 fB()会同时开始执行。由于 fB()需执行 3 秒，fA()只执行 2 秒，那么 fA()会提前完成，因此 fA()和 fB()的执行持续时间就是 fB()的执行时间，当然还应该加上创建线程的那 1 秒。也就是说使用多线程之后，两个方法的执行时间为 3+1，比单线程中少用了 1 秒。当然我们这里不是说多线程节省时间的问题，而是要说明如何在使用多线程时保证 fB()在 fA()返回后执行的问题。我们如果能让 fB()等待 fA()执行完毕再执行，是不是就达到目的了？这个还真不难，因为操作系统提供了线程之间互相等待的函数，Java 中也提供了这样的方法：Thread 的实例方法 join()。只需在 thread.start()之后调用 join()，就会等待 thread 对象所代表的线程结束后再执行 fB()，代码如下：

```
val thread = Thread(Runnable { fA() })
thread.start()
thread.join();
fB()
```

注意，是当前线程（也就是 fB()所在的线程）等待 thread！

当然这段代码看起来完全是自找麻烦，因为这种场景下根本没有必要使用多线程，但是这只是证明多线程之间真的可以同步执行。其实多个线程之间可以使用“信号”实现真正的同步执行，就是说不用一个线程等待另一个结束，通过互相发送信号就可以做到在线程 B 中执行 fB()之前先等待线程 A 中的 fA()执行完成。

17.7 在其他线程中操作界面

创建一个线程是如此简单，而且同步和异步执行的概念也不是那么难理解，下面就讲一下线程在 Android 开发中如何使用。

在实际开发过程中，我们常常要在后台线程中操作控件，比如我们在后台线程中发出网络请求，取得了一个头像，然后需要把头像设置给某个 ImageView 控件显示，由于在同一个进程内，因此在任何线程中都完全可以获取控件对象，然后操作它，但是不能这样操作！记住一个原则：**绝不要在界面线程之外的线程中操作界面组件！**也就是说，只能在界面线程中操作界面！这个原则就像禁止兄妹结婚这条人伦规范一样，若真的要无视它，也可以，但是后果很严重！

在后台线程中得到的图像如何设置到 ImageView 中呢？其实也不难，我们可以把设置图像的代码“扔”到 UI 线程中执行！

为什么可以向 UI 线程中“扔”代码呢？前面讲了，UI 线程由一个大循环构成，并且有一个事件队列。如果把事件队列扩展一下，让它除了能保存事件，还能保存一段一段的代码，那么后台线程向 UI 线程“扔”代码实际上就是把这段代码加到其事件队列中进行排队，在未来某次循环中就会执行这些代码。在后台线程中，把一段代码“扔”给 UI 线程后，会继续执行后面的代码，而不必等待这段被“扔”的方法执行完成。

当然在 Kotlin 中不能直接“扔”一个段代码给某个线程，只能“扔”一个对象，所以这段代码应该以 Runnable 类或 Lambda 包装一下。“扔”代码需使用一个叫作 Handler 的类，下面详细讲一下。

Handler

这里讲的 Handler 是包 android.os 中的类，其他包中也有叫 Handler 的类，注意区分。

要使用它，需先创建它的实例，因为只有具有大循环和消息队列的线程才能接受“扔”过来的方法，所以创建 Handler 实例时需关联目标线程的大循环，代码如下：

```
//创建实例，参数是主线程的大循环
val handler = Handler(Looper.getMainLooper())
```

关联之后就可以扔了，代码如下：

```
//向目标线程寄送一个方法
handler.post(Runnable {
    //要扔过去的代码编写到这里
})
```

可以看到，用 post()方法扔了一个 Runnable 过去，扔过去的代码是异步执行的，也就是在本线程中扔完就不管了，反正后面某个时刻会在目标线程中执行。

实际上 Handler 提供了多个以“post”开头的方法用于扔代码，有的方法可以提供更多的控制，如图 17-3 所示。

根据方法名就能看出各自的作用，比如 postAtFrontOfQueue()表示放到队列的最前面，可以尽快执行扔过去的代码，postAtTime()可以指定执行开始的绝对时间，postDelayed()指定执行开始的相对延迟时间等。

```
handler.post .post(Runnable {
    post(r: Runnable!)                                        Boolean
})  post {...} (r: (() -> Unit)!)                            Boolean
    postAtFrontOfQueue(r: Runnable!)                          Boolean
    postAtFrontOfQueue {...} (r: (() -> Unit)!)               Boolean
    postAtTime(r: Runnable!, uptimeMillis: Long)              Boolean
    postAtTime(r: (() -> Unit)!, uptimeMillis: Lon…           Boolean
    postAtTime(r: Runnable!, token: Any!, uptimeMi…           Boolean
    postAtTime(r: (() -> Unit)!, token: Any!, upti…           Boolean
    postDelayed(r: Runnable!, delayMillis: Long)              Boolean
    postDelayed(r: (() -> Unit)!, delayMillis: Lon…           Boolean
    postDelayed(r: Runnable!, token: Any!, delayMi…           Boolean
```

图 17-3

有时我们希望给目标线程发消息来触发不同的处理，因为这样就不用每次都发送一堆代码了，于是 Handler 提供了另外一种包装代码的方法：Callback 类。看下面的代码：

```
//创建实例，参数是主线程的大循环
val handler = Handler(Looper.getMainLooper(), object : Handler.Callback {
    override fun handleMessage(msg: Message): Boolean {
        when (msg.what) {
            MSG_1 -> {
                //处理消息 1
            }
            MSG_2 -> {
                //处理消息 2
            }
            MSG_3 -> {
                //处理消息 3
            }
            MSG_4 -> {
                //处理消息 4
            }
        }

        return false
    }
})
//向目标线程发送一个消息
handler.sendEmptyMessage(MSG_1)
```

代码被封装到 Handler.Callback 中，Handler.Callback 的派生类只需实现一个方法 handleMessage()，根据传入的 Message 对象进行不同的处理。现在扔的已不是代码（代码已经被关联到目标线程），而是消息。如果要发送的消息不带参数，可以使用 sendEmptyMessage()只发送消息编号，如果带有参数，则要创建一个 Message 实例，把参数放到这个 Message 中，然后调用方法 sendMessage()发送它。

能不能在主线程中利用 handler 向自己扔代码呢？当然没问题！

还有，我们自己创建的线程能不能像主线程一样带有大循环和消息队列呢？能，详看下节！

17.8 HandlerThread

很显然 HandlerThread 代表一种线程。它与 Thread 类的不同有三点：

（1）它内部已经实现了线程方法，所以不需我们重写 run()方法或传入一个 Runnable。

（2）它的线程方法中实现了大循环，并且具有一个消息队列。

（3）类名不一样。

它的用法很简单：创建对象，然后启动，一个线程就开始运行了，代码如下：

```
val th = HandlerThread("ht1")
th.start()
```

其构造方法有一个 String 参数，用于为这个线程指定一个名字。线程启动后，就会执行大循环，我们似乎也没有指明要做什么，那么这个大循环不是在空转吗？这不白白耗费 CPU 吗？不会的，如果消息队列中没有消息，这个线程就会暂停，直到进来消息之后再继续执行。下面我们让这个线程做点事，跟 UI 线程一样，把一段代码扔给它就行，扔代码依然使用 Handler，代码如下：

```
val th = HandlerThread("ht1")
th.start()

val handler = Handler(th.getLooper())
//向目标线程寄送一个方法
handler.post(Runnable {
    //要扔过去的代码编写到这里
})
```

与向主线程扔代码唯一不同的就是获取 Looper 的方式变了，这里获取的是 HandlerThread 的 Looper。

当然也可以使用扔消息的方式在 HandlerThread 中执行代码（使用 Handler.Callback）。

了解了多线程的重要概念后，就可以读懂后面网络通信的内容了。对于多线程的实践，我们将结合网络通信部分一起讲。

17.9 线程的退出

线程的退出是容易被大家忽略掉的，但其实这很重要。新线程肯定是在某个 Activity 中创建的，那么这个 Activity 在销毁时就应该把这个线程停止掉！不停掉行吗？根据实际情况来讲，一般也遇不到问题，只要 Activity 所在的进程存在，那么线程就可以继续运行。那进程什么时候死呢？当运行在这个进程中的所有组件（包括 Activity、Service 等）都被销毁时，这个进程才“有可能”会死，之所以说“有可能”，主要与内存有关：如果系统内存不够用，进程就会被杀死；如果够用，一般就不会死。

由于当前内存越来越大，所以死的可能性越来越小，如果不主动停掉线程，线程就会继续活着。这里面还有个问题，线程可能在 Activity 销毁后执行了访问 UI 的代码，此时 UI 不存在了，肯定会引起崩溃，所以不论实际情况如何，都应在 Activity 销毁时停止在 Activity 中所开启的线程。

如何终止一个线程呢？我们首先想到的可能是停止线程代码，如果线程的 run()方法返回了，那么线程就自然结束了，这是线程最舒服的死法，自然死亡，一切都很和谐，线程会处理好后事（比如释放内存、关闭网络连接等）。还可以在其他线程中谋杀一个线程，比如调用要杀死线程的 stop()方法，也可以调用它的 interrupt()方法，这两者有所区别，但是都会造成线程的非正常死亡，所以这两种方法是不推荐使用的。

其实，我们只有一种方法可选：让线程自然死亡！严谨来说应该是让线程尽快自然死亡。为什么说“尽快”呢？因为很多时候做不到让线程“立即”死亡。

如何让一个线程快速自然死亡呢？研究一下线程的代码，其执行耗时是多少。这还得分有循环和无循环的情况，如果无循环，就要研究一下这个线程执行的总时间，如果它每次执行都能保证在一两秒内完成，就不需要对这个线程做任何处理，因为它死得很快，虽然一两秒对 CPU 是很长的时间，但对我们来说很短。如果它耗时比较长的时间，比如 30 秒，那么对我们来说就会比较长，此时要仔细研究一下哪几条代码比较耗时，有什么办法可让这些耗时的操作被中断，只有从耗时的操作中跳出来才能继续往下执行，快速结束。

举个例子，比如线程 B 中有一步是阻塞式的网络连接，这种操作有时非常耗时，那么在线程 A 中要尽快停止线程 B 时就应该考虑调用一些打断网络连接过程的方法，让线程 B 中的网络连接过程中断掉，但是可能在线程 A 中调用打断方法时，线程 B 中网络连接这一步已经完成了。即使这样，线程 A 中的调用也是必要的，因为我们无法预测线程 B 中的网络连接到底何时开始执行、何时完成。其实最好的方式是把阻塞式网络调用改为非阻塞式，这样就有办法做到快速结束 B 线程。

在有循环的情况下，可以在另外一个线程中改变循环所检测的条件变量的值（比如 true 改为 false），这样就能让循环很快退出。循环退出了，线程就会很快结束。还得研究一下每次循环的代码中有没有耗时的操作。如果有，除了改变循环条件变量外，也得考虑如何打破耗时的操作。其实最好的办法还是尽量别有耗时的操作，把阻塞式调用改为非阻塞式。

注意，必须在 Activity 的 onDestroy()中等待线程的结束，以保证线程退出后才销毁 Activity。如何等待一个线程结束呢？很简单，调用 Thread 的实例方法 join()即可，比如 A 线程要等待 B 线程退出，则在 A 线程中调用 B 的 join()方法，一旦调用了这个方法，那么 A 就暂停运行，直到 B 结束才继续运行。

下面就在我们的 MainActivity 中加入等待线程结束的代码。

为了在 onDestroy()中访问所创建的线程对象，需要先把线程变量改为 MainActivity 的成员变量：

```
class MainActivity : AppCompatActivity() {
    var thread:Thread? = null

    override fun onCreate(savedInstanceState: Bundle?) {
        super.onCreate(savedInstanceState)
        setContentView(R.layout.activity_main)

        //响应显示提示的按钮
        buttonShowTip.setOnClickListener {
                v -> Snackbar.make(v, "我显示了表示界面没死掉",
Snackbar.LENGTH_LONG).show()
        }

        buttonStartThread.setOnClickListener {
            //创建一个线程对象并启动它
            thread = Thread(Runnable{
                //这就是线程的入口方法
                try {
                    Log.i("me", "sleep")
                    Thread.sleep(20000)
                } catch (e: InterruptedException) {
                    e.printStackTrace()
                }
            })
            thread?.start()
        }
    }

    override fun onDestroy() {
        //等待线程退出
        try {
            thread?.join()
        } catch (e: InterruptedException) {
            e.printStackTrace()
        }
        super.onDestroy()//必须调用一下父类的同一方法
    }
}
```

如果调用 join()时 thread 已经结束了，会发生什么呢？什么也不会发生，join()也不会引起所在线程（这里是主线程）暂停。

第 18 章 网络通信

网络通信是Android开发中的重要技术点。一个新手只要学会了网络通信和RecyclerView，就可以信心满满地去软件公司打工了，其他的技术点可以边做边学。

要进行网络开发，必须具备网络通信的基础知识，其实也不需要太多，一点就够用了。下面我们先讲一下网络基础知识。

18.1 网络基础知识

18.1.1 IP 地址与域名

把一台设备加入到网络中，它就能自动访问网络上的资源，也能让其他网络中的设备访问到这台设备。这是怎么做到的呢？

互联网是一个开放的系统，它有一套协议，当各设备都遵守这套协议时，它们就能发现对方并彼此连接。互联网中设备这么多，必须有一个编号方案。为每台设备设置一个唯一的编号，才能区分各设备，这个编号就是 IP 地址。IP 地址用类似“61.135.169.111”的形式表示，但实际上它是一个整数，只不过为了某些原因表示成这样。要访问网络上的一台计算机时，必须指定它的 IP 地址。有时我们看到的不是 IP 地址，比如要访问 GitHub 网站的主页，输入的地址如图 18-1 所示。

图 18-1

这种地址叫 URL，由两部分组成：“http://”表示协议，其中“http”是协议名；“github.com”是域名，指向要访问的服务器。这不是 IP 地址，而是域名。域名其实是 IP 地址的别名，因为 IP 地址对我们来说不好记，所以就为 IP 地址取了个别名，便于记忆。当一台设备不知道域名对应的 IP 地址时，就找域名服务器询问一下，得到 IP 地址后，以 IP 地址建立网络连接。

18.1.2 TCP与UDP

网络是由一个个设备与设备间的连接组成的，当两个设备通信时，限于硬件的能力以及其他原因，数据必须分成一小块一小块地进行传送。多小呢？不超过1500字节！如果传送1M字节，那么它其实被底层API分割成了多个小块，而这些小块在传送过程中要经过多个设备才能到达目标设备，由于是一张网，每个小块所经过的路径可能各不相同，因此无法保证先发的小块一定比后发的小块更早到达目标设备，这就需要对方收到之后再对小块进行排序。甚至有可能某个小块走丢了，根本到不了目标设备，那就需要重发这个小块。还有可能是发送端设备运行快、接收端设备运行慢，对发来的数据来不及收，需要两边进行同步……有很多问题需要解决。

TCP和UDP是网络传输协议，是用于保证数据传输的。上述那些问题，TCP都帮忙解决了，而UDP基本上都没有解决。所以要保证数据被对方收到，两者之间应建立TCP连接。UDP也有它的用武之地，因为有些时候是允许丢失数据的，比如视频聊天，双方要传送音视频数据，保证音视频的实时性比保证完整性更重要，所以允许丢掉部分数据，数据丢失时就会出现马赛克。

Android提供了利用TCP/UDP进行网络通信的API，利用这些API编写代码也被称为Socket编程。

18.1.3 HTTP协议

HTTP是超文本传输协议，主要用于传输文本（超文本还是文本），但后来也能传输二进制数据了。它可以传输任何格式的文本，当然主要是传输HTML格式，也就是网页。由于网页是不能有数据丢失的，因此HTTP建立在TCP之上。实际上HTTP并不能传输数据，它只是规定了数据打包的结构，数据包利用TCP进行传输，所以它是建立在传输层之上的，是应用层协议。

HTTP包结构由包头和身体两部分组成，包里的文本数据都是key-value的形式，计算机能处理，我们也能看懂。细节我们就不多说了，网上有太多关于它的介绍。

Android提供了利用HTTP进行网络通信的API，我们习惯把它们直接叫作网络通信API。相对于它们来说，Socket API是底层API，HTTP API建立在Socket API之上。

浏览器访问服务端的一个网页，是通过一次HTTP请求完成的。其过程是这样的：

（1）用户在浏览器的地址栏输入网页地址（如http://github.com），浏览器向服务器发出TCP连接请求，与服务端建立连接。

（2）浏览器将网页地址和其他参数打到一个HTTP包中，将这个包发给Web服务器。

（3）服务器收到之后，根据网页地址中的路径和参数决定为浏览器返回哪个网页。

（4）服务器将网页内容（HTML文本）打成HTTP包发给浏览器。

（5）浏览器收到回应包后，取出其中的HTML文本，解析后显示出网页。

（6）浏览器关闭连接。

每请求一个网页，浏览器总是执行“建立连接→传送数据→关闭连接”的过程，每次请求之间互不相关，所以HTTP请求是无状态的，要想使对同一个服务器的多次请求之间产生关联，需要服务器提供额外的支持，比如 Session 对象。这属于 Web 开发的概念，在此不做深入讨论。

18.2 Android HTTP 通信

HTTP 协议不仅仅用于传输 HTML 文本，而是可以传输任何文本，而且前面说过，它还可以传输二进制数据。

我们可以使用 Java 中提供的 HTTP 通信 API 直接访问 Web 服务器，获取网页并显示出来，这需要用到控件 WebView 来显示网页。

下面我们就用一个小例子（依然利用前面创建的项目 ThreadDemo）让 Android 显示网页。

在访问网络之前，有项工作必须做：声明网络访问权限。很简单，在 Manifest 文件中加入一条<uses-permission>元素：

```
<?xml version="1.0" encoding="utf-8"?>
<manifest xmlns:android="http://schemas.android.com/apk/res/android"
        package="com.example.niu.threaddemo">

    <uses-permission android:name="android.permission.INTERNET" />

    <application
        ......
```

在 MainActivity 的 Layout 中增加一个新的按钮，取名“访问网页”，id 为“buttonWebPage”，响应这个按钮，在其中创建线程，在线程中访问一个网页，并保存得到的 HTML 文本。代码如下：

```
this.buttonWebPage.setOnClickListener {
    //创建线程，访问网络
    Thread(Runnable{
        try {
            val urlObj = URL("https://cn.bing.com")
            val connection = urlObj.openConnection() as HttpURLConnection
            //进行连接，这一步可能非常耗时
            connection.connect()
            val ins = connection.getInputStream()

            //开缓冲区，以存放数据
            val buffer = ByteArray(4096)
            val stringBuffer = StringBuffer()
            var ret = ins.read(buffer)
            //循环，每次读出不超过 4096 字节，添加到 StringBuffer 中
            while (ret >= 0) {
                //从服务端获取数据存到缓冲中
                if (ret > 0) {
                    //因为服务端发来的是 HTML 文本，所以把数据转成字符串
                    val html = String(buffer, 0, ret)
```

```
                //日志输出一下
                Log.i("html", html)
                stringBuffer.append(html)
                ret = ins.read(buffer)
            }
        }
    } catch (e: IOException) {
        e.printStackTrace()
    }
}).start()
}
```

为什么要在线程中访问网页？还记得前面讲的禁忌吗？

代码并不难理解，主要做了两件事：一是连接服务器，二是从服务器读取数据。

连接过程是这样的：先创建一个 URL 对象，利用 URL 对象获取连接对象（connection），调用 connection 的 connect()方法连接服务器，连接成功之后利用输入流从服务器读入数据。

读取数据的过程主要是一个循环，我们不知道到底能读取多少数据，所以开了一个 4096 字节的缓存，每次最多读入 4096 字节，直到不再有数据可读，跳出循环。为了看到读到的数据，在循环中用 Log 输出它们。运行 App，单击“访问网页”按钮，之后在日志窗口中可以看到读出的数据，是一段 HTML 代码（注意，测试设备必须能上网），如图 18-2 所示。

```
<html lang="zh" xml:lang="zh" xmlns="http://www.w3.org/1999/xhtml" xmlns:Web="http://schema
si_ST=new Date
//]]></script><script type="text/javascript">//<![CDATA[
0;0;0;_G={ST:(si_ST?si_ST:new Date),Mkt:"zh-CN",RTL:false,Ver:"19",IG:"F98947C7FFD744ABAFB
//]]></script><style type="text/css">z{a:1}body.hp{background:#000;color:#fff;margin:0;font
ight:32px;width:82px;position:absolute}#CoreLayer #mheader{width:100%;padding:0;background:
aRptTmvtbYlu6T8w+0dbq3nr8R9sfD5w0PFl5SvNUyWna6YLTk2fyz4ydlZ19fi753GDborZ752PO32oPb++6EHTh0
as_icon{background-image:url(data:image/png;base64,iVBORw0KGgoAAAANSUhEUgAAAB0AAAAdCAMAAAB
tLyLGwcT4iNiQIMnnpDgAhDOQDN+BRX4Dknw+KemFlISFHBJbSE3t1HAACKcjWbYAiGcj8fPIya7k5O9YIH6HZPF7I
var amd,define,require;(function(n){function e(n,i,u){t[n]||(t[n]={dependencies:i,callback:
e=function(n){return _d.getElementById(n)},_qs=function(n,t){return t=typeof t=="undefined"
lement:n.relatedTarget}function sj_mo(n){return sb_i8l?event.toElement:n.relatedTarget}func
move","touchmove","scroll","keydown","resize"];n.wireup(t,{load:f,compute:null,unload:e})}
perf;(function(n){function f(n){return i.hasOwnProperty(n)?i[n]:n}function e(n){var t="S";
fire,n.onbeforefire=function(){t&&t();u();n.mark(r,i)}):(t=si_PP,si_PP=function(){u();var 
//]]></script><title>微软 Bing 搜索 - 国内版</title><meta http-equiv="Content-Type" content=
var sj_b=_d.body;_G.AppVer="8_1_2_6199207"; var _H={}; _H.mkt = "zh-CN";_H.trueMkt = "zh-C
//]]></script><a id="mHamburger" class="b_hphb b_hide" tabindex="0" aria-label="设置" role=
S5dy/1ntWrJym7ft2JxKKDB+Xecy+XwIYeSnpTxBT8sotNGk+znDvr2ujt2IEU7NwJ158jZVevUuTnrvuBpA4KYV1n
U501I/4cFBgqsoDe73sMZ9GzPw+Ij7poitnRFsIOULVK5EuhjAenVxPhduDsZQUr186L2OTMS9dgp8+mV+rJEbJbgx
�间</div></div></a></li></div></div></div><div id="hp_mobile" data-ajaxiid="5044" data-dat
DbHj2MV7D0Kp5zGOsihFU3V7rAkZSYSueMaL+ifDDdlRg++NXWMLIKn3wF2TQhvdoNgfQfvfHHPU3p4PpYjo49Xlqr
```

图 18-2

这说明 HTTP 通信成功了。下一步我们把这些 HTML 文本设置给 WebView 控件以显示网页。但是，我们不把 WebView 直接添加到当前页面中，而是新启动一个页面（Activity），在新页面中嵌入一个 WebView，由它来显示这个网页。

下面在 testGetHTML()中添加这部分代码（粗体部分）：

```
Thread(Runnable{
    try {
        val urlObj = URL("https://cn.bing.com")
        val connection = urlObj.openConnection() as HttpURLConnection
        //进行连接，这一步可能非常耗时
        connection.connect()
```

```
            val ins = connection.getInputStream()
            //开缓冲区，以存放数据
            val buffer = ByteArray(4096)
            val stringBuffer = StringBuffer()
            var ret = ins.read(buffer)
            //循环，每次读出不超过 4096 字节，添加到 StringBuffer 中
            while (ret >= 0) {
                //从服务端获取数据存到缓冲中
                if (ret > 0) {
                    //因为服务端发来的是 HTML 文本，所以把数据转成字符串
                    val html = String(buffer, 0, ret)
                    stringBuffer.append(html)
                    ret = ins.read(buffer)
                }
            }

            //从 Stringbuffer 中取出所有的 HTML
            val allHtml = stringBuffer.toString()
            //把启动 Activity 的代码扔到 UI 线程中执行，这样比较放心
            val handler = Handler(this@MainActivity.mainLooper)
            handler.post(Runnable {
                //启动新的 Activity，显示网页
                //创建 Intent
                val intent = Intent(this@MainActivity, WebActivity::class.java)
                intent.putExtra("html", allHtml)
                //启动 Activity
                startActivity(intent)
            })
        } catch (e: IOException) {
            e.printStackTrace()
        }
    }).start()
```

增加了启动 WebActivity 的代码。因为 Activity 也属于 UI，所以将这部分代码“扔”到主线程中执行。注意，HTML 文本被放到了 Intent 中进行传递。

毫无疑问，我们还需增加 WebActivity。然后在它的 Layout 中添加一个 WebView 并设置 id 为“webView”，最后在 WebActivity 中取出 HTML 代码并设置给 WebView。代码如下：

```
class WebActivity : AppCompatActivity() {

    override fun onCreate(savedInstanceState: Bundle?) {
        super.onCreate(savedInstanceState)
        setContentView(R.layout.activity_web)

        val html = intent.getStringExtra("html")
        webView.loadData(html, "text/html", "utf8")
    }
}
```

将 HTML 代码设置给 WebView 是通过调用其方法 loadData() 完成的。它的第一个参数是数据，即 HTML 文本；第二参数是数据的格式，以 MIME 类型表示法说明类型；第三个参数是数据的编码，首选 UTF-8。

运行 App，单击“访问网页”按钮，过一会就会进入新页面，显示出一个网页，如图 18-3 所示。

图 18-3

18.3 使用“异步任务”

异步任务与网络没有关系，只是一种多线程调用的处理模型。使用它，省去了我们在线程间“扔”代码的操作。虽然使用率不高，但由于是 Android 官方提供的，因此有必要稍微了解一下。

使用异步任务，需要从 AsyncTask 类派生一个类，然后重写几个回调方法。重要的是清楚这些方法在哪个线程中运行，以放置合适的代码。

18.3.1 定义异步任务类

AsyncTask 是一个范型类，它的子类需要在定义时传入三个类型作为参数，三个类型的作用可以从 AsyncTask 类的定义中看出来：

```
public abstract class AsyncTask<Params, Progress, Result> {
```

Params 是任务所需参数的类型，Progress 是任务进行过程中表示进度的类型，Result 是任务结果的类型。

比如我们创建一个从网上下载图像的任务，一次下载多个图像，每次所下载图像的网址就可以作为这个任务的参数。这个任务的第一个参数是 String 类型（注意虽然传的是多个网址，但这里的类型的确是“String”而不是“Array<String>”，后面看到示例代码就会明白）；第二个参数表示当前任务进度的类型，比如一次下载 10 个图片，每下载一个进度加 1，所以进度应该用一个整数表示，所以是 Int 类型；这个任务会下载 10 个图片，也就是任务的结果，所以第三个参数应该是“Array<Bitmap>”（注意这里必须是数组，跟任务参数不一样）。下面就用代码具体演示一下。

先定义一个异步任务类的骨架（为了方便，把它放到 MainActivity 中作为内部类）：

```
inner class HttpAsyncTask: AsyncTask<String, Int, Array<Bitmap?>?>() {
    //UI线程中执行
    override fun onPreExecute() {
        super.onPreExecute()
```

```
    }
    //后台线程中执行
    override fun doInBackground(vararg string: String?): Array<Bitmap?>? {
        TODO("not implemented")
    }
    //UI 线程中执行
    override fun onPostExecute(bitmaps: Array<Bitmap?>?) {
        super.onPostExecute(result)
    }
}
```

我们重写了三个方法，当然还可以重写其他方法，但一般不会复杂到那种程度，这里只讲最常用的几个方法。

- onPreExecute()在 UI 线程中执行，用于在任务执行前做准备，主要是 UI 方面的准备，比如设置进度条总值和步进值。
- doInBackground()方法在后台线程中运行，也就是任务的主体部分，在这个方法中可以做耗时的操作。
- onPostExecute()在任务执行完后调用，也是在 UI 线程中执行的，一般用于把结果设置到 View 中。

范型参数 1 对应到 doInBackground()的参数。注意，此方法是可变参数，所以可以传入多个同类型的实参。

方法 doInBackground()由 Android 框架调用，我们不能直接调用，但它的参数却是我们指定的。这是怎么做到的呢？启动一个异步任务需调用异步任务类的方法 execute()。我们看一下它的定义：

```
public final AsyncTask<Params, Progress, Result> execute(Params... params) {
    throw new RuntimeException("Stub!");
}
```

它的参数正好对应 doInBackground()方法的参数，所以启动一个异步任务时传入的参数最终给了 doInBackground()。

范型参数 2 在这段代码中体现不出来。

范型参数 3 对应到 doInBackgroud()的返回类型和 onPostExecute()的参数类型。这很好理解，任务在执行完成后产生的结果应该传给主线程处理，而 onPostExecute()就是在主线程中执行的。

18.3.2 使用异步任务类

如何使用这个类呢？很简单，创建实例，调用其 execute()方法，代码如下：

```
val asyncTask = HttpAsyncTask()
asyncTask.execute(
    "http://www.tucoo.com/photo/water_02/s/water_05102s.jpg",
    "http://www.tucoo.com/photo/water_02/s/water_05203s.jpg",
```

```
        "http://www.tucoo.com/photo/water_02/s/water_05304s.jpg",
        "http://www.tucoo.com/photo/water_02/s/water_05405s.jpg",
        "http://www.tucoo.com/photo/water_02/s/water_05506s.jpg",
        "http://www.tucoo.com/photo/water_02/s/water_05607s.jpg",
        "http://www.tucoo.com/photo/water_02/s/water_05708s.jpg",
        "http://www.tucoo.com/photo/water_02/s/water_05809s.jpg",
        "http://www.tucoo.com/photo/water_02/s/water_05910s.jpg"
    "http://www.tucoo.com/photo/water_02/s/water_06617s.jpg"
)
```

为 execute()传入 10 个图像 URL 地址的字符串（有可能失效），这些参数最终会传给 doInBackground()。这段代码必须在主线程中调用，比如我们响应某个按钮的单击事件时调用。

下面我们实现一下 doInBackground()（不实现它，这个任务就啥也不做）：

```
//后台线程中执行
override fun doInBackground(vararg strings: String?): Array<Bitmap?>? {
    //依次取得每个参数，下载它指向的图像
    for (urlstr in strings) {
        try {
            //由当前 URL 字符串创建 URL 对象
            val urlObj = URL(urlstr)
            val connection = urlObj.openConnection() as HttpURLConnection
            //进行连接，这一步可能非常耗时
            connection.connect()
            val ins = connection.getInputStream()
            //从 InputStream 读入数据并解码出位图
            val bitmap = BitmapFactory.decodeStream(ins)
            Log.i("task", "bitmap width=" + bitmap.width + ",height=" +
bitmap.height)
        } catch (e: IOException) {
            e.printStackTrace()
        }
    }
    return null
}
```

我们下载了每个 URL 所指向的图像，然后解码成位图，再在日志中输出它们的宽和高。运行后可以在 Logcat 窗口中看到图 18-4 所示的日志，说明下载成功了。

```
D/libc-netbsd: [getaddrinfo]:  hostname=www.tucoo.com;  servname=(null);
I/task: bitmap width=158,height=119
I/task: bitmap width=158,height=119
I/task: bitmap width=158,height=119
I/task: bitmap width=158,height=119
I/task: bitmap width=158,height=119
I/task: bitmap width=158,height=119
I/task: bitmap width=158,height=119
I/task: bitmap width=158,height=119
I/task: bitmap width=158,height=119
```

图 18-4

18.3.3 完善异步

还有两个方法没有实现：一个是 onPreExecute()，在其中只需要准备进度条控件即可；另一个是 onPostExecute()，在其中把传入的 Bitmap 设置到图像控件中显示。

图 18-5

需要先准备好 10 个图像控件，所以改一下 Activity 的 Layout 设计（改为图 18-5 所示的样子）。

源码为：

```
<?xml version="1.0" encoding="utf-8"?>
<androidx.constraintlayout.widget.ConstraintLayout
        xmlns:android="http://schemas.android.com/apk/
res/android"
        xmlns:tools="http://schemas.android.com/ tools"
        xmlns:app="http://schemas.android.com/apk/
res-auto"
        android:layout_width="match_parent"
        android:layout_height="match_parent"
        tools:context=".MainActivity">
    <Button android:id="@+id/buttonShowTip"
            android:layout_width="wrap_content"
            android:layout_height="wrap_content"
            android:layout_marginStart="8dp"
            android:layout_marginTop="8dp"
            android:text="显示提示"
            app:layout_constraintStart_toStartOf="parent"
            app:layout_constraintTop_toTopOf="parent"/>

    <Button android:id="@+id/buttonStartThread"
            android:layout_width="wrap_content"
            android:layout_height="wrap_content"
            android:layout_marginStart="8dp"
            android:layout_marginTop="8dp"
            android:text="创建线程"
            app:layout_constraintStart_toEndOf="@+id/buttonShowTip"
            app:layout_constraintTop_toTopOf="parent"/>
    <Button android:id="@+id/buttonWebPage"
            android:layout_width="wrap_content"
            android:layout_height="wrap_content"
            android:layout_marginStart="8dp"
            android:layout_marginTop="8dp"
            android:text="访问网页"
            app:layout_constraintStart_toEndOf="@+id/buttonStartThread"
            app:layout_constraintTop_toTopOf="parent"/>
    <ProgressBar android:id="@+id/progressBar"
                style="?android:attr/progressBarStyleHorizontal"
```

```
        [illegible]
        android:layout_height="wrap_content"
        android:layout_marginEnd="8dp"
        android:layout_marginStart="8dp"
        android:layout_marginTop="1[illegible]
        app:layout_const[illegible]parent"
        [illegible]art_toStartOf="parent"
        [illegible]_constraintTop_toBottomOf= "@+id/buttonStartThread"/>
[illegible]leLayout android:layout_width="0dp"
        android:layout_height="0dp"
        android:layout_marginBottom="8dp"
        android:layout_marginEnd="8dp"
        android:layout_marginStart="8dp"
        android:layout_marginTop="16dp"
        app:layout_constraintBottom_toBottomOf="parent"
        app:layout_constraintEnd_toEndOf="parent"
        app:layout_constraintStart_toStartOf="parent"
        app:layout_constraintTop_toBottomOf="@+id/progressBar">
    <TableRow android:layout_width="match_parent"
            android:layout_height="match_parent">
        <ImageView android:id="@+id/imageView2"
                android:layout_width="100dp"
                android:layout_height="100dp"/>
        <ImageView android:id="@+id/imageView1"
                android:layout_width="100dp"
                android:layout_height="100dp"/>
        <ImageView android:id="@+id/imageView6"
                android:layout_width="100dp"
                android:layout_height="100dp"/>
    </TableRow>
    <TableRow android:layout_width="match_parent"
            android:layout_height="match_parent">
        <ImageView android:id="@+id/imageView3"
                android:layout_width="100dp"
                android:layout_height="100dp"/>
        <ImageView android:id="@+id/imageView4"
                android:layout_width="100dp"
                android:layout_height="100dp"/>
        <ImageView android:id="@+id/imageView5"
                android:layout_width="100dp"
                android:layout_height="100dp"/>
    </TableRow>
    <TableRow android:layout_width="match_parent"
            android:layout_height="match_parent">
        <ImageView android:id="@+id/imageView7"
                android:layout_width="100dp"
                android:layout_height="100dp"/>
```

```
            <ImageView android:id="@+id/imageView8"
                    android:layout_width="100dp"
                    android:layout_height="100dp"/>
            <ImageView android:id="@+id/imageView9"
                    android:layout_width="100dp"
                    android:layout_height="100dp"/>
        </TableRow>
        <TableRow android:layout_width="match_parent"
                android:layout_height="match_parent">
            <ImageView android:id="@+id/imageView10"
                    android:layout_width="100dp"
                    android:layout_height="100dp"/>
        </TableRow>
    </TableLayout>
</androidx.constraintlayout.widget.ConstraintLayout>
```

progressBar 是进度条，其 id 为 progressBar，10 个图像控件放在了一个 TableLayout 中，它们的 id 从 imageView1 到 imageView10 。把这些控件对应的变量放到一个数组中，便于后面用循环操作它们：

```
class MainActivity : AppCompatActivity() {
    ......
    private val imageViews = arrayOfNulls<ImageView>(10)
    ......
```

它们的初始化在 Activity 的 onCreate()中：

```
override fun onCreate(savedInstanceState: Bundle?) {
    super.onCreate(savedInstanceState)
    setContentView(R.layout.activity_main)
    //异步任务中用到的控件
    imageViews[0] = this.imageView1
    imageViews[1] = this.imageView2
    imageViews[2] = this.imageView3
    imageViews[3] = this.imageView4
    imageViews[4] = this.imageView5
    imageViews[5] = this.imageView6
    imageViews[6] = this.imageView7
    imageViews[7] = this.imageView8
    imageViews[8] = this.imageView9
    imageViews[9] = this.imageView10
    ......
```

下面实现异步任务类的 onPreExecute()。在其中只需做初始化进度条的工作，但是我们需要知道调用 execute()时传入的 URL 数量才能设置好进度总值，所以我们应该为 HttpAsyncTask 增加一个带参数的构造方法，参数就是 URL 的数量。修改任务类代码：

```
    inner class HttpAsyncTask(val taskNum:Int): AsyncTask<String, Int,
Array<Bitmap?> >(){
```

为它增加了属性 taskNum，其值通过构造方法传入，所以在创建 HttpAsyncTask 实例时要传入参数：

```
    val asyncTask = HttpAsyncTask(10)
```

现在可以实现 onPreExecute()了，很简单：

```
    inner class HttpAsyncTask(val taskNum:Int): AsyncTask<String, Int,
Array<Bitmap?>>(){
        //UI 线程中执行
        override fun onPreExecute() {
            super.onPreExecute()
            progressBar.setMa
        }
        ......
```

再实现 onPostExecut

```
    //UI 线程中执行
    override fun onPostExecute(bitmaps: Array<Bitmap?>?) {
        if (bitmaps == null) {
            return
        }
        //把每个图像都设置到对应的 ImageView 中
        for (i in 0 until imageViews.size - 1) {
            imageViews[i]?.setImageBitmap(bitmaps[i])
        }
    }
```

此时需要修改一下 doInBackground()，才能与上面两个方法配合起来（见粗体部分）：

```
    //后台线程中执行
    override fun doInBackground(vararg strings: String?): Array<Bitmap?>? {
        //保存所有图像
        val bitmaps = arrayOfNulls<Bitmap>(strings.size)
        //依次取得每个参数，下载它指向的图像
        for (i in 0..strings.size - 1) {
            try {
                //由当前 URL 字符串创建 URL 对象
                val urlObj = URL(strings[i])
                val connection = urlObj.openConnection() as HttpURLConnection
                //进行连接，这一步可能非常耗时
                connection.connect()
                val ins = connection.getInputStream()
                //从 InputStream 读入数据并解码出位图
                val bitmap = BitmapFactory.decodeStream(ins)
                //放到对应的数组项中
```

```
                bitmaps[i]=bitmap
                //通知主线程更新进度条的进度，i 从 0 开始，所以要加 1
                publishProgress(i+1)
            } catch (e: IOException) {
                e.printStackTrace()
                return null
            }
        }

        //返回 Bitmap 数组
        return bitmaps
    }
```

最后返回 Bitmap 数组，而且在循环中每下载一幅图像就更新一下进度条，当然不是直接更新，而是调用方法 publishProgress()通知主线程，由主线程更新进度条。但是主线程现在更新不了进度条，因为我们还需要在类 HttpAsyncTask 中实现一个回调方法 onProgressUpdate()。此方法在主线程中执行，代码如下：

```
override fun onProgressUpdate(vararg values: Int?){
    progressBar.setProgress(values[0]!!)
}
```

现在可以运行一下，单击“显示提示”按钮，效果如图 18-6 所示。

图 18-6

异步任务类最终的代码如下：

```
inner class HttpAsyncTask(val taskNum:Int):
AsyncTask<String, Int, Array<Bitmap?>>() {
    //UI 线程中执行
    override fun onPreExecute() {
        super.onPreExecute()
        progressBar.setMax(taskNum);
    }

    //后台线程中执行
    override fun doInBackground(vararg strings: String?): Array<Bitmap?>? {
        //保存所有图像
        val bitmaps = arrayOfNulls<Bitmap>(strings.size)
        //依次取得每个参数，下载它指向的图像
        for (i in 0..strings.size - 1) {
            try {
                //由当前 URL 字符串创建 URL 对象
                val urlObj = URL(strings[i])
                val connection = urlObj.openConnection() as HttpURLConnection
                //进行连接，这一步可能非常耗时
                connection.connect()
                val ins = connection.getInputStream()
                //从 InputStream 读入数据并解码出位图
```

```
                val bitmap = BitmapFactory.decodeStream(ins)
                //放到对应的数组项中
                bitmaps[i]=bitmap
                //通知主线程更新进度条的进度，i 从 0 开始，所以要加 1
                publishProgress(i+1)
            } catch (e: IOException) {
                e.printStackTrace()
                return null
            }
        }
        //返回 Bitmap 数组
        return bitmaps
    }
    //UI 线程中执行
    override fun onPostExecute(bitmaps: Array<Bitmap?>?) {
        if (bitmaps == null) {
            return
        }
        //把每个图像都设置到对应的 ImageView 中
        for (i in 0 until imageViews.size - 1) {
            imageViews[i]?.setImageBitmap(bitmaps[i])
        }
    }

    override fun onProgressUpdate(vararg values: Int?) {
        progressBar.setProgress(values[0]!!)
    }
}
```

现在的代码在逻辑上还有很多不严谨的地方，但可以让大家清晰地看清异步任务的用法。

18.3.4 异步任务的退出

异步任务的后台方法在后台线程中执行，所以异步任务在本质上与创建新线程没有区别，我们需要异步任务所在的 Activity 在销毁时尽快停止异步任务。参考前面讲的线程的退出问题，我们需要让异步任务的 doInBackground()方法尽快退出。这需要在另外的线程中发出停止异步任务的指令。AsyncTask 类已经为我们准备好了，它有个方法 cancel()，可以在任何时刻任何线程中调用，但是调用它并不能让 doInBackground()立即退出，调用它带来的效果是发出取消指令，之后当再调用异步任务的 isCancelled()方法时会返回 true（默认返回 false）。我们可利用这一点把异步任务的 Cancel 状态作为 doInBackground()里面循环语句所检查的条件之一，所以 doInBackground()方法应改动如下：

```
//依次取得每个参数，下载它指向的图像
for (i in 0..strings.size-1) {
    if(isCancelled){
        break;
```

```
    }

    try {
        ......
    } catch (e: IOException) {
        ......
    }
}
```

在执行循环代码之前检查了一下 cancel()是否被调用，如果被调用了，就直接跳出循环。当然考虑到循环中的代码有的操作也是很耗时间的，为了能反应更快，也可以在代码中间插入 Cancel 状态的检查，具体如下（注意粗体语句）：

```
//依次取得每个参数，下载它指向的图像
for (i in 0..strings.size-1) {
    if(isCancelled){
        break;
    }

    try {
        //由当前 URL 字符串创建 URL 对象
        val urlObj = URL(strings[i])
        val connection = urlObj.openConnection() as HttpURLConnection
        //进行连接，这一步可能非常耗时
        connection.connect()
        if(isCancelled){
            break;
        }
        val ins = connection.getInputStream()
        if(isCancelled){
            break;
        }
        //从 InputStream 读入数据并解码出位图
        val bitmap = BitmapFactory.decodeStream(ins)
        //放到对应的数组项中
        bitmaps[i]=bitmap
        if(isCancelled){
            break;
        }
        //通知主线程更新进度条的进度，i 从 0 开始，所以要加 1
        Log.e("nnn",(i+1).toString())
        publishProgress(i+1)
    } catch (e: IOException) {
        e.printStackTrace()
        return null
    }
}
```

可以看到在所有可能耗时的操作后进行了检查。其实一般情况下没有必要做到这种程度，只要在循环开始检查一次就行，我们又不是做那种对时间要求很严格的实时系统。

最后，这个 cancel()方法在哪里调用呢？就在 Activity 的 onDestroy()中，代码如下（注意，需要将变量 asyncTask 设成 MainActivity 的字段）：

```
override fun onDestroy() {
    //发出取消异步任务的通知，参数 false 表示不要强制中断这个线程
    if(asyncTask != null) {
        asyncTask.cancel(false);
    }
    super.onDestroy()//必须调用一下父类的同一方法
}
```

一旦对某个异步任务调用了 cancel()，当它的 doInBackground()完成后，就不再调用 onPostExecute()了，而是调用 onCancelled()。根据我们现在的需求，在 onCancelled()中什么也不需要做：

```
override fun onCancelled() {
    super.onCancelled()
}
```

当然，既然什么也不做，也可以不实现它。

18.4 使用 OkHttp 进行网络通信

OkHttp 是使用率非常高的第三方（非 Android 官方）Java HTTP 通信库，用起来很方便。使用它，就不必使用 HttpURLConnection 之类的 Android 原生 API 了。

当接触一个新的库或框架时，最好先去它的官方网站看一下，一般都能帮助我们快速入门，比如 http://square.github.io/okhttp/。

下面我们用 OkHttp 来实现前面下载图像的例子。

首先在 Module 的 Gradle 脚本中添加对 OkHttp 的依赖，如图 18-7 所示。

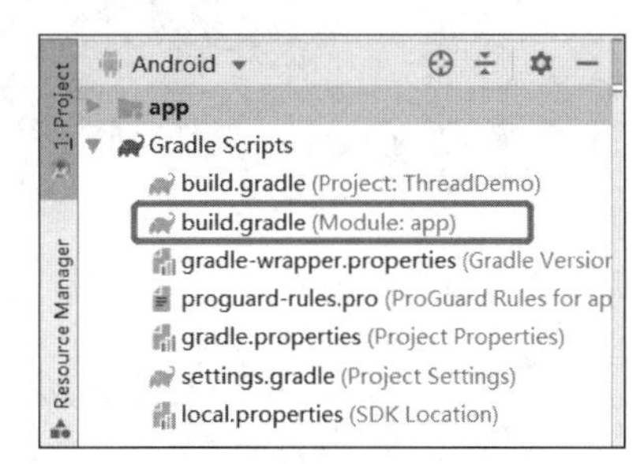

图 18-7

最下面一句就是 OkHttp 的依赖：

```
dependencies {
    implementation fileTree(include: ['*.jar'], dir: 'libs')
    implementation "org.jetbrains.kotlin:kotlin-stdlib-jdk7:$kotlin_version"
    implementation 'androidx.appcompat:appcompat:1.1.0-alpha04'
    implementation 'androidx.core:core-ktx:1.1.0-alpha05'
    implementation 'androidx.constraintlayout:constraintlayout:2.0.0-alpha4'
    implementation 'com.google.android.material:material:1.1.0-alpha05'
    testImplementation 'junit:junit:4.13-beta-2'
```

```
    androidTestImplementation 'androidx.test:runner:1.2.0-alpha04'
    androidTestImplementation 'androidx.test.espresso:espresso-core:3.2.0-
alpha04'
    implementation 'com.squareup.okhttp3:okhttp:3.14.1'
}
```

其版本号可以在 GitHub 托管页面 https://github.com/square/okhttp 上看到（见图 18-8）。添加后会出现一个同步提示，如图 18-9 所示。

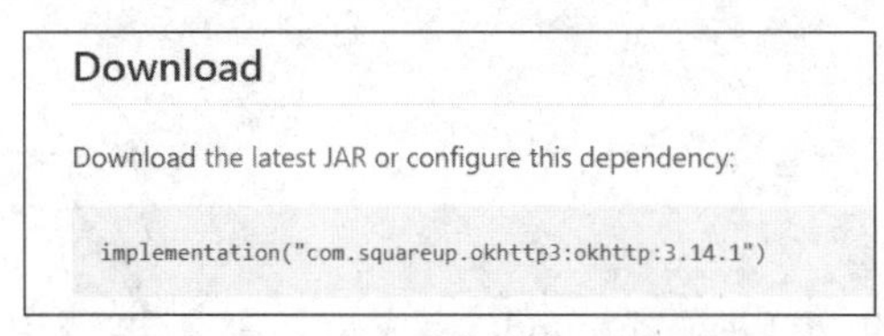

图 18-8

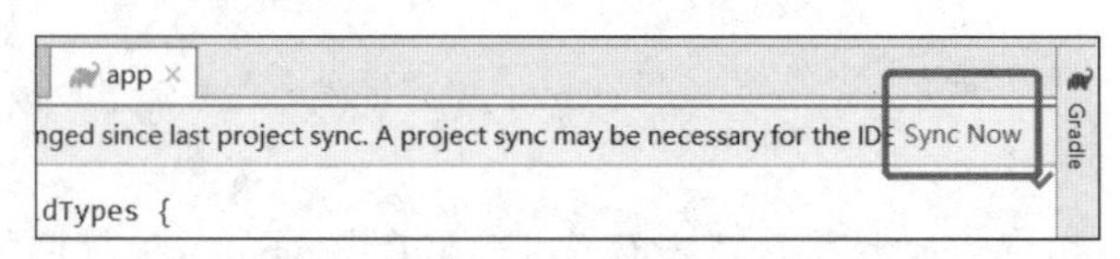

图 18-9

单击它执行 Gradle 脚本同步工程，在此过程中会把 OkHttp3 这个库下载到本地，并自动在工程中引用它，于是我们就可以在工程中使用它了。

下面我们用 OkHttp 来改写下载多个图片的功能。

18.4.1 使用 OkHttp 下载图像

只需要改写异步任务中网络访问的代码即可，代码如下：

```
override fun doInBackground(vararg strings: String?): Array<Bitmap?>? {
    //保存所有图像
    val bitmaps = arrayOfNulls<Bitmap>(strings.size)

    //创建 OkHttp 客户端对象
    val client = OkHttpClient()

    //依次取得每个参数，下载它指向的图像
    for (i in 0..strings.size-1) {
        if(isCancelled){
            break;
        }

        try {
            //利用工厂方法创建请求构建器对象
            val builder = Request.Builder()
            //设置请求的 URL 地址
            builder.url(strings[i])
            //创建请求对象
            val request = builder.build()
            //客户端对象利用请求对象创建调用对象
            val call = client.newCall(request)
            //执行这个调用对象，发出网络请求，服务端返回的数据都存在 Response 中
            //注意这是同步调用的方式
            val response = call.execute()
```

```
            //取出 Http 包中的数据（就是 http body）
            val body = response.body()
            body?.let {
                //因为我们知道 body 中是图像的数据，所以使用 byteStream()方法取得字节流
                val inputStream = body.byteStream()
                //将字节输入流传给 decodeStream()解码出 Bitmap
                val bitmap = BitmapFactory.decodeStream(inputStream)

                //放到对应的数组项中
                bitmaps[i] = bitmap
                //通知主线程更新进度条的进度，i 从 0 开始，所以要加 1
                publishProgress(i + 1)
            }
        } catch (e: IOException) {
            e.printStackTrace()
            return null
        }
    }

    //返回 bitmap 数组
    return bitmaps
}
```

代码的详细解释请看注释，这里总结一下 OkHttp 下载数据的调用流程：

- 创建请求构建器。
- 创建请求对象。
- 创建 Client。
- 利用 Client 创建 Call 对象。
- 利用 Call 发出调用，返回结果存在 ResponseBody 中。
- 从 ResponseBody 中按照数据的格式取出数据。

这段代码中的网络访问和处理返回数据的部分可以写得更简洁一些：

```
val builder = Request.Builder()
val request = builder.url(strings[i]).build()
val response = client.newCall(request).execute()
val inputStream = response.body()?.byteStream()
inputStream.let{
    val bitmap = BitmapFactory.decodeStream(inputStream)
    //放到对应的数组项中
    bitmaps[i] = bitmap
    //通知主线程更新进度条的进度，i 从 0 开始，所以要加 1
    publishProgress(i + 1)
}
```

注意，从服务端获取数据都是用 HTTP GET 命令，在上面的代码中并没有指定是哪种命令，是因为默认就是 GET。当然，也可以在 Builder 中通过 get()方法明确指定：

```
val request = builder.url(strings[i]).get().build()
```

18.4.2 创建 Web 服务端

后面的内容涉及数据上传、文件上传等功能，我们必须有自己的 Web 服务程序才能测试，所以现在要创建一个 Web 服务程序。

创建 Web 程序需要 Java Web 开发技术。对此不熟悉也没有关系，我们准备了一个项目，只要在计算机上把它运行起来，就可以在 App 中访问。这个项目利用了 SpringBoot 框架，以 Maven 为项目管理工具（与 Gradle 类似），所以只要能上网就可以利用命令行轻松运行起来。

运行这个程序的命令很简单：mvn spring-boot:run。但是，要先把 Maven 安装到计算机上，否则找不到 mvn 这个工具。去官网（见图 18-10）下载 Maven（最新版即可），地址是 https://maven.apache.org/download.cgi。

图 18-10

压缩包下载地址为 http://mirrors.tuna.tsinghua.edu.cn/apache/maven/maven-3/3.6.1/binaries/apache-maven-3.6.1-bin.zip。我们下载的是 3.6.1 版。

下载后解压缩 zip 文件，把文件夹放到某个目录下比如图 18-11 所示的位置。

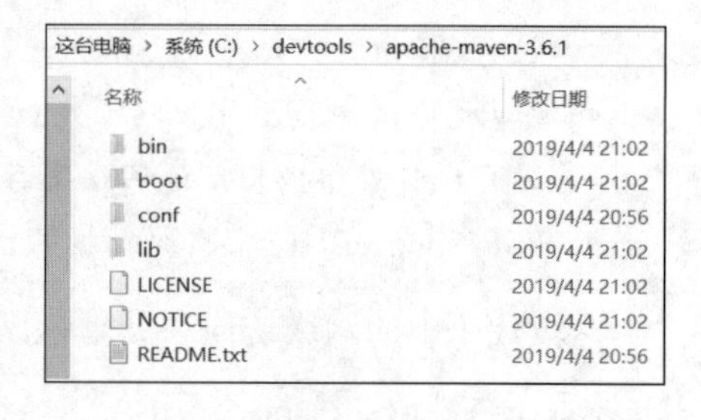

图 18-11

mvn 命令在文件夹 bin 下，为了在任何目录下都能访问这个命令，我们需要把 bin 文件夹加入系统环境变量 PATH 中（见图 18-12）。

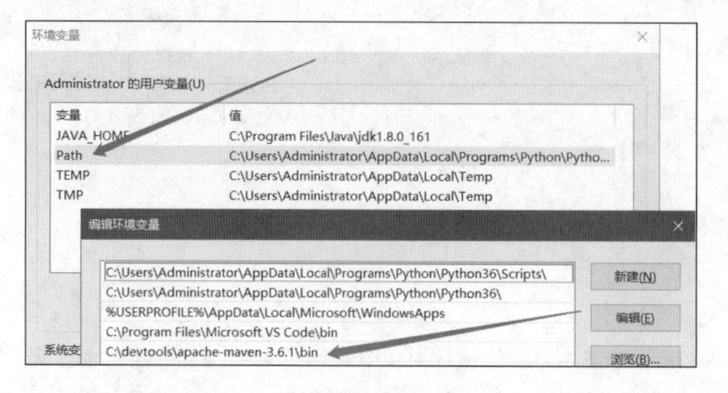

图 18-12

然后打开命令行窗口，运行“mvn -v”。如果看到如图 18-13 所示的信息，就说明配置成功。

```
C:\WINDOWS\system32\cmd.exe
Microsoft Windows [版本 10.0.17134.706]
(c) 2018 Microsoft Corporation。保留所有权利。

C:\Users\Administrator>mvn -v
Apache Maven 3.6.1 (d66c9c0b3152b2e69ee9bac180bb8fcc8e6af555; 2019-04-05T0
Maven home: C:\devtools\apache-maven-3.6.1\bin\..
Java version: 1.8.0_161, vendor: Oracle Corporation, runtime: C:\Program F
Default locale: zh_CN, platform encoding: GBK
OS name: "windows 10", version: "10.0", arch: "amd64", family: "windows"

C:\Users\Administrator>
```

图 18-13

再下载 Web 程序源码（https://github.com/niugao/QQAppServer/archive/master.zip），并解压到某个文件夹下（比如图 18-14 所示的位置）。

在命令行窗口中，进入 QQAppServer-master 文件夹，再执行命令 mvn spring-boot:run（见图 18-15）。

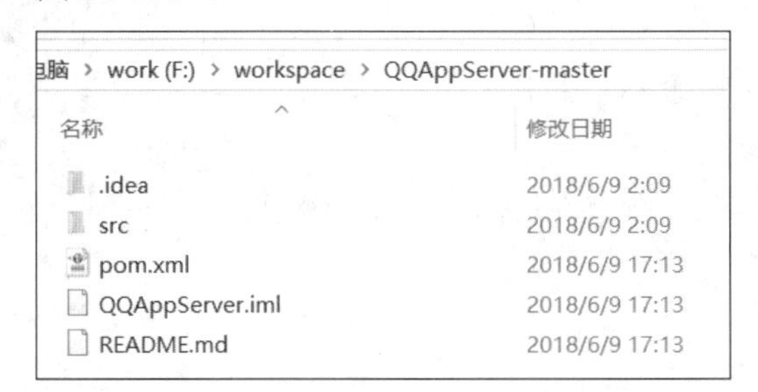

图 18-14

```
Microsoft Windows [版本 10.0.17134.81]
(c) 2018 Microsoft Corporation。保留所有权利。

C:\Users\Administrator>cd F:\workspace\QQAppServer-master

C:\Users\Administrator>f:

F:\workspace\QQAppServer-master>mvn spring-boot:run
```

图 18-15

第一次运行还是很耗时间的，主要是需要从 Maven 仓库中下载很多依赖库 Jar 文件，所以需要耐心等待，只要命令行窗口中没有出现红色的语句，就说明没有错误。当看到如图 18-16 所示的语句时，说明 Web 服务启动成功。

```
estMappingHandlerMapping : Mapped "{[/error]}" onto public org.springframework.http.Resp
web.servlet.error.BasicErrorController.error(javax.servlet.http.HttpServletRequest)
estMappingHandlerMapping : Mapped "{[/error],produces=[text/html]}" onto public org.spr
rorController.errorHtml(javax.servlet.http.HttpServletRequest,javax.servlet.http.HttpSe
SimpleUrlHandlerMapping  : Mapped URL path [/webjars/**] onto handler of type [class org

SimpleUrlHandlerMapping  : Mapped URL path [/**] onto handler of type [class org.spring

tionMBeanExporter        : Registering beans for JMX exposure on startup
.tomcat.TomcatWebServer  : Tomcat started on port(s): 8080 (http) with context path ''
cation                   : Started Application in 3.352 seconds (JVM running for 7.474)
```

图 18-16

打开浏览器，在地址栏中输入地址“http://localhost:8080”，可以看到如图 18-17 所示的网页。

到此为止，Web 服务程序配置成功。

图 18-17

18.4.3　使用 OkHttp 下载数据

通过 HTTP 协议可以下载各种数据，比如下载一个产品的信息、下载一幅图像、下载一个文件、下载一个网页。实际上从 HTTP 的打包方式来讲，这些数据基本可分成两大类：一是文本，二是二进制数据。网页属于文本，图像、文件属于二进制数据，至于产品信息这样的数据，在内存中是一个对象，但一般也用文本表示，所以要利用那些可以方便地表示对象的文本格式，比如 JSON、XML 等。

不论服务端收到客户端的数据还是客户端收到服务端的数据，都需要知道数据的具体格式，所以 HTTP 包头中带有 MIME 信息，比如“text/html”表示 HTTP 包的 body 中携带的是 HTML 文本、“text/json”表示携带 JSON 文本（其实对应对象）、“image/png”表示携带 PNG 格式的图像。在 MIME 中，“/”之前是大类别，“/”之后是小类别。

浏览器从服务端下载的文本数据一般是 HTML，而 App 下载的文本大多是 JSON。比如一个电子商务 Web 服务器，它既能为浏览器提供商品展示数据也能为 App 提供商品展示数据，但是它为浏览器提供的是 HTML，这个 HTML 中不仅包含了多个商品信息，还包含了如何展示和摆放这些信息的代码，这些都是在服务端已经确定的，浏览器只需忠实地按照 HTML 代码把网页创建并展示出来即可；而服务端为 App 提供的是 JSON，JSON 中仅包含了各商品的信息，至于商品如何展示则由 App 自己决定。所以为 App 提供的数据更具视觉可塑性，且网络传输的数据量更少。其实现在网页版数据也在转向 App 的数据形式，即服务端向浏览器发送仅包含商品信息的 JSON，浏览器用 JavaScript 将 JSON 中的商品信息取出来，再决定它们的展示方式。

在 App 中是以程序获取的服务端数据，服务端为此而提供的那些服务属于应用程序接口（API）。下面我们就编写一点从服务端取得 JSON 数据的代码。

JSON 数据是从 http://localhost:8080/apis/get_message 取得的，前提是已启动我们的 Web 程序。可以在浏览器中看一下这个地址的请求结果（见图 18-18）。

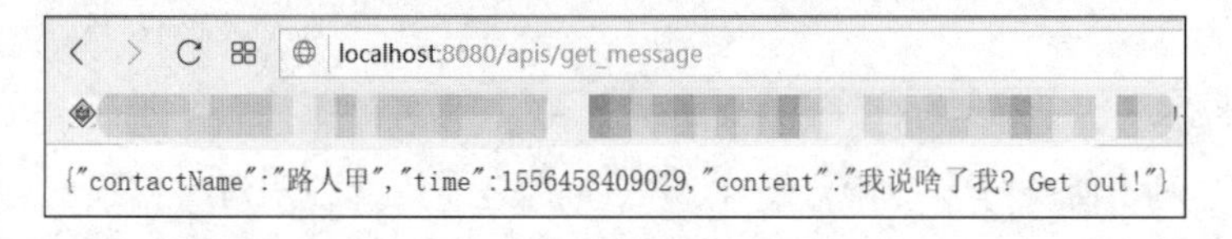

图 18-18

浏览器发现得到的数据不是 HTML 格式，于是把文本直接显示了出来。在 Android 中请求这个地址的代码如下：

```
    private fun getJson() {
        val thread = Thread(Runnable {
            val client = OkHttpClient()
            val builder = Request.Builder()
            //用自己的手机调试时，连接计算机的实际 IP 地址
            //val request = builder.url("http://192.168.3.6:8080/apis/
get_message").build()
            //用虚拟机调试时，连接所在计算机时需用此 IP 地址
            val request = builder.url("http://10.0.2.2:8080/apis/
get_message") .build()
            try {
                val response = client.newCall(request).execute()
                val json = response.body()?.string()
```

```
                Log.i("getjson", json)
            } catch (e: IOException) {
                e.printStackTrace()
            }
        })
        thread.start()
    }
```

此方法中创建了一个线程，线程中使用 OkHttp 的 API 访问了计算机上的 Web 服务器。注意 URL 中的主机地址的写法：如果使用虚拟机调试，主机地址须是“10.0.2.2”，不要写成“localhost”，因为代码是在 Android 虚拟机中执行，此时 localhost 就代表了 Android 虚拟机自己；我们的 Web 程序并非在虚拟机中运行，所以要访问计算机的地址。相对于虚拟机来说，宿主机的地址就是“10.0.2.2”。如果是在实体机上调试，就需要实体机与计算机处于同一个局域网中。可以利用命令找出 PC 的地址，如图 18-19 所示。

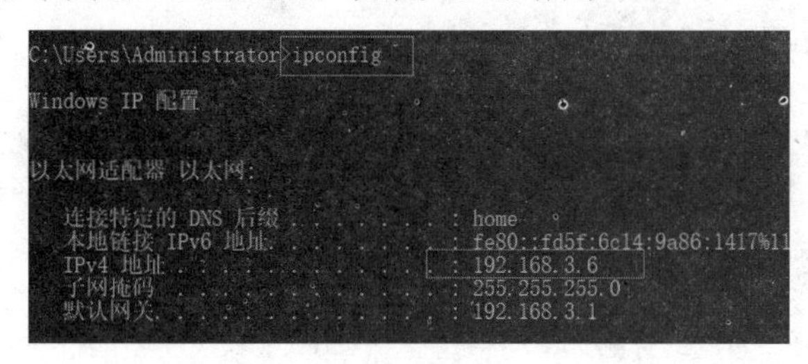

图 18-19

自行调用方法“getJson()”，方法的运行结果是在 Logcat 中输出以下日志：

```
I/getjson : {"contactName" : "路人甲" , "time" : "2018-06-12T13:31:
41.281+0000", "content" : "我说啥了我? Get out!"}
```

但是，JSON 一般是来表示对象的，里面的数据是“key : value”对，从这堆 JSON 数据中可以看出它表示的是一个“消息”，包含了消息的 contactName（联系人名字）、time（发出时间）、content（消息内容）。我们应该把这个 JSON 转换为消息对象，怎么做呢？请看下节。

18.4.4　JSON 转对象

JSON 转对象其实是根据 JSON 中的数据创建出类的实例。要创建实例，当然先要有类了，我们根据收到的 JSON 数据可以定义这样的类与它对应：

```
data class ChatMessage(var contactName:String, var time:Long, var content:
String)
```

我们当然可以在收到 JSON 后先创建 Message 类的对象，然后根据 JSON 中的 Key 为对象对应的属性赋值（这叫反序列化，那么由对象转成 JSON 就叫序列化了），但是这个过程是比较麻烦的，因为需要分析 JSON 字符串、创建对象等。实现这样的 API 并不是难事，所以有很多专门做这种事的第三方库，比如 fastjson、Jackson、gson 等。gson 是 Google 自己家的，所以我们选择它。

首先添加 gson 的依赖：

```
implementation 'com.google.code.gson:gson:2.8.5' 。
```

gson 的基本用法很简单，直接将上节的方法中获取 JSON 的部分改为如下形式：

```
try {
    val response = client.newCall(request).execute()
    val json = response.body()?.string()
    //利用 gson 将 JSON 反序列化为对象
    val gson = Gson()
    val chatMessage = gson.fromJson(json, ChatMessage::class.java)
//从 chatMessage 对象的属性中获取数据
    Log.i("gson", "name:${chatMessage.contactName},
content:${chatMessage.content}")
} catch (e: IOException) {
    e.printStackTrace()
}
```

运行 App，触发 JSON 获取操作，在 LogCat 窗口中看到如图 18-20 所示的日志（别忘了用“gson”过滤），说明反序列化成功。

图 18-20

18.4.5 使用 OkHttp 上传文件

我们在网页中经常会看到上传文件的功能（见图 18-21）。页面中要上传很多信息，“图片”这一栏用于选择一个本地文件，当用户单击“Create”按钮时，所有信息被打包上传到服务端。这种功能是通过 Multipart 表单方式打包数据并上传的，这种数据对应的 MIME 为“multipart/form-data”。我们编写 App 代码上传文件时，也需要构建出这种数据。

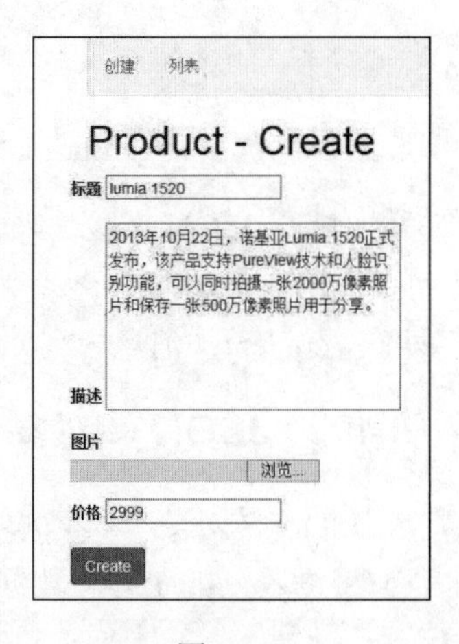

图 18-21

在实现这个功能之前，应先找一个文件用于上传。我们项目中的资源文件在打包成 APK 安装包时都会被包含在里面，安装时就会放到 Android 设备中。一般资源文件不容易直接读出它们的数据（被 Android 的资源访问 API 隔离了），而有一种特殊的资源文件可以，那就是 Raw（原始类型的资源）。这种资源不会被处理，会原封不动地放到设备中。所以，我们要添加一个 Raw 类型资源。要添加这种资源，应先添加 Raw 文件夹，如图 18-22 所示。然后找一幅图像文件，放到 raw 文件夹下（见图 18-23）。

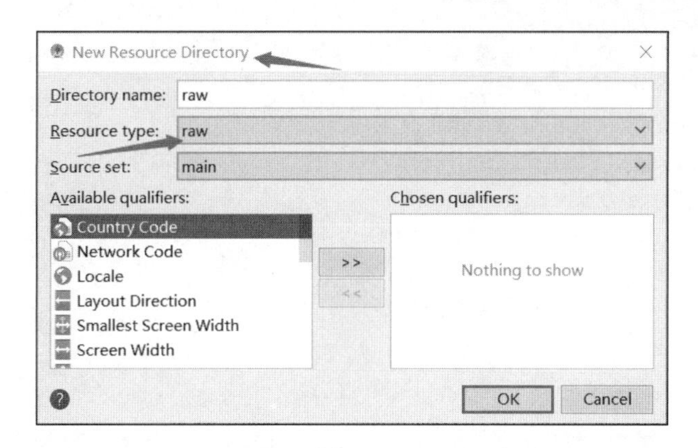

图 18-22

文件上传的代码如下：

```
private fun uploadOneFile() {
    //创建后台线程，访问网络
    val thread = Thread(Runnable {
        var msg: String? = null
        try {
            //请求地址
            //val url = "http://10.0.2.2:8080"
            val url = "http://192.168.3.13:8080"
            //创建构建multipart form 的构建器对象
            val builder = MultipartBody.Builder()
            //设置类型为"multipart/form-data"
            builder.setType(MultipartBody.FORM)
            //设置表单内容，随便加点文件之外的数据
            //每次添加的数据都是一个Part，多个part 组成HTTP 的body
            //第一个参数是这个Part 的名字，有了它服务端才能区分不同的Part
            builder.addFormDataPart("userName", "xxxxx")
            //从Raw 资源获取输入流对象，以便读出资源文件中的数据
            val ins = resources.openRawResource(R.raw.tetris)
            //开足够大的缓存
            val imgData = ByteArray(ins.available())
            //读文件数据到缓存中
            ins.read(imgData)
            //创建一个body，存放资源文件的内容，作为Multipart 表单 body 的一部分
            val body = RequestBody.create(null, imgData)
            //添加 Part，第一个参数是 Part 的名字，第二个参数是这个文件的名字，
            // 第三个参数是 Part 的数据
            builder.addFormDataPart("file", "tetris.jpg", body)
            //创建包含所有 Part 的 RequestBody
            val body = builder.build()
            //创建client 以发出请求
            val client = OkHttpClient()
            //创建Request，将以 POST 方式发出请求
```

```
            val request = Request.Builder().url(url).post(body).build()
            //向 Web 后台发起请求
            client.newCall(request).execute()
        } catch (e: Exception) {
            msg = e.localizedMessage
        }
    })
    //启动线程。注意，它是在主线程中执行!!
    thread.start()
}
```

在这段代码中，需要注意的是构建 Multipart Form 使用了 addFormDataPart()方法，并且 HTTP 请求的 Method 是 POST。

运行 App，触发这个方法执行，上传成功后可以通过浏览器在主页（http://localhost:8080）中看到已上传的文件（见图 18-24）。

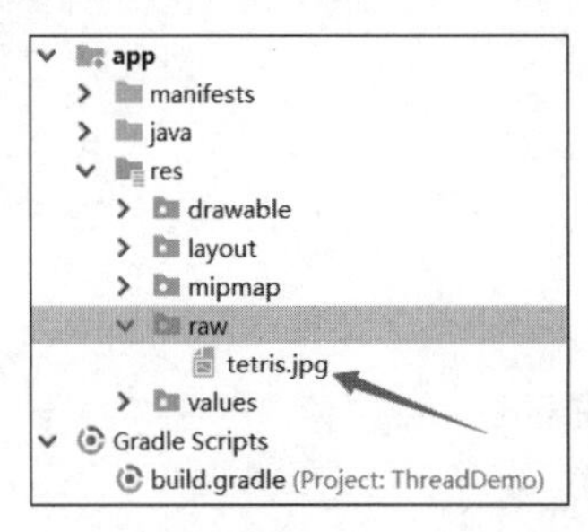

图 18-23

图 18-24

18.5 使用 Retrofit 进行网络通信

Retrofit 是另一个 Java HTTP 通信库。前面不是讲了 OkHttp 吗，感觉挺好用的，为什么又讲一个库呢？这是因为 Retrofit 比 OkHttp 使用起来还简单，而且支持当前流行的注解方式。

注意，Retrofit 是基于 OkHttp 创建的，对 OkHttp 进行了进一步的封装，用起来更简单。

下面我们就用 Retrofit 实现一下前面用 OkHttp 实现的功能。

18.5.1 加入 Retrofit 的依赖项

如何添加依赖项呢？首先去它的官网（https://square.github.io/retrofit/），会看到如图 18-25 所示的内容。单击链接进入“https://github.com/square/retrofit”，发现如图 18-26 所示的内容。

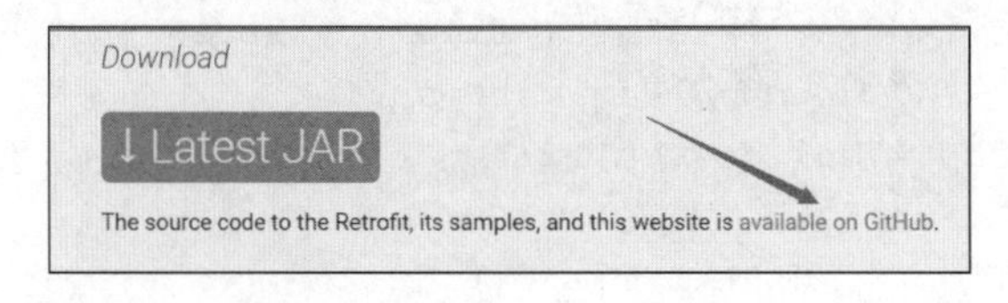

图 18-25

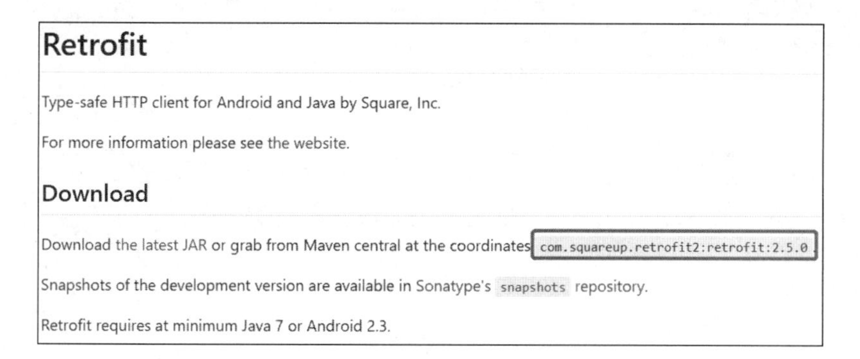

图 18-26

在模块 build.gradle 文件中加入如下代码：

```
implementation 'com.squareup.retrofit2:retrofit:2.5.0'
```

由于它要依赖 OkHttp，因此也要加入 OkHttp 的依赖项（OkHttp 我们前面已经添加了）。

18.5.2 用 Retrofit 下载文本

我们把前面 OkHttp 下载 JSON 文本并转换成对象的功能用 Retrofit 试一下。

首先我们要创建一个接口，在接口中定义方法。这些方法分别负责访问服务端的某个地址，从这个地址下载数据并返回给调用者。比如使用 OkHttp 下载 JSON 时，它先建立网络连接，再发出请求，然后将请求到的 JSON 文本转成对象。这个过程在 Retrofit 中就对应我们定义在接口中的一个方法，但与 OkHttp 不同，此时只需要定义接口，而不需要实现它，因为它的实现由 Retrofit 来完成（这就是我们少写很多代码的原因）。但是我们要告诉 Retrofit 这个接口要访问服务端的哪个地址，是用 GET 还是 POST，甚至更多网络参数，这部分用注解来做。具体看下面这个接口：

```
import retrofit2.Call
import retrofit2.http.GET

interface ChatService {
    @GET("/apis/get_message")
    fun getChatMsg(): Call<ChatMessage>
}
```

需要注意的是 getChatMsg()方法的返回值类型必须为 retrofit2.Call。Call 是一个范型，需要为它传入一个类型参数。这个参数表明 HTTP 包的 body 中是什么数据，比如接口中的 getChatMsg()方法，从名字就可以看出它要获取一条聊天信息，所以服务端返回的数据就是聊天信息 ChatMessage，我们可以通过特定的方法很方便地将此数据取出。

还要注意注解的内容：GET 表示使用 HTTP GET 命令获取数据，“/apis/get_message”表示服务端响应请求的路径，它最终与服务端的主机地址（就是后面代码中现的"http://10.0.2.2:8080/"）组成 URL 地址“http://10.0.2.2:8080/apis/get_message”。

现在可以使用这个接口获取数据了，当然得通过 Retrofit 使用才行，代码如下：

```
private fun getJsonByRetrofit() {
    //创建 Retrofit 对象，指明服务端主机地址
    val retrofit = Retrofit.Builder()
        .baseUrl("http://10.0.2.2:8080/") //使用虚拟机时的主机地址
        .build()
    //Retrofit 根据接口实现类并创建实例，这使用了动态代理技术
    val service = retrofit.create(ChatService::class.java)
    //调用接口的方法，此方法的逻辑在动态代理类中实现
    //注意此方法并没有进行网络通信，
    //只是创建了一个用于网络通信的 Call<ChatMessage>对象
    val call = service.getChatMsg()
    try {
        //利用 call 发出网络请求，这是同步调用。它返回的是一个 Response 对象
        //其类型为 Response<ChatMessage!>，（其范型参数与 Call 一致）
        val response = call.execute()
        val message = response.body()
        //在日志中输出一下看看
        Log.i("retrofitDemo",
            "name:${message!!.contactName},content:${message.content}")
    } catch (e: IOException) {
        e.printStackTrace()
    }
}
```

这段代码涉及网络通信，所以要开线程执行。

注意通过 response.body()获取 HTTP body 中的数据，返回的是 ChatMessage 对象，也就是说 Retrofit 直接把 JSON 文本转成对象了。运行这段代码（注意 Web 程序必须先运行起来），会出现什么呢？崩溃！为什么出现崩溃呢？因为我们少做了一步：指定数据转换工厂。默认情况下，Retrofit 并不会把数据转换成实际所表示的对象，而需要我们告诉它如何去转换。如何告诉它呢？只需在构建 Retrofit 对象时添加一个转换工厂对象即可：

```
val retrofit = Retrofit.Builder()
    .baseUrl("http://10.0.2.2:8080/") //使用虚拟机时的主机地址
    .addConverterFactory(GsonConverterFactory.create())
    .build()
```

可以看到添加了一个 GsonConverterFactory 对象，它是利用 gson 库将 JSON 转换成对象的。要使用这个类，需要添加 gson 库的依赖和 converter-gson 库的依赖：

```
implementation 'com.google.code.gson:gson:2.8.5'
implementation 'com.squareup.retrofit2:converter-gson:2.5.0'
```

注　意

gson 的官网地址是 https://github.com/google/gson，converter-gson 的官网地址是 https://github.com/square/retrofit/tree/master/retrofit-converters/gson。

运行试试，是不是得到消息了？对比一下 OkHttp 代码，是不是省事不少呢？

18.5.3 用 Retrofit 下载图像

首先在接口 ChatService 中添加新的方法：

```
@GET("/image/a.jpg")
fun getImage(): Call<ResponseBody>
```

获取图像的路径是“image/a.jpg”。服务端给我们返回的是这个图像的数据，由于不是文本，因此以二进制字节数组形式返回。注意，此方法的返回类型 Call 的范型参数是 ResponseBody，如果不想使用转换工具自动转换 HTTP body 中的数据，那么 HTTP body 就需要用 ResponseBody 来代表。这里不需要对 body 中的数据进行转换，因为我们要自己处理那些二进制数据。

下一步需要在 MainActivity 中添加方法以下载图像：

```
private fun getOneImage() {
    val thread = Thread(Runnable {
        //创建 Retrofit 对象，指明服务端主机地址
        val retrofit = Retrofit.Builder()
            //.baseUrl("http://10.0.2.2:8080/") //使用虚拟机时的主机地址
            .baseUrl("http://192.168.3.13:8080/") //使用实体机时的主机地址
            .build()
        //Retrofit 根据接口实现类并创建实例，使用动态代理技术
        val service = retrofit.create(ChatService::class.java)
        val call = service.getImage()
        try {
            val response = call.execute()
            //response.body()返回的是 ResponseBody 对象，从它直接获取一个字节输入流，
            //这个字节输入流读取的是 HTTP body 的内容，就是图像的二进制数据
            val bmp = BitmapFactory.decodeStream(response.body()!!.
byteStream())

            //在主线程中设置图像到首个 ImageView
            val handler = Handler(mainLooper)
            handler.post { imageViews[0]?.setImageBitmap(bmp) }

        } catch (e: IOException) {
            e.printStackTrace()
        }
    })

    thread.start()
}
```

注意，与获取聊天消息不同的是，并没有为 Retrofit 对象设置转换工厂，因为 Retrofit 并没有提供将二进制数据转成 Bitmap 的类，所以就不添加了，由我们自己完成转换过程。

在手机上的运行效果如图 18-27 所示。

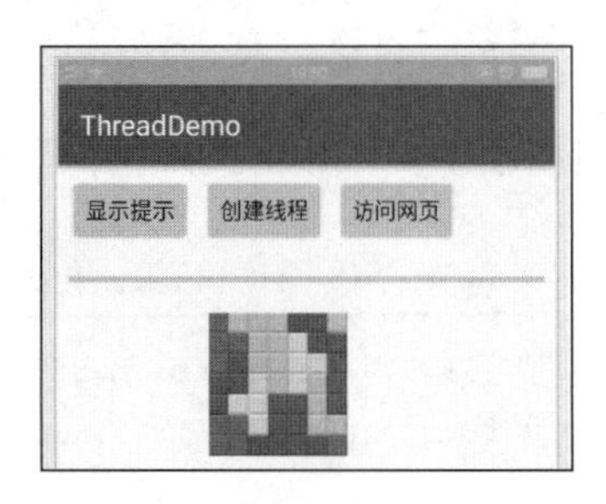

图 18-27

18.5.4　用 Retrofit 上传图像

首先在接口中添加一个文件上传的方法：

```
@Multipart
@POST("/")
fun uploadImage(@Part filedata: MultipartBody.Part):
Call<ResponseBody>
```

“@Multipart”表明以 multipart-form 的形式打包要上传的数据，“@POST("/")”表示以 POST 方式发出请求，这是必需的，因为 GET 方式无法上传大量数据，其参数表示请求路径，“/”表示根路径。为什么是根路径呢？因为服务端就是在根路径接收文件的（这是由服务端的作者定的）。此方法的参数是一个 MultipartBody.Part，也就是说使用此方法时要先创建一个 MultipartBody.Part 对象。

示例代码如下：

```
private fun uploadOneFileByRetrofit() {
    //创建后台线程，访问网络
    val thread = Thread(Runnable {
        val retrofit = Retrofit.Builder()
            //.baseUrl("http://10.0.2.2:8080/") //使用虚拟机时的主机地址
            .baseUrl("http://192.168.3.13:8080/") //使用实体机时的主机地址
            .build()

        val service = retrofit.create(ChatService::class.java)
        var inputStream: InputStream?
        try {
            //从 Raw 类型资源加载文件
            inputStream = resources.openRawResource(R.raw.tetris)
            //分配足够大的缓冲区，将文件内容一次性读到内存缓冲区中
            val data = ByteArray(inputStream.available())
            inputStream.read(data)
            //利用文件数据创建一个 RequestBody,
            //其 MIME 是 application/otcet-stream，表示二进制数据流
            val requestFile = RequestBody.create(
                MediaType.parse("application/otcet-stream"), data
            )
            //利用 RequestBody 创建一个 Part
            val part = MultipartBody.Part.createFormData(
                "file", "trtes.jpg", requestFile
            )
            //调用 Service 中的方法，上传此 MultiPart 数据
            val call = service.uploadImage(part)
            //执行网络传输
            val response = call.execute()
```

```
            //处理返回
            val body = response.body()
            Log.i("response", body!!.string())
        } catch (e: IOException) {
            e.printStackTrace()
        }
    })

    //启动线程，注意，它是在主线程中执行!!
    thread.start()
}
```

注意对方法 MultipartBody.Part.createFormData()的调用。此方法的作用是创建 MultiPart 中的一个 Part。我们传入了三个数：第一个参数是 Key（表单中的数据是以 Key-Value 的形式存放的）；第三个参数是 Value，是一个 Part 对象；第二个参数只有在创建存放二进制数据的 Part 时才用到，创建文本 Part 时用不到。第二个参数的作用是指明上传文件的名字，一般情况下服务端收到上传文件后都会改名，所以这个文件名参数更大的作用在于其扩展名，因为扩展名指出了文件的格式，比如这里是“JPG”，服务端收到后可以根据这个扩展名正确地解码图像，或使改名后的文件依然有正确的扩展名。

当它成功执行后，在 Web 程序根路径下的 upload-dir 中会出现一幅图像（见图 18-28）。同时，在浏览器中查看 Web 程序的主页，可以看到上传的图像（见图 18-29）。

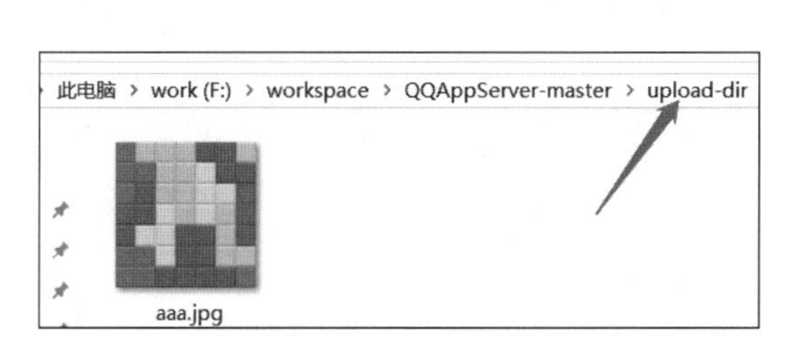

图 18-28

图 18-29

到此为止，基本的网络通信技术就讲完了。

第 19 章

异步调用库RxJava

写了很多与多线程有关的代码，不知你是否对多线程的使用感到烦琐？在多线程切换时尤其如此。如果有一套 API，可以让我们在编写多线程代码时不用创建线程对象，而直接指定一个方法在哪个线程运行，自动将一个线程的结果扔到另一个线程中（就像 AsyncTask 那样），只关注业务实现而感觉不到线程的存在，那该多么美好！有时美好的事情真会发生！下面隆重推出已练成“乾坤大挪移第九层”的异步调用框架库：RxJava！其官网地址为 https://github.com/ReactiveX/RxJava。

RxJava 已经历了两代，当前有 1.x 和 2.x 两个版本。我们讲 2.x 版。要想使用它，还是先加入其依赖项：

```
implementation 'io.reactivex.rxjava2:rxjava:2.2.8'
```

注意，其最新的版本号可以在官网看到（见图 19-1）。

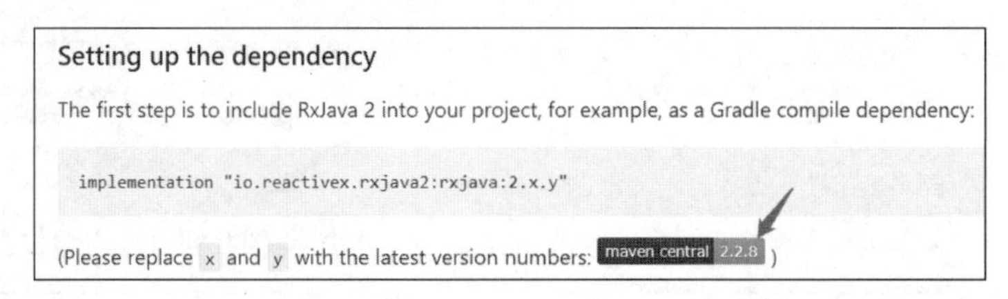

图 19-1

19.1 小试牛刀

下面我们请 RxJava 给大家亮点小招式，什么招式呢？先来改写一下 18.5.3 节中下载图像的代码。改写后的代码如下：

```
private fun getOneImageRxJava(){
    Observable.create(ObservableOnSubscribe<Bitmap> { emitter ->
        //创建 Retrofit 对象，指明服务端主机地址
        val retrofit = Retrofit.Builder()
            //.baseUrl("http://10.0.2.2:8080/") //使用虚拟机时的主机地址
            .baseUrl("http://192.168.3.13:8080/") //使用实体机时的主机地址
```

```
            .build()
        //Retrofit 根据接口实现类并创建实例，这使用了动态代理技术
        val service = retrofit.create(ChatService::class.java)
        val call = service.getImage()
        val response = call.execute()
        //response.body()返回的是 ResponseBody 对象，从它直接获取一个字节输入流，
        //这个字节输入流读取的是 HTTP body 的内容，就是图像的二进制数据
        val bmp = BitmapFactory.decodeStream(response.body()!!.byteStream())

        emitter.onNext(bmp)
        emitter.onComplete()
    }).subscribeOn(Schedulers.computation())
        .subscribe(object : Observer<Bitmap> {
            override fun onSubscribe(d: Disposable) {
            }

            override fun onNext(bitmap: Bitmap) {
                //imageViews[0].setImageBitmap(bitmap);
                Log.w("rxjava", "onNext()")
            }

            override fun onError(e: Throwable) {
                Log.e("rxjava", e.localizedMessage!!)
            }

            override fun onComplete() {
            }
        })
}
```

RxJava 的招式比起原来还要烦琐，表演失败了吗？还不敢下结论，我们还是先仔细看一下它做了什么。

首先它调用 Observable.create()方法创建了一个 Observable 对象，创建时传入了一个名为 ObservableOnSubscribe 的对象，这个对象主要是包着一个方法：subscribe()（定阅）。在这个方法中借助 Retrofit 下载了一幅图像（注意，这里使用了 Lambda 语法，所以看不到“override fun subscribe”这样的语句），这个图像需要传到主线程中，但这里只是用图像作为参数调用了 emitter.onNext()方法，将数据扔到了另外的线程中（当然也可以扔到当前线程中了）。emitter 是 subscribe()方法的参数，是别人传进来的。我们不用管是谁传的，只需要知道它是用于扔出数据的就行。它还调用了 onComplete()，这个并没有扔出什么数据，而是扔出了一个事件，表示所有的数据都扔完了。

再往下看，创建完 Observable 对象之后，调用了它的方法 subscribeOn()，用于指定订阅活动（也就是 ObservableOnSubscribe 的方法 subscribe）在哪个线程中进行，如果没有这一步，就在当前线程中进行（因为要访问网络，所以必须指定在后台线程中完成订阅活动）。subscribeOn()的参数是一个 Schedulers 对象，其实也不必深究它是什么，可以认为它就代表线程，Schedulers.computation()表示后台线程。

最后调用了 Observable 对象的 subscribe()方法（注意与 ObservableOnSubscribe 中的

subscribe()进行区分），为此方法传入了一个 Observer（观察者）对象，这个对象的主要作用是包含 4 个方法：onSubscribe()，onNext()，onError()，onComplete()。Observer 用于接收 emitter 的方法扔出的数据和其他事件。onNext()用于接收 emitter.onNext()发出的数据。onError()用于接收在 ObservableOnSubscribe 的 subscribe()中抛出的异常。onComplete()用于接收 emitter.onComplete()发出的事件。onSubscribe()在订阅发生时先被调用，也就是在 onNext()等方法之前。

总之，这个 Observer 是用来接收 Observable 中产生的数据的（这个动作被称作“观察”，Observe）。可以指定“观察”动作运行于哪个线程，这里没有指定，所以运行在“订阅”动作相同的线程（Schedulers.computation()）中。

在 Observer 的 onNext()中并没有将传入的 Bitmap 显示在 ImageView 控件中，如果要这样做，就要指定观察动作发生在主线程中。要创建代表主线程的 Schedulers 对象，需要依赖另一个库 RxAndroid。其官网地址为 https://github.com/ReactiveX/RxAndroid，可以在此页面看到最新版本。

加入 RxAndroid 依赖项：

```
implementation 'io.reactivex.rxjava2:rxandroid:2.1.1'
```

然后，对代码稍做改动（注意粗体部分）：

```
...
}).subscribeOn(Schedulers.computation())
    .observeOn(AndroidSchedulers.mainThread())
    .subscribe(object : Observer<Bitmap> {
        override fun onSubscribe(d: Disposable) {
        }

        override fun onNext(bitmap: Bitmap) {
            imageViews[0]?.setImageBitmap(bitmap)
        }
...
```

运行 App，是不是成功显示出了图像？但是，当前所获取图像的地址是固定的（即不可变），见 ChatService 接口中 getImage()的注解：

```
@GET("/image/a.jpg")
fun getImage(): Call<ResponseBody>
```

如果“/image”路径下有多个图像文件，难不成要为每个文件定义一个 getImage 方法？当然不行！我们应该为 getImage()方法添加参数，通过这个参数传入图像文件的名字，但注解中的路径中必须依然体现出文件名部分，并且表明文件名是可变的。Retrofit 早已考虑到这种需求，我们只需修改这个方法为：

```
@GET("/image/{file_name}")
fun getImage(@Path("file_name") fileName:String): Call<ResponseBody>
```

在调用 getImage()方法时传入一个文件名，Retrofit 就会用方法名代替“{file_name}”部分。

把调用 getImage()的代码改为如下方式：

```
val call = service.getImage("a.jpg")
```

在 Observable 的 subscribe()方法被调用之前，ObservableOnSubscribe 的 subscribe()方法（现在是 Lambda 的形式，所以看不到方法名）是不会执行的，是订阅动作触发了一切。在订阅发生之前，那些 Lambda 只是被设置给 Observable，而不会执行！

到此为止，我们发现 RxJava 真的会“乾坤大挪移”，因为使用它时不用再做创建线程、用 Handler 向主线程扔代码之类的事。现在代码量还是很多，有没有办法少码字呢？欲知答案，请看下节分解。

19.2 精简发送代码

Observable 是发出数据或事件的对象，Observer 是接收事件的对象，但是在到达 Observer 之前数据是可以被预处理的，即一种数据可能被转换为另一种数据再传给 Observer。比如下载图像的功能，最初的数据其实是一个网址（字符串），通过对网址的处理（也就是从它指向服务器地址下载图像数据，并在收到后转换为图像）数据变成了图像。Observer 收到的是最后的数据，也就是图像，于是把图像在 UI 中显示出来。按照这个理念改写上一节的代码，具体如下：

```
private fun getOneImageRxJava() {
    Observable.just("http://192.168.3.13:8080/")
        .map(Function<String, Bitmap> {
            //创建 Retrofit 对象，指明服务端主机地址
            val retrofit = Retrofit.Builder().baseUrl(it).build()
            //Retrofit 根据接口实现类并创建实例，这使用了动态代理技术
            val service = retrofit.create(ChatService::class.java)
            val call = service.getImage("a.jpg")
            val response = call.execute()
            //response.body()返回的是 ResponseBody 对象，从它直接获取一个字节输入流，
            //这个字节输入流读取的是 HTTP body 的内容，就是图像的二进制数据
            BitmapFactory.decodeStream(response.body()!!.byteStream())
        })
        .subscribeOn(Schedulers.computation())
        .observeOn(AndroidSchedulers.mainThread())
        .subscribe(object: Observer<Bitmap> {
            override fun onSubscribe(d: Disposable) {
            }

            override fun onNext(bitmap: Bitmap) {
                imageViews[0]?.setImageBitmap(bitmap)
            }

            override fun onError(e: Throwable) {
                Log.e("rxjava", e.localizedMessage!!)
```

```
            }

            override fun onComplete() {
            }
        })
    }
```

看出哪里不同了吗？Observable 对象的创建使用了另一个工厂方法 just()，表示用数据直接创建。随后是一个奇怪的方法 map()，map 是映射的意思，就是把一种数据映射成另一种数据。它的参数是一个 Function 对象，主要作用是包含回调方法 apply()，完成对数据的转换（我们已经简化成了 Lambda）。注意它的返回值类型和参数类型必须与 Function 的范型参数对应 Function<String, Bitmap>：第一个参数是输入数据的类型，也就是方法的参数类型；第二个参数是输出数据的类型，也就是方法的返回值类型。方法内的代码就不做解释了，看注释即可。

跟前面说过的一样，在订阅发生之前，map()方法不会被执行，只是把回调方法设置给 Observable，当订阅发生时（Observable 的 subscribe()执行时），map()才会被执行，map 返回的数据最终会被扔到 Observer 中。方法 map()在哪个线程中执行呢？肯定不是在 Observe 线程中执行（因为只有 Observer 中的回调方法才在 Observe 线程中执行），那就是在订阅线程中执行了。

实际上，map()调用的代码还可以精简，这得益于 Kotlin 强大的推测能力，连 Function<String, Bitmap>这块都可以省掉：

```
//Observable.just("http://192.168.3.13:8080/")
Observable.just("http://10.0.2.2:8080/")
    .map {
        //创建 Retrofit 对象，指明服务端主机地址
        val retrofit = Retrofit.Builder().baseUrl(it).build()
        //Retrofit 根据接口实现类并创建实例，这使用了动态代理技术
        val service = retrofit.create(ChatService::class.java)
        val call = service.getImage("a.jpg")
        val response = call.execute()
        //response.body()返回的是 ResponseBody 对象，从它直接获取一个字节输入流，
        //这个字节输入流读取的是 HTTP body 的内容，就是图像的二进制数据
        BitmapFactory.decodeStream(response.body()!!.byteStream())
    }
    .subscribeOn(Schedulers.computation())
```

总之，RxJava 中处理数据的框架就是一个串，会串起一个个回调方法，把数据最后扔给 Observer。实际上这些回调方法不一定都用于处理数据，有的可以过滤数据。

19.3 精简接收代码

Observable 的 subscribe()方法有多个重载的形式（Java 代码）：

- **public final** Disposable subscribe();
- **public final** Disposable subscribe(Consumer<? **super** T> onNext);
- **public final** Disposable subscribe(Consumer<? **super** T> onNext, Consumer<? **super** Throwable> onError);
- **public final** Disposable subscribe(Consumer<? **super** T> onNext, Consumer<? **super** Throwable> onError,Action onComplete);
- **public final** Disposable subscribe(Consumer<? **super** T> onNext, Consumer<? **super** Throwable> onError,Action onComplete, Consumer<? **super** Disposable> onSubscribe);
- **public final** void subscribe(Observer<? **super** T> observer);

第 6 个方法是我们已在代码中使用的。

前面几个方法的参数类型值得研究，有的是 Consumer，有的是 Action，那么它们都是什么呢？它们都是接口，且只包含一个回调方法，当然这个回调方法才是重点（其实这样的方法在 Java 8 中有个名字，叫“函数接口”）。根据参数的名字就可以知道这个回调方法的作用：onNext 对应 Observer 的 onNext()，onError 对应 Observer 的 onError()，Complete 对应 Observer 的 onComplete()。

其实很多时候我们只需要提供 onNext 回调即可，也就是使用第 2 个方法，所以上一节的代码中调用 subscribe()的代码可以改为：

```
.subscribe(object : Consumer<Bitmap>{
    @Throws(Exception::class)
    override fun accept(bitmap: Bitmap) {
        imageViews[0]?.setImageBitmap(bitmap)
    }
})
```

既然使用了 Kotlin，就要精简到极致，所以最终把它变成了这样：

```
.subscribe { bitmap -> imageViews[0]?.setImageBitmap(bitmap) }
```

19.4 map 与 flatmap

RxJava 中的 map 操作主要用于数据转换。如果构建 Observable 时传给它的是一堆数据而不是一个，那么 map 可以对每一条数据进行相同的转换，然后 Observer 可以接收转换后的每一条数据。其实这也没什么神奇的，底层不过是多次调用了 onNext()一条条扔出的数据罢了。

看下面这个小例子：

```
Observable.range(1, 10)
    .observeOn(Schedulers.computation())
    .map { v -> v * v }
    .subscribe { println(it) }
```

解释一下这段代码：使用另一个工厂方法 range()构建一个 Observable 实例，此工厂方法的作用是通过两个整数指定一个范围，Observable 会依次发出这个范围内的所有整数。

map()的参数是一个 Lambda，表示将参数 v 进行平方运算并返回算出的值，也就是说会对每个整数计算其平方。subscribe()的参数不是一个 Lambda，而是一个全局方法。由于一次扔给观察者一个数据，而 println()方法可以接收一个参数，所以以 println()作为 onNext 对应的回调方法是没有问题的。

但是，如果为 Observable 输入的数据只有一条，在处理完这条数据之后产生了多条数据，而我们又希望将这些数据逐条扔给 Observer 来处理，那么能不能像处理一条数据一样让 RxJava 一口气完成这个过程呢？没问题！先上代码再解释：

```
private fun getImagesRxJava() {
    var downloadImageCount = 0
    Observable.just("http://192.168.3.13:8080/")
    //Observable.just("http://10.0.2.2:8080/")
        .flatMap { url ->
            //从网站下载各图像的路径
            val paths = arrayOf(
                "1.png", "2.png", "3.png",
                "4.png", "5.png", "6.png",
                "7.png", "8.png", "9.png"
            )

            //创建一个新的 Observable 并返回
            Observable.fromArray(*paths).map { path ->
                //创建 Retrofit 对象，指明服务端主机地址
                val retrofit = Retrofit.Builder().baseUrl(url).build()
                //Retrofit 根据接口实现类并创建实例，这使用了动态代理技术
                val service = retrofit.create(ChatService::class.java)
                val call = service.getHeadImage(path)
                val response = call.execute()
              //response.body()返回的是 ResponseBody 对象，从它直接获取一个字节输入流，
              //这个字节输入流读取的是 HTTP body 的内容，就是图像的二进制数据
                BitmapFactory.decodeStream(response.body()!!.byteStream())
            }
        }
        .subscribeOn(Schedulers.computation())
        .observeOn(AndroidSchedulers.mainThread())
        .subscribe { bmp ->
            //设置到图像控件中
            imageViews[downloadImageCount++]?.setImageBitmap(bmp)
        }
}
```

Observable 的输入数据只有一个网站地址，而我们要以这个地址为基础下载 9 张图片，如果使用 map 来处理，只能一对一，也就是输入一条数据，处理后输出一条数据。这肯定不能

满足我们的需求，那怎么办呢？我们可以选择一个更神奇的方法 flatMap()，不必太深究名字的意思，那是浪费精力，理解它的功能最重要。与 map()不同的是设置给它的回调方法，处理完数据后，要构建一个新的 Observable 对象并返回之。如果我们在构造这个新的 Observable 时，给它传入多项数据，再为这个新的 Observable 设置 map，在 map 的回调方法中处理各项数据，这样依然可以在 Observer 中收到每项转换后的数据，而且 Observer 只订阅了外层的 Observable，没有订阅内部的 Observable，是不是很神奇啊？原理就不用管了，反正这样是能做到的。

注意加粗的语句，调用了 ChatService 的新方法 getHeadImage()，所以要为 ChatService 接口添加这个方法：

```
@GET("/image/head/{file_name}")
fun getHeadImage(@Path("file_name") fileName:String): Call<ResponseBody>
```

19.5 并行 map

在前面的代码中，我们指定“订阅”动作发生在 computation 线程中，又指定了“观察”动作发生在主线程中，那么这几个图像是并行下载还是串行下载的呢？其实是串行下载，也就是一个下载完了才下载下一个。

外部 Observable 虽然指定了订阅发生在计算线程中，但是内部 Observable（flatMap 中创建的 Observable）只有一个实例，内部 Observable 要处理数组的每个元素，只能一个接一个同步进行，当然的确是在计算线程中处理，但对这些数据来讲都是在同一个线程中被处理的。

如果改成并行下载，应该可以提高下载速度，那么如何改成并行下载呢？设置内部 Observable 的订阅线程，它对数组中各元素的处理就可以并行了。这太简单了，代码改动如下（注意最后加粗的一句）：

```
//创建一个新的 Observable 并返回
Observable.fromArray(*paths).map { path ->
    //创建 Retrofit 对象，指明服务端主机地址
    val retrofit = Retrofit.Builder().baseUrl(url).build()
    //Retrofit 根据接口实现类并创建实例，这使用了动态代理技术，
    val service = retrofit.create(ChatService::class.java)
    val call = service.getHeadImage(path)
    val response = call.execute()
    //response.body()返回的是 ResponseBody 对象，从它直接获取一个字节输入流，
    //这个字节输入流读取的是 HTTP body 的内容，就是图像的二进制数据
    BitmapFactory.decodeStream(response.body()!!.byteStream())
}.subscribeOn(Schedulers.computation())
```

增加这一句之后，就会发现图像下载速度大幅提高。

再稍微介绍一下 computation 线程。准确地说，它其实是一个线程池，里面的线程数量是有上限的，但是肯定多于 9 个，所以当我们利用它来下载图像时，这 9 幅图像可以同时下载。这段代码也可以这样写，效果完全相同：

```
private fun getImagesRxJava2() {
    var downloadImageCount = 0
    Observable.just(
        "1.png", "2.png", "3.png",
        "4.png", "5.png", "6.png",
        "7.png", "8.png", "9.png"
    ).flatMap { path ->
            //从网站下载各图像的路径
            //创建一个新的 Observable 并返回
            Observable.just(path).map { fileName ->
                //创建 Retrofit 对象，指明服务端主机地址
                val retrofit = Retrofit.Builder()
                    .baseUrl("http://192.168.3.13:8080/")
                    //.baseUrl("http://10.0.2.2:8080/")
                    .build()
                //Retrofit 根据接口实现类并创建实例，这使用了动态代理技术
                val service = retrofit.create(ChatService::class.java)
                val call = service.getHeadImage(fileName)
                val response = call.execute()
                //response.body()返回的是 ResponseBody 对象，从它直接获取一个字节输入流，
                //这个字节输入流读取的是 HTTP body 的内容，就是图像的二进制数据
                BitmapFactory.decodeStream(response.body()!!.byteStream())
            }
        }
        .subscribeOn(Schedulers.computation())
        .observeOn(AndroidSchedulers.mainThread())
        .subscribe { bmp ->
            //设置到图像控件中
            imageViews[downloadImageCount++]?.setImageBitmap(bmp)
        }
}
```

与前面不同的是此段代码中外层 Observable 已经包含了多项数据（图像路径），内部 Observable 一次只处理一项数据（图像路径），因而内部 Observable 不需再指定线程池，使用外部 Observable 指定的线程池已足够，于是每项数据的处理都会在不同的线程中执行。

19.6 RxJava 与 Retrofit 合体

在前面的例子中，同时使用了 RxJava 和 Retrofit，感觉还不错，没有什么不和谐。所谓它

们的合体，就是让 Retrofit 自觉利用 RxJava 实现异步调用。我们已知 Retrofit 会为我们创建的接口自动产生代理对象，这个对象是一个 Call 类型。合体后，将 RxJava 结合了进来，这个代理对象变成了 Observable 类型，我们依然可以对这个 Observable 进行订阅，设置它的线程，设置 map 或 flatMap 等。下面我们就用合体的方式改写一下前面获取一幅图像的代码。

首先改写一下被 Retrofit 反射的 Service 接口 ChatService，其中获取一幅图像的方法改为下面这样：

```
@GET("/image/{file_name}")
fun getImage(@Path("file_name") fileName:String): Observable<ResponseBody>
```

只有返回值类型变了，原先是 Call<>，现在是 Observable<>，也就是说通过 Retrofit 直接创建 RxJava 的 Observable。注意，这里的改动会引起之前代码出现编译错误，因为不再适用，把它们改为注释即可。

要让 Retrofit 把 Observable 创建出来，还需要依赖一个库：

```
implementation 'com.squareup.retrofit2:adapter-rxjava2:2.5.0'
```

这个库能让 RxJava 与 Retrofit 合体，所以下载单个图像的代码变成这样：

```
private fun getOneImageRxJava() {
    var downloadImageCount = 0
    //创建 Retrofit 对象，指明服务端主机地址
    val retrofit = Retrofit.Builder()
        .baseUrl("http://192.168.3.13:8080/")
        //.baseUrl("http://10.0.2.2:8080/")
        //本来接口方法返回的是 Call，由于现在返回类型变成了 Observable，
        //所以必须设置 Call 适配器将 Observable 与 Call 结合起来
        .addCallAdapterFactory(RxJava2CallAdapterFactory.create())
        .build()
    //Retrofit 根据接口实现类并创建实例，这使用了动态代理技术
    val service = retrofit.create(ChatService::class.java)
    val observable = service.getHeadImage("1.png")
    observable.map { responseBody -> BitmapFactory.decodeStream
(responseBody.byteStream()) }
        .subscribeOn(Schedulers.computation())
        .observeOn(AndroidSchedulers.mainThread())
        .subscribe { bmp ->
            //设置到图像控件中
            imageViews[downloadImageCount++]?.setImageBitmap(bmp)
        }
}
```

解释一下：先创建 Retrofit（别忘了设置 CallAdapter），反射出 ChatService 对象，调用业务方法 getImage()，得到一个 Observable 对象，这个对象中就包含了通过 HTTP 获取图像的代码。然后为 Observable 设置 map 并订阅它。

在此方式下调用 getImage()时并没有发生网络访问，而是在 subscribe()方法被调用时才触发网络访问。当网络请求完成，得到 responseBody 对象，在 map 中把转成了 Bitmap 的对象又扔给了 subscribe()的回调函数。

我们能不能让它们合体完成多个图像的并行下载呢？下节分解。

19.7 RxJava Retrofit 合体并行执行

其实这个也很简单，我们可以创建外层和内层的 Observable。外层 Observable 处理多项数据，内层 Observable 只处理一项，所以可以使用 ChatService 的 getImage()创建的 Observable 作为内部的 Observable，再设置外层 Observable 在计算线程里执行即可。

因为在我们的 Web 服务程序中“image/head/”路径下有多个图像，所以要先改一下这个路径对应的 ChatService 方法 getHeadImage()，将其返回值类型改成 Observable<ResponseBody>。代码如下：

```
@GET("/image/{file_name}")
fun getImage(@Path("file_name") fileName:String): Observable<ResponseBody>
```

最终代码为：

```
private fun getImagesRxJava2() {
    //创建 Retrofit 对象，指明服务端主机地址
    val retrofit = Retrofit.Builder()
        .baseUrl("http://192.168.3.13:8080/") //使用实体机时的主机地址
        //.baseUrl("http://0.0.2.2:8080/")//使用虚拟机时的主机地址
        .addCallAdapterFactory(RxJava2CallAdapterFactory.create())
        .build()
    val service = retrofit.create(ChatService::class.java)

    var downloadImageCount = 0
    Observable.just(
        "1.png", "2.png", "3.png",
        "4.png", "5.png", "6.png",
        "7.png", "8.png", "9.png"
    ).flatMap { path ->
        //参数是图像的路径
        //访问网络，返回的是 Observable
        service.getHeadImage(path).map { responseBody ->
            //从 responseBody 对象直接获取一个字节输入流，
            //这个字节输入流读取的是 HTTP body 的内容，就是图像的二进制数据
            BitmapFactory.decodeStream(responseBody.byteStream())
        }
    }.subscribeOn(Schedulers.computation())
        .observeOn(AndroidSchedulers.mainThread())
```

```
        .subscribe { bmp ->
            //设置到图像控件中
            imageViews[downloadImageCount++]?.setImageBitmap(bmp)
        }
}
```

关键点还是 flatMap()的使用。在创建了内部 Observable 后，它将路径转换成 Bitmap 对象，最终扔给了 Observer。

19.8 RxJava 与 Activity 的配合

RxJava 与 Activity 的配合主要是考虑在 Activity 销毁过程中如何及时停止订阅，以防止对已销毁的 UI 操作引起崩溃的问题。

做法很简单，使用一个专门用于取消订阅的对象，在 Activity 的某个生命周期方法中将订阅取消即可。

首先是如何获得这个用于取消订阅的对象。这个对象是一个 Disposable 实例，得到它的方式其实很简单，只需保存 RxJava 整个调用链的最终返回值：

```
this.disposable = Observable.just(
    ......
```

我们知道一个调用链的返回值是最后一个方法的返回值，所以这个对象其实是 subscribe()返回的，很显然 disposable 是 Activity 的一个属性，这样在 Activity 的任何方法中都可以使用它。最好在哪个方法中使用呢？应该是 onStop()，因为这个方法是在 UI 还没有被销毁之前调用的。于是，Activity 的 onStop()出现如下代码：

```
override fun onStop() {
    this.disposable?.let {
        if (!it.isDisposed){
            it.dispose() //取消订阅
        }
    }
    super.onStop()
}
```

关于 RxJava 的内容，还有很多细节，我们不可能讲得面面俱到，还需自行探索、领悟。下一章我们将回到要完成的 App 上，为它增加一个主要的功能：多人聊天。

第 20 章

实现聊天功能

前面已经实现了聊天界面，但还没有实现网络通信，现在我们将实现真正的聊天功能了。由于要支持多人聊天，必须能区分各聊天者，因此每个人都要有唯一标志，一般都是在后台服务器中用数据库存储聊天者的信息、以数据表中的 ID 列来存储唯一标志。我们的后台 Web 程序已经准备好了一个嵌入式数据库来保存用户信息。应该先实现用户注册功能，这样各聊天者才能被区分开，之后再实现登录和聊天功能。

当前并没有注册页面，QQ 的注册实现挺复杂，我们主要关注的是聊天功能，所以就不完全模仿它了，来一个简单的：创建一个注册 Activity，在其中实现注册功能。

20.1 添加注册功能

20.1.1 创建注册 Activity

创建 Activity 的过程就不赘述了，我们基于 Basic 模板创建了一个 Activity，名为 RegisterActivity，注意其语言要选 Kotlin，如图 20-1 所示。完成后，添加 3 个文件：RegisterActivity.kt、layout/activity_register.xml 和 layout/content_register.xml。

在实现注册业务之前，我们先把注册页面显示出来，如图 20-2 所示。我们需响应箭头所指控件，进入注册页面，此控件的 id 为 textViewRegister，响应代码如下（在 LoginFragment 的 onViewCreated()中）：

```
//进入注册页面
textViewRegister.setOnClickListener {
    //启动注册 Activity
    val intent = Intent(context, RegisterActivity::class.java)
    startActivity(intent)
}
```

下一步设计注册页面的 Layout。

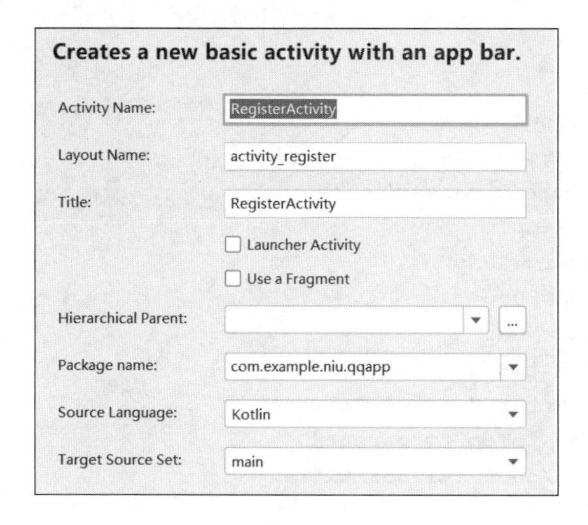

图 20-1

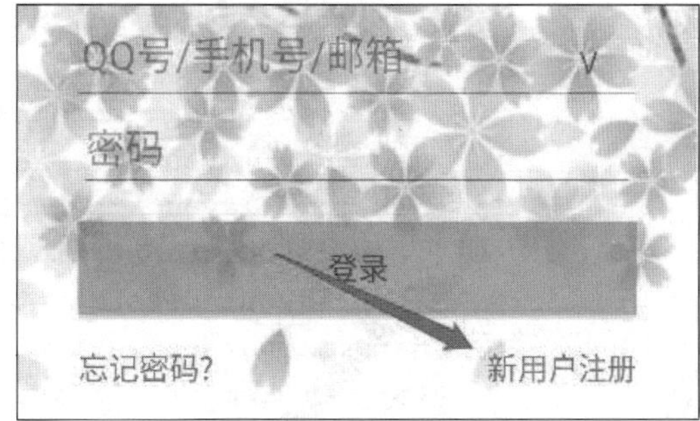

图 20-2

20.1.2　设计注册页面

注册页面主要是为了展示如何实现业务逻辑，所以界面也不用太复杂，如图 20-3 所示。

图 20-3

注意，页面中有图像控件，我们要用它来上传头像。

设计这个页面时，只需编辑代表内容区的 Layout 文件 content_register.xml，源码如下：

```
<?xml version="1.0" encoding="utf-8"?>

<androidx.constraintlayout.widget.
ConstraintLayout
        xmlns:android="http://schemas.android.com/apk/res/android"
        xmlns:tools="http://schemas.android.com/tools"
        xmlns:app="http://schemas.android.com/apk/res-auto"
        android:layout_width="match_parent"
        android:layout_height="match_parent"
        app:layout_behavior="@string/appbar_scrolling_view_behavior"
        tools:showIn="@layout/activity_register"
        tools:context=".RegisterActivity">

    <androidx.cardview.widget.CardView
            android:id="@+id/cardView"
            android:layout_width="140dp"
            android:layout_height="140dp"
            android:layout_marginTop="8dp"
            app:cardBackgroundColor="@android:color/holo_orange_light"
            app:cardCornerRadius="70dp"
            app:layout_constraintEnd_toEndOf="parent"
            app:layout_constraintStart_toStartOf="parent"
            app:layout_constraintTop_toTopOf="parent">
```

```
        <ImageView
            android:id="@+id/imageViewAvatar"
            android:layout_width="match_parent"
            android:layout_height="match_parent"
            android:layout_margin="14dp"
            android:layout_marginStart="0dp"
            android:layout_marginTop="0dp"
            android:layout_marginEnd="0dp"
            app:layout_constraintEnd_toEndOf="parent"
            app:layout_constraintStart_toStartOf="parent"
            app:layout_constraintTop_toTopOf="parent"
            app:srcCompat="@drawable/contacts_normal" />
    </androidx.cardview.widget.CardView>

    <EditText
        android:id="@+id/editTextName"
        android:layout_width="0dp"
        android:layout_height="wrap_content"
        android:layout_marginStart="8dp"
        android:layout_marginTop="8dp"
        android:layout_marginEnd="8dp"
        android:ems="10"
        android:hint="输入名字"
        android:inputType="textPersonName"
        app:layout_constraintEnd_toEndOf="parent"
        app:layout_constraintStart_toStartOf="parent"
        app:layout_constraintTop_toBottomOf="@+id/cardView" />

    <EditText
        android:id="@+id/editTextPassword"
        android:layout_width="0dp"
        android:layout_height="wrap_content"
        android:layout_marginStart="8dp"
        android:layout_marginTop="8dp"
        android:layout_marginEnd="8dp"
        android:ems="10"
        android:hint="输入密码"
        android:inputType="textPassword"
        app:layout_constraintEnd_toEndOf="parent"
        app:layout_constraintStart_toStartOf="parent"
        app:layout_constraintTop_toBottomOf="@+id/editTextName" />

    <EditText
        android:id="@+id/editTextPassword2"
        android:layout_width="0dp"
        android:layout_height="wrap_content"
```

```
            android:layout_marginStart="8dp"
            android:layout_marginTop="8dp"
            android:layout_marginEnd="8dp"
            android:ems="10"
            android:hint="再次输入密码"
            android:inputType="textPassword"
            app:layout_constraintEnd_toEndOf="parent"
            app:layout_constraintStart_toStartOf="parent"
            app:layout_constraintTop_toBottomOf="@+id/editTextPassword" />

    <Button
            android:id="@+id/buttonCommit"
            android:layout_width="0dp"
            android:layout_height="wrap_content"
            android:layout_marginStart="8dp"
            android:layout_marginTop="8dp"
            android:layout_marginEnd="8dp"
            android:text="提交"
            app:layout_constraintEnd_toEndOf="parent"
            app:layout_constraintStart_toStartOf="parent"
            app:layout_constraintTop_toBottomOf="@+id/editTextPassword2" />

</androidx.constraintlayout.widget.ConstraintLayout>
```

注册的主要业务逻辑是上传用户名、密码和头像（如果有的话），然后获取服务端返回的数据并判断是否成功。如果成功，就返回登录页面；如果不成功，就重试。

要上传头像，必须先获取图像。我们可以学习一下 QQ App 中的做法，效果如图 20-4 所示。

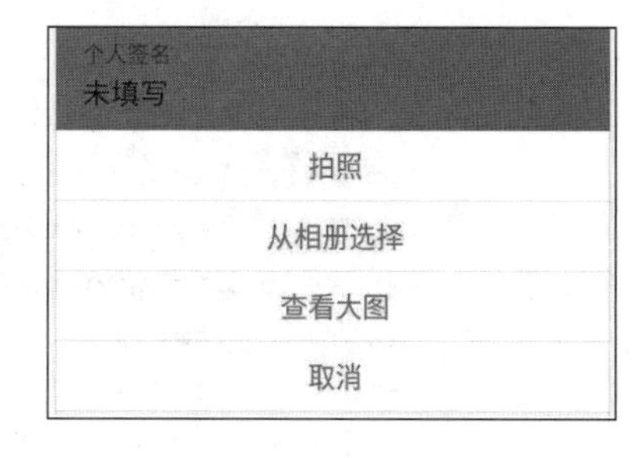

图 20-4

在页面的底部有一个菜单（Bottom Sheet），用户可以选择其中某项。要显示它，需要使用 BottomSheetDialog 类。下面我们就把它设计出来。

20.1.3　显示 Bottom Sheet

先要为 BottomSheetDialog 设计出界面。看起来使用一个纵向的 LinearLayout 控件做容器最合适，为它创建一个 Layout 文件，并命名为 image_pick_sheet_menu.xml，源码如下：

```
<?xml version="1.0" encoding="utf-8"?>
<LinearLayout xmlns:android="http://schemas.android.com/apk/res/android"
    xmlns:app="http://schemas.android.com/apk/res-auto"
    xmlns:tools="http://schemas.android.com/tools"
    android:layout_width="match_parent"
    android:layout_height="wrap_content"
    android:background="@color/colorPrimaryDark"
    android:gravity="center"
```

```
    android:orientation="vertical">

    <TextView
        android:id="@+id/sheetItemTakePhoto"
        android:layout_width="match_parent"
        android:layout_height="match_parent"
        android:layout_marginBottom="1dp"
        android:background="@android:color/background_light"
        android:gravity="center"
        android:padding="4dp"
        android:text="拍照"
        android:textSize="24sp" />

    <TextView
        android:id="@+id/sheetItemSelectPicture"
        android:layout_width="match_parent"
        android:layout_height="wrap_content"
        android:layout_marginBottom="1dp"
        android:background="@android:color/background_light"
        android:gravity="center"
        android:padding="4dp"
        android:text="从相册选择"
        android:textSize="24sp" />

    <TextView
        android:id="@+id/sheetItemCancel"
        android:layout_width="match_parent"
        android:layout_height="wrap_content"
        android:background="@android:color/background_light"
        android:gravity="center"
        android:padding="4dp"
        android:text="取消"
        android:textSize="24sp" />

</LinearLayout>
```

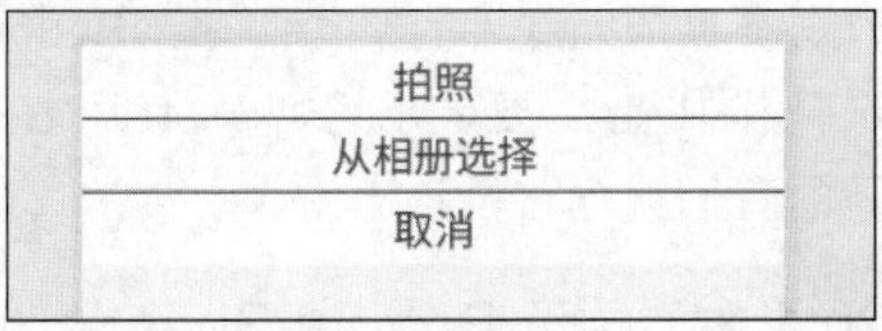

拍照

从相册选择

取消

图 20-5

预览效果如图 20-5 所示。

再为 RegisterActivity 类添加一个属性，保存 SheetDialog 的实例：

```
class RegisterActivity : AppCompatActivity() {
......
    //用于显示 Bottom Sheet
    private var sheetDialog: BottomSheetDialog? = null
```

然后在 onCreate()中创建 BottomSheetDialog 的实例：

```
this.sheetDialog = BottomSheetDialog(this)
```

在单击头像控件时显示出 Sheet。响应单击事件的代码如下：

```
imageViewAvatar.setOnClickListener{
    val view = layoutInflater.inflate(R.layout.image_pick_sheet_menu, null)
    sheetDialog!!.setContentView(view)
    sheetDialog!!.show()
}
```

运行 App，在注册页面单击头像时，是不是显示出了底部的 Sheet（见图 20-6）？

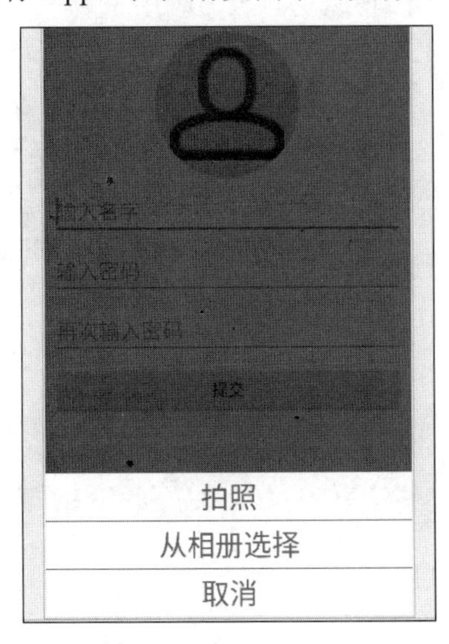

图 20-6

Sheet 显示出来了，如何响应项的选择呢？它的每一项是 LinearLayout 中的一个 TextView，我们只需响应 TextView 的单击事件即可，当然要先确定它们的 id（见图 20-7）。

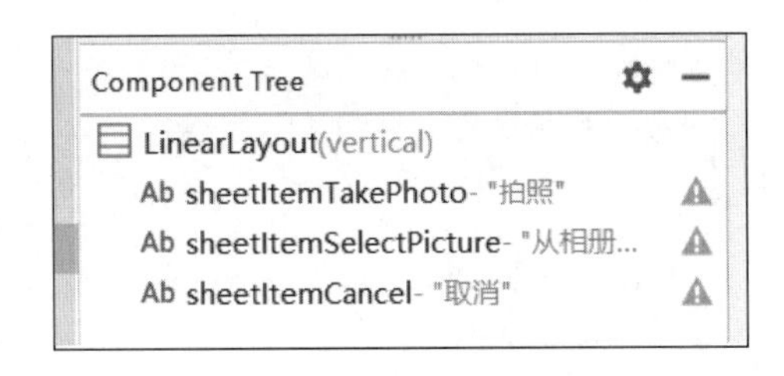

图 20-7

我们先编写好响应单击事件的代码框架：

```
imageViewAvatar.setOnClickListener{
    val view = layoutInflater.inflate(R.layout.image_pick_sheet_menu, null)
    //获取 Sheet 中的项，设置它们的单击侦听器
    view.findViewById<TextView>(R.id.sheetItemTakePhoto).
setOnClickListener{
        //拍照
    }
    view.findViewById<TextView>(R.id.sheetItemSelectPicture).
setOnClickListener {
        //从相册选择
    }
    view.findViewById<TextView>(R.id.sheetItemCancel).setOnClickListener {
        //隐藏 Sheet
        sheetDialog?.dismiss()
    }
    sheetDialog!!.setContentView(view)
    sheetDialog!!.show()
}
```

在单击取消时我们隐藏了 Sheet，调用方法 dismiss()即可。

下面我们一起实现拍照功能。至于如何从相册中选择，做法与拍照很相似，可自行完成。

20.1.4 拍照

拍照功能可以完全由我们自己实现，主要是利用操作摄像头的 API 实现图像预览、图像保存等工作。一般大家不干这种事，因为很麻烦，并且 Android 系统中有现成的拍照组件，以 Activity 的形式存在，我们可以直接拿来用！下面要实现的拍照功能也是利用系统中所带的拍照 Activity（不用担心不存在，它是标准组件，必然存在）。

拍照的过程很简单：启动拍照 Activity，在拍照 Activity 中操作摄像头，获取图像。这个图像在拍照 Activity 返回后我们怎么获得呢？我们可以在启动拍照 Activity 时向它传递参数，其中有一个参数用来告诉它我们希望将图像保存在哪个文件中。这些参数的名字都是字符串，当然不能随便写，需要使用能被 Activity 接收的参数名，这些参数名可能是拍照 Activity 规定的，也可能是 SDK 中的一些标准参数名。

我们把拍照功能封装到一个方法中，代码如下：

```
private fun showTackPhotoView() {
    //获取图像要保存到的文件对象
    val imageOutputFile = generateOutPutFile(Environment.DIRECTORY_DCIM)
    //由文件对象获取 Uri 对象，它相当于文件的绝对路径
    this.imageUri = FileProvider.getUriForFile(
        this,
        "niuedu.com.qqapp.fileprovider",
        imageOutputFile!!
    )
    //创建 Intent，启动拍照 Activity
    val intent = Intent(MediaStore.ACTION_IMAGE_CAPTURE) //照相
    intent.putExtra(MediaStore.EXTRA_OUTPUT, this.imageUri) //指定图片输出地址
    startActivityForResult(intent, TAKE_PHOTO) //启动照相
}
```

最后一句中的 TAKE_PHOTO 是请求码，是 RegisterActivity 的一个静态属性，定义如下：

```
class RegisterActivity : AppCompatActivity() {
    //定义伴随对象，相当于 Java 中的 static
    companion object {
        //启动拍照 Activity 的请求码
        val TAKE_PHOTO: Int = 1111
    }
...
```

第一句获取一个 File 对象，这个 File 就是图像要保存到的文件，当然不是直接保存到这个 File 中，而是为了得到它的路径。第二句由 File 对象获取了一个 Uri，相当于 File 的路径，但它是一个 ContentProvider 形式的路径，因为拍照 Activity 只接受 Uri 作为文件路径，而且新

的 Android 系统已经不允许直接通过普通的文件路径访问文件了。会暴露数据的存放形式，存在安全风险，所以只能以 ContentProvider 的形式访问。

generateOutPutFile()方法是我们自定义的一个方法，在设备的外部存储的公共目录下的子目录“dcim”中创建了一个 File 对象。dcim 是标准的相册目录，放在其中的图像文件能在“相册（也可能叫图库）”中看到。文件之所以能创建于 dcim 目录中，是由 generateOutPutFile() 的参数 Environment.DIRECTORY_DCIM 决定的，它的值就是字符串“dcim”。下面是方法 generateOutPutFile()的代码：

```
    private fun generateOutPutFile(pathInExternalStorage: String): File? {
        //图片名称 时间命名
        val format = SimpleDateFormat("yyyyMMddHHmmss")
        val date = Date(System.currentTimeMillis())
        val photoFileName = format.format(date) + ".png"
        //创建 File 对象用于存储拍照的图片，存储至外部存储的公开目录下
        val path = Environment.getExternalStoragePublicDirectory
(pathInExternalStorage)
        val outputFile = File(path, photoFileName)
        try {
            if (outputFile.exists()) {
                outputFile.delete()
            }
            outputFile.createNewFile()
        } catch (e: IOException) {
            e.printStackTrace()
            return null
        }
        return outputFile
    }
```

FileProvider.getUriForFile()获取 Uri 是怎么实现的呢？Uri 有什么意义？还有 ContentProvider 到底是怎样的工作原理？下面来详细了解一下 ContentProvider，同时把相关的问题解释清楚。

1. ContentProvider 介绍

ContentProvider（内容提供者）是 Android 四大组件之一，为存储和获取数据提供形式统一的逻辑接口。利用它可以在不同的应用程序之间共享数据。它对数据的组织是逻辑上的，其形式很像关系型数据库，有类似库、表、行、列四层概念，不论哪个概念层的数据，都可以以 Uri 形式的路径直接访问它。

Android 已经为常见的一些数据提供了默认的 ContentProvider，这里用到的 FileProvider 就是其中之一。

Uri 是什么？在上面的代码中，FileProvider.getUriForFile()返回的 Uri 是“content://niuedu.com.qqapp.fileprovider/img/20190523212510.png”，像极了 URL，内容可分成好几部分：“content”代表协议，“niuedu.com.qqapp.fileprovider”对应 URL 中的主机地址部分；“img/20190523212510.png”是数据存放的路径。然而，对 ContentProvider 的访问是在本机发

生的，所以“niuedu.com.qqapp.fileprovider”不可能是主机地址，那它是什么呢？Android 把它叫作“authority（授权）”，但实际上跟权限也没多大关系，主要就是用于区分不同的内容，防止与别人的内容访问路径产生冲突，所以要求这部分是唯一的。而且这部分是 ContentProvider 的创建者自己定的，隐藏了数据真实的存储路径，于是起到了部分数据安全的效果。

依然拿上面的 Uri 来说，首先 FileProvider 代表了一个数据库，存放文件夹和文件，其中的文件夹对应一张表、文件对应一条记录。文件有很多参数，其中一个参数就对应一列，当然 ContentProvider 的实现者不一定把数据访问细化到这种程度，但是对它的数据组织形式可以按这种方式去理解。安全性是 ContentProvider 的一个重要目标，因为每个层的数据都可以通过产生一个 Uri 直接访问，所以可以为每个 Uri 赋予不同的读写权限，精细地控制数据的访问权限，这是灵活地保证数据安全的关键。

要从内容提供者获取数据，需要使用 ContentResolver（内容解决器），它提供了一些类似数据库的增、删、改、查方法。

在上面的代码中，我们其实是内容提供者，拍照 Activity 才是内容访问者，它要访问的是我们指定的一个文件，我们把文件的 Uri 传给它，它就会在合适的时间通过 ContentResolver 访问这个文件。

现在再来看调用 FileProvider 的方法 getUriForFile()的语句，应该能看明白了。它有三个参数，第一个不必说了，第二个是“authority”，第三个是 File 对象，从它的路径计算出了 Uri。路径部分的“img”和“20190523212510.png”是怎么产生的呢？20190523212510.png 是在 generateOutPutFile()中产生的，文件名是当前的日期时间，但它所在的文件夹怎么变成 img 了呢？我们可是在 dcim 下建的这个文件啊！很简单，对文件夹的名字做了映射！这进一步隐藏了存储细节，增强了安全性。这是怎么实现的呢？请看下面的内容。

2. 利用 FileProvider 提供内容

我们不需要自己创建 ContentProvider 类，因为可以利用现成的 FileProvider。主要利用这个类将文件抽象成 ContentProvider 中的数据，这样拍照 Activity 才能通过 ContentResolver 使用它。

内容提供者作为四大组件之一，要通过它提供内容，就必须在 Manifest 文件中定义，代码如下：

```
<provider
        android:name="androidx.core.content.FileProvider"
        android:authorities="niuedu.com.qqapp.fileprovider"
        android:exported="false"
        android:grantUriPermissions="true">
    <meta-data
            android:name="android.support.FILE_PROVIDER_PATHS"
            android:resource="@xml/provider_paths" />
</provider>
```

注意，这个元素是<application>的子元素，也就是与<Activity>是同一级。

- android:name 属性保存 ContentProvider 类的类名。
- android:authorities 必须与传给 getUriForFile()的第二个参数一致。
- android:grantUriPermissions 指明是否要动态获取对内容的访问权限，后面会介绍动态获取权限的概念。它的值是 true，表示需要。
- meta-data 中指出了路径的映射关系，当然不是直接指出的，而是放在一个资源文件中，其路径为 res/xml/provider_paths.xml。res 下一般没有 xml 文件夹，自行建立即可。

文件 provider_paths.xml 的内容如下：

```
<?xml version="1.0" encoding="utf-8"?>
<paths xmlns:android="http://schemas.android.com/apk/res/android">
    <!--path 是 external-path 对应的路径之内的文件夹，name 是它被映射成的名字，-->
    <!--就是在 content://..中的名字，这样在 Uri 中就看不到实际的名字了。-->
    <external-path name="img" path="DCIM"/>
</paths>
```

可以看到把 dcim 映射成了 img。

3. 动态申请权限

真正拍照之前，还要解决一个问题：动态申请权限。在早期的 Android 开发中，想使用什么权限，只需在 Manifest 文件中声明一下即可，比如：

```
<uses-permission android:name="android.permission.INTERNET" />
```

对网络访问来说，这样做依然可以工作，但是对很多其他设备的使用，仅仅这样做是不够的，因为除了加入这样的声明，还需要在运行时调用某些方法询问用户是否允许使用，这就是动态申请权限。这样做的主要好处是增加了系统的安全性，就是让用户知道敏感操作，但是大部分用户根本不知道该不该允许，一般就是单击“是”“是”“是”。

在拍照时，需要访问外部存储和相机这两个设备，所以需要获取权限，首先还是在 Manifest 文件中声明权限：

```
<uses-permission android:name="android.permission.WRITE_EXTERNAL_STORAGE" />
<uses-permission android:name="android.permission.CAMERA" />
```

然后在拍照前先检查是否具备访问相机和外存的权限，如果没有，就需要申请成功后再拍照，代码如下：

```
//获取 Sheet 中的项，设置它们的单击侦听器
view.findViewById<TextView>(R.id.sheetItemTakePhoto).setOnClickListener{
    //拍照

    // 保存需要申请的权限
    val permissionsList = ArrayList<String>()
    //检查是否有使用相机的权限
    if (ActivityCompat.checkSelfPermission(
            this@RegisterActivity,
            Manifest.permission.CAMERA) !== PackageManager.PERMISSION_GRANTED) {
```

```
        // Permission is not granted
        permissionsList.add(Manifest.permission.CAMERA)
    }
    //检查是否有使用外部存储的权限
    if (ActivityCompat.checkSelfPermission(this@RegisterActivity,
            Manifest.permission.WRITE_EXTERNAL_STORAGE) !==
PackageManager.PERMISSION_GRANTED) {
        //Permission is not granted
        permissionsList.add(Manifest.permission.WRITE_EXTERNAL_STORAGE)
    }

    if (permissionsList.isEmpty()) {
        //不用申请权限了，直接显示拍照页面
        showTackPhotoView()
    } else {
        //还需先申请权限
        ActivityCompat.requestPermissions(this@RegisterActivity,
            //由 List 构建 Array
            Array(permissionsList.size) { i-> permissionsList[i]},
            ASK_PERMISSIONS)
    }
}
```

ActivityCompat.requestPermissions()发出了权限请求，这个方法可以一次请求多个权限，所以它需要一个 Array 包含权限。它的第 3 个参数是请求码，其作用与 startActivityForResult()的请求码一样，定义如下：

```
//定义伴随对象，相当于 Java 中的 static
companion object {
    //启动拍照 Activity 的请求码
    val TAKE_PHOTO: Int = 1111
    //申请权限时的请求码
    val ASK_PERMISSIONS: Int = 1112
}
```

当调用 requestPermissions()时，会出现如图 20-8 所示的界面。只有选了允许之后才能拍照，所以需要有机制将用户的选择通知 App。采用什么机制呢？除了设置侦听器就是重写回调方法，似乎也没有其他机制了。这里重写 Activity 的 onRequestPermissionsResult()方法。系统在调用这个方法时，通过传入参数表明了用户申请的权限哪个被允许、哪个被拒绝。下面是我们的实现：

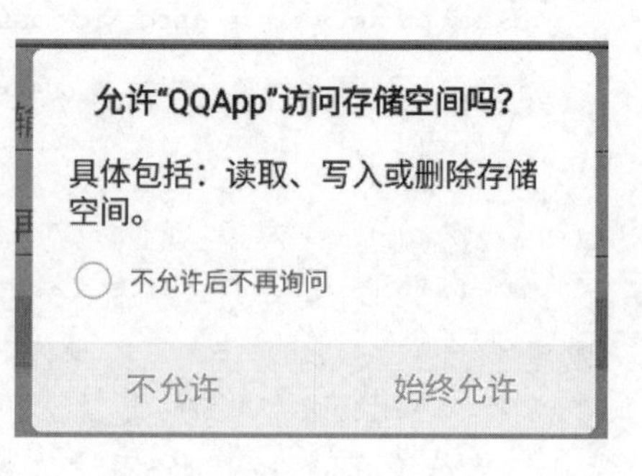

图 20-8

```
override fun onRequestPermissionsResult(requestCode: Int,
                                        permissions: Array<String>,
                                        grantResults: IntArray) {
```

```
        when (requestCode) {
            ASK_PERMISSIONS -> {
                var i = 0
                for (i in 0 until permissions.size) {
                    if (grantResults[i] != PackageManager.PERMISSION_GRANTED) {
                        Toast.makeText(
                            this,
                            "权限申请被拒绝，无法完成照片选择。",
                            Toast.LENGTH_SHORT
                        ).show()
                        return
                    }
                }
                //能执行到这里说明全部通过，拍照！
                showTackPhotoView()
                //关掉 Sheet
                sheetDialog?.dismiss()
            }
            else -> super.onRequestPermissionsResult(requestCode, permissions,
grantResults)
        }
    }
```

先判断参数 requestCode 的值是不是我们的请求码（ASK_PERMISSIONS），如果是，再判断是否申请成功。所有权限的申请结果在参数 permissions 中，所以遍历这个 Array，查看每一项是不是 PERMISSION_GRANTED（赋予权限），如果有一项没有，则拍照不能进行，怎么办？提示一下用户。

运行 App，可以看到拍照界面吗？不行！主要原因是会崩溃，其抛出的异常信息为“Uid 10202 does not have permission to uri 0 @ content://niuedu.com.qqapp. fileprovider/img/20190525154630.png”。还是权限的问题。“Uid 10202”这个组件没有权限访问指向文件的 Uri，这个 Uid 应该指的是拍照 Activity，它启动后要访问 Uri，但是没有权限，那么怎么改正这个问题呢？我们只要告诉它去申请权限就行了，可以通过设置启动它的 Intent 来完成（见粗体语句）：

```
    private fun showTackPhotoView() {
        //获取图像要保存到的文件对象
        val imageOutputFile = generateOutPutFile(Environment.DIRECTORY_DCIM)
        //由文件对象获取 Uri 对象，它相当于文件的绝对路径
        this.imageUri = FileProvider.getUriForFile(
            this,
            "niuedu.com.qqapp.fileprovider",
            imageOutputFile!!
        )
        //创建 Intent，启动拍照 Activity
        val intent = Intent(MediaStore.ACTION_IMAGE_CAPTURE) //照相
        intent.putExtra(MediaStore.EXTRA_OUTPUT, this.imageUri) //指定图片输出地址
        //告诉拍照 Activity，要申请 Uri 的读和写权限
```

```
    intent.flags = Intent.FLAG_GRANT_WRITE_URI_PERMISSION or
Intent.FLAG_GRANT_READ_URI_PERMISSION
    startActivityForResult(intent, TAKE_PHOTO) //启动照相
}
```

“this.imageUri”是一个 Uri 对象，是 RegisterActivity 的一个属性：

```
//拍照所得图像保存到的绝对路径
private var imageUri: Uri? = null
```

> **提　示**
>
> Intent 的构造方法参数“MediaStore.ACTION_IMAGE_CAPTURE”的值是一个字符串，代表一个 Action，即 Activity 所能执行的动作，每个 Activity 的创建者都可以指定它能执行的动作，可以通过在 Intent 中设置 Action 来找到符合的 Activity。用户可以选择其中一个执行，如果只找到一个 Activity，则直接启动它。

运行 App，可以看到拍照界面了，但是还没有对拍下的照片进行处理。

4. 处理拍出的照片

拍完照后一般都需要对照片修剪。与拍照一样，照片编辑界面也是利用别人的 Activity，无须自己实现。

要处理照片，需要先取得拍出的照片。我们启动拍照 Activity 时，调用了方法 startActivityForResult()，所以可以重写父类的方法 onActivityResult()，响应其返回事件，取得照片文件。这很容易，因为这个文件就是我们指定的，把这个文件的 Uri 传给照片编辑 Activity 即可。

先上代码，再解释：

```
override fun onActivityResult(requestCode: Int, resultCode: Int, data: Intent?) {
    super.onActivityResult(requestCode, resultCode, data)

    when (requestCode) {
        TAKE_PHOTO -> {
            val intent = Intent("com.android.camera.action.CROP") //剪裁
            //告诉剪裁 Activity，要申请对 Uri 的读和写权限
            //因为编辑后的图像还是存到这个文件中
            intent.addFlags(Intent.FLAG_GRANT_READ_URI_PERMISSION
                    or Intent.FLAG_GRANT_WRITE_URI_PERMISSION)
            intent.setDataAndType(this.imageUri, "image/*")
            intent.putExtra("scale", true)
            intent.putExtra("crop", true)
            //设置宽高比例
            intent.putExtra("aspectX", 1)
            intent.putExtra("aspectY", 1)
            //设置裁剪图片宽高
```

```
            intent.putExtra("outputX", 480)
            intent.putExtra("outputY", 480)
            //设置图像输出到的文件，跟输入文件是同一个
            intent.putExtra(MediaStore.EXTRA_OUTPUT, this.imageUri)
            startActivityForResult(intent, CROP_PHOTO)
//隐藏 Sheet
sheetDialog?.dismiss()
        }
    }
}
```

照片编辑 Activity 的 Action 名为“com.android.camera.action.CROP”，通过 Intent 为它设置了很多参数。需要注意的是，我们把编辑后的图像依然保存到拍照所指定的文件中，所以告诉编辑 Activity 要申请对 Uri 的读和写权限。

启动编辑 Activity 的请求码为常量“CROP_PHOTO”，定义方式与“TAKE_PHOTO”一样：

```
//定义伴随对象，相当于 Java 中的 static
companion object {
    //启动拍照 Activity 的请求码
    val TAKE_PHOTO: Int = 1111
    //启动照片编辑 Activity 的请求码
    val CROP_PHOTO: Int = 1113
    //申请权限时的请求码
    val ASK_PERMISSIONS: Int = 1112
}
```

图 20-9

照片编辑时的效果如图 20-9 所示。

5. 处理编辑后的照片

首先要取得编辑后的照片，那么如何取得呢？通过 onActivityResult()！这次是对“requestCode”等于“CROP_PHOTO”的情况进行处理。访问文件还是通过属性 imageUri 完成，代码如下：

```
when (requestCode) {
    TAKE_PHOTO -> {
        ......
    }
    CROP_PHOTO -> try {
        //图片解析成 Bitmap 对象
        val bitmap = BitmapFactory.decodeStream(
            contentResolver.openInputStream(this.imageUri!!)
        )
        //将剪裁后的照片显示出来
        this.imageViewAvatar.setImageBitmap(bitmap)
        //隐藏 Sheet
        sheetDialog?.dismiss()
```

```
    } catch (e: FileNotFoundException) {
        e.printStackTrace()
    }
......
}
```

图 20-10

“contentResolver”是 Activity 的一个属性，获取与当前 Activity 相关联的内容解决器，然后通过它访问 ContentProvider 提供的数据，调用 openInputStream()方法将 Uri 指向的数据以输入流的形式打开，传给 BitmapFactory 创建 bitmap 对象，之后就可以显示它了，最后将 Bottom Sheet 隐藏。图 20-10 是拍照完成后的效果。

到此我们的拍照功能就算完成了，接着将注册信息提交到 Web 服务器。

20.1.5 提交注册信息

进行网络通信首先要在 manifest 文件中添加互联网访问权限声明：

```
<uses-permission android:name="android.permission.INTERNET"/>
```

1. 制定统一的数据返回结构

服务端在响应客户端请求时，可能返回各种数据，比如登录时，若成功则会返回这个用户的信息（失败时不返回数据），获取聊天消息时返回消息的内容和时间等。还要考虑出错的情况，在 Android 端（客户端）我们应该先判断是否出错，出错时要提示给用户，没有出错的话就处理返回的数据。服务端创建了一个类，用于包含所有这些信息，使客户端可以一致性地处理每种返回数据。这个类取名为 ServerResult，定义如下：

```
/**
 * retCode:等于 0 时表示无错误，其余值表示有错误，错误时，errMsg 有值，否则无值
 * errMsg:出错时的信息
 * data:真正返回的数据，其类型由参数 T 决定
 */
data class ServerResult<T>(var retCode: Int,var errMsg: String?,var data: T?) {
    constructor(retCode: Int) : this(retCode,null,null) {
        this.retCode = retCode
    }

    constructor(retCode: Int, errMsg: String): this(retCode,errMsg,null) {
        this.retCode = retCode
        this.errMsg = errMsg
    }
}
```

这个类有三个字段。data 是服务端返回的真正数据。retCode 表示服务端处理是否成功。服务端处理如果失败，errmsg 就会有值，它的值是错误信息，而此时 data 无值；如果成功，errmsg 无值，data 有值。还有一点要注意，这个类是一个范型，范型参数是 data 的类型。data

可能是任何类型，于是定义成范型，在使用时再决定是什么类型，这样就可以利用 Retrofit 的 JSON 转换能力了。文件如图 20-11 所示。

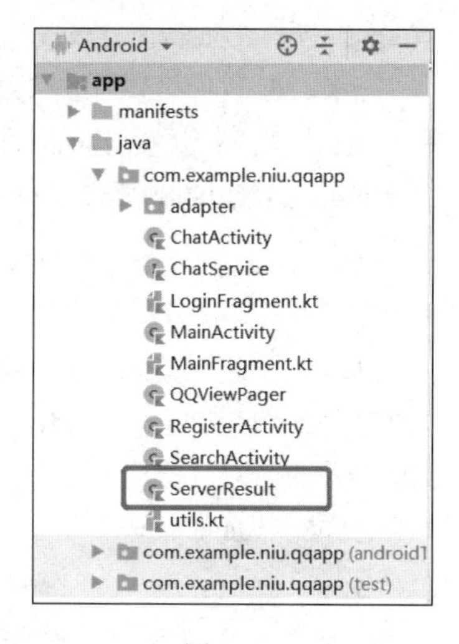

图 20-11

2. 准备库与接口

现在需要 HTTP 网络通信了，首先添加那些与网络通信和异步调用相关的库：

```
    implementation 'com.squareup.okhttp3:okhttp:
4.0.0-alpha01'
    implementation 'com.google.code.gson: gson:2.8.5'
    implementation 'com.squareup.retrofit2:
retrofit:2.5.0'
    implementation 'com.squareup.retrofit2:
adapter-rxjava2:2.5.0'
    implementation 'com.squareup.retrofit2:converter-gson:2.5.0'
    implementation 'io.reactivex.rxjava2:rxjava:2.2.8'
    implementation 'io.reactivex.rxjava2:rxandroid:2.1.1'
```

由于使用 Retrofit 进行通信，因此要定义包含网络访问方法的接口，名为 ChatService，并为它添加一个提交注册信息的方法，代码如下：

```
interface ChatService {
    @Multipart
    @POST("/apis/register")
    fun requestRegister(
        @Part fileData: MultipartBody.Part,
        @Query("name") name: String,
        @Query("password") password: String
    ): Observable<ServerResult<ContactsPageListAdapter.ContactInfo>>
}
```

可以看到注册请求的路径是“/apis/register”，要求以 Post 方式上传数据，要求数据打包形式为“MultiPart/form-data”，form 中的数据有图像（对应参数 fileData）、name 和 password。其返回类型为 RxJava 中的 Observable，这样才能与 RxJava 结合。需要注意的是 Observable 的范型参数为 ServerResult，它就是 Observable 输入数据的类型。ServerResult 是一个范型，其范型参数 ContactsPageListAdapter.ContactInfo 表示 ServerResult 的 data 字段类型，这个类型必须与服务端返回的数据一致，所以是由服务端决定的。

参数的注解@Query 表示变量的值以 HTTP 请求参数的方式传给服务端。如果使用 HTTP GET 方式发出请求，那么此参数的值会被放入 URL 中。假设调用某个方法时传入参数：

```
requestXXX("user1","xxx");
```

就会形成这样的 URL：“HTTP://主机地址:端口/apis/login?name=user1&password=xxx”。

可见方法的参数变成了“key=value”的形式。其中，key 是@Query("name")中的字符串"name"，value 就是参数中包含的值。此处指定使用 HTTP POST 方式，所以方法的参数会以

“name=user1&password=xxx”的形式放到 HTTP 包的主体部分而不是放到 URL 中。

很多时候我们可以在浏览器中看到请求的结果（很多时候是不可以的，这取决于服务端逻辑）。比如在浏览器的地址栏中输入地址（必须在 Web 服务程序运行后）“http://localhost:8080/apis/login?name=tom&password=000”，可以看到这样的结果：

```
{"retCode":0,"errMsg":null,"data":{"name":"xxx","status":"在线, "avatar":
"image/head/1.png"}}
```

这段 JSON 文本表示的就是一个 ServerResult 对象，它的 data 字段保存的是一个 ContactInfo 对象（**{"name":"xxx","status":"在线", "avatar":"image/head/1.png"}**）。ContactInfo 类保存了联系人的信息，服务端定义了它，并在向客户端返回数据时把它转换成 JSON。服务端的定义是这样的（Java 代码）：

```
class ContactInfo implements Serializable{
    private String avatarURL;//头像 URL
    private String name; //名字
    private String status; //状态

    public ContactInfo(String avatar, String name, String status) {
        this.avatarURL = avatar;
        this.name = name;
        this.status = status;
    }

    public String getAvatarURL() {
        return avatarURL;
    }

    public String getName() {
        return name;
    }

    public String getStatus() {
        return status;
    }
}
```

它与 ContactsPageListAdapter.ContactInfo 类几乎一样，除了表示头像的字段，我们应该采用服务端的 ContactInfo 才能在 App 中把服务端传来的 JSON 转换成 ContactInfo 对象，所以把 ContactsPageListAdapter.ContactInfo 改一下，与服务端的定义一致：

```
//存放联系人数据
data class ContactInfo(
    val avatarURL: String,//头像
    val name: String,  //名字
    val status: String //状态
)
```

头像属性不再是一个 Bitmap，而是一个路径。这个路径是 URL 的一部分，比如一幅图像的 URL 是“HTTP://10.0.2.2/image/head/1.png”，那么这个路径就是“image/head/1.png”。

注意，这里的改动会引起 ContactsPageListAdapter 的 onBindNodeViewHolder()方法中出现语法错误，主要是绑定行中 ImageView 的内容时出错。现在每行的图像需要先通过 URL 地址下载再设置到 ImageView 中，而且这个工作要异步进行，想想是挺麻烦的，但是不要慌，有好用的第三方库，我们可以利用它轻易完成此事。这个后面再讲，这里先把出错的语句注释掉。还有可能出错的地方是 MainFragment 中向“tree”中添加联系人的语句，比如：

```
val contact1 = ContactsPageListAdapter.ContactInfo("", "王二", "[在线]我是王二")
```

主要是 ContactInfo 构造方法的第一个参数现在应是 String 类型，可暂时传入空字符串：

```
val contact1 = ContactsPageListAdapter.ContactInfo("", "王二", "[在线]我是王二")
```

提　　示
GSON 不能正确转换（反序列化）Boolean 类型数据，不知道以后能不能改正。

3. 创建 Retrofit 相关实例

下一步，在 RegisterActivity 中创建 Retrofit 类型的属性，保存 Retrofit 实例：

```
private var retrofit: Retrofit? = null
```

在 onCreate()中创建 Retrofit 实例，后面就可以随时使用它：

```
//创建 Retrofit 对象
retrofit = Retrofit.Builder()
    //.baseUrl("http://10.0.2.2:8080")//在虚拟机中运行
    .baseUrl("http://192.168.3.13:8080")//在我的手机中运行
    //本来接口方法返回的是 Call，由于现在返回类型变成了 Observable，
    //所以必须设置 Call 适配器将 Observable 与 Call 结合起来
    .addCallAdapterFactory(RxJava2CallAdapterFactory.create())
    //Json 数据自动转换
    .addConverterFactory(GsonConverterFactory.create())
    .build()
```

ChatService 实例在一个 Activity 中只需一个即可，所以我们也把它保存在 Activity 的一个属性中：

```
private var chatService :ChatService? = null
```

并且在 Activity 初始化时创建它，当然是在 Retrofit 被创建之后了：

```
//创建 Service 代理对象
chatService = retrofit?.create(ChatService::class.java)
```

4. 响应提交按钮

响应提交按钮的单击事件，创建 Multipart 表单数据，向服务端提交：

```
//单击了提交按钮，注册之
buttonCommit.setOnClickListener { v1 ->
```

```
        //产生文件 Part
        val filePart = createFilePart()
        //产生文本 Part
        val name = editTextName.text.toString()
        val password = editTextPassword.text.toString()
        //从 Retrofit 获取 RxJava observable 对象
        val observable = chatService?.requestRegister(filePart!!, name, password)
        //设置数据转换回调
        observable!!.map{
            if(it.retCode === 0){
                it.data!!//返回的是一个 ContactsPageListAdapter.ContactInfo
            }else{
                throw RuntimeException(it.errMsg)
            }
        }.subscribeOn(Schedulers.computation())
            .observeOn(AndroidSchedulers.mainThread())
                //Observer 的范型参数必须与 map 的输出类型一致
            .subscribe(object : io.reactivex.Observer<ContactsPageListAdapter.
ContactInfo>{
                override fun onSubscribe(d: Disposable) {
                }

                override fun onNext(contactInfo:
ContactsPageListAdapter.ContactInfo) {
                    //提示用户注册成功
                    Snackbar.make(v1, "注册成功！", Snackbar.LENGTH_LONG)
                        .setAction("Action", null).show()
                    //关闭Activity，返回OK
                    val intent = Intent()
                    setResult(Activity.RESULT_OK)
                    finish()
                }

                override fun onError(e: Throwable) {
                    //在这里捕获各种异常，提示错误信息
                    val errmsg = e.localizedMessage
                    Snackbar.make(v1, "大王祸事了：" + errmsg!!, Snackbar.LENGTH_LONG)
                        .setAction("Action", null).show()
                    Log.e("qqserver", e.localizedMessage!!)
                }

                override fun onComplete() {
                }
            })
    }
```

代码没有什么难理解的，还是利用 Retrofit+RxJava 进行异步网络访问。subscribe()方法的参数是一个 Observer 对象，而不是 Lambda，主要是要传入太多的 Lambda，看起来很费劲，所以改为用一个 Observer 匿名子类来实现几个回调方法。

需要注意的是传给 map、subscribe 等方法的参数，其类型名（如 Function、Observer 等）都不止在一个包中出现，所以在通过“Alt+Enter”键自动导入类时可能导入错误，实在不行就写类的全名，比如“io.reactivex.Observer”。

createFilePart()方法用于产生 MultiPart 表单中的一个 Part，代码如下：

```
private fun createFilePart(): MultipartBody.Part? {
    if (this.imageUri == null) {
        //必须有一个 Part 才行，所以创建一个
        return MultipartBody.Part.createFormData("none", "none")
    }

    var inputStream: InputStream? = null
    var data: ByteArray? = null
    try {
        inputStream = contentResolver.openInputStream(this.imageUri!!)
        data = ByteArray(inputStream!!.available())
        inputStream.read(data)
    } catch (e: FileNotFoundException) {
        e.printStackTrace()
        return null
    } catch (e: IOException) {
        e.printStackTrace()
        return null
    }

    val requestFile = data.toRequestBody(MediaType.parse("application/
otcet-stream"))
    return MultipartBody.Part.createFormData("file", "png", requestFile)
}
```

5. 一个小错误

在编译时遇到了一个错误，如图 20-12 所示。解决这个错误很简单，把 Java 的语法兼容性提升到 1.8 即可，如图 20-13 所示。

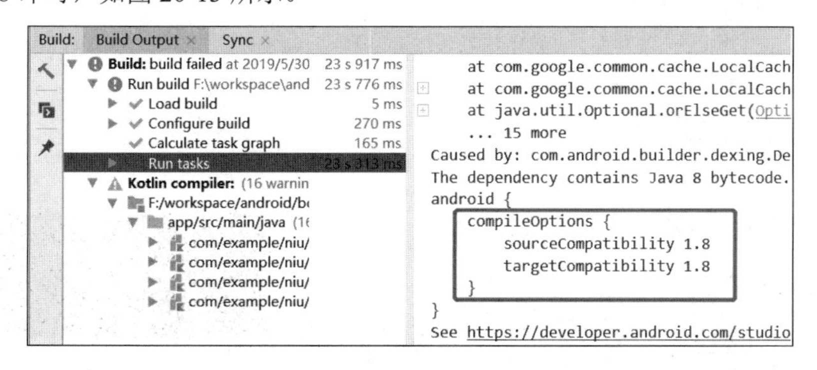

图 20-12

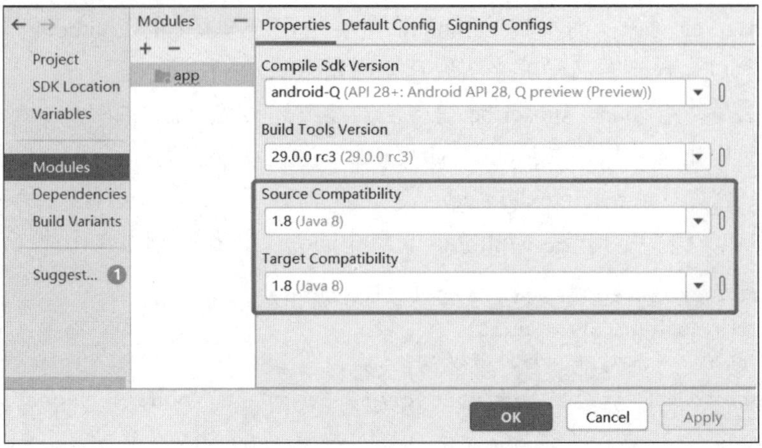

图 20-13

6. 停止订阅

最后，在 Activity 关闭时应停止网络通信。这个我们前面讲过了，利用 Retrofit 调用链所返回的 Disposable 在 onStop()中取消订阅即可。但是，与 Retrofit 结合后，subscribe()方法返回的却不是 Disposable 了，而是 Unit。怎么办呢？还是有办法的，在前面的代码中，为 subscribe()传入的参数是 Observer，已经实现了 Observer 的方法：

```
override fun onSubscribe(d: Disposable) {
}
```

此方法的参数正好是一个 Disposable，我们要做的就是把这个参数保存成 Activity 的属性，然后在 onStop()中使用它。此方法的实现如下：

```
override fun onSubscribe(d: Disposable) {
    this@RegisterActivity.disposable = d
}
```

Activity 的 onStop()实现如下：

```
override fun onStop() {
    this.disposable?.let {
        if (!it.isDisposed){
            it.dispose() //取消订阅
        }
    }
    super.onStop()
}
```

注意！测试注册功能时，必须先启动 Web 程序。

7. 解决网络错误

运行 App，可能遇到一些错误，比如图 20-14 所示的错误。

图 20-14

这是什么错误呢？仔细翻译一下还是不难理解的：超过 10 秒没连接到某个主机（如果用虚拟机的话，地址应该是 10.0.2.2），最终连接失败。原因可能是主机网络不通（虚拟机不存在这个问题）或 Web 程序没启动，解决方案就是确保主机与设备网络连通并且 Web 程序已正确启动。

还可能出现其他错误，其实产生错误的原因是复杂多样的。比如，App 没有网络访问权限会出异常；有网络访问权限了，网络不通也会产生异常；网络通了，服务端没有启动还会产生异常；服务端启动了，但没有响应 App 所请求的路径方法又会出异常；请求的路径对了，业务逻辑处理出错也会出异常。

解决错误的主要思路是根据异常信息推断在哪一步出了问题，然后调试运行或输出日志进一步分析和定位语句。

20.2 改进登录功能

新的登录逻辑是这样的：App 将用户名发送到服务端（密码不处理），服务端查找是否有同名的用户，如果有，就返回成功；如果没有，就返回失败，失败后用户可以继续使用其他名字登录。

改进登录功能主要是添加网络访问以实现后台登录，所以首先为 Activity 准备网络访问所需的对象。

20.2.1 创建 Retrofit 相关实例

Retrofit 或者说 ChatService 实例应该是与 Activity 绑定的，所以我们先在 Activity 中创建保存它们的属性并进行初始化：

```
class MainActivity : AppCompatActivity() {

    //因为在 onCreate() 中就初始化，之后才被使用
    //所以可以作为"延迟初始化"变量，就省略了"?"
    private lateinit var retrofit: Retrofit
    private lateinit var chatService :ChatService
//用于取消订阅
private var disposable: Disposable? = null
    ......

override fun onCreate(savedInstanceState: Bundle?) {
......
    //创建 Retrofit 对象
    retrofit = Retrofit.Builder()
        //.baseUrl("http://10.0.2.2:8080")//在虚拟机中运行
        .baseUrl("http://192.168.3.13:8080")//在手机中运行
        //本来接口方法返回的是 Call，由于现在返回类型变成了 Observable，
        //所以必须设置 Call 适配器将 Observable 与 Call 结合起来
        .addCallAdapterFactory(RxJava2CallAdapterFactory.create())
```

```
            //JSON 数据自动转换
            .addConverterFactory(GsonConverterFactory.create())
            .build()
        //创建 ChatService 实例
        chatService = retrofit.create(ChatService::class.java)
        ......
    }
```

还要在 Activity 关闭时停止网络通信：

```
    override fun onStop() {
        this.disposable?.let {
            if (!it.isDisposed){
                it.dispose() //取消订阅
            }
        }
        super.onStop()
    }
```

20.2.2 添加 Fragment 回调接口

在实现网络通信之前，还有个问题要考虑一下：登录页面是一个 Fragment，嵌在 MainActivity 中，而 Retrofit 或者说 ChatService 实例是与 Activity 绑定的，Fragment 需要通过 Activity 得到这些对象，这里涉及底层调用上层功能的问题。根据前面讲 Fragment 章节所述的观点，为了封装性，下层不应该知道上层是谁，下层调用上层的功能要借助接口，所以我们添加一个接口（创建 LoginFragment 时我们没有在向导中选择创建接口），把它放在单独的文件中，名字叫 FragmentListener，代码如下：

```
    //Activity 实现此接口，为 Fragment 提供服务
    public interface FragmentListener {
    }
```

访问 Web 服务器需要用到 ChatService 实例，我们为接口 ChatService 添加这样一个方法：

```
    interface FragmentListener {
        fun getChatServcie() : ChatService
    }
```

MainActivity 需要实现它，以返回它所保存的 ChatService 实例：

```
    class MainActivity : FragmentListener,AppCompatActivity() {
    ......
        override fun getChatServcie(): ChatService {
            return chatService
        }
    }
```

凡是想调用 FragmentListener 中方法的 Fragment 类，都需要创建一个成员变量来保存这个接口，所以先在 LoginFragment 中创建属性：

```
class LoginFragment : Fragment() {
......
   private var fragmentListener: FragmentListener? = null
......
```

什么时候保存下接口实例呢？最好的时机就是 Fragment 刚刚附着到 Activity 上的时候，所以重写 Fragment 的 onAttach()方法：

```
override fun onAttach(context: Context) {
   super.onAttach(context)
   if (context is FragmentListener) {
      fragmentListener = context
   }
}
```

当 Fragment 脱离 Activity 的时候，要保证接口不再有效，所以实现 Fragment 的 onDetach()方法：

```
override fun onDetach() {
   super.onDetach()
   fragmentListener = null
}
```

最后，还要添加发出登录请求的方法，当然是在 ChatService 中了：

```
@GET("/apis/login")
fun requestLogin(
   @Query("name") name: String,
   @Query("password") password: String?
): Observable<ServerResult<ContactsPageListAdapter.ContactInfo>>
```

至此，网络访问的前期工作就完成了。

20.2.3 发出登录请求

下面改一下响应登录按钮的侦听器，改成先发出登录请求，当请求成功后再跳转到 MainFragment 页面，代码如下：

```
//响应登录按钮的单击事件
buttonLogin.setOnClickListener {
   //取出用户名，向服务端发出登录请求
   val username = editTextQQNum.text.toString()
   val observable = fragmentListener!!.getChatServcie().requestLogin
(username, null)
   observable.map { result ->
      //判断服务端是否正确返回
      if (result.retCode === 0) {
         //服务端无错误，处理返回的数据
         result.data
```

```
            } else {
                //服务端出错了，抛出异常，在 Observer 中捕获之
                throw RuntimeException(result.errMsg)
            }
        }.subscribeOn(Schedulers.computation())
            .observeOn(AndroidSchedulers.mainThread())
            .subscribe(object : Observer<ContactsPageListAdapter.ContactInfo?> {
                override fun onSubscribe(d: Disposable) {
                }

                override fun onNext(contactInfo:
ContactsPageListAdapter.ContactInfo) {
                    //无错误时执行，登录成功，进入主页面
                    val fragmentManager = activity!!.supportFragmentManager
                    val fragmentTransaction = fragmentManager.beginTransaction()
                    val fragment = MainFragment()
                    //替换掉 FrameLayout 中现有的 Fragment
                    fragmentTransaction.replace(R.id.fragment_container, fragment)
                    fragmentTransaction.commit()
                }

                override fun onError(e: Throwable) {
                    //在这里捕获各种异常，提示错误信息
                    val errmsg = e.localizedMessage
                    Snackbar.make(layoutContext, "大王祸事了：" + errmsg!!,
Snackbar.LENGTH_LONG)
                        .setAction("Action", null).show()
                    Log.e("qqserver", e.localizedMessage!!)
                }

                override fun onComplete() { }
            })
    }
```

需要注意的一个地方是 map()方法，为其传入的 Lambda 的参数类型由 Observable<>的范型参数决定，这里是 ServerResult。于是在 Lambda 中判断 ServerResult 的 code 属性是否为 0，如果是 0，说明服务端执行正确，于是返回 ContactInfo 对象，此对象最终给了 Observer（Observer 的范型参数是“ContactsPageListAdapter.ContactInfo?”。如果不是 0，说明有错，直接抛出异常。那么异常在哪里捕获呢？Observer 的匿名子类实现了一个方法 onError()，它的参数就是一个异常，也就是说在订阅过程中抛出的异常最终会传到 Observer 的 onError()中，而这个方法是在观察者线程中执行的，而我们设置观察者线程为主线程（见 observeOn(AndroidSchedulers.*mainThread*())），所以在此方法中可以直接操作 UI。

运行 App 测试一下，注意要输入已注册的用户名，密码无所谓，因为服务端并没有对密码进行匹配。

20.2.4　保存自己的信息

登录请求返回的是自己的信息，需要保存下来，因为在聊天时要用。

信息是登录时自己输入的，直接在 Android 端保存下来不就行了，为什么还要服务端返回一次，再保存下服务端返回的数据呢？答案很简单：因为这是普遍的处理方式！当我们开发一个大型项目时，用户信息是很复杂的，不像例子中这么简单，所以上传用户名和密码登录成功后，服务端会把完整用户信息返回。即使我们这么简单的类，也有一个字段的值是服务端给的，那就是头像（avatarURL）。

这个信息保存在哪里呢？可以预见这是各个页面都可能用到的数据，所以 Activity 就是最好的保存场所，由于它只有一份，也就是一个单例，所以可以置成类的伴随对象。为 MainActivity 类添加伴随对象，代码如下：

```
class MainActivity : AppCompatActivity() {
    //定义伴随对象，相当于 Java 中的 static
    companion object {
        //保存自己的账户信息
        var myInfo: ContactsPageListAdapter.ContactInfo? = null
    }
    ......
```

然后在获取到服务端返回的信息后保存下来（粗体语句）：

```
override fun onNext(contactInfo: ContactsPageListAdapter.ContactInfo) {
    //保存个人的信息
    MainActivity.myInfo = contactInfo

    //无错误时执行，登录成功，进入主页面
    val fragmentManager = activity!!.supportFragmentManager
    val fragmentTransaction = fragmentManager.beginTransaction()
    val fragment = MainFragment()
    //替换掉 FrameLayout 中现有的 Fragment
    fragmentTransaction.replace(R.id.fragment_container, fragment)
    fragmentTransaction.commit()
```

20.2.5　防止按钮重复单击

当我们快速重复单击当前的登录按钮时，它会重复执行登录逻辑，于是会发出多次网络请求，这显然有问题。我们应该防止按钮频繁的重复响应单击事件，借助 RxJava 很容易实现。但是在实现这个功能前，我们先用 RxJava 的方式把按钮单击事件的响应代码改写一下，具体如下：

```
//响应登录按钮的单击事件
RxView.clicks(buttonLogin).subscribe{
    //响应逻辑放这里，把 onClick() 中的代码移过来即可
}
```

解释一下这段代码：RxView 是为了在 Android 的 View 上使用 RxJava 而定义的类，有很多这样的类，都以 Rx 开头，对应着不同的 View，比如对应 Textview 的有 RxTextView。到底使用哪个类得看情况，虽然有一个更接近 Button 类的 RxCompoundButton 类，但是由于我们只是响应单击事件，而这个事件在基类 View 中就提供了，所以就没必要使用更顶端的类了。

调用 clicks()会创建一个 Observable，clicks()参数是要响应的 View。然后调用 subscribe()订阅了这个 Observable，订阅时传入了一个 Lambda 作为参数，这个 Lambda 就相当于 onClickListener 的 onClick()方法。

这样一来，事件响应变成了 RxJava 方式，于是防止重复响应事件就变得很简单，只需调用一个方法 throttleFirst()即可，具体如下：

```
//响应登录按钮的单击事件
RxView.clicks(buttonLogin)
    .throttleFirst(10, TimeUnit.SECONDS)
    .subscribe {
        ......
}
```

throttleFirst()方法表示在某一段时间内只取第一次事件，这里指定的是 10 秒。

现在的问题应该是类 RxView 不能被导入，原因是没有依赖所在的库（RxBinding）。它的主要作用是将 Android 控件的事件响应以 RxJava 方式处理，因为事件响应是异步调用。

虽然现在能防止频繁响应单击了，却还不完美，因为无法做到“在响应过程中不再响应，直到处理完服务端返回的数据再响应”的行为模式。要达到这种行为模式有多种做法，下面结合进度条的显示演示一种做法。

20.2.6 显示进度条

一般情况下，凡是耗时的操作都要用进度条或表示进度的动画来提示用户：“App 正在努力干活，不要着急……”，所以我们也加一个。

思路是这样的：将一个 PopupWindow 显示于主内容容器的上面，在这个 PopupWindow 上显示一个圆形进度条。进度条分两种：一种是长的，能设置进度；一种是圆的，就是一直在转，看不出进度。因为网络操作无法得到其进度，所以我们用圆的。

PopupWindow 是一种 Window，是真正承载界面的，设置给 Activity 的 Layout 最终是显示在 Window 中。所以要在一个页面上覆盖一层界面最简单的方式就是使用 Window。菜单也是依托于 PopupWindow 才显示在其他控件之上的。

下面是显示进度条的代码：

```
//显示进度条
override fun showProgressBar() {
    //显示一个 PopWindow，在这个 Window 中显示进度条
    //进度条
    val progressBar = ProgressBar(this)
    //设置进度条窗口覆盖整个父控件的范围，这样可以防止用户多次
    //单击按钮
```

```
    popupDialog = PopupWindow(
        progressBar,
        ViewGroup.LayoutParams.MATCH_PARENT,
        ViewGroup.LayoutParams.MATCH_PARENT
    )
    //将当前主窗口变成 40%半透明，以实现背景变暗效果
    window.attributes.alpha = 0.4f
    //显示进度条窗口，将它放在 Fragment 所在的容器中，就可以覆盖 Fragment 的内容
    popupDialog?.showAtLocation(fragment_container, Gravity.CENTER, 0, 0)
}
```

这是隐藏进度条的代码：

```
//隐藏进度条
override fun hideProgressBar() {
    popupDialog?.dismiss()
    window.attributes.alpha = 1f
}
```

这两段代码放到哪里呢？可以放在 LoginFragment 中，但是放在 Activity 中更好，如果别的 Fragment 也需要使用进度条，那么这两个方法就能被重复使用了。这两个方法要供 Fragment 使用，所以还要在 Fragment 的服务接口中添加，具体如下：

```
interface FragmentListener {
    fun getChatServcie() : ChatService
    fun hideProgressBar()
    fun showProgressBar()
}
```

变量 popupDialog 是 MainActivity 的属性，可自行创建。

现在可以让进度条参与到登录过程了，修改登录业务代码，具体如下：

```
//响应登录按钮的单击事件
RxView.clicks(buttonLogin)
    .throttleFirst(10, TimeUnit.SECONDS)
    .subscribe {
        //响应逻辑放这里，把 onClick() 中的代码移过来即可
        //取出用户名，向服务端发出登录请求
        val username = editTextQQNum.text.toString()
        val observable = fragmentListener!!.getChatServcie().requestLogin
(username, null)
        observable.map { result ->
            ......
        }.subscribeOn(Schedulers.computation())
            .observeOn(AndroidSchedulers.mainThread())
            .doFinally { fragmentListener?.hideProgressBar() }
            .subscribe(object : Observer<ContactsPageListAdapter.ContactInfo?> {
                override fun onSubscribe(d: Disposable) {
```

```
                //准备好进度条
                fragmentListener?.showProgressBar()
            }

            override fun onNext(contactInfo:
ContactsPageListAdapter.ContactInfo) {
    ......
            }

            override fun onError(e: Throwable) {
    ......
            }

            override fun onComplete() {}
        })
    }
```

粗体部分是改动或新增的代码。在 Observer 的 onSubscribe() 中调用方法 showProgressBar()显示了进度条，那么隐藏进度条的代码在哪里呢？当整个过程完成后，不论是成功还是失败，都应该隐藏进度条，所以可以在 onError()和 onComplete()中都隐藏进度条，其实有个更好的地方，即 Observable 的 doFinally()，和 try...catch 中的 finally 一样，就是不论成功还是失败（或取消）都会被执行。doFinally()的参数是一个 Lambda，在这个 Lambda 中调用方法 hideProgressBar()来隐藏进度条。

图 20-15 是进度条效果。

图 20-15

至此，登录功能完成。下一步是实现网络聊天吗？不是，我们应先把联系人从服务端下载下来，有了联系人才能聊天。

20.3 获取联系人

联系人这个页面其实是 MainFragment 中的一个 Tab 页，当前为它造了一些数据来显示，方法是 MainFragment 的 createContactsPage()。我们需要改一下，只造组，不造联系人，因为联系人改为从服务端下载。所以将造联系人的语句删掉，即：

```
    //第二层，联系人信息
    //头像
    var bitmap = BitmapFactory.decodeResource(getResources(), R.drawable.
contacts_normal)
    //联系人 1
    val contact1 = ContactsPageListAdapter.ContactInfo("", "王二", "[在线]我是王二")
    //头像
    bitmap = BitmapFactory.decodeResource(getResources(),
R.drawable.contacts_normal)
```

```
//联系人 2
val contact2 = ContactsPageListAdapter.ContactInfo("", "王三", "[离线]我没有状态")
//添加两个联系人
tree.addNode(groupNode2, contact1, R.layout.contacts_contact_item)
tree.addNode(groupNode2, contact2, R.layout.contacts_contact_item)
```

我们从服务端获取到联系人后，把它们放到“我的好友”组中。为了方便访问组节点，把 groupNode 变量设为 MainFragment 的私有属性：

```
private lateinit var groupNode1:ListTree.TreeNode
private lateinit var groupNode2:ListTree.TreeNode
private lateinit var groupNode3:ListTree.TreeNode
private lateinit var groupNode4:ListTree.TreeNode
private lateinit var groupNode5:ListTree.TreeNode
```

注意它们都是 lateinit 属性，因为在 onCreate()中它们被赋值，之后就一直存在，所以设成 lateinit 比较适合。

下一步为 Retrofit 接口添加新的方法，以实现从 Web 服务端获取联系人的功能。

20.3.1　修改 Retrofit 接口

Web 服务端已经为客户端提供了获取联系人数据的地址，其路径是“apis/get_contacts”，返回的是 ServerResult，但是 ServerResult 的 data 字段是一堆联系人的信息（一个数组）。为了能向这个路径发出请求并获取数据，我们需要在 ChatService 接口中添加新方法 getContact()：

```
@GET("/apis/get_contacts")
fun getContacts(): Observable<ServerResult<List<ContactsPageListAdapter.
ContactInfo>>>
```

然后就可以调用它了，那么调用代码放在哪里呢？应该放在 MainFragment 中。在 MainFragment 的初始化时发出请求比较好。但是，这会造成每次创建 Fragment 时都获取一次联系人，如果是联系人数量很多，那么这个地方就需要优化一下了，比如提供本地缓存。另外，应该设置一个定时器，每隔一段时间请求一下所有联系人信息。这样做的目的一是取得新登录的联系人，二是取得现有联系人状态的变化（比如离线、上线）。如果联系人很多，还要考虑优化网络传输、每次仅传输变化的数据等。要做一个像 QQ 这样复杂的聊天 App 其实是很烦琐的，要考虑很多细节，这里没有那么全面，但也尽量向那个方向靠拢，比如实现定时获取联系人信息。

20.3.2　使用 RxJava 定时器

Android SDK 中带有定时器 API，但是我们既然用了 RxJava，那就用 RxJava 来创建定时器。

在 Fragment 的 onCreate()方法中创建定时器，在定时器中每间隔一段时间请求一下联系人列表，代码如下：

```
Observable.interval(20, TimeUnit.SECONDS).subscribe{
    //在这里刷新联系人的状态
}
```

这段代码的意思是利用 Observable 的工厂方法 interval()创建一个 Observable 对象，创建时指定每隔 20 秒执行一次 subscribe()的回调函数（是一个 Lambda，相当于 Observer 的 onNext()）。我们可以把网络请求的代码放到 Lambda 中，但是这样真的可以吗？想一想，定时器到了时间就会调用 Lambda，从而发出网络连接，如果在 20 秒内上一次的请求还未执行完又发出了新的请求，是不是不合理呢？所以我们应该保证在上一次请求执行完成后，等 20 秒再发出下一次请求！

其实现在创建的 Observable 是没有问题的，因为它就是这样工作的，不管订阅与观察是否在同一个线程中执行，它都能保证定时触发的回调函数是串行执行的。之所以这样一惊一乍的，就是希望我们能考虑全面一点。

20.3.3 添加 Fragment 回调接口

像 LoginFragment 一样，要访问网络，必须通过 MainActivity 中的 Retrofit 对象，所以需要在 MainFragment 中保存 FragmentListener 实例，才能调用 MainActivity 的功能。

首先添加 FragmentListener 属性：

```
private var fragmentListener: FragmentListener? = null
```

然后重写父类的方法 onDetach()和 onAttach()，为这个属性赋值：

```
override fun onAttach(context: Context) {
    super.onAttach(context)
    if (context is FragmentListener) {
        fragmentListener = context
    }
}

override fun onDetach() {
    super.onDetach()
    fragmentListener = null
}
```

下面就可以进行网络访问了。

20.3.4 获取并显示联系人

为了显示联系人，必须通知 RecyclerView 更新数据，所以我们先把联系人页面的 Adapter 保存成 MainFragment 的成员变量，这样才能调用那些 notifyXXXX()方法：

```
//联系人 Adapter，为了更新数据而设
private var contactsAdapter: ContactsPageListAdapter? = null
```

在 MainFragment 的方法 createContactsPage()中，将为 RecyclerView 设置 Adapter 的地方改成这样：

```
    //获取页面里的RecyclerView，为它创建Adapter
    val recyclerView :RecyclerView = v.findViewById(R.id.contactListView)
    recyclerView.layoutManager = LinearLayoutManager(context)
    contactsAdapter = ContactsPageListAdapter(tree)
    recyclerView.adapter = contactsAdapter
```

编写获取联系人代码时，我们其实要用到两个 Observable：定时器 Observable 是外部 Observable，在它的 flatMap()中，返回 Retrofit 反射出的用于网络访问的 Observable，负责执行定时任务；内部 Observable 在定时任务中负责发出网络请求，而最终订阅到的是内部 Observable 返回的数据，这样就完成了定时发出网络请求并进行处理的任务。代码实现如下（在 MainFragment 的 onCreate()中）：

```
    //创建一个定时器Observable
    Observable.interval(10, TimeUnit.SECONDS)
        .flatMap {
            //向服务端发出获取联系人列表的请求
            val service = fragmentListener!!.getChatService()
            service.getContacts().map {
                //转换服务端返回的数据，将真正的负载发给观察者
                if (it.retCode == 0) {
                    it.data
                } else {
                    throw RuntimeException(it.errMsg)
                }
            }
        }.subscribeOn(Schedulers.computation())
        .observeOn(AndroidSchedulers.mainThread())
        .subscribe(object : Observer<List<ContactsPageListAdapter.ContactInfo>?> {
            override fun onSubscribe(d: Disposable) {
            }

            override fun onNext(contactInfos: List<ContactsPageListAdapter.
ContactInfo>) {
                //将联系人们保存到“我的好友”组
                //注意，需先清空现有好友
                tree.clearDescendant(groupNode2);
                for (info in contactInfos) {
                    val node2 = tree.addNode(groupNode2, info,
R.layout.contacts_contact_item)
                    //没有子节点了，不显示展开、收起图标
                    node2.setShowExpandIcon(false);
                }
                //通知RecyclerView更新数据
                contactsAdapter!!.notifyDataSetChanged();
            }
```

```
            override fun onError(e: Throwable) {
                //提示错误信息
                val errmsg = e.getLocalizedMessage()
                Snackbar.make(contentLayout, "大王祸事了：" + errmsg,
Snackbar.LENGTH_LONG).show();
            }

            override fun onComplete() {
            }
        })
```

先看一下传给 flatMap()的 Lambda，在其中我们创建了用于网络访问的 Observable 并返回，但是在返回之前，为它设置了 map 回调（一个 Lambda），虽然在源码中省略了，但是这个 Lambda 的参数是 ServerResult<List<ContactsPageListAdapter.ContactInfo>>。我们在 map 的 Lambda 中根据 ServerResult 的返回码判断是否成功，如果成功，就扔出实际的数据 List<ContactsPageListAdapter.ContactInfo>，于是在观察者的 onNext()中就收到了联系人 List，我们依次把 List 中的每个联系人加到“我的好友”组中，也就是 groupNode2 节点中，最后通过 Adapter 发出通知，使 RecyclerView 重新加载数据。注意，由于是重新加载所有数据，因此需要先将 groupNode2 下的所有子节点清空。

但是，现在还不完美，一旦出错（比如网络访问失败），定时器就不起作用了！这个问题如何解决呢？请看下节讲解。

20.3.5 出错重试

出错后定时器就失效的原因是当 Observable 扔出错误事件时会导致订阅结束。如何改变这个问题呢？很简单，只需要使用 RxJava 重订阅机制让 Observable 自动重新订阅。

RxJava 重订阅指的是当 Observable 所包含的数据全部处理完成后，本该结束这个订阅，但是基于某些条件重新自动订阅（执行 Observer 的 subscribe()方法）的现象。

能让 Observable 开启重订阅机制的方法有很多，比如 repeat()、repeatWhen()、retry()、retryWhen()。repeat 和 retry 的区别是，repeat 表示在发出 Complete 事件时重新订阅（注意，重订阅发生时，Observer 的 onComplete()并不会执行）；retry 是发出 onError 事件时重新订阅。

同理，repeatWhen 和 retryWhen()也是这样的区别，但由于它们多了个“When”，因此它们是带条件的，即在重订阅发生前会先判断条件。这两个方法是有参数的，即一个回调方法。我们需要实现这个回调方法。

那我们选择哪个方法来设置重订阅呢？当然是 retry()了。使用方式很简单，只需为 Observable 对象调用 retry()即可：

```
//创建一个定时器 Observable
Observable.interval(10, TimeUnit.SECONDS)
    .flatMap {
//向服务端发出获取联系人列表的请求
        ......
}.retry()
......
```

一定要注意 retry()调用的时机，必须在 flatMap()之后，否则重订阅不会发生。再要注意的是，出现 Error 后直接触发重订阅，onError()不会被执行。

再解释一下这里为什么不用 repeat()，因为定时器本身就是 Repeat 方式执行，再调用 repeat 也看不出什么差别。Repeat 遇到 Error 事件时会结束订阅，而我们需要不停地刷新联系人的状态。

20.3.6 停止网络连接

现在我们需要关注断开网络连接的时机。因为聊天页面是一个 Activity，所以在进入聊天页面时，MainActivity 会进入后台，会有被 Kill 的危险。我们的定时器还在定时利用 Retrofit 向服务端发出请求，万一数据传来，Activity 不在了，再操作界面就会引起崩溃，所以需在 Activity 临死前把网络请求停止，也要把定时器停止。注意，Retrofit 是在 MainActivity 中创建的，而定时器是在 MainFragment 中创建的，本着互不干扰的原则，我们的指导思想就是 MainFragment 负责停止定时器、MainActivity 负责停止网络通信。

首先研究一下如何停止 RxJava 定时器。停止定时器其实就是取消订阅，需要用到 Disposable 对象：在观察者的 onSubscribe()中获得，把它保存成外部类的属性，以便在其他方法中使用。

由于是在 MainFragment 中创建的订阅，所以让它作为 MainFragment 的属性：

```
//用于停止订阅的东西
private var observableDisposable: Disposable? = null
```

再改写一下 Observer 的 onSubscribe()方法，在其中保存传入的 Disposable 对象：

```
override fun onSubscribe(d: Disposable) {
    observableDisposable = d
}
```

在哪里使用它呢？应该在 Fragment 的界面被销毁之前。参考一下 Fragment 的生命周期，比较好的地方就是 onStop()。onDestroy()并不合适，因为 onDestroy()被调用时，Fragment 的 UI 早已销毁。所以实现 MainFragment 的 onStop()，代码如下：

```
override fun onStop() {
    super.onStop()

    //停止 RxJava 定时器
    observableDisposable?.dispose()
    observableDisposable=null
}
```

但是，创建定时器的代码放在 onCreate()中合适吗？其实是不合适的，因为与 onStop()对应的方法是 onStart()，onDestroy()对应的才是 onCreate()。执行了 onStop()之后不一定会执行 onDestroy()，有可能在 Destroy 之前 Fragment 又活过来了，此时就不会执行 onCreate()了，但肯定会执行 onStart()。所以，启动定时器的地方应该在 onStart()中！在 MainFragment 中添加 onStart()，将创建定时器 Observable 的那段代码移过来：

```
override fun onStart() {
    //创建一个定时器 Observable
```

```
        Observable.interval(10, TimeUnit.SECONDS)
                .flatMap {
                    //向服务端发出获取联系人列表的请求
                    val service = fragmentListener!!.getChatServcie()
                    service.getContacts().map {
                        //转换服务端返回的数据，将真正的负载发给观察者
                        if (it.retCode == 0) {
                            it.data
                        } else {
                            throw RuntimeException(it.errMsg)
                        }
                    }
                }.retry()
                .subscribeOn(Schedulers.computation())
                .observeOn(AndroidSchedulers.mainThread())
                .subscribe(object : Observer<List<ContactsPageListAdapter.
ContactInfo>?> {
                    override fun onSubscribe(d: Disposable) {
                        observableDisposable = d
                    }

                    override fun onNext(contactInfos:
List<ContactsPageListAdapter.ContactInfo>) {
                        //将联系人们保存到“我的好友”组
                        //注意，需先清空现有好友
                        tree.clearDescendant(groupNode2);
                        for (info in contactInfos) {
                            val node2 = tree.addNode(groupNode2, info,
R.layout.contacts_contact_item)
                            //没有子节点了，不显示展开、收起图标
                            node2.isShowExpandIcon = false;
                        }
                        //通知RecyclerView更新数据
                        contactsAdapter!!.notifyDataSetChanged();
                    }

                    override fun onError(e: Throwable) {
                        //提示错误信息
                        val errmsg = e.localizedMessage
                        Snackbar.make(contentLayout, "大王祸事了：$errmsg",
    Snackbar.LENGTH_LONG).show();
                    }

                    override fun onComplete() {
                    }
                })

        super.onStart()
    }
```

下面在 MainActivity 中断开连接。实际上在 MainActivity 中什么也不需要改动，因为 Retrofit 与 RxJava 结合后，当 RxJava 的订阅被取消时，即使网络连接不会马上断开，也不会再处理服务端的数据，从而也不会操作界面了。

20.4 发出聊天消息

注意，我们最终要实现的是一个聊天室 App，连上 Web 服务器的 App 可以互相发送聊天消息，每个 App 都可以看到所有 App 发出的消息。

首先要把消息发出去。如何发呢？原理很简单：用服务端认可的形式组织出消息对象，然后借助 Retrofit 发过去。

服务端接收消息的地址是“/apis/upload_message”。

20.4.1 定义承载消息的类

服务端定义了一个消息类，App 端也应该使用相同的类来承载消息数据，所以添加如下类：

```
data class Message(
    var contactName: String,//发出人的名字
    var time: Long,//发出消息的时间
    var content: String//消息的内容
)
```

在前面 HTTP 通信的演示时，曾在 ChatActivity 中创建了一个 ChatMessage 类，现在需要把它去掉，因为我们要使用上面这个类了。去掉 ChatMessage 之后会出现一些错误，比如 ChatActivity 中有一个 List，存放所有聊天消息，它会因找不到范型参数 ChatMessage 而报错，只需改成 Message 即可，具体如下：

```
class ChatActivity : AppCompatActivity() {

    //存放所有的聊天消息
    private val chatMessages = ArrayList<Message>()
    ......
```

再比如将创建 ChatMessage 对象的语句：

```
var chatMessage = ChatMessage("我" , Date() , msg , true)
```

改为：

```
var chatMessage = Message("我" , Date().time , msg)
```

还有，Message 类中没有 isMe 这个字段了，所以要判断一条消息是本人发出的，需要比较联系人的名字，比如将 ChatMessagesAdapter 的方法 getItemViewType()改写为如下代码（注意加粗语句）：

```
//有两种行 Layout，所以 Override 此方法
override fun getItemViewType(position:Int):Int{
```

```
        val message = chatMessages[position];
        return if(message.contactName == MainActivity.myInfo!!.name) {
            //如果是本人发出的，靠右显示
            R.layout.chat_message_right_item;
        }else{
            //对方的，靠左显示
            R.layout.chat_message_left_item;
        }
    }
```

20.4.2 在接口中添加方法

在 ChatService 中添加接口，用于上传消息，见加粗的代码：

```
interface ChatService {
    @Multipart
    @POST("/apis/register")
    fun requestRegister(
        @Part fileData: MultipartBody.Part,
        @Query("name") name: String,
        @Query("password") password: String
    ): Observable<ServerResult<ContactsPageListAdapter.ContactInfo>>

    @GET("/apis/login")
    fun requestLogin(
        @Query("name") name: String,
        @Query("password") password: String?
    ): Observable<ServerResult<ContactsPageListAdapter.ContactInfo>>

    @GET("/apis/get_contacts")
    fun getContacts(): Observable<ServerResult<List
<ContactsPageListAdapter.ContactInfo>>>

    @POST("/apis/upload_message")
    fun uploadMessage(@Body msg: Message): Observable<ServerResult<Any?>>
}
```

注意，这个请求是以 POST 方式发出的，因为消息数据量太大的话，GET 方式是容纳不了的。因为这个请求不需要返回数据，所以其返回类型是 Observable<ServerResult<*>>，我们不需要为 ServerResult 再设置范型参数。另外，其参数是 Message 对象，我们加了注解“@Body”，表示这个参数要打包到 HTTP 的 Body 中。

20.4.3 在 ChatActivity 中初始化 Retrofit

下面我们得转战 ChatActivity 类了。为此类添加两个字段，用于 Retrofit 网络通信，其具体作用不再解释了：

```
//用于网络通信
private lateinit var retrofit: Retrofit
private lateinit var chatService: ChatService
```

在 onCreate()方法中创建它们的实例：

```
//创建 Retrofit 对象
retrofit = Retrofit.Builder()
    //.baseUrl("http://10.0.2.2:8080/")
    .baseUrl("http://192.168.3.13:8080")//在手机中运行
    //本来接口方法返回的是 Call，由于现在返回类型变成了 Observable,
    //因此必须设置 Call 适配器将 Observable 与 Call 结合起来
    .addCallAdapterFactory(RxJava2CallAdapterFactory.create())
    //Json 数据自动转换
    .addConverterFactory(GsonConverterFactory.create())
    .build()
//创建网络通信服务对象
chatService = retrofit.create(ChatService::class.java)
```

下面就可以使用它们了。

20.4.4　上传消息

改写发出消息按钮的单击响应代码，先上传消息再显示，代码如下：

```
//响应按钮的单击事件，发出消息
buttonSend.setOnClickListener {
    //从 EditText 控件取得消息
    val msg = editMessage.text.toString()

    //创建消息对象，准备上传
    val chatMessage = Message(MainActivity.myInfo!!.name, Date().time, msg)

    //上传到服务端
    val observable = chatService.uploadMessage(chatMessage)
    observable.map{
        //判断服务端是否正确返回
        if (it.retCode == 0) {
            //服务端无错误，随便返回，反正也不用处理
            0
        } else {
            //服务端出错了，抛出异常，在 Observer 中捕获之
            throw RuntimeException(it.errMsg)
        }
    }.subscribeOn(Schedulers.computation())
    .observeOn(AndroidSchedulers.mainThread())
    .subscribe(
        //范型参数之所以是 Int，是因为必须与 map 的回调函数返回的数据类型一致
        Consumer<Int>{
            //对应 onNext()，但是什么也不需要做
        },
        Consumer<Throwable> {
            //对应 onError()，向用户提示错误
```

```
            Snackbar.make(chatMessageListView,
                "大王祸事了：" + it.localizedMessage,
                Snackbar.LENGTH_LONG)
                .setAction("Action", null)
                .show()
        },
        Action() {
            //对应 onComplete()，什么也不做
        },
        Consumer<Disposable> {
            //相当于 onSubscribe()，保存 disposable 以取消订阅
            uploadDisposable = it
        }
    )
    //添加到集合中，从而能在 RecyclerView 中显示
    chatMessages.add(chatMessage);
    //在 view 中显示出来。通知 RecyclerView，更新一行
    (chatMessageListView.adapter as
ChatMessagesAdapter).notifyItemInserted(chatMessages.size - 1)
    //让 RecyclerView 向下滚动，以显示最新的消息
    chatMessageListView.scrollToPosition(chatMessages.size - 1)
}
```

测试一下，消息是可以上传到服务端的，可以通过在浏览器中访问地址“http://localhost:8080/apis/get_all_messages”来查看服务端已有的消息。

注意，subscribe()方法的最后一个参数“Consumer<Disposable>”，在里面我们将收到的Disposable 对象保存了下来（uploadDisposable = disposable）。uploadDisposable 是一个字段，是 ChatActivity 的。保存它干什么？前面讲了，是为了在 Activity 死掉之前取消网络操作。所以，重写 ChatActivity 的 onDestroy()，代码如下：

```
override fun onDestroy() {
    super.onDestroy()
    uploadDisposable?.let{
        it.dispose()
        uploadDisposable = null
    }
}
```

如果上传不成功怎么办？仅提示一下错误就行了吗？肯定不行！我们应该重新上传，直到成功为止。具备这种永不言败精神的 App 才算是一个合格的 App，那如何才能成为这样令人敬仰的 App 呢？请见下节讲解。

20.4.5 失败重传

实现失败重传，有多种方式。我们已经使用了 RxJava+Retrofit，所以我们就使用 RxJava 的重订阅机制实现失败重传。还记得前面讲的重新订阅吗？我们这里要使用 repeat 还是 retry 呢？我们

希望遇到错误重新订阅，如果成功就结束订阅，所以应该用 retry，将代码稍微改一下：

```
observable.retry().map{
......
```

到此为止，发出消息完成了。下面获取消息。

20.5 获取聊天消息

20.5.1　为 ChatService 增加方法

获取消息与获取联系人相似，都需要重复地访问 Web 服务器。我们可以把那部分代码复制过来修改一下。

Web 服务端为获取消息提供了请求路径：/apis/get_message。下面我们为 ChatService 接口添加获取消息的方法：

```
@GET("/apis/get_messages")
fun getMessagesFromIndex(@Query("after") index: Int): Observable<ServerResult
<List<Message>>>
```

注意，这个方法有一个参数“index”，它表示获取从这个序号开始之后所有的消息。因为获取的是一堆消息，所以 ServerResult 的范型参数是一个 List。

20.5.2　发出请求

在进入聊天页面时，应该立即显示出已有的聊天信息，所以获取消息的代码应该放在 ChatActivity 的 onCreate()中。而且，由于要及时显示新的消息，因此我们还需要在间隔比较短的时间内重复获取。这样看来，这里的 RxJava 调用与登录时的架构一样，需要两个 Observable 配合，代码如下：

```
//每隔 2 秒向服务端获取一下新的聊天消息
Observable.interval(2, TimeUnit.SECONDS).flatMap{
    //创建获取聊天消息的 Observable
    //参数是下一段 Message 的起始 Index
    chatService.getMessagesFromIndex(chatMessages.size)
        .map {                     //判断服务端是否正确返回
            if (it.retCode === 0) {
                //服务端无错误，随便返回，反正也不用处理
                it.data
            } else {
                //服务端出错了，抛出异常，在 Observer 中捕获之
                throw RuntimeException(it.errMsg)
            }
        }
}.retry()
```

```
    .subscribeOn(Schedulers.computation())
    .observeOn(AndroidSchedulers.mainThread())
    .subscribe(Consumer<List<Message>?> {
        //onNext()
        // 将消息显示在 RecyclerView 中,it 是 List<Message>?
        chatMessages.addAll(it!!)
        //在 view 中显示出来。通知 RecyclerView，更新一行
        chatMessageListView.adapter!!.notifyItemRangeInserted(
            chatMessages.size, chatMessages.size)
        //让 RecyclerView 向下滚动，以显示最新的消息
        chatMessageListView.scrollToPosition(chatMessages.size - 1)
    }, Consumer<Throwable> { e ->
        //onError()
        // 反正要重试，什么也不做了
        Log.e("chatactivity", e.localizedMessage)
    }, Action { //onComplete()

    }, Consumer<Disposable> { disposable ->
            //onSubcribe()
            //保存 downloadDisposable 以取消订阅
            downloadDisposable = disposable
    })
```

因为用到了 chatService 变量，所以这段代码应放在 chatService 被实例化之后。

注意 retry()的调用时机，它必须放在 flatMap()之后。因为 flatMap 会产生新的 Observable 对象，我们需让这个新的 Observable 有 retry 机制。还要注意 downloadDisposable 变量，它是 ChatActivity 的一个属性，在 onDestroy()中使用：

```
override fun onDestroy() {
    super.onDestroy()
    uploadDisposable?.let{
        it.dispose()
        uploadDisposable = null
    }
    downloadDisposable?.let {
        it.dispose()
        downloadDisposable = null
    }
}
```

还有一个问题，在上传消息的代码中，我们调用 Date()构建了一个日期对象，这个类的使用需要导入包“java.util”，而这个包中也有一个名为 Observable 的类，这就会导致想使用 RxJava 中的 Observable 时，实际上却使用了 ava.util 中的 Observable。解决方案是使用类的全名，比如将 Date 改为 java.util.Data，当然还要把“import java.util”删掉。

聊天功能到此就实现了。开启多个虚拟机后，它们真的可以聊天！虽然这个 App 还有很多缺点，但是它的实现还是经历了无数困难，并倾注了我们的心血和汗水，最后收获颇丰。